高比例电力电子电力系统宽频带动态稳定分析与控制

孙华东　徐式蕴　毕经天 等 著

中国电力出版社
CHINA ELECTRIC POWER PRESS

内 容 提 要

随着电力电子设备在电力系统中的比例不断提高，近年来国内外频繁发生电力电子设备主导或参与的电力系统动态失稳事故，主要表现形式为次同步频带、超同步频带以及高频带等频率范围的宽频带振荡。高比例电力电子电力系统宽频带动态稳定问题已经成为危害大电网安全稳定运行的隐患之一。

本书系统地论述了作者在高比例电力电子电力系统宽频带动态稳定建模、分析和控制等方面的研究成果。全书共分 4 章。第 1 章综述了国内外对电力系统宽频带动态稳定问题的研究现状，提出了电力系统宽频带振荡的定义与分类；第 2 章介绍了针对电力系统宽频带动态稳定问题的建模方法及仿真技术，并给出了研究电力系统宽频带动态稳定问题的标准算例系统；第 3 章提出了几种电力系统宽频带动态稳定性分析与控制方法，包括广义转矩分析法、Nyquist 阵列分析法、导纳分析法、统一性稳定分析法等；第 4 章介绍了对新疆哈密、渝鄂柔直、新疆和田等重大工程和实际电网的宽频带动态稳定分析与控制案例。

本书可供从事电力系统运行分析、规划设计以及科学研究的人员参考，也可作为高等院校电气专业高年级学生及研究生的参考读物。

图书在版编目（CIP）数据

高比例电力电子电力系统宽频带动态稳定分析与控制 / 孙华东，徐式蕴，毕经天等著. —北京：中国电力出版社，2023.8（2025.12 重印）

ISBN 978-7-5198-6860-4

Ⅰ. ①高… Ⅱ. ①孙…②徐…③毕… Ⅲ. ①电力系统稳定–稳定控制–研究 Ⅳ. ①TM712

中国版本图书馆 CIP 数据核字（2022）第 111477 号

出版发行：中国电力出版社
地　　址：北京市东城区北京站西街 19 号（邮政编码 100005）
网　　址：http://www.cepp.sgcc.com.cn
责任编辑：崔素媛（010-63412392）
责任校对：黄　蓓　朱丽芳
装帧设计：郝晓燕
责任印制：杨晓东

印　　刷：固安县铭成印刷有限公司
版　　次：2023 年 8 月第一版
印　　次：2025 年 12 月北京第二次印刷
开　　本：787 毫米×1092 毫米　16 开本
印　　张：17.25
字　　数：341 千字
定　　价：88.00 元

前 言

随着电力电子技术的进步，以新能源发电、直流输电、变频负荷为代表的电力电子设备越来越多地应用到电力系统中，电源、电网和负荷格局发生了深刻变化，电力系统正在向“高比例电力电子电力系统”方向加速演变。

在高比例电力电子电力系统中，由电力电子设备主导或参与、以宽频带振荡为主要表现形式的动态稳定问题严重危害电力系统的安全稳定运行。与同步发电机等传统设备相比，电力电子设备在物理结构、控制方式、动态响应、与其他设备的交互作用等方面存在显著差异，电力电子设备快速灵活的控制特性对电力系统的动态行为产生了深刻影响。传统电力系统次/超同步振荡机理和分析方法在高比例电力电子电力系统中不再适用，控制策略也难以生效。目前，针对多样化电力电子设备接入较复杂电力系统的宽频带动态稳定机理、分析方法和解决措施的研究已显著滞后，为电力系统的安全、高效运行带来了新的问题和挑战。

为此，本书针对高比例电力电子电力系统的宽频带动态稳定问题，介绍了作者近年来在建模方法及仿真技术、稳定性分析与控制方法、实际电网工程分析等方面的研究成果。

本书共 4 章。第 1 章综述了国内外对电力系统宽频带动态稳定问题的研究现状，阐述了高比例电力电子电力系统宽频带动态失稳现象的新特征，提出了电力系统宽频带振荡的定义和分类，主要由徐式蕴撰写；第 2 章建立了典型电力电子设备的电磁暂态状态空间模型及序阻抗模型，并依托国家电网仿真中心，构建了含高比例电力电子设备的交直流混联电网全电磁暂态仿真系统，搭建了新疆哈密风电次/超同步振荡等多个标准算例系统，主要由穆清和宋瑞华撰写；第 3 章提出了几种电力系统宽频带动态稳定性分析与控制方法，包括广义转矩分析法、Nyquist 阵列分析法、导纳分析法及统一性稳定分析法，在振荡判别、裕度量化和稳定控制等方面对所提出的方法进行了对比，主要由徐式蕴、毕经天、高磊和宋瑞华撰写；第 4 章给出了新疆哈密、渝鄂柔直、江苏海上风电系统等实际电网宽频带动态失稳案例的机理分析与仿真复现，并提出了有效的抑制措施，主要由宋瑞华、周佩朋和田鹏飞撰写。全书由孙华东制定编写大纲，由徐式蕴和毕经天负责统稿与修改。

在本书编写过程中，中国电力科学研究院有限公司汤涌教授级高工对本书提出了很多宝贵的意见和建议。此外，汪乐天、王一鸣、方诗卉、王姝彦、杜毅等参与了书稿修订与绘图、参考文献整理等工作。在此一并向他们表示衷心的感谢。在本书的编写过程中，参阅了大量的论著和文献，其主要部分已列入参考文献中，在此也向参考文献的作者表示衷心的感谢。

本书由国家自然科学基金智能电网联合基金重点资助项目“含高比例电力电子装备的电力系统多时间尺度动态稳定机理与控制”（U1766202）的研究成果提炼撰写而成，孙华东、宋瑞华、徐式蕴、高磊、毕经天等为项目研究做出了突出贡献。国家电网有限公司电力科技著作出版基金对本书的撰写也给予了资助，中国电力出版社对本书的出版给予了全方位的帮助，谨借此机会表达诚挚的感谢。

本书在成稿过程中，虽已尽力完善体系、布局内容、校正文字，但限于作者的学识水平，难免出现不妥与错误之处，恳请读者批评指正。

作　者

2023 年夏于北京

目　录

第1章 概　　述

1.1 背　　景

近年来，电力电子设备在电力系统发电、输电、配电、用电各环节得到了广泛应用，机电－电磁变换设备逐渐被电力电子设备取代已成为电力系统发展的重要趋势，电源、电网和负荷格局发生了巨大变化。电源侧，风力发电、光伏发电等新能源发电技术发展迅速，新能源装机容量占比日益提高。截至2022年年底，全国发电装机容量约为25.64亿kW，其中，并网风力发电装机容量约为3.65亿kW，并网光伏发电装机容量约为3.93亿kW，占比分别为14.24%和15.33%。电网侧，高压直流输电（high-voltage direct current，HVDC）技术迅猛发展，已成为区域互联的主要输电形式。截至2022年年底，我国已累计建成18条特高压直流输电线路，交直流系统之间的交互作用已成为决定系统安全稳定水平的重要因素之一。此外，灵活交流输电（flexible AC transmission systems，FACTS）技术在电网中得到了广泛应用，给电网的运行特性带来了新的变化。负荷侧，变频驱动的电动机、电动汽车等电力电子类负荷广泛接入，负荷特性也发生了显著改变。

随着电力电子设备在电力系统中应用的比例不断提高，近年来国内外频繁发生振荡频率覆盖次同步频带、超同步频带以及高频带的电力系统宽频带动态失稳事故。从表1－1中可以看出，风力发电、光伏发电、柔性直流输电及电气化铁路等电力电子设备引发的宽频带动态失稳现象发生频繁、影响范围大，如果没有得到有效抑制，会造成设备损坏、新能源脱网、系统停运，并极易通过连锁故障传递至用户侧，造成停电事故，后果非常严重。

表1－1　　近年来国内外发生的典型宽频带动态失稳事故

时间	地点	频率/Hz	后果
2007年12月	大秦线铁路	3～4	设备损坏、铁路停运
2009年10月	美国得克萨斯州双馈风电场	20	设备损坏、风电场停运

续表

时间	地点	频率/Hz	结果
2010 年 10 月	河北沽源双馈风电场	6～8	大量风机脱网
2013 年 11 月	宁夏吴忠直驱风电场	95	风电机组保护动作脱网
2014 年 3 月	德国北海海上风电场	250	直流换流站滤波电容爆炸
2015 年 7 月	新疆哈密直驱风电场	20～80	风电机组保护动作，火电机组扭振
2015 年	西班牙光伏电场	25	含谐波的功率振荡

相比于传统次/超同步振荡，近年来含高比例电力电子设备的电力系统中出现的宽频带动态稳定问题呈现出了新的复杂特征，下面以 2015 年新疆哈密振荡事故为例进行说明。首先，如图 1-1（a）所示，事故过程中多样化设备广泛参与，包括风电、光伏、静止无功发生器（static var generator，SVG）/静止无功补偿器（static var compensator，SVC）、火电及高压直流等多种设备；其次，如图 1-1（b）所示，系统振荡存在宽频带内次/超同步振荡模态强耦合的特征，在 10～90Hz 的范围内存在 5 个主要的振荡频率，其中 23Hz 和 77Hz、37Hz 和 63Hz 之间强耦合；另外，如图 1-1（c）所示，事故过程中振荡频率在较大范围漂移，漂移区间达到了 8Hz。

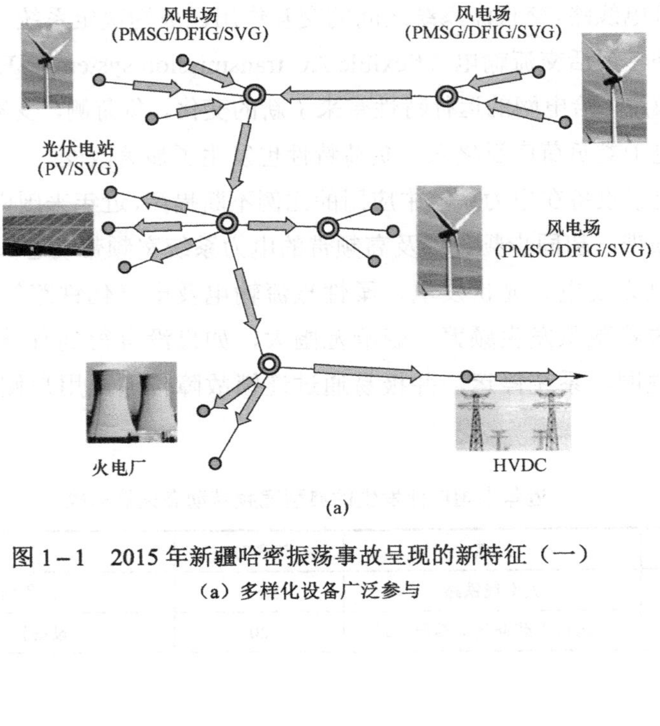

(a)

图 1-1　2015 年新疆哈密振荡事故呈现的新特征（一）

（a）多样化设备广泛参与

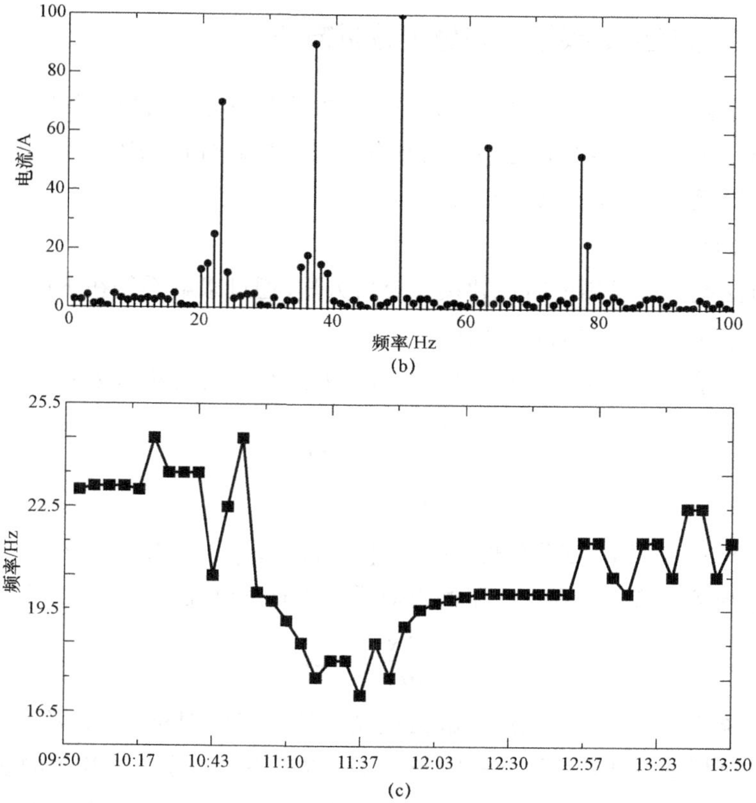

图 1－1 2015 年新疆哈密振荡事故呈现的新特征（二）

（b）次/超同步宽频带强耦合；（c）振荡频率大范围漂移

注：PMSG、DFIG 与 SVG 分别为直驱风机、双馈风机与静止无功发生器；

PV 与 HVDC 为光伏发电与高压直流输电。

由此可见，电力电子设备主导或参与的大电网宽频带动态稳定问题已经成为危害电力系统安全稳定运行的隐患之一。与同步发电机等传统设备相比，电力电子设备在物理结构、控制方式、动态响应，以及与其他设备的交互作用等方面存在显著差异，电力电子设备快速灵活的控制特性对电力系统的动态行为产生了很大影响，对电力系统的安全、高效运行带来了新的问题和挑战。

1.2 国内外研究现状

针对电力系统宽频带动态稳定问题，本节首先介绍了目前研究常用的分析方法，然后介绍了电力电子设备与同步发电机之间、电力电子设备之间、电力电子设备与网络之间动态交互作用及控制的研究现状。

1.2.1 电力系统宽频带动态稳定分析方法

目前，针对电力系统宽频带动态稳定问题，主要分析方法可以分为时域分析法和频域分析法两大类。其中，时域分析法包括时域仿真法、模态分析法等；频域分析法包括频率扫描法、复转矩系数法、阻抗分析法等。

1. 模态分析法

模态分析法是一种常用的时域建模及分析方法，通过求解系统在平衡点线性化后状态矩阵的特征值来判断系统的动态稳定性。

待研究电力系统的数学模型可以用如下的微分–代数方程组来表示

$$\begin{cases} \dfrac{\mathrm{d}\boldsymbol{x}}{\mathrm{d}t} = \boldsymbol{f}(\boldsymbol{x},\boldsymbol{y}) \\ 0 = \boldsymbol{g}(\boldsymbol{x},\boldsymbol{y}) \end{cases} \tag{1-1}$$

式中：$\boldsymbol{x}=[x_1,x_2,\cdots,x_n]^{\mathrm{T}}$，为状态变量；$\boldsymbol{y}=[y_1, y_2,\cdots,y_m]^{\mathrm{T}}$，为代数量。

根据李雅普诺夫第一定理，在平衡点对系统进行线性化后，可以得到

$$\frac{\mathrm{d}\Delta\boldsymbol{x}}{\mathrm{d}t} = \boldsymbol{A}\Delta\boldsymbol{x} \tag{1-2}$$

式中：$\boldsymbol{A}$ 为系统的状态矩阵。通过求解 $\boldsymbol{A}$ 的特征值，可以判断系统的稳定性。

通过模态分析法，可以计算参与因子，以判定和不稳定模式强相关的状态变量；通过灵敏度分析，可以得到系统参数对振荡模式的灵敏度，以确定对不稳定模式影响较大的环节，为机理分析和控制策略制定提供基础。该方法被广泛应用于电力系统宽频带动态稳定分析与优化控制中。

模态分析法可以获得系统宽频带动态稳定信息并用于优化控制。其优点是准确度高，可得到参与因子、灵敏度等量化评价指标。但是模态分析法依赖于系统的完整模型，在系统结构发生微小变化时，需要对模型做较大修改，而且在大系统分析中存在“维数灾”的问题。

2. 阻抗分析法

基于线性化模型的阻抗分析法早期主要用于研究电力电子电路与其输入滤波器之间的控制不稳定问题，以及直流供电系统的稳定性问题。阻抗分析法的基本思路是将系统分解成电源子系统和负载子系统，其中电源子系统用理想电压源带输出阻抗描述，负载子系统用其输入阻抗描述，如图 1–2 所示。系统稳定的条件为两子系统的阻抗比满足奈奎斯特稳定性判据。

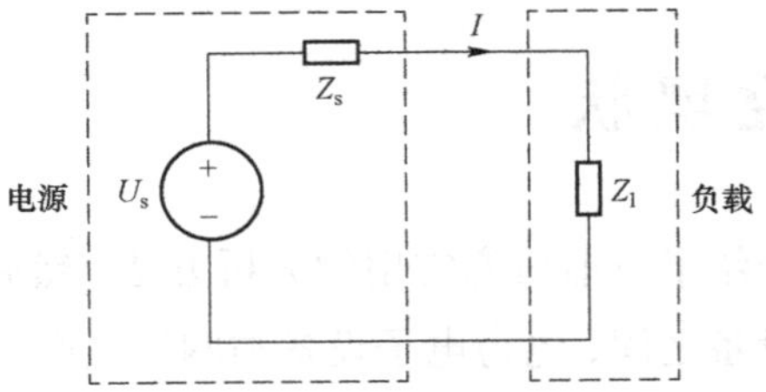

图 1–2 阻抗分析法模型

对于通过换流器并网的电力电子设备，其三相电压、电流为交流量，不具备传统线性化方法所需要的“直流”工作点。目前克服这一问题的手段包括建立同步旋转（*dq*）坐标系下的阻抗模型，以及建立三相静止（*abc*）坐标系下的序阻抗模型。

基于同步旋转坐标系下的阻抗模型可以表示为

$$\boldsymbol{Z}(s)=\begin{bmatrix} Z_{\mathrm{dd}}(s) & Z_{\mathrm{dq}}(s) \\ Z_{\mathrm{qd}}(s) & Z_{\mathrm{qq}}(s) \end{bmatrix} \tag{1-3}$$

该模型相当于在同步旋转坐标系下构建了系统的虚拟“直流”工作点，但存在以下几方面的不足：*dq* 轴阻抗无法解耦，因此系统分析必须采用推广奈奎斯特稳定判据；对于实际设备而言，定义于同步旋转坐标系下的阻抗难以精确测量，对阻抗建模结果进行实际验证的难度较大。

序阻抗建模方法的基本思路是在系统正弦稳态电压（或电流）上叠加一个扰动频率的正弦信号，利用傅里叶分析方法对系统中每一个非线性环节进行展开，并在频域上进行线性化，在此基础上解析整个系统对所注入电压（或电流）扰动产生的同频率电流（或电压）响应，所得到的响应与原始扰动之间的比值即为系统在该频率下的阻抗。对于三相电路和系统而言，该方法可与对称分量法相结合，从而得到相应的序阻抗。

相比于基于同步旋转坐标系的阻抗模型，序阻抗模型有以下优点：所建立的正、负序阻抗模型在一定条件下可解耦，正、负序子系统稳定性的判定可采用基本奈奎斯特稳定判据，稳定分析过程可简化；基于三相静止坐标系建立的序阻抗模型克服了多设备不同接入点之间电压相角动态过程的影响；所得出的阻抗解析表达式与设备控制回路对应关系明确，便于指导设备控制优化设计；所建立的正、负序阻抗及其耦合关系可通过仿真和试验方式测量，结果可进行实际验证。然而，基于序阻抗的建模和分析方法也存在一定的局限性：当设备控制参数不对称或考虑电压外环等控制方式后，正、负序阻抗之间的耦合关系不能忽略，需要采用推广奈奎斯特稳定判据进行稳定性分析；基于谐波线性化的建模方法对于运行控制特性在基波以下的传统发电设备不适用，不能用于研究机电时间尺度的系统动态问题。

阻抗分析法具有简便、工程实用性强的优点，经过多年的研究，针对单个设备并网系统稳定性的分析已较为成熟。然而，对于多设备接入的大系统分析，阻抗之间的耦合关系与网络动态特性的影响交织在一起，导致系统的建模与分析仍面临一定困难。

3. 其他方法

除上述两种电力系统宽频带动态稳定分析方法外，时域仿真法可通过求解电力系统微分代数方程组，得到系统中各变量随时间变化的曲线，用以分析系统的稳定特性。时域仿真法适用范围广泛，可以模拟元件从几百纳秒至几十秒之间的电磁暂态及机电暂态过程，且仿真过程可以考虑各电力电子设备的控制特性及电网元件的非线性特性，可以详细模拟控制和故障过程，分析不同强度扰动下的宽频带动态稳定特性。但该方法在小步长、高阶系统分析中存在计算缓慢、耗费算力等问题，且难以直接给出系统的振荡模式、阻尼特性、失稳机理、影响因素等关键信息。目前，新一代电力系统全数字仿真及数模混合仿真平台可以实现对新能源并网及交直流混联系统在机电/电磁时间尺度下的准确仿真，大大提升了对宽频带动态失稳等异常运行工况的认知水平。

频率扫描法和机组作用系数法都具有需要原始数据少、计算简单等优点。频率扫描法方法简单，容易实现，可以初步筛选出系统中潜在的次同步振荡问题。但该方法是一种粗略筛选系统是否可能发生振荡的方法，只能对振荡问题做初步定性分析，还需要通过其他较精确的方法进行进一步的分析。机组作用系数法只适用于与直流输电系统有关的电力系统次同步振荡问题的定性分析。

1.2.2 多设备间的动态交互作用

本质上，多样化电力电子设备接入电力系统引发的宽频带动态稳定问题，是涉及多设备、多时间尺度间交互作用的复杂系统性问题。厘清多设备间的动态交互作用是研究宽频带动态稳定问题的关键。

1. 电力电子设备与同步发电机间的交互作用分析及控制

电力电子设备与同步发电机间的交互作用会引发电力系统在次同步频带内的动态稳定问题。

电力系统次同步振荡问题主要由电容电感谐振或者电力电子设备的快速控制特性引发。HVDC 可引发汽轮发电机组出现次同步振荡，华北电力大学、四川大学等学校对其相关理论、研究方法及影响因素做了系统论述。基于电压源换流器的高压直流输电（Voltage source converter based HVDC，VSC-HVDC）与同步发电机之间的交互作用分析大多参照常规直流输电系统的研究思路开展，中国电力科学研究院、加拿大曼尼托巴大学研究了不同控制方式及控制参数对发电机电气阻尼特性的影响。此外，FACTS 等快速功率调节装置也可激发同步发电机的次同步振荡。在抑制措施方面，通过在 HVDC、VSC-HVDC、FACTS 等多种电力电子设备上附加次同步振荡阻尼控制，均可有效抑制次同步振荡。

2. 电力电子设备之间的交互作用分析及控制

电力电子设备间的交互作用会引发电力系统在次同步频带、超同步频带以及高频带内的动态稳定问题。

对于由电力电子设备间交互作用引发的次同步振荡问题，华北电力大学等学校分析了直驱风电场通过两电平 VSC-HVDC 送出系统的次同步振荡问题，南京航空航天大学研究了模块化多电平高压直流系统（modular multilevel converter HVDC，MMC-HVDC）产生的次同步振荡问题。基于此，重庆大学等学校分析了功率传送等级、风电并网换流器控制、环流抑制环节对海上风电场经 MMC-HVDC 送出系统动态特性的影响，并指出，在不合理的控制参数与运行方式下，风电机组与无功补偿装置的交互作用会恶化系统的次同步振荡问题。华中科技大学提出了一种利用可再生能源制氢系统抑制风电并网系统次同步振荡的方法，并以新疆哈密次同步振荡事件的风电系统为原型，进行了电磁暂态仿真验证。

电力电子设备间交互作用引发的系统超同步/高频振荡问题源于新能源、直流等电力电子设备的控制系统。华北电力大学等学校建立了海上风电机组经柔性直流和传统高压直流外送场景的阻抗分析模型，分析了风机和直流换流器的不同设计参数对稳定性的影响。韩国电工技术研究院推导了多个电力电子设备组成的三相交流系统的节点导纳矩阵，通过奈奎斯特曲线图量化了每个换流器对系统高频振荡的影响作用。在振荡抑制方面，华北电力大学等学校分析了多个并网换流器相互作用带来的高频振荡问题，并通过在并网点附加有源阻尼换流器改造了系统阻抗特性。西南交通大学针对 SVC 和静止同步补偿器（static synchronous compensator，STATCOM）间交互作用产生的高频振荡问题，设计了神经网络阻尼控制器。四川大学和合肥工业大学利用相对增益原理分析了 FACTS 与 HVDC 间的交互作用，并提出了相应措施抑制高频振荡。

3. 电力电子设备与电力网络之间的交互作用分析及控制

电力电子设备接入弱电网时，电力电子设备多时间尺度控制与网络间的交互作用变得更加明显，易引发次同步频带、超同步频带以及高频带内的动态稳定问题。

电力电子设备与网络之间的次同步振荡问题首先在风电经串补送出系统中被发现。由于双馈感应发电机与含串补网络之间的交互作用，系统易发生次同步振荡问题。针对这类振荡问题，美国伦斯勒理工学院提出了改变电气参数、附加阻尼控制、附加滤波装置等次同步振荡抑制措施。研究表明，直驱风电/光伏电站经无串补线路接入弱交流系统时，也会出现次同步频率范围的振荡问题。针对直流输电系统，美国伦斯勒理工学院分析了弱电网条件下，短路比（short circuit ratio，SCR）和锁相环参数对柔性直流输电换流站次同步频带稳定性的影响。

系统超同步/高频振荡问题主要由电力电子设备与电力网络之间的动态交互作用引发。美国伦斯勒理工学院研究表明，锁相环带宽越大，并网换流器与电力网络间交互作用引发超同步振荡的可能性越大。奥尔堡大学运用阻抗分析法分析了并网换流器电流控制与网络无源元件之间交互作用产生的高频振荡。西安交通大学运用模态分析法定义了节点敏感度指标，量化了风电场中每个节点对系统高频振荡的影响，研究了系统高频振荡分量的传播规律。为了解决相应的超同步/高频振荡问题，中国电力科学研究院通过优化电流控制器参数和锁相环参数，提高了并网换流器接入系统的超同步频带稳定性；为解决并网换流器与输出低通滤波器及电力网络间交互作用所引发的高频振荡，浙江大学基于有源阻尼法设计了相应的附加控制器。

1.3 电力系统安全稳定性及宽频带振荡的定义与分类

1.3.1 电力系统安全稳定性的定义与分类

对电力系统失稳现象和异常运行状态进行准确的分类，可以清晰区分不同现象的物理性质，有助于对问题进行合理简化及采用恰当的分析模型和仿真工具，对系统规划、设计、运行和科学研究均有重要的指导意义。

国际上，2004 年国际大电网会议（Conseil International des Grands Réseaux Electriques，CIGRE）和国际电气与电子工程师学会（Institute of Electrical and Electronic Engineers，IEEE）联合工作组根据电力系统失稳的物理特性、受扰动的大小以及研究稳定问题必须考虑的设备、过程和时间框架等因素对电力系统稳定性进行了分类，该分类法一直沿用至今。我国强制性国家标准 GB 38755—2019《电力系统安全稳定导则》依据物理本质及数学分析方法提出的电力系统稳定分类，更加符合我国电力系统的实际情况和电网发展的需要。

GB 38755—2019 给出的电力系统稳定性定义为“电力系统受到扰动后保持稳定运行的能力”，并将其分为功角稳定、频率稳定和电压稳定三大类及若干子类，如图 1－3 所示。

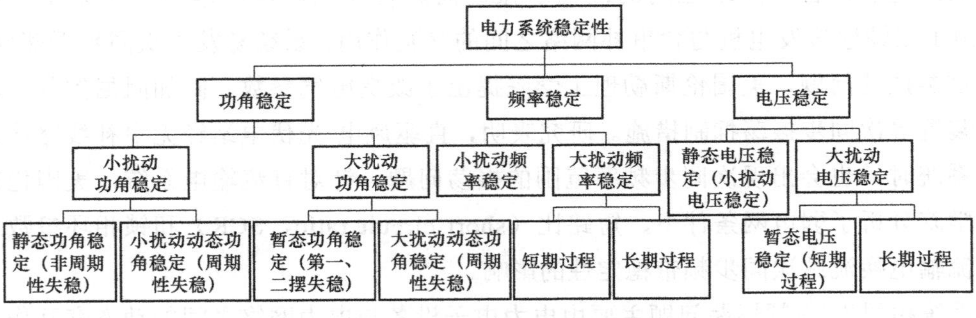

图 1－3 电力系统稳定性分类

鉴于电力系统稳定性属于机电暂态分析范畴的广泛认知，GB 38755—2019 中的稳定性分类并未包含基于电磁暂态模型分析的传统次同步振荡/谐振失稳问题，以及短路电流超标、元件过载等设备安全性问题；另外，近年来实际电网中涌现出的电力电子设备主导的过电压（电压越限）、同步失稳、宽频带振荡等新型安全稳定问题也未涵盖在现有稳定性分类体系下。

GB 38755—2019 中对电力系统安全性的定义为：电力系统在运行中承受扰动的能力。电力系统安全性通过两个特性表征：电力系统能承受住扰动引起的暂态过程并过渡到一个可接受的运行工况；在新的运行工况下，各种约束条件得到满足。根据电力系统稳定性和电力系统安全性的定义可以看出，电力系统安全性包含电力系统稳定性。但是两者强调的侧重点不同。电力系统稳定性侧重强调故障后系统是否稳定（是否存在增幅振荡或单调发散失稳的情况），电力系统安全性侧重强调各电气量是否满足其约束条件。鉴于电力系统学术界和工程界对电力系统安全性更强调电气量约束边界的传统认知，为了避免表达偏颇，本书采用术语“电力系统安全稳定性”来涵盖目前已知的各类失稳现象和异常运行状态。

电力系统安全稳定性是指电力系统受到扰动后能够过渡到稳定运行状态的能力，且在过渡过程中及稳定运行状态下，电力系统状态量不越限，电气设备可安全运行。根据问题性质、表征形式、扰动大小和动态过程，提出适应当前电网发展需求的安全稳定性分类方法，如图 1-4 所示。

根据问题性质，电力系统安全稳定性分为电力系统稳定性（机电暂态）、电力系统稳定性（电磁暂态）、电压源换流器主导稳定性和电气设备主导安全性四个大类。

电力系统稳定性（机电暂态）与 GB 38755—2019 中电力系统稳定性的定义及分类保持一致，可采用机电暂态模型及仿真技术手段进行分析。

电力系统稳定性（电磁暂态）指同步发电机、电网换相高压直流输电（line-commutated converter based HVDC，LCC-HVDC）、FACTS 等设备主导的、电磁暂态时间尺度的失稳现象。电力系统稳定性（电磁暂态）问题的研究不能采用工频相量模型，需要基于电磁暂态瞬时值模型进行分析。根据失稳机理，电力系统稳定性（电磁暂态）分为机械/电气交互稳定和电气谐振稳定。

电压源换流器主导稳定性是指由 VSC 及其控制系统引发或主要参与，受到扰动后系统能够过渡到新的或恢复到扰动前稳态运行方式的能力。基于 VSC 设备各个控制环节与不同物理量之间的对应关系，根据 VSC 设备的主导失稳环节，可将电压源换流器主导稳定分为相角稳定、电压稳定和电流稳定。

根据我国电网运行实际，以及 GB 38755—2019 条款中重点关注的相关内容，传统电气设备主导安全性可分为过电压和过电流两类。

电力系统宽频带振荡主要包含于电力系统稳定性（电磁暂态）及电压源换流器主导稳定性两大类中，下面进行详细介绍。

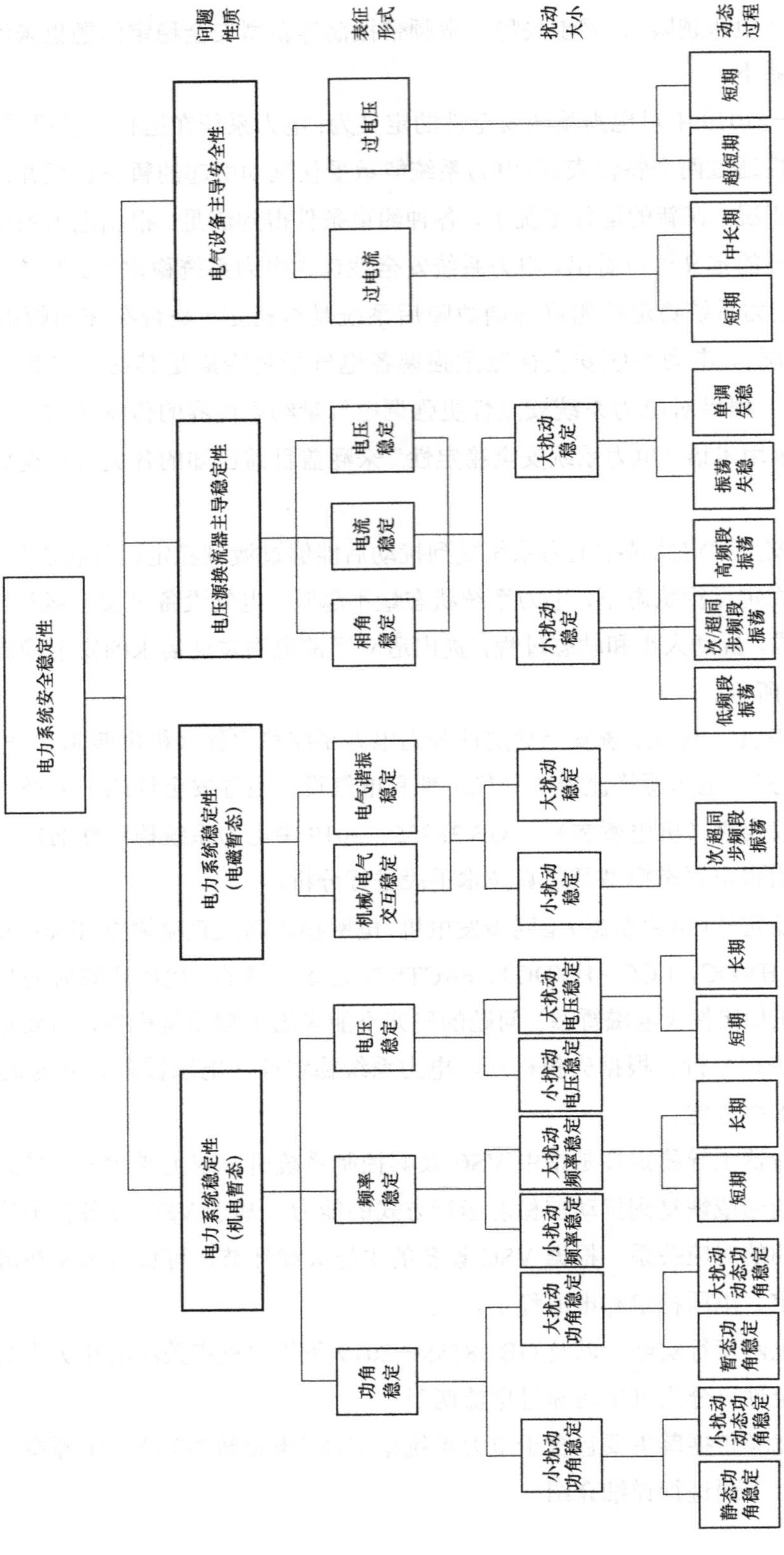

图 1-4　电力系统安全稳定性分类

1.3.2 电力系统宽频带振荡的定义与分类

1. 电力系统宽频带振荡的定义

从本章前两节中可以看出，高比例电力电子设备接入电力系统后，更易引起电力系统出现宽频带振荡形式的动态失稳问题，且其振荡特性、失稳机理与传统次/超同步振荡存在明显不同。

虽然目前“宽频带振荡”一词被广泛使用，但目前国内外标准中均未对电力系统宽频带振荡给出明确的定义。本书结合电力系统宽频带振荡的特性，给出电力系统宽频带振荡的定义如下。

电力系统宽频带振荡是电力系统的一种异常运行状态，在这种运行状态下，电力电子设备、常规电源、电力网络、负荷中会出现物理量的非正常振荡。该振荡具有非线性的特征，振荡频率范围从几赫兹到几千赫兹。这类问题涵盖了发电设备、电力电子设备、输电网络和电力负荷侧产生的各种振荡和谐振问题，如图 1-5 所示。

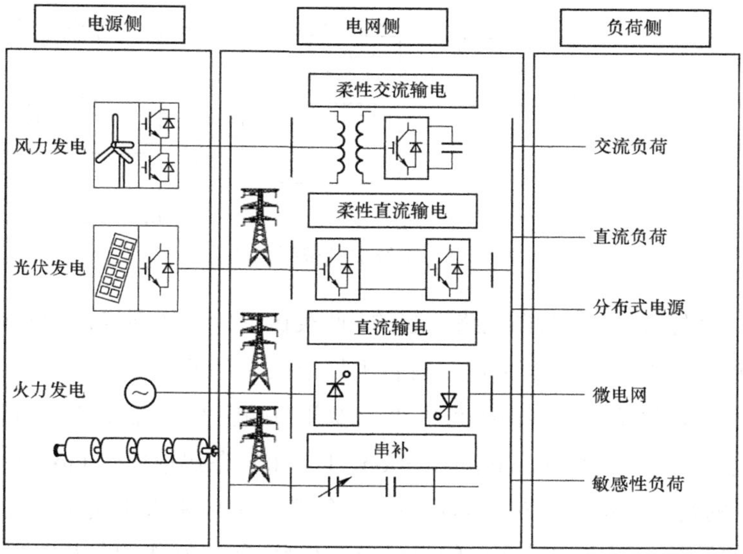

图 1-5 出现各种振荡和谐振问题的高比例电力电子电力系统

2. 电力系统宽频带振荡的分类

根据电力系统宽频带振荡的产生机理（是否存在 LC 电路谐振）以及参与设备（电力电子设备控制器是否对振荡有明显影响作用）的不同，电力系统宽频带振荡问题可以分为谐振（存在 LC 电路谐振）以及控制振荡（不存在 LC 电路谐振，控制器对振荡有显著影响作用）两大类及若干子类。电力系统宽频带振荡分类如图 1-6 所示。

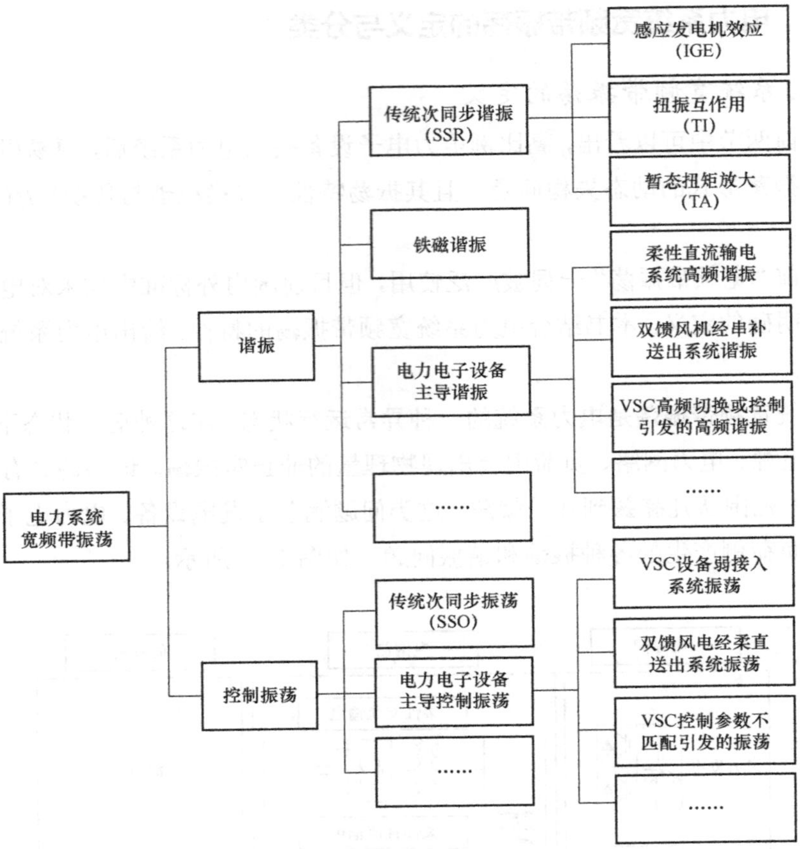

图 1-6　电力系统宽频带振荡的分类

（1）谐振。谐振是由 LC 谐振电路引起的。此类振荡包含次同步谐振（sub-synchronous resonance，SSR）、铁磁谐振、电力电子设备主导谐振 3 个子类。

根据失稳机理，传统次同步谐振可以进一步分为感应发电机效应（inductive generator effect，IGE）、扭振互作用（torsional interaction，TI）和暂态扭矩放大（torque amplification，TA）。感应发电机效应是指转子对次同步电流的等效负值电阻大于定子和输电系统在该电气谐振频率上的等效电阻之和时产生的电气自激振荡；扭振互作用是指当串补线路的电气振荡频率与发电机轴系的扭振互补频率接近时，电网侧激发的互补频率电流对轴系扭振产生的助增作用；暂态扭矩放大是当串联电容补偿电网的固有振荡频率与轴系扭振频率互补时，电网侧扰动在转子轴系会产生非常大的冲击性扭矩。

铁磁谐振是电力系统自激振荡的一种形式，是由变电站内变压器、电压互感器等元件的非线性电感，与电缆和架空线的对地电容之间产生的共振现象。在某些故障的激励下，会引发持续性、高幅值的谐振过电压现象。

电力电子设备主导谐振包括柔性直流输电系统高频谐振、双馈风机经串补送出系统谐振、VSC 高频切换或控制引发的高频谐振等。柔性直流输电系统高频谐振是交流线路的电感与对地电容之间构成的 LC 电气振荡，柔直的换流器控制对该振荡模式产生了放大作用；在双馈风机经串补送出系统中，系统电感（风力发电机、输电线及变压器的电感）与线路串补电容构成 LC 电气振荡回路，双馈风机的换流器控制对该振荡模式产生了放大作用（负电阻效应）；此外，带有 LC/LCL 型滤波器的电压源型换流器在高频切换或控制作用下会发生高频谐振，也属于谐振的范畴。

（2）控制振荡。对于控制振荡，系统中不存在 LC 电气谐振回路，且电力电子设备控制器对此类振荡有明显的影响作用。此类振荡包含次同步振荡（sub-synchronous oscillation，SSO）以及电力电子设备主导控制振荡两个子类。

次同步振荡是指同步发电机轴系与 HVDC 或 FACTS 的电力电子设备控制环节发生交互作用，从而激发轴系扭振模态的振荡现象。

电力电子设备主导控制振荡包括 VSC 设备（直驱风电/STATCOM 等）弱接入系统振荡、双馈风电经柔直送出系统振荡、VSC 控制参数不匹配引发的振荡等。VSC 设备与弱电网间发生动态交互作用，使得直驱风电/STATCOM 等控制系统对次同步振荡模式呈现负阻尼特性，会引发次/超同步振荡现象；双馈风电经柔直送出系统振荡主要包含以下三类：由于汇集电缆引发的振荡（频率大于 2kHz），风场变压器、电缆及柔直换流器间交互作用引发的振荡（频率为 500～2kHz），风场变压器及柔直系统间交互作用引发的振荡（频率为 50～500Hz）；此外，以 VSC 为并网接口的设备控制参数不匹配所引发的振荡也属于控制振荡的范畴，主要由锁相环等设备控制环节参数不合适或控制参数不适应弱电网运行条件两种情况引发。

对于图 1－6 所示的电力系统宽频带振荡的各个子分类，在图 1－4 的电力系统安全稳定性分类体系中也有相应的对应关系。

在图 1－4 中，电力系统稳定性（电磁暂态）分为机械/电气交互稳定和电气谐振稳定。其中机械/电气交互稳定是由同步发电机轴系与电气设备（包括串补、LCC-HVDC、FACTS 等）之间的交互引发，主要包括图 1－6 中的扭振互作用、暂态扭矩放大、次同步振荡等。电气谐振稳定指电感电容谐振电路引起的稳定问题，主要包括图 1－6 中的感应发电机效应、铁磁谐振等。

在图 1－4 中，电压源换流器主导稳定是指由 VSC 及其控制系统引发或主要参与，受到扰动后系统能够过渡到新的或恢复到扰动前稳态运行方式的能力，主要包括图 1－6 中的电力电子设备主导谐振、电力电子设备主导控制振荡等。

小 结

（1）本章以 2015 年新疆哈密振荡事故为例，阐述了高比例电力电子电力系统宽频带动态稳定问题的新特征：多样化设备广泛参与、次/超同步频率间的强耦合、振荡频率漂移，这与旋转机组惯性和轴系动态主导的传统低频振荡、传统次同步谐振/振荡存在本质的区别。

（2）根据高比例电力电子电力系统宽频带动态稳定问题的新特征，本章对电力系统宽频带振荡进行了定义：电力系统宽频带振荡是电力系统的一种异常运行状态，在这种运行状态下，电力电子设备、常规电源、电力网络、负荷中会出现物理量的非正常振荡。

（3）根据宽频带振荡的产生机理（是否存在 LC 电路谐振）以及参与设备（电力电子设备控制器是否对振荡有明显影响作用）的不同，电力系统宽频带振荡问题可分为谐振（存在 LC 电路谐振）以及控制振荡（不存在 LC 电路谐振，控制器对振荡有显著影响作用）两大类。本章从振荡机理和参与设备角度对电力系统宽频带振荡进行分类，有助于加强对问题本质的认识，并选择恰当的分析手段，对宽频带振荡的有效抑制有一定的指导意义，为高比例电力电子设备电力系统宽频带振荡机理研究和分析控制提供了一种新的视角。

参 考 文 献

[1] 周孝信，陈树勇，鲁宗相，等. 能源转型中我国新一代电力系统的技术特征［J］. 中国电机工程学报，2018，38（07）：1893－1904＋2205.

[2] 李明节，于钊，许涛，等. 新能源并网系统引发的复杂振荡问题及其对策研究［J］. 电网技术，2017，41（04）：1035－1042.

[3]《电力系统安全稳定导则》条文释义与学习辅导［M］. 北京：中国电力出版社，2020.

[4] 孙华东，徐式蕴，许涛，等. 电力系统安全稳定性的定义与分类探析［J］. 中国电机工程学报，2022，42（21）：7796－7809. DOI：10.13334/j.0258－8013.pcsee.221846.

[5] 陈露洁，徐式蕴，孙华东，等. 高比例电力电子电力系统宽频带振荡研究综述［J］. 中国电机工程学报，2021，41（7）：2297－2309.

[6] IEEE Subsynchronous Resonance Working Group. Countermeasures to subsynchronous resonance problems［J］. IEEE Transactions on Power Apparatus and Systems，1980，PAS－99（5）：1810－1818.

[7] IEEE/CIGRE Joint Task Force on Stability Terms and Definitions. Definition and classification of power system stability [J]. IEEE Trans on Power Systems，2004，19（2）：1387－1401.

[8] 程时杰，曹一家，江全元. 电力系统次同步振荡的理论与方法 [M]. 北京：科学出版社，2009.

[9] 肖湘宁，郭春林，高本锋，等. 电力系统次同步振荡及其抑制方法 [M]. 北京：机械工业出版社，2014.

[10] 袁小明，程时杰，胡家兵. 电力电子化电力系统多尺度电压功角动态稳定问题[J]. 中国电机工程学报，2016，36（19）：5145－5154+5395.

[11] 谢小荣，刘华坤，贺静波，等. 电力系统新型振荡问题浅析 [J]. 中国电机工程学报，2018，38（10）：2821－2828.

[12] 谢宁，罗安，马伏军，等. 大型光伏电站与电网谐波交互影响 [J]. 中国电机工程学报，2013，33（34）：9－16.

[13] Sun J.Impedance-based stability criterion for grid-connected inverters [J]. IEEE Transactions on Power Electronics，2011，26（11）：3075－3078.

[14] 徐政，罗惠群，祝瑞金. 电力系统次同步振荡问题的分析方法概述 [J]. 电网技术，1999，23（6）：36－39.

[15] 倪以信，王艳春，陈寿孙，等. 多机系统直流输电引起的次同步振荡的研究 [J]. 中国电机工程学报，1993，13（2）：64－71.

[16] 郑超，汤涌，马世英，等. 基于等效仿真模型的 VSC－HVDC 次同步振荡阻尼特性分析 [J]. 中国电机工程学报，2007，27（31）：33－39.

[17] 高本锋，刘毅，宋瑞华，等. 双馈风电场经 LCC－HVDC 送出的次同步振荡特性研究 [J]. 中国电机工程学报，2020，40（11）：3477－3489.

[18] 吕敬，蔡旭，张占奎，等. 海上风电场经 MMC－HVDC 并网的阻抗建模及稳定性分析 [J]. 中国电机工程学报，2016，36（14）：3771－3780.

[19] Amin M，Molinas M. Understanding the origin of oscillatory phenomena observed between wind farms and HVdc systems [J]. IEEE Journal of Emerging and Selected Topics in Power Electronics，2017，5（1）：378－392.

[20] 毕天姝，孔永乐，肖仕武，等. 大规模风电外送中的次同步振荡问题 [J]. 电力科学与技术学报，2012，27（1）：10－15.

[21] 祁桂刚，黎灿兵，曹一家，等. SVC 和 TCSC 控制器间动态交互影响分析 [J]. 电力自动化设备，2014，34（7）：65－69.

[22] 颜楠楠，江全元，邹振宇. SVC和STATCOM交互影响分析及单神经元控制器设计[J]. 电力系统及其自动化学报，2005，17（3）：63-68.

[23] Dannehl J，Fuchs F W，Hansen S，et al. Investigation of active damping approaches for PI-based current control of grid-connected pulse width modulation converters with LCL filters [J]. IEEE Transactions on Industry Applications，2010，46（4）：1509-1517.

第 2 章　电力系统宽频带动态稳定建模方法及仿真技术

本章首先介绍典型电力电子设备的两种建模方法，分别是电磁暂态状态空间建模方法和序阻抗建模方法，然后介绍含高比例电力电子设备交直流混联电网的全电磁暂态仿真系统，并搭建了 5 个标准算例系统，为电力系统宽频带动态稳定分析与控制提供模型与仿真平台基础。

2.1　电力系统宽频带动态稳定建模方法

2.1.1　电磁暂态状态空间建模方法

电力电子设备模型可分解为由微分代数方程表示的子模型组，通过对子模型组进行紧凑化表达、消去代数量以及 dq 坐标系到 xy 坐标系的转换，可以得到系统的状态空间模型。

1. 直驱永磁风力发电机组

直驱永磁风力发电机组主要由风力机、传动轴、永磁同步发电机、全功率变换器和滤波电感构成，直驱永磁风力发电机组的整体结构图如图 2-1 所示。风力机将捕获的风能

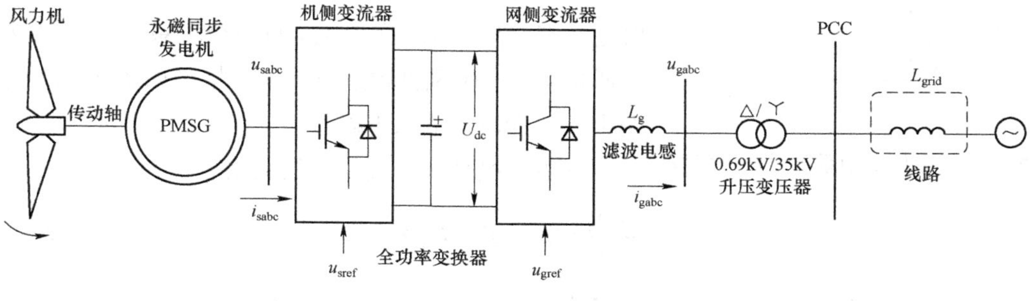

图 2-1　直驱永磁风力发电机组的整体结构图

转换为机械能，永磁同步发电机将机械能转化为电能，全功率变换器将永磁同步发电机输出的电压转化为恒频的并网电压，然后经由升压变压器和输电线路连接至电网系统。

图中，u_{sabc}、i_{sabc}分别为机侧变流器交流端口电压与电流；u_{sref}、u_{gref}分别为机侧与网侧变流器的电压参考值；U_{dc}为直流侧电压；u_{gabc}、i_{gabc}分别为网侧变流器交流端口电压与电流；L_g、L_{grid}分别为滤波电感与线路电感。

下面分别对直驱永磁风力发电机组各部分的数学模型进行介绍。

（1）风力机的数学模型。风力机输出的机械功率P_w为

$$P_w=\frac{1}{2}C_p(\beta,\lambda)\rho\pi R^2 v_w^3 \tag{2-1}$$

式中：ρ为空气密度；R为风力机桨叶半径；v_w为风速；$C_p(\beta,\lambda)$为风能利用系数，是风力机桨距角β和叶尖速比λ的函数，可表示为

$$\begin{cases}C_p(\beta,\lambda)=0.22\left(\dfrac{116}{\lambda_i}-0.4\beta-5\right)e^{-12.5/\lambda_i}\\ \dfrac{1}{\lambda_i}=\dfrac{1}{\lambda+0.08\beta}-\dfrac{0.035}{\beta^3+1}\end{cases} \tag{2-2}$$

式中：叶尖速比λ表示风力机叶尖旋转角速度与风速之比

$$\lambda=\frac{\omega_t R}{v_w}=\frac{\omega_m}{p\times GR}\times\frac{R}{v_w} \tag{2-3}$$

式中：ω_t为风轮机旋转角速度；ω_m为发电机转子旋转角速度；p为永磁同步发电机的极对数；GR为齿轮变速比。

风力机输出机械转矩T_m为

$$T_m=\frac{P_w}{\omega_t}=\frac{\rho\pi R^2 C_p(\beta,\lambda)v_w^3}{2\omega_t} \tag{2-4}$$

（2）传动轴的数学模型。风力机和永磁同步发电机之间通过传动轴连接。由于传动轴很短，建立数学模型时通常忽略传动轴上的扭转，将整个轴系部分等效成一个质量块，直驱风机轴系单质量块模型如图2-2所示。图中，T_e为风机输出电磁转矩。

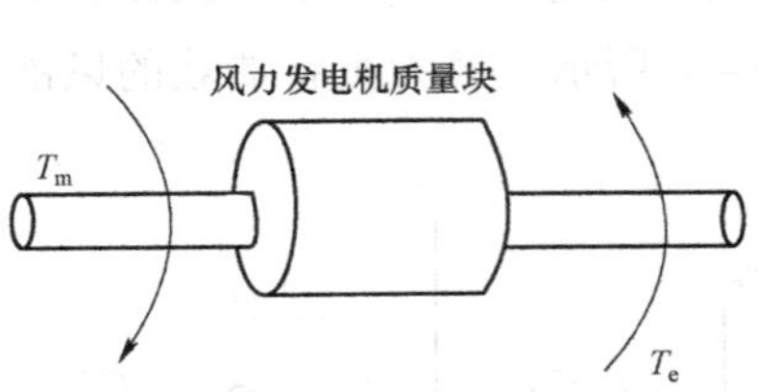

图2-2　直驱风机轴系单质量块模型

直驱风机轴系单质量块的运动方程为

$$J\frac{d\omega_m}{dt}=T_m-T_e-D_m\omega_m \tag{2-5}$$

式中：J为转动惯量系数；D_m为阻尼系数。

（3）永磁同步发电机的数学模型。永磁同步发电机的绕组结构示意图如图 2–3 所示。永磁同步发电机使用永磁体励磁，没有阻尼绕组。永磁体安装在转子上，为发电机提供恒定的励磁磁通。永磁直驱电机的结构与同步电机类似，其定子绕组产生的旋转磁动势与电机转子的转速保持一致，因此发电机输出的频率与风机的转速相关。

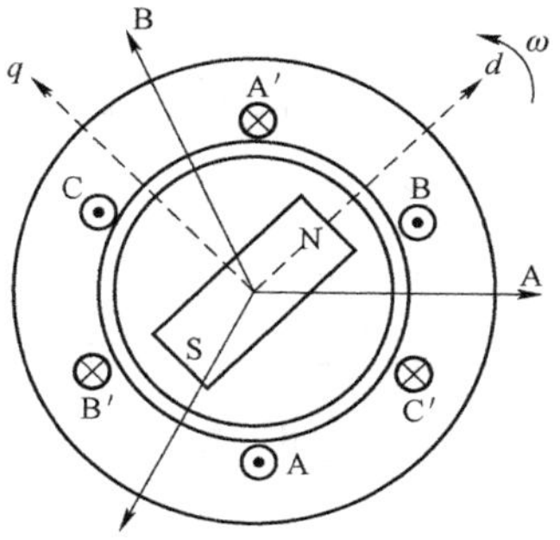

图 2–3　永磁同步电机的绕组结构示意图

模型采用发电机惯例，各绕组磁链正方向为相轴的正方向，规定永磁体磁链方向为 d 轴，超前 d 轴 90° 的方向为 q 轴，坐标系以发电机转子角速度 ω_m 旋转。同时对发电机模型做以下假设：忽略定、转子铁芯磁阻，忽略涡流损耗和磁滞损耗，气隙磁场均匀呈正弦分布，忽略齿槽效应，发电机感生电势三相对称。

永磁同步发电机 dq 旋转坐标系下的电压方程为

$$\begin{bmatrix} u_{sd} \\ u_{sq} \end{bmatrix} = \frac{d}{dt}\begin{bmatrix} \psi_{sd} \\ \psi_{sq} \end{bmatrix} + \begin{bmatrix} 0 & -\omega_m \\ \omega_m & 0 \end{bmatrix}\begin{bmatrix} \psi_{sd} \\ \psi_{sq} \end{bmatrix} - R_s\begin{bmatrix} i_{sd} \\ i_{sq} \end{bmatrix} \tag{2-6}$$

式中：u_{sd}、u_{sq} 为发电机输出电压的 d 轴与 q 轴分量；ψ_{sd}、ψ_{sq} 为定子 d 轴磁链、q 轴磁链；i_{sd}、i_{sq} 为发电机输出电流的 d 轴与 q 轴分量；R_s 为定子绕组电阻。

已规定永磁体磁链方向为 d 轴，则定子磁链方程为

$$\begin{bmatrix} \psi_{sd} \\ \psi_{sq} \end{bmatrix} = \begin{bmatrix} \Psi_f \\ 0 \end{bmatrix} - \begin{bmatrix} L_{sd} & 0 \\ 0 & L_{sq} \end{bmatrix}\begin{bmatrix} i_{sd} \\ i_{sq} \end{bmatrix} \tag{2-7}$$

式中：L_{sd}、L_{sq} 为定子 d 轴、q 轴电感；Ψ_f 为转子磁链。

永磁同步发电机输出功率可表示为

$$\begin{cases} P_s = u_{sd}i_{sd} + u_{sq}i_{sq} \\ Q_s = u_{sq}i_{sd} - u_{sd}i_{sq} \end{cases} \tag{2-8}$$

式中：P_s 与 Q_s 分别为发电机输出有功功率与无功功率。

对应的电磁转矩 T_e 可表示为

$$T_e = \frac{P_s}{\omega_m} = \frac{u_{sd}i_{sd} + u_{sq}i_{sq}}{\omega_m} \tag{2-9}$$

（4）全功率变换器及其控制系统的数学模型。全功率变换器包括机侧变流器、网侧变流器和连接两侧变流器的直流电容，全功率变流器结构示意图如图 2–4 所示。机侧变流器和网侧变流器均采用 dq 解耦控制，机侧变流器的控制主要是实现风功率的最大功率跟踪，网侧变流器控制主要是实现直流电压的稳定，进而调节风机并网的有功功率和无功功率。以下建模中假定开关器件为理想元件，即忽略开关管的开关损耗。

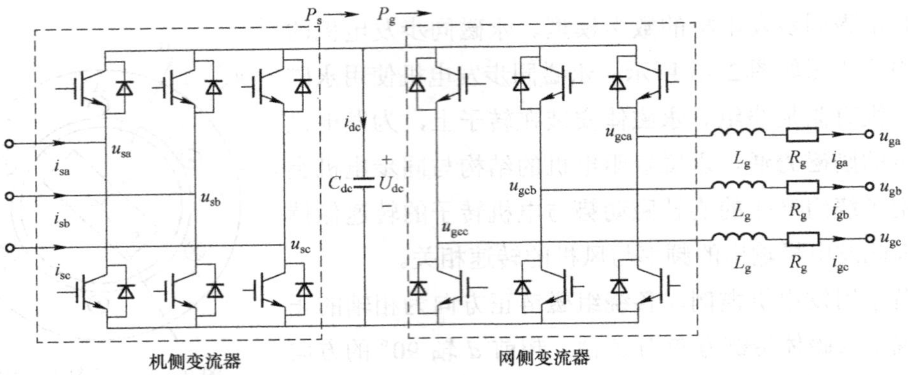

图 2-4 全功率变流器结构示意图

图中，u_{sa}、u_{sb}、u_{sc} 与 i_{sa}、i_{sb}、i_{sc} 分别为机侧变流器交流端口电压与电流；u_{ga}、u_{gb}、u_{gc} 与 i_{ga}、i_{gb}、i_{gc} 分别为网侧变流器输出滤波后的端口电压与电流；u_{gca}、u_{gcb}、u_{gcc} 为网侧变流器交流端口电压；U_{dc} 与 i_{dc} 分别为直流侧电压与电流；C_{dc} 为直流侧电容；P_s、P_g 分别为机侧与网侧变流器有功功率，方向如图中箭头所示；L_g、R_g 分别为滤波电感与寄生电阻。

1）直流电容环节。根据图 2-4 所示正方向，忽略变流器损耗，可得到直流电容环节微分动态方程为

$$C_{dc}U_{dc}\frac{dU_{dc}}{dt}=P_s-P_g=(u_{sd}i_{sd}+u_{sq}i_{sq})-(u_{gcd}i_{gd}+u_{gcq}i_{gq}) \tag{2-10}$$

式中：u_{sd}、u_{sq} 分别为机侧变流器交流端口 d、q 轴电压，即发电机输出电压；i_{sd}、i_{sq} 分别为机侧变流器交流端口 d、q 轴电流；u_{gcd}、u_{gcq} 分别为网侧变流器交流端口 d、q 轴电压；i_{gd}、i_{gq} 分别为网侧变流器交流端口 d、q 轴电流。

2）机侧变流器及其控制模型。机侧变流器控制部分通过控制机侧变流器交流端口电压使得风电机组跟踪风力机控制策略给出的功率或转速参考值，进而控制风机的状态为理想工作状态。机侧变流器控制一般采用基于机侧 d 轴电流为零($i_{sd}=0$)的转子磁场定向矢量控制。

机侧变流器控制框图如图 2-5 所示，框图中各符号含义如表 2-1 所示。

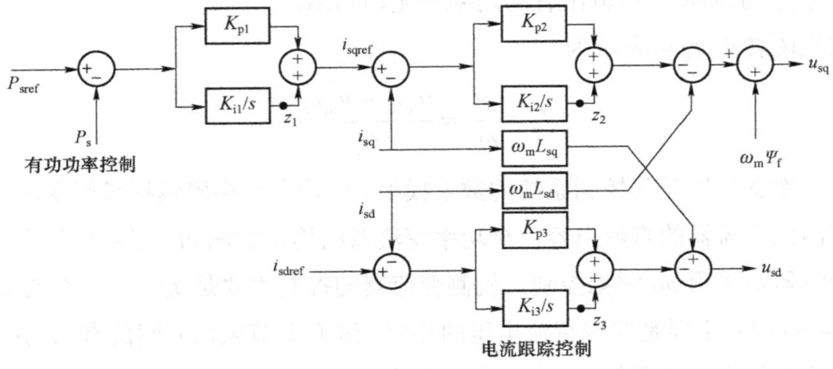

图 2-5 机侧变流器控制框图

表 2-1 机侧变流器控制框图符号含义

符号	含义
P_{sref}	风机输出有功功率参考值
P_{s}	风机输出有功功率
i_{sd}	机侧变流器交流端口电流的 d 轴分量
i_{sq}	机侧变流器交流端口电流的 q 轴分量
i_{sdref}	机侧变流器交流端口电流的 d 轴分量参考值
i_{sqref}	机侧变流器交流端口电流的 q 轴分量参考值
u_{sd}	机侧变流器交流端口电压的 d 轴分量
u_{sq}	机侧变流器交流端口电压的 q 轴分量
Ψ_{f}	转子磁链
L_{sd}	风机定子 d 轴电感
L_{sq}	风机定子 q 轴电感
K_{p1}	有功功率控制环比例系数
K_{i1}	有功功率控制环积分增益
K_{p2}	机侧变流器 q 轴电流控制环比例系数
K_{i2}	机侧变流器 q 轴电流控制环积分增益
K_{p3}	机侧变流器 d 轴电流控制环比例系数
K_{i3}	机侧变流器 d 轴电流控制环积分增益
W_{m}	转子转速

引入中间变量 z_1、z_2、z_3，可得直驱风机机侧变流器控制环节微分动态方程为

$$\begin{cases}\dfrac{\mathrm{d}z_1}{\mathrm{d}t}=K_{\mathrm{i1}}(P_{\mathrm{sref}}-P_{\mathrm{s}})\\[2mm]\dfrac{\mathrm{d}z_2}{\mathrm{d}t}=K_{\mathrm{i2}}(i_{\mathrm{sqref}}-i_{\mathrm{sq}})\\[2mm]\dfrac{\mathrm{d}z_3}{\mathrm{d}t}=K_{\mathrm{i3}}(i_{\mathrm{sdref}}-i_{\mathrm{sd}})\end{cases} \tag{2-11}$$

机侧变流器出口电压方程为

$$\begin{cases}u_{\mathrm{sd}}=-K_{\mathrm{p3}}(i_{\mathrm{sdref}}-i_{\mathrm{sd}})-z_3+\omega_{\mathrm{m}}L_{\mathrm{sq}}i_{\mathrm{sq}}\\u_{\mathrm{sq}}=-K_{\mathrm{p2}}[K_{\mathrm{p1}}(P_{\mathrm{sref}}-P_{\mathrm{s}})+z_1-i_{\mathrm{sq}}]-z_2-\omega_{\mathrm{m}}L_{\mathrm{sd}}i_{\mathrm{sd}}+\omega_{\mathrm{m}}\Psi_{\mathrm{f}}\end{cases} \tag{2-12}$$

3） 网侧变流器及其控制模型。网侧变流器控制目标为保持直流母线电压稳定，一般采用基于电网电压定向的矢量控制，网侧变流器控制框图如图 2-6 所示，网侧变流器控

制框图符号含义如表 2-2 所示。

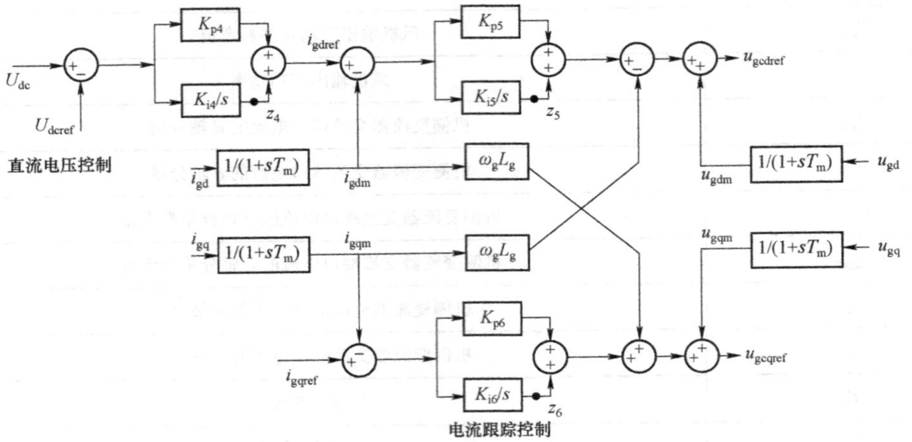

图 2-6　网侧变流器控制框图

表 2-2　**网侧变流器控制框图符号含义**

符号	含义
U_{dcref}	直流电压参考值
U_{dc}	直流电压
i_{gd}	网侧变流器交流端口电流的 d 轴分量
i_{gq}	网侧变流器交流端口电流的 q 轴分量
i_{gdm}	网侧变流器交流端口电流采样测量后的 d 轴分量
i_{gqm}	网侧变流器交流端口电流采样测量后的 q 轴分量
i_{gdref}	网侧变流器交流端口电流的 d 轴分量参考值
i_{gqref}	网侧变流器交流端口电流的 q 轴分量参考值
u_{gcdref}	网侧变流器交流端口电压的 d 轴分量参考值
u_{gcqref}	网侧变流器交流端口电压的 q 轴分量参考值
u_{gd}	网侧变流器输出电压的 d 轴分量
u_{gq}	网侧变流器输出电压的 q 轴分量
u_{gdm}	网侧变流器输出电压采样测量后的 d 轴分量
u_{gqm}	网侧变流器输出电压采样测量后的 q 轴分量
L_g	滤波电感
K_{p4}	直流电压控制环比例系数

续表

符号	含义
K_{i4}	直流电压控制环积分增益
K_{p5}	网侧变流器 d 轴电流控制环比例系数
K_{i5}	网侧变流器 d 轴电流控制环积分增益
K_{p6}	网侧变流器 q 轴电流控制环比例系数
K_{i6}	网侧变流器 q 轴电流控制环积分增益

如图 2-6 所示，网侧电压电流通过由一阶惯性环节模拟的采样测量环节输入至控制环节，对应微分动态方程为

$$T_m \frac{d}{dt}\begin{bmatrix} i_{gdm} \\ i_{gqm} \\ u_{gdm} \\ u_{gqm} \end{bmatrix} + \begin{bmatrix} i_{gdm} \\ i_{gqm} \\ u_{gdm} \\ u_{gqm} \end{bmatrix} = \begin{bmatrix} i_{gd} \\ i_{gq} \\ u_{gd} \\ u_{gq} \end{bmatrix} \tag{2-13}$$

式中：T_m 为一阶惯性环节时间常数。引入中间变量 z_4、z_5、z_6，可以得到网侧变流器控制部分的微分动态方程为

$$\begin{cases} \dfrac{dz_4}{dt} = K_{i4}(U_{dc} - U_{dcref}) \\ \dfrac{dz_5}{dt} = K_{i5}(i_{gdref} - i_{gdm}) \\ \dfrac{dz_6}{dt} = K_{i6}(i_{gqref} - i_{gqm}) \end{cases} \tag{2-14}$$

网侧变流器控制部分输出的变流器出口电压参考值方程为

$$\begin{cases} u_{gcdref} = K_{p5}[K_{p4}(U_{dc} - U_{dcref}) + z_4 - i_{gdm}] + z_5 - \omega_g L_g i_{gqm} + u_{gdm} \\ u_{gcqref} = K_{p6}(i_{gqref} - i_{gqm}) + z_6 + \omega_g L_g i_{gdm} + u_{gqm} \end{cases} \tag{2-15}$$

4）锁相环控制模型。系统网侧变流器控制环节中采用的 dq 旋转坐标系是通过锁相环对电网电压定向得到的，锁相环的控制框图如图 2-7 所示。

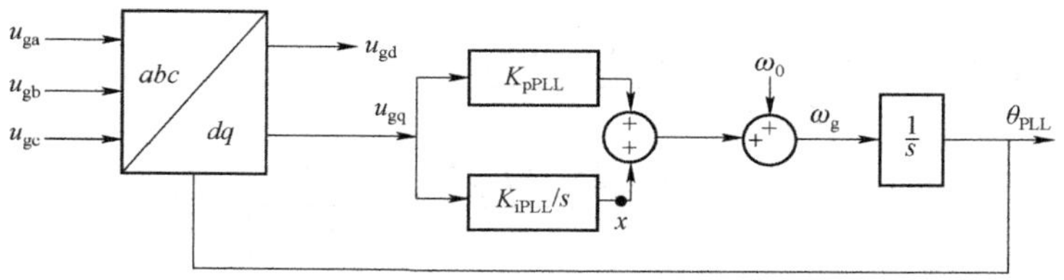

图 2-7　锁相环控制框图

图中，u_{ga}、u_{gb}、u_{gc} 为风机机端三相电压瞬时值；K_{pPLL} 为锁相环比例增益；K_{iPLL} 为锁相环积分增益；θ_{PLL} 为锁相环输出角度；ω_0为额定角频率。引入中间变量 x，可以得到锁相环的动态方程为

$$\begin{cases}\dfrac{\mathrm{d}x}{\mathrm{d}t}=K_{iPLL}u_{gq}\\ \dfrac{\mathrm{d}\theta_{PLL}}{\mathrm{d}t}=K_{pPLL}u_{gq}+x+\omega_0\end{cases} \tag{2-16}$$

则锁相环得到的 dq 坐标系的旋转角速度 ω_g 为

$$\omega_g=K_{pPLL}u_{gq}+x+\omega_0 \tag{2-17}$$

（5）滤波电感的数学模型。网侧变流器出口滤波电感在 dq 旋转坐标系下方程如下

$$L_g\frac{\mathrm{d}}{\mathrm{d}t}\begin{bmatrix}i_{gd}\\ i_{gq}\end{bmatrix}=\begin{bmatrix}u_{gcd}\\ u_{gcq}\end{bmatrix}-\begin{bmatrix}u_{gd}\\ u_{gq}\end{bmatrix}+\begin{bmatrix}0 & \omega_g L_g\\ -\omega_g L_g & 0\end{bmatrix}\begin{bmatrix}i_{gd}\\ i_{gq}\end{bmatrix} \tag{2-18}$$

式中符号含义同表 2-2。

（6）直驱风机连续时间状态空间模型。根据上述直驱永磁风力发电系统各环节数学模型，在稳态点处进行线性化，即可得到各环节的线性化微分方程。

对直驱风机的轴系方程进行线性化处理，得到其小信号模型为

$$p\Delta\omega_m=\frac{\Delta P_w}{J\omega_{m0}}-\frac{\Delta P_s}{J\omega_{m0}}+\left(\frac{P_{w0}}{J\omega_{m0}^2}-\frac{P_{s0}}{J\omega_{m0}^2}\right)\Delta\omega_m-\frac{D_m\Delta\omega_m}{J} \tag{2-19}$$

式中：p 为拉普拉斯算子；Δ表示小信号偏移量。

对发电机定子电压方程进行线性化处理可得到

$$\begin{cases}p\Delta i_{sd}=\dfrac{-1}{L_{sd}}\Delta u_{sd}+\Delta\omega_m L_{sq}i_{sq0}+\omega_{m0}L_{sq}\Delta i_{sq}-R_s\Delta i_{sd}\\ p\Delta i_{sq}=\dfrac{-1}{L_{sq}}\Delta u_{sq}-\Delta\omega_m L_{sd}i_{sd0}-\omega_{m0}L_{sd}\Delta i_{sd}-R_s\Delta i_{sd}+\Delta\omega_m\Psi_f\end{cases} \tag{2-20}$$

永磁发电机的电磁功率表达式线性化得到

$$\Delta P_s=\Delta u_{sd}i_{sd0}+u_{sd0}\Delta i_{sd}+\Delta u_{sq}i_{sq0}+u_{sq0}\Delta i_{sq} \tag{2-21}$$

对直流电容环节微分动态方程进行线性化处理得到

$$\begin{aligned}p\Delta U_{dc}=&\frac{u_{sd0}\Delta i_{sd}+i_{sd0}\Delta u_{sd}+u_{sq0}\Delta i_{sq}+i_{sq0}\Delta u_{sq}}{C_{dc}U_{dc0}}\\ &-\frac{u_{gcd0}\Delta i_{gd}+i_{gd0}\Delta u_{gcd}+u_{gcq0}\Delta i_{gq}+i_{gq0}\Delta u_{gcq}}{C_{dc}U_{dc0}}-\frac{\Delta U_{dc}}{C_{dc}U_{dc0}^2}(P_{s0}-P_{g0})\end{aligned} \tag{2-22}$$

对机侧变流器控制环节的相关微分动态方程线性化处理后可得

$$\begin{cases} p\Delta z_1 = K_{i1}(\Delta P_{sref} - \Delta P_s) \\ p\Delta z_2 = K_{i2}(\Delta i_{sqref} - \Delta i_{sq}) \\ p\Delta z_3 = K_{i3}(\Delta i_{sdref} - \Delta i_{sd}) \end{cases} \tag{2-23}$$

机侧变流器出口电压方程线性化后可得

$$\begin{cases} \Delta u_{sd} = -K_{p3}(\Delta i_{sdref} - \Delta i_{sd}) - \Delta z_3 + \Delta\omega_m L_{sq} i_{sq0} + \omega_{m0} L_{sq} \Delta i_{sq} \\ \Delta u_{sq} = -K_{p2}[K_{p1}(\Delta P_{sref} - \Delta P_s) + \Delta z_1 - \Delta i_{sq}] - \Delta z_2 \\ \qquad - \Delta\omega_m L_{sd} i_{sd0} - \omega_{m0} L_{sd} \Delta i_{sd} + \Delta\omega_m \Psi_f \end{cases} \tag{2-24}$$

对网侧电压电流的采样测量微分方程进行线性化处理可得

$$\begin{bmatrix} p\Delta i_{gdm} \\ p\Delta i_{gqm} \\ p\Delta u_{gdm} \\ p\Delta u_{gqm} \end{bmatrix} = \frac{1}{T_m}\begin{bmatrix} \Delta i_{gd} \\ \Delta i_{gq} \\ \Delta u_{gd} \\ \Delta u_{gq} \end{bmatrix} - \frac{1}{T_m}\begin{bmatrix} \Delta i_{gdm} \\ \Delta i_{gqm} \\ \Delta u_{gdm} \\ \Delta u_{gqm} \end{bmatrix} \tag{2-25}$$

网侧输出滤波电感的动态方程线性化处理可得

$$\begin{cases} p\Delta i_{gd} = \dfrac{1}{L_g}\Delta u_{gcd} - \dfrac{1}{L_g}\Delta u_{gd} + \Delta\omega_g L_g i_{sq0} + \omega_{g0} L_g \Delta i_{sq} \\ p\Delta i_{gq} = \dfrac{1}{L_g}\Delta u_{gcq} - \dfrac{1}{L_g}\Delta u_{gq} - \Delta\omega_g L_g i_{sd0} - \omega_{g0} L_g \Delta i_{sd} \end{cases} \tag{2-26}$$

网侧变流器控制方程线性化后可得

$$\begin{cases} p\Delta z_4 = K_{i4}(\Delta U_{dc} - \Delta U_{dcref}) \\ p\Delta z_5 = K_{i5}(\Delta i_{gdref} - \Delta i_{gdm}) \\ p\Delta z_6 = K_{i6}(\Delta i_{gqref} - \Delta i_{gqm}) \end{cases} \tag{2-27}$$

网侧变流器出口电压参考值方程线性化如下

$$\begin{cases} \Delta u_{gcdref} = K_{p5}[K_{p4}(\Delta U_{dc} - \Delta U_{dcref}) + \Delta z_4 - \Delta i_{gdm}] + \Delta z_5 \\ \qquad - \Delta\omega_g L_g i_{gqm0} - \omega_{g0} L_g \Delta i_{gqm} + \Delta u_{gdm} \\ \Delta u_{gcqref} = K_{p6}(\Delta i_{gqref} - \Delta i_{gqm}) + \Delta z_6 + \Delta\omega_g L_g i_{gdm} + \omega_g L_g \Delta i_{gdm} + \Delta u_{gqm} \end{cases} \tag{2-28}$$

将变流器调制过程等效成一个一阶惯性环节，对其方程线性化，可得到

$$\begin{cases} p\Delta u_{gcd} = \dfrac{1}{T_d}(\Delta u_{gcdref} - \Delta u_{gcd}) \\ p\Delta u_{gcq} = \dfrac{1}{T_d}(\Delta u_{gcqref} - \Delta u_{gcq}) \end{cases} \tag{2-29}$$

对锁相环节的微分动态方程进行线性化处理，可得

$$\begin{cases} p\Delta x = K_{\text{iPLL}}\Delta u_{\text{gq}} \\ p\Delta\theta_{\text{PLL}} = K_{\text{pPLL}}\Delta u_{\text{gq}} + \Delta x \end{cases} \tag{2-30}$$

网侧 dq 坐标系的旋转角速度方程线性化得

$$\Delta\omega_{\text{g}} = K_{\text{pPLL}}\Delta u_{\text{gq}} + \Delta x \tag{2-31}$$

至此给出了可以描述直驱风力发电机组动态特性的线性化微分方程组，以及相关的中间变量表达式，上述微分方程组及代数方程组可用聚合形式表示为

$$\begin{cases} p\Delta\boldsymbol{X} = \boldsymbol{A}_1\Delta\boldsymbol{X} + \boldsymbol{B}_1\Delta\boldsymbol{u}_{\text{dq}} + \boldsymbol{E}_1\Delta\boldsymbol{u}' \\ \boldsymbol{0} = \boldsymbol{C}_1\Delta\boldsymbol{X} + \boldsymbol{D}_1\Delta\boldsymbol{u}_{\text{dq}} + \boldsymbol{F}_1\Delta\boldsymbol{u}' \end{cases} \tag{2-32}$$

式中：$\boldsymbol{A}_1$、$\boldsymbol{B}_1$、$\boldsymbol{C}_1$、$\boldsymbol{D}_1$、$\boldsymbol{E}_1$、$\boldsymbol{F}_1$ 均为系数矩阵，矩阵元素对应上述各方程中变量前的系数，此处不再写出；$\Delta\boldsymbol{X}$ 为状态变量向量；$\Delta\boldsymbol{u}_{\text{dq}}$ 为风机机端电压向量；$\Delta\boldsymbol{u}'$ 为中间变量向量。$\Delta\boldsymbol{X}$、$\Delta\boldsymbol{u}_{\text{dq}}$、$\Delta\boldsymbol{u}'$ 对应表达式分别如下

$$\begin{aligned} \Delta\boldsymbol{X} = [&\Delta\omega_{\text{m}}, \Delta y_1, \Delta y_2, \Delta i_{\text{sd}}, \Delta i_{\text{sq}}, \Delta z_1, \Delta z_2, \Delta z_3, \Delta i_{\text{gd}}, \Delta i_{\text{gq}}, \Delta i_{\text{gdm}}, \Delta i_{\text{gqm}}, \\ &\Delta u_{\text{gdm}}, \Delta u_{\text{gqm}}, \Delta U_{\text{dk}}, \Delta z_4, \Delta z_5, \Delta z_6, \Delta u_{\text{gcd}}, \Delta u_{\text{gcq}}, \Delta x, \Delta\theta_{\text{PLL}}]^{\text{T}} \end{aligned} \tag{2-33}$$

$$\Delta\boldsymbol{u}_{\text{dq}} = [\Delta u_{\text{gd}} \quad \Delta u_{\text{gq}}]^{\text{T}} \tag{2-34}$$

$$\Delta\boldsymbol{u}' = [\Delta P_{\text{w}} \quad \Delta P_{\text{s}} \quad \Delta P_{\text{sref}} \quad \Delta\omega_{\text{r}} \quad \Delta\omega_{\text{g}} \quad \Delta u_{\text{gcdref}} \quad \Delta u_{\text{gcqref}}]^{\text{T}} \tag{2-35}$$

消去式（2-32）中的中间变量 $\Delta\boldsymbol{u}'$，即可得到直驱风力发电机组在 dq 坐标系下的连续时间状态空间模型

$$p\Delta\boldsymbol{X} = \boldsymbol{A}\Delta\boldsymbol{X} + \boldsymbol{B}\Delta\boldsymbol{u}_{\text{dq}} \tag{2-36}$$

其中 $\boldsymbol{A}$、$\boldsymbol{B}$ 矩阵可表示为 $\begin{cases} \boldsymbol{A} = \boldsymbol{A}_1 - \boldsymbol{E}_1\boldsymbol{F}_1^{-1}\boldsymbol{C}_1 \\ \boldsymbol{B} = \boldsymbol{B}_1 - \boldsymbol{E}_1\boldsymbol{F}_1^{-1}\boldsymbol{D}_1 \end{cases}$。

输出电流矩阵可表示为

$$\Delta\boldsymbol{i}_{\text{gdq}} = \Delta\boldsymbol{C}\boldsymbol{X} \tag{2-37}$$

由式（2-37）可知，直驱风力发电机组局部状态空间模型中，机端电压矩阵为输入矩阵，机端电流矩阵为输出矩阵，且该输入、输出矩阵均位于直驱风机自身所在的 dq 坐标系中。当直驱风机局部状态空间模型与网络部分状态空间模型（建立在 xy 同步旋转坐标系中）联立时，需要对该输入、输出矩阵进行坐标系变换处理，从而实现直驱风机局部模型与网络部分的融合建模。

图 2-8 给出直驱风机自身所在的 dq 坐标系与 xy 同步旋转坐标系间的位置关系，其中 δ 为两坐标系间的夹角。

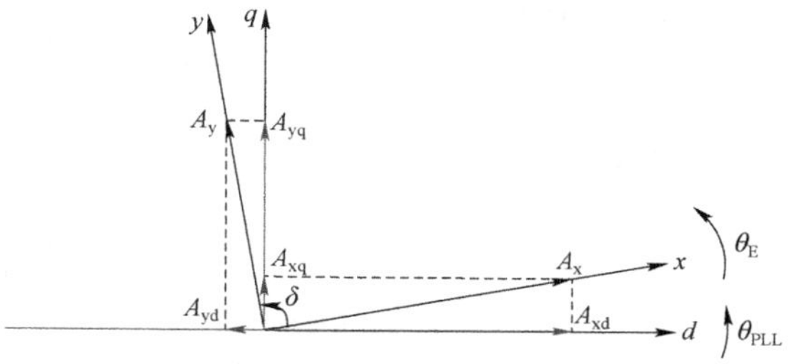

图 2-8　直驱风机 dq 坐标系与 xy 同步旋转坐标系间位置关系

由上述坐标系位置关系，可得到直驱风机机端 dq 轴下电压、电流与 xy 轴下电压、电流间的关系式为

$$\begin{bmatrix} A_d \\ A_q \end{bmatrix} = \begin{bmatrix} \sin\delta & -\cos\delta \\ \cos\delta & \sin\delta \end{bmatrix} \begin{bmatrix} A_x \\ A_y \end{bmatrix} \tag{2-38}$$

式中：A 表示直驱风机机端电压或电流。

以直驱风机机端电压为例，将式（2-38）在稳态点附近线性化，得到

$$\begin{bmatrix} \Delta u_{gd} \\ \Delta u_{gq} \end{bmatrix} = \begin{bmatrix} \sin\delta_0 & -\cos\delta_0 \\ \cos\delta_0 & \sin\delta_0 \end{bmatrix} \begin{bmatrix} \Delta u_{gx} \\ \Delta u_{gy} \end{bmatrix} + \begin{bmatrix} u_{gq0} \\ -u_{gd0} \end{bmatrix} \Delta\delta \tag{2-39}$$

简写成

$$\boldsymbol{\Delta u_{gdq}} = \boldsymbol{T_0 \Delta u_{gxy}} + \boldsymbol{R_V \Delta X} \tag{2-40}$$

其中：$\boldsymbol{T_0} = \begin{bmatrix} \sin\delta_0 & -\cos\delta_0 \\ \cos\delta_0 & \sin\delta_0 \end{bmatrix}$；$\boldsymbol{R_V} = \begin{bmatrix} 0 & \cdots & 0 & u_{gq0} \\ 0 & \cdots & 0 & -u_{gd0} \end{bmatrix}$；$\boldsymbol{\Delta u_{gxy}} = \begin{bmatrix} \Delta u_{gx} \\ \Delta u_{gy} \end{bmatrix}$。

同理，对于机端电流也可以得到以下关系

$$\boldsymbol{\Delta i_{gdq}} = \boldsymbol{T_0 \Delta i_{gxy}} + \boldsymbol{R_i \Delta X} \tag{2-41}$$

其中：$\boldsymbol{R_i} = \begin{bmatrix} 0 & \cdots & 0 & i_{gq0} \\ 0 & \cdots & 0 & -i_{gd0} \end{bmatrix}$，$\boldsymbol{\Delta i_{gxy}} = \begin{bmatrix} \Delta i_{gx} \\ \Delta i_{gy} \end{bmatrix}$。

将式（2-40）代入到式（2-36）中，式（2-41）代入到（2-37）中，即可得到直驱风机在 xy 同步旋转坐标系下的连续时间状态空间模型

$$\begin{cases} \boldsymbol{p\Delta X} = \boldsymbol{A'\Delta X} + \boldsymbol{B'\Delta u_{xy}} \\ \boldsymbol{\Delta i_{gxy}} = \boldsymbol{C'\Delta X} \end{cases} \tag{2-42}$$

其中：$\boldsymbol{A'} = \boldsymbol{A} + \boldsymbol{BR_V}$，$\boldsymbol{B'} = \boldsymbol{BT_0}$，$\boldsymbol{C'} = \boldsymbol{T_0^{-1}(C - R_i)}$。

2. 双馈风力发电机组

双馈风机由风力机、传动轴、双馈感应发电机以及背靠背变流器组成。以下根据图 2-9 所示双馈风机的整体结构图，分别对双馈风力发电机组的各组成部分数学模型进行详细说明。

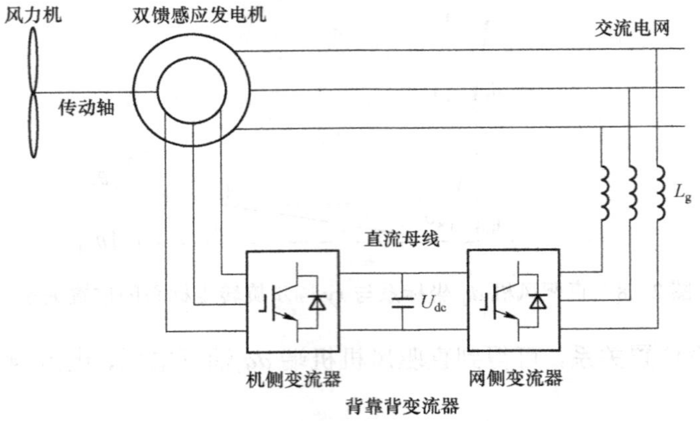

图 2-9 双馈风力发电机组的整体结构图

（1）风力机的数学模型。双馈风机中风力机的数学模型与直驱风机中风力机的数学模型相同。

（2）传动轴的数学模型。双馈风电机组通过齿轮箱连接风轮机和发电机，可用两质量块轴系模型等效，如图 2-10 所示。

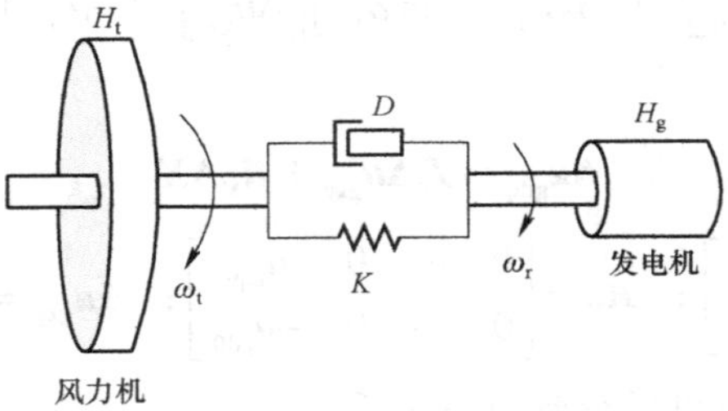

图 2-10 双馈风机轴系两质量块模型

两质量块模型运动方程可表示为

$$\begin{cases} 2H_t\dfrac{d\omega_t}{dt} = T_m - K\theta - D\omega_b(\omega_t - \omega_r) \\ \dfrac{d\theta}{dt} = \omega_b(\omega_t - \omega_r) \\ 2H_g\dfrac{d\omega_r}{dt} = K\theta + D\omega_b(\omega_t - \omega_r) + T_e \end{cases} \tag{2-43}$$

式中：T_e 为电磁转矩；θ 为轴系扭转角度；$\omega_b = 2\pi f_s$，为系统额定频率 f_s 下的基准转速；H_t 为风轮机质量块惯量常数；H_g 为发电机质量块惯量常数；K 为传动轴的刚性系数；D 为传动轴的阻尼系数；ω_t 和 ω_r 分别为风力机质量块转速和发电机质量块转速。

（3）双馈感应发电机的数学模型。规定双馈感应发电机的定、转子绕组各变量的参考方向均采用电动机惯例，则 dq 旋转坐标系下的定、转子电压方程为

$$\begin{bmatrix} u_{sd} \\ u_{sq} \\ u_{rd} \\ u_{rq} \end{bmatrix} = \begin{bmatrix} R_s & & & \\ & R_s & & \\ & & R_r & \\ & & & R_r \end{bmatrix} \begin{bmatrix} i_{sd} \\ i_{sq} \\ i_{rd} \\ i_{rq} \end{bmatrix} + \frac{1}{\omega_b} \begin{bmatrix} p\psi_{sd} \\ p\psi_{sq} \\ p\psi_{rd} \\ p\psi_{rq} \end{bmatrix} + \omega_s \begin{bmatrix} -\psi_{sq} \\ \psi_{sd} \\ -s\psi_{rq} \\ s\psi_{rd} \end{bmatrix} \tag{2-44}$$

定、转子磁链方程为

$$\begin{bmatrix} \psi_{sd} \\ \psi_{sq} \\ \psi_{rd} \\ \psi_{rq} \end{bmatrix} = \begin{bmatrix} L_{ss} & & & \\ & L_{ss} & & \\ & & L_{rr} & \\ & & & L_{rr} \end{bmatrix} \begin{bmatrix} i_{sd} \\ i_{sq} \\ i_{rd} \\ i_{rq} \end{bmatrix} + L_m \begin{bmatrix} i_{rd} \\ i_{rq} \\ i_{sd} \\ i_{sq} \end{bmatrix} \tag{2-45}$$

定子有功功率方程和无功功率方程为

$$\begin{cases} P_s = u_{sd} i_{sd} + u_{sq} i_{sq} \\ Q_s = u_{sq} i_{sd} - u_{sd} i_{sq} \end{cases} \tag{2-46}$$

电磁转矩方程为

$$T_e = L_m (i_{sq} i_{rd} - i_{sd} i_{rq}) \tag{2-47}$$

式中：u_s 和 u_r 分别为定、转子电压；i_s 和 i_r 分别为定、转子电流；ψ_s 和 ψ_r 分别为定、转子磁链；R_s、R_r 分别为定子绕组电阻和转子绕组电阻；L_m 为定转子绕组间的互感；$L_{ss}=L_s+L_m$ 为定子等效两相绕组自感；L_s 为定子漏电感；$L_{rr}=L_r+L_m$ 为转子等效两相绕组自感；L_r 为转子漏电感；ω_s 为同步角速度；$p = \mathrm{d}/\mathrm{d}t$ 为微分算子；下标 d、q 表示 d、q 轴分量。

定义 $E'_d = -\dfrac{\omega_s L_m}{L_{rr}} \psi_{rq}$、$E'_q = \dfrac{\omega_s L_m}{L_{rr}} \psi_{rd}$、$X'_s = \omega_s \left(L_{ss} - \dfrac{L_m^2}{L_{rr}} \right)$，联立 E'_d、E'_q 方程和转子磁链方程可得

$$\begin{bmatrix} i_{rd} \\ i_{rq} \end{bmatrix} = -\frac{L_m}{L_{rr}} \begin{bmatrix} i_{sd} \\ i_{sq} \end{bmatrix} + \begin{bmatrix} 0 & \dfrac{1}{\omega_s L_m} \\ -\dfrac{1}{\omega_s L_m} & 0 \end{bmatrix} \begin{bmatrix} E'_d \\ E'_q \end{bmatrix} \tag{2-48}$$

将上式代入到定子磁链方程中可得

$$\begin{bmatrix} \psi_{sd} \\ \psi_{sq} \end{bmatrix} = \frac{X'_s}{\omega_s} \begin{bmatrix} i_{sd} \\ i_{sq} \end{bmatrix} + \begin{bmatrix} 0 & \dfrac{1}{\omega_s} \\ -\dfrac{1}{\omega_s} & 0 \end{bmatrix} \begin{bmatrix} E'_d \\ E'_q \end{bmatrix} \tag{2-49}$$

将式（2-48）和式（2-49）代入到式（2-44）定、转子电压方程中可得

$$\frac{1}{\omega_b}\begin{bmatrix} pE'_d \\ pE'_q \\ pi_{sd} \\ pi_{sq} \end{bmatrix}=\begin{bmatrix} -\frac{R_r}{L_{rr}} & s\omega_s & 0 & -\frac{\omega_s R_r L_m^2}{L_{rr}^2} \\ -s\omega_s & -\frac{R_r}{L_{rr}} & \frac{\omega_s R_r L_m^2}{L_{rr}^2} & 0 \\ -\frac{\omega_s}{X'_s}(1-s) & \frac{1}{X'_s}\frac{R_r}{L_{rr}} & -\frac{\omega_s}{X'_s}\left(R_s+\frac{R_r L_m^2}{L_{rr}^2}\right) & \omega_s \\ -\frac{1}{X'_s}\frac{R_r}{L_{rr}} & -\frac{\omega_s}{X'_s}(1-s) & -\omega_s & -\frac{\omega_s}{X'_s}\left(R_s+\frac{R_r L_m^2}{L_{rr}^2}\right) \end{bmatrix}\begin{bmatrix} E'_d \\ E'_q \\ i_{sd} \\ i_{sq} \end{bmatrix}$$
$$+\begin{bmatrix} 0 & 0 & 0 & -\frac{\omega_s L_m}{L_{rr}} \\ 0 & 0 & \frac{\omega_s L_m}{L_{rr}} & 0 \\ \frac{\omega_s}{X'_s} & 0 & -\frac{\omega_s}{X'_s}\frac{L_m}{L_{rr}} & 0 \\ 0 & \frac{\omega_s}{X'_s} & 0 & -\frac{\omega_s}{X'_s}\frac{L_m}{L_{rr}} \end{bmatrix}\begin{bmatrix} u_{sd} \\ u_{sq} \\ u_{rd} \\ u_{rq} \end{bmatrix} \tag{2-50}$$

将式（2-48）和式（2-49）代入到电磁转矩方程中得到

$$T_e=\frac{1}{\omega_s}(i_{sd}E'_d+i_{sq}E'_q) \tag{2-51}$$

（4）背靠背变流器及其控制系统数学模型。双馈风电机组的背靠背变流器系统包括机侧变流器、网侧变流器和连接两侧变流器的直流电容，如图 2-11 所示。

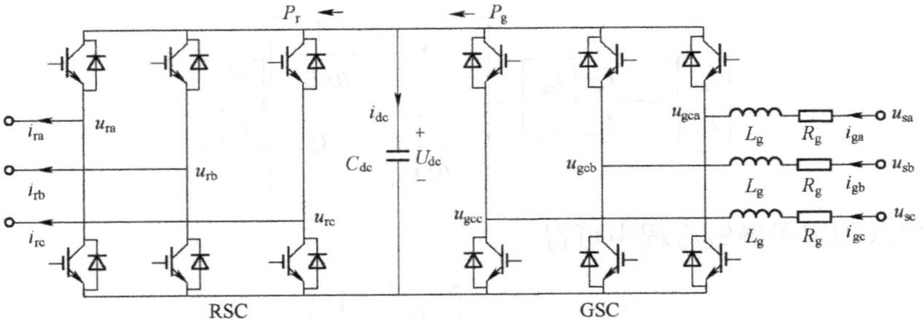

图 2-11　双馈风机变流器结构示意图

1）直流电容环节。变流器直流电容动态方程可表示为

$$C_{dc}U_{dc}\frac{dU_{dc}}{dt}=u_{gcd}i_{gd}+u_{gcq}i_{gq}-(u_{rd}i_{rd}+u_{rq}i_{rq}) \tag{2-52}$$

式中：u_{gcd} 和 u_{gcq} 分别为网侧变流器交流端口电压的 d 轴分量和 q 轴分量；i_{gd} 和 i_{gq} 分别为网侧变流器交流端口电流的 d 轴分量和 q 轴分量；U_{dc}、i_{dc} 分别为电容器电压、电流；C_{dc} 为电容器的电容。

2）转子侧变流器及其控制模型。转子侧变流器的功率外环和电流内环控制如图 2－12 所示。图中符号含义见表 2－3。

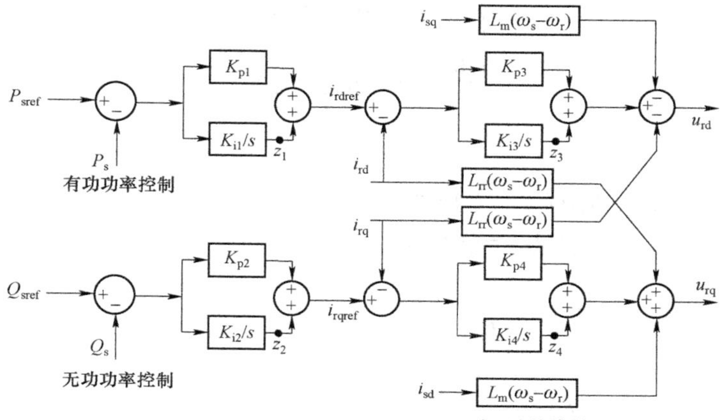

图 2－12 双馈风机转子侧变流器控制框图

表 2－3 转子侧变流器控制框图符号含义

符号	含义
P_{sref}	风机输出有功功率参考值
P_s	风机输出有功功率
Q_{sref}	风机输出无功功率参考值
Q_s	风机输出无功功率
i_{rd}	转子电流的 d 轴分量
i_{rq}	转子电流的 q 轴分量
i_{rdref}	转子电流的 d 轴分量参考值
i_{rqref}	转子电流的 q 轴分量参考值
u_{rd}	转子电压的 d 轴分量
u_{rq}	转子电压的 q 轴分量
K_{p1}	有功功率控制环比例系数
K_{i1}	有功功率控制环积分增益
K_{p2}	无功功率控制环比例系数
K_{i2}	无功功率控制环积分增益
K_{p3}	d 轴电流控制环比例系数
K_{i3}	d 轴电流控制环积分增益
K_{p4}	q 轴电流控制环比例系数
K_{i4}	q 轴电流控制环积分增益

引入中间变量 z_1、z_2、z_3、z_4，可以得到转子侧变流器控制系统状态方程如下

$$\begin{cases}\dfrac{\mathrm{d}z_1}{\mathrm{d}t}=K_{\mathrm{i1}}(P_{\mathrm{sref}}-P_{\mathrm{s}})\\ \dfrac{\mathrm{d}z_2}{\mathrm{d}t}=K_{\mathrm{i2}}(Q_{\mathrm{sref}}-Q_{\mathrm{s}})\end{cases}\quad \begin{cases}\dfrac{\mathrm{d}z_3}{\mathrm{d}t}=K_{\mathrm{i3}}(i_{\mathrm{rdref}}-i_{\mathrm{rd}})\\ \dfrac{\mathrm{d}z_4}{\mathrm{d}t}=K_{\mathrm{i4}}(i_{\mathrm{rqref}}-i_{\mathrm{rq}})\end{cases} \tag{2-53}$$

相应的代数方程为

$$\begin{cases}i_{\mathrm{rdref}}=K_{\mathrm{p1}}(P_{\mathrm{sref}}-P_{\mathrm{s}})+z_1\\ i_{\mathrm{rqref}}=K_{\mathrm{p2}}(Q_{\mathrm{sref}}-Q_{\mathrm{s}})+z_2\end{cases}$$
$$\begin{cases}i_{\mathrm{rd}}=\dfrac{1}{\omega_{\mathrm{s}}L_{\mathrm{m}}}E_{\mathrm{q}}'-\dfrac{L_{\mathrm{m}}}{L_{\mathrm{rr}}}i_{\mathrm{sd}}\\ i_{\mathrm{rq}}=-\dfrac{1}{\omega_{\mathrm{s}}L_{\mathrm{m}}}E_{\mathrm{d}}'-\dfrac{L_{\mathrm{m}}}{L_{\mathrm{rr}}}i_{\mathrm{sq}}\end{cases} \tag{2-54}$$
$$\begin{cases}u_{\mathrm{rd}}=K_{\mathrm{p3}}(i_{\mathrm{rdref}}-i_{\mathrm{rd}})+z_3-L_{\mathrm{m}}(\omega_{\mathrm{s}}-\omega_{\mathrm{r}})i_{\mathrm{sq}}-L_{\mathrm{rr}}(\omega_{\mathrm{s}}-\omega_{\mathrm{r}})i_{\mathrm{rq}}\\ u_{\mathrm{rq}}=K_{\mathrm{p4}}(i_{\mathrm{rqref}}-i_{\mathrm{rq}})+z_4+L_{\mathrm{m}}(\omega_{\mathrm{s}}-\omega_{\mathrm{r}})i_{\mathrm{sd}}+L_{\mathrm{rr}}(\omega_{\mathrm{s}}-\omega_{\mathrm{r}})i_{\mathrm{rd}}\end{cases}$$

3）网侧变流器及其控制模型。网侧变流器在 dq 旋转坐标系下的端口方程为

$$\begin{cases}\dfrac{1}{\omega_{\mathrm{b}}}L_{\mathrm{g}}\dfrac{\mathrm{d}i_{\mathrm{gd}}}{\mathrm{d}t}=u_{\mathrm{sd}}-R_{\mathrm{g}}i_{\mathrm{gd}}+\omega_{\mathrm{s}}L_{\mathrm{g}}i_{\mathrm{gq}}-u_{\mathrm{gcd}}\\ \dfrac{1}{\omega_{\mathrm{b}}}L_{\mathrm{g}}\dfrac{\mathrm{d}i_{\mathrm{gq}}}{\mathrm{d}t}=u_{\mathrm{sq}}-R_{\mathrm{g}}i_{\mathrm{gq}}-\omega_{\mathrm{s}}L_{\mathrm{g}}i_{\mathrm{gd}}-u_{\mathrm{gcq}}\end{cases} \tag{2-55}$$

采用电网电压 d 轴定向的矢量控制，则式（2－55）中 $u_{\mathrm{sq}}=0$。

忽略网侧电阻 R_{g} 损耗，网侧变流器输入有功功率、无功功率可表示为

$$\begin{cases}P_{\mathrm{g}}=u_{\mathrm{sd}}i_{\mathrm{gd}}+u_{\mathrm{sq}}i_{\mathrm{gq}}=u_{\mathrm{sd}}i_{\mathrm{gd}}\\ Q_{\mathrm{g}}=u_{\mathrm{sq}}i_{\mathrm{gd}}-u_{\mathrm{sd}}i_{\mathrm{gq}}=-u_{\mathrm{sd}}i_{\mathrm{gq}}\end{cases} \tag{2-56}$$

网侧变流器直流电压外环控制和内环电流控制框图如图 2－13 所示。图中符号含义见表 2－4。

表 2－4　　网侧变流器控制框图符号含义

符号	含义
U_{dcref}	直流电压参考值
U_{dc}	直流电压
i_{gd}	网侧变流器交流端口电流的 d 轴分量

续表

符号	含义
i_{gq}	网侧变流器交流端口电流的 q 轴分量
i_{gcdref}	网侧变流器交流端口电流的 d 轴分量参考值
i_{gcqref}	网侧变流器交流端口电流的 q 轴分量参考值
u_{gcdref}	网侧变流器交流端口电压的 d 轴分量参考值
u_{gcqref}	网侧变流器交流端口电压的 q 轴分量参考值
u_{sd}	定子电压的 d 轴分量
u_{sq}	定子电压的 q 轴分量
L_g	滤波电感
K_{p5}	直流电压控制环比例系数
K_{i5}	直流电压控制环积分增益
K_{p6}	d 轴电流控制环比例系数
K_{i6}	d 轴电流控制环积分增益
K_{p7}	q 轴电流控制环比例系数
K_{i7}	q 轴电流控制环积分增益

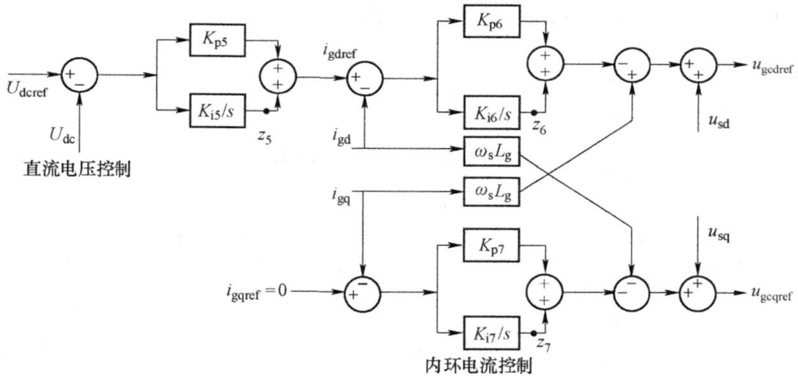

图2-13 双馈风机网侧变流器控制框图

引入中间变量 z_5、z_6、z_7，可以得到网侧变流器控制系统状态方程为

$$\begin{cases} \dfrac{dz_5}{dt} = K_{i5}(U_{dcref} - U_{dc}) \\ \dfrac{dz_6}{dt} = K_{i6}(i_{gdref} - i_{gd}) \\ \dfrac{dz_7}{dt} = K_{i7}(i_{gqref} - i_{gq}) \end{cases} \tag{2-57}$$

相应的代数方程为

$$\begin{cases} i_{\text{gdref}} = K_{\text{p5}}(U_{\text{dcref}} - U_{\text{dc}}) + z_5 \\ i_{\text{gqref}} = 0 \end{cases}$$
$$\begin{cases} u_{\text{gcdref}} = u_{\text{sd}} + \omega_{\text{s}} L_{\text{g}} i_{\text{gq}} - K_{\text{p6}}(i_{\text{gdref}} - i_{\text{gd}}) - z_6 \\ u_{\text{gcqref}} = u_{\text{sq}} - \omega_{\text{g}} L_{\text{g}} i_{\text{gd}} - K_{\text{p7}}(i_{\text{gqref}} - i_{\text{gq}}) - z_7 \end{cases} \tag{2-58}$$

4）锁相环控制模型。双馈风机中锁相环的数学模型与直驱风机中锁相环的数学模型相同。

（5）双馈风力发电机状态空间模型。对双馈风电机组轴系运动方程进行线性化处理，得到

$$\begin{cases} p\Delta\omega_{\text{t}} = \dfrac{1}{2H_{\text{t}}}(\Delta T_{\text{m}} - K\Delta\theta - D\omega_{\text{b}}\Delta\omega_{\text{t}} - D\omega_{\text{b}}\omega_{\text{s}}\Delta s) \\ p\Delta\theta = \omega_{\text{b}}\Delta\omega_{\text{t}} + \omega_{\text{b}}\omega_{\text{s}}\Delta s \\ p\Delta s = -\dfrac{1}{2H_{\text{g}}\omega_{\text{s}}}(K\Delta\theta + D\omega_{\text{b}}\Delta\omega_{\text{t}} + D\omega_{\text{b}}\omega_{\text{s}}\Delta s + \Delta T_{\text{e}}) \end{cases} \tag{2-59}$$

电磁转矩线性化方程为

$$\Delta T_{\text{e}} = \frac{1}{\omega_{\text{s}}}\left(i_{\text{sd0}}\Delta E'_{\text{d}} + E'_{\text{d0}}\Delta i_{\text{sd}} + i_{\text{sq0}}\Delta E'_{\text{q}} + E'_{\text{q0}}\Delta i_{\text{sq}}\right) \tag{2-60}$$

对双馈风机定转子电压方程进行线性化得到

$$\begin{bmatrix} p\Delta E'_{\text{d}} \\ p\Delta E'_{\text{q}} \\ p\Delta i_{\text{sd}} \\ p\Delta i_{\text{sq}} \end{bmatrix} = \omega_{\text{b}} \begin{bmatrix} \omega_{\text{s}} E'_{\text{q0}} & -\dfrac{R_{\text{r}}}{L_{\text{rr}}} & s_0\omega_{\text{s}} & 0 & -\dfrac{\omega_{\text{s}} R_{\text{r}} L_{\text{m}}^2}{L_{\text{rr}}^2} \\ -\omega_{\text{s}} E'_{\text{d0}} & -s_0\omega_{\text{s}} & -\dfrac{R_{\text{r}}}{L_{\text{rr}}} & \dfrac{\omega_{\text{s}} R_{\text{r}} L_{\text{m}}^2}{L_{\text{rr}}^2} & 0 \\ \dfrac{\omega_{\text{s}}}{X'_{\text{s}}} E'_{\text{d0}} & -\dfrac{\omega_{\text{s}}}{X'_{\text{s}}}(1-s_0) & \dfrac{R_{\text{r}}}{X'_{\text{s}} L_{\text{rr}}} & -\dfrac{\omega_{\text{s}}}{X'_{\text{s}}}\left(R_{\text{s}} + \dfrac{R_{\text{r}} L_{\text{m}}^2}{L_{\text{rr}}^2}\right) & \omega_{\text{s}} \\ \dfrac{\omega_{\text{s}}}{X'_{\text{s}}} E'_{\text{q0}} & -\dfrac{R_r}{X'_{\text{s}} L_{\text{rr}}} & -\dfrac{\omega_{\text{s}}}{X'_{\text{s}}}(1-s_0) & -\omega_{\text{s}} & -\dfrac{\omega_{\text{s}}}{X'_{\text{s}}}\left(R_{\text{s}} + \dfrac{R_{\text{r}} L_{\text{m}}^2}{L_{\text{rr}}^2}\right) \end{bmatrix} \begin{bmatrix} \Delta s \\ \Delta E'_{\text{d}} \\ \Delta E'_{\text{q}} \\ \Delta i_{\text{sd}} \\ \Delta i_{\text{sd}} \end{bmatrix}$$
$$+ \omega_{\text{b}} \begin{bmatrix} 0 & 0 & 0 & -\dfrac{\omega_{\text{s}} L_{\text{m}}}{L_{\text{rr}}} \\ 0 & 0 & \dfrac{\omega_{\text{s}} L_{\text{m}}}{L_{\text{rr}}} & 0 \\ \dfrac{\omega_{\text{s}}}{X'_{\text{s}}} & 0 & -\dfrac{\omega_{\text{s}}}{X'_{\text{s}}}\dfrac{L_{\text{m}}}{L_{\text{rr}}} & 0 \\ 0 & \dfrac{\omega_{\text{s}}}{X'_{\text{s}}} & 0 & -\dfrac{\omega_{\text{s}}}{X'_{\text{s}}}\dfrac{L_{\text{m}}}{L_{\text{rr}}} \end{bmatrix} \begin{bmatrix} \Delta u_{\text{sd}} \\ \Delta u_{\text{sq}} \\ \Delta u_{\text{rd}} \\ \Delta u_{\text{rq}} \end{bmatrix} \tag{2-61}$$

对背靠背变流器直流电压动态方程线性化处理，得到

$$p\Delta U_{dc}=-\frac{1}{C_{dc}}\frac{u_{gd0}i_{gd0}+u_{gq0}i_{gq0}-u_{rd0}i_{rd0}-u_{rq0}i_{rq0}}{U_{dc0}^{2}}\Delta U_{dc}+\frac{1}{C_{dc}}\left(\frac{i_{gd0}\Delta u_{gd}+u_{gd0}\Delta i_{gd}+i_{gq0}\Delta u_{gq}+u_{gq0}\Delta i_{gq}-i_{rd0}\Delta u_{rd}-u_{rd0}\Delta i_{rd}-i_{rq0}\Delta u_{rq}-u_{rq0}\Delta i_{rq}}{U_{dc0}}\right) \tag{2-62}$$

对转子侧变流器控制相关方程线性化处理，得到

$$\begin{cases}p\Delta z_1=K_{i1}(\Delta P_{sref}-\Delta P_s)\\ p\Delta z_2=K_{i2}(\Delta Q_{sref}-\Delta Q_s)\\ p\Delta z_3=K_{i3}(\Delta i_{rdref}-\Delta i_{rd})\\ p\Delta z_4=K_{i4}(\Delta i_{rqref}-\Delta i_{rq})\end{cases} \tag{2-63}$$

$$\begin{cases}\Delta P_{sref}=0\\ \Delta Q_{sref}=0\\ \Delta P_s=u_{sd0}\Delta i_{sd}+i_{sd0}\Delta u_{sd}+i_{sq0}\Delta u_{sq}+u_{sq0}\Delta i_{sq}\\ \Delta Q_s=u_{sq0}\Delta i_{sd}+i_{sd0}\Delta u_{sq}-i_{sq0}\Delta u_{sd}-u_{sd0}\Delta i_{sq}\end{cases} \tag{2-64}$$

$$\begin{cases}\Delta i_{rd}=\dfrac{1}{\omega_s L_m}\Delta E'_q-\dfrac{L_m}{L_{rr}}\Delta i_{sd}\\ \Delta i_{rq}=-\dfrac{1}{\omega_s L_m}\Delta E'_d-\dfrac{L_m}{L_{rr}}\Delta i_{sq}\end{cases} \tag{2-65}$$

$$\begin{cases}\Delta i_{rdref}=K_{p1}(\Delta P_{sref}-\Delta P_s)+\Delta z_1\\ \Delta i_{rqref}=K_{p2}(\Delta Q_{sref}-\Delta Q_s)+\Delta z_2\end{cases}$$

$$\begin{cases}\Delta u_{rd}=K_{p3}(\Delta i_{rdref}-\Delta i_{rd})+\Delta z_3-L_m s_0\omega_s\Delta i_{sq}-L_m\omega_s i_{sq0}\Delta s-L_{rr}s_0\omega_s\Delta i_{rq}-L_{rr}\omega_s i_{rq0}\Delta s\\ \Delta u_{rd}=K_{p4}(\Delta i_{rqref}-\Delta i_{rq})+\Delta z_4+L_m s_0\omega_s\Delta i_{sd}+L_m\omega_s i_{sd0}\Delta s+L_{rr}s_0\omega_s\Delta i_{rd}+L_{rr}\omega_s i_{rd0}\Delta s\end{cases} \tag{2-66}$$

对网侧变流器及其控制相关方程线性化处理，得到

$$\begin{cases}p\Delta i_{gd}=\dfrac{\omega_b}{L_g}\left(\Delta u_{sd}-R_g\Delta i_{gd}+\omega_s L_g\Delta i_{gq}-\Delta u_{gd}\right)\\ p\Delta i_{gq}=\dfrac{\omega_b}{L_g}\left(\Delta u_{sq}-R_g\Delta i_{gq}-\omega_s L_g\Delta i_{gd}-\Delta u_{gq}\right)\end{cases} \tag{2-67}$$

$$\begin{cases}p\Delta z_5=K_{i5}(\Delta U_{dcref}-\Delta U_{dc})\\ p\Delta z_6=K_{i6}(\Delta i_{gdref}-\Delta i_{gd})\\ p\Delta z_7=K_{i7}(\Delta i_{gqref}-\Delta i_{gq})\end{cases} \tag{2-68}$$

$$\begin{cases}\Delta U_{\mathrm{dcref}}=0\\ \Delta i_{\mathrm{gqref}}=0\\ \Delta i_{\mathrm{gdref}}=-K_{\mathrm{p5}}\Delta U_{\mathrm{dc}}+\Delta z_5+K_{\mathrm{p5}}\Delta U_{\mathrm{dcref}}\\ \Delta u_{\mathrm{gcdref}}=\Delta u_{\mathrm{sd}}+\omega_{\mathrm{s}}L_{\mathrm{g}}\Delta i_{\mathrm{gq}}-K_{\mathrm{p6}}\Delta i_{\mathrm{gdref}}+K_{\mathrm{p6}}\Delta i_{\mathrm{gd}}-\Delta z_6\\ \Delta u_{\mathrm{gcqref}}=\Delta u_{\mathrm{sq}}-\omega_{\mathrm{g}}L_{\mathrm{g}}\Delta i_{\mathrm{gd}}-K_{\mathrm{p7}}\Delta i_{\mathrm{gqref}}+K_{\mathrm{p7}}\Delta i_{\mathrm{gq}}-\Delta z_7\end{cases}\tag{2-69}$$

双馈风机的风力机控制部分与锁相环控制部分与直驱风机相同，其小信号状态空间模型也一致，此处不重复给出。

至此给出了可以描述双馈风机全部动态特性的线性化微分方程组及相关的中间变量表达式，上述微分方程组及代数方程组可写成紧凑形式为

$$\begin{cases}p\Delta\boldsymbol{X}=\boldsymbol{A}_1\Delta\boldsymbol{X}+\boldsymbol{B}_1\Delta\boldsymbol{W}+\boldsymbol{C}_1\Delta\boldsymbol{U}_{\mathbf{dq}}\\ \mathbf{0}=\boldsymbol{A}_2\Delta\boldsymbol{X}+\boldsymbol{B}_2\Delta\boldsymbol{W}+\boldsymbol{C}_2\Delta\boldsymbol{U}_{\mathbf{dq}}\end{cases}\tag{2-70}$$

式中：$\boldsymbol{A}_1$、$\boldsymbol{B}_1$、$\boldsymbol{C}_1$、$\boldsymbol{A}_2$、$\boldsymbol{B}_2$、$\boldsymbol{C}_2$ 均为系数矩阵，矩阵元素对应上述各微分代数方程的系数，此处不再写出；$\Delta\boldsymbol{X}$ 为状态变量向量；$\Delta\boldsymbol{W}$ 为中间变量向量；$\Delta\boldsymbol{U}_{\mathbf{dq}}$ 为双馈风机机端电压向量，对应的表达式分别为

$$\begin{aligned}\Delta\boldsymbol{X}=[&\Delta\omega_{\mathrm{t}},\Delta\theta,\Delta s,\Delta E_{\mathrm{d}}',\Delta E_{\mathrm{q}}',\Delta i_{\mathrm{sd}},\Delta i_{\mathrm{sq}},\Delta U_{\mathrm{dc}},\Delta z_1,\Delta z_2,\Delta z_3,\Delta z_4,\Delta z_5,\Delta z_6,\Delta z_7,\\ &\Delta i_{\mathrm{gd}},\Delta i_{\mathrm{gq}},\Delta x,\Delta\theta_{\mathrm{pll}}]^{\mathrm{T}}\end{aligned}\tag{2-71}$$

$$\begin{aligned}\Delta\boldsymbol{W}=[&\Delta T_{\mathrm{m}},\Delta T_{\mathrm{e}},\Delta u_{\mathrm{rd}},\Delta u_{\mathrm{rq}},\Delta i_{\mathrm{rd}},\Delta i_{\mathrm{rq}},\Delta P_{\mathrm{s}},\Delta Q_{\mathrm{s}},\Delta i_{\mathrm{rdref}},\Delta i_{\mathrm{rqref}},\\ &\Delta i_{\mathrm{gdref}},\Delta i_{\mathrm{gqref}},\Delta u_{\mathrm{gdref}},\Delta u_{\mathrm{gqref}},\Delta\omega_{\mathrm{pll}}]^{\mathrm{T}}\end{aligned}\tag{2-72}$$

$$\Delta\boldsymbol{U}_{\mathbf{dq}}=[\Delta u_{\mathrm{sd}}\quad\Delta u_{\mathrm{sq}}]^{\mathrm{T}}\tag{2-73}$$

消去式（2-70）中的中间变量$\Delta\boldsymbol{W}$，即可得到双馈风力发电机组在自身锁相环 dq 坐标系下的连续时间状态空间模型

$$p\Delta\boldsymbol{X}=\boldsymbol{A}\Delta\boldsymbol{X}+\boldsymbol{B}\Delta\boldsymbol{U}_{\mathbf{sdq}}\tag{2-74}$$

其中：$\boldsymbol{A}$、$\boldsymbol{B}$ 矩阵表达式为：$\begin{cases}\boldsymbol{A}=\boldsymbol{A}_1-\boldsymbol{B}_1\boldsymbol{B}_2^{-1}\boldsymbol{A}_2\\ \boldsymbol{B}=\boldsymbol{C}_1-\boldsymbol{B}_1\boldsymbol{B}_2^{-1}\boldsymbol{C}_2\end{cases}$。

双馈风机对网络输出电流由定子电流和网侧变流器输出电流共同构成，矩阵形式可表示为

$$\Delta\boldsymbol{i}_{\mathbf{dq}}=\boldsymbol{C}\Delta\boldsymbol{X}\tag{2-75}$$

与直驱风机类似，为实现双馈风机与网络部分状态空间模型的融合建模，需要将风机模型中自身 dq 坐标系中的量转换至系统公共 xy 坐标系中，结合 $dq-xy$ 坐标转换关系，即可将双馈风机的机端电压和电流量转换至 xy 坐标系中

$$\begin{cases}\begin{bmatrix}\Delta U_{sd}\\ \Delta U_{sq}\end{bmatrix}=T_0\begin{bmatrix}\Delta U_{sx}\\ \Delta U_{sy}\end{bmatrix}+R_V\cdot\Delta X\\ \begin{bmatrix}\Delta i_{sd}\\ \Delta i_{sq}\end{bmatrix}=T_0\begin{bmatrix}\Delta i_{sx}\\ \Delta i_{sy}\end{bmatrix}+R_{si}\cdot\Delta X\\ \begin{bmatrix}\Delta i_{gd}\\ \Delta i_{gq}\end{bmatrix}=T_0\begin{bmatrix}\Delta i_{gx}\\ \Delta i_{gy}\end{bmatrix}+R_{gi}\cdot\Delta X\end{cases} \tag{2-76}$$

其中：$T_0=\begin{bmatrix}\sin\delta_0 & -\cos\delta_0\\ \cos\delta_0 & \sin\delta_0\end{bmatrix}$；$R_V=\begin{bmatrix}0 & \cdots & 0 & u_{sq0}\\ 0 & \cdots & 0 & -u_{sd0}\end{bmatrix}$；$R_{si}=\begin{bmatrix}0 & \cdots & 0 & i_{sq0}\\ 0 & \cdots & 0 & -i_{sd0}\end{bmatrix}$；$R_{gi}=\begin{bmatrix}0 & \cdots & 0 & i_{gq0}\\ 0 & \cdots & 0 & -i_{gd0}\end{bmatrix}$。

将式（2-76）分别代入到式（2-74）和式（2-75）中，即可得到双馈风机机端电压、电流表示在 xy 同步旋转坐标系下的连续时间状态空间模型

$$\begin{cases}p\Delta X=A_3\Delta X+B_3\Delta U_{sxy}\\ \Delta i_{xy}=C_3\Delta X\end{cases} \tag{2-77}$$

其中：$A_3=A+BR_V$；$B_3=BT_0$；$C_3=T_0^{-1}(C-R_i)$。

3. LCC-HVDC 输电系统

典型两端 LCC-HVDC 输电系统模型如图 2-14 所示。图中，U_{dR} 和 U_{di} 分别为整流侧与逆变侧直流电压；U_R 和 U_i 分别为整流侧与逆变侧交流电压；I_{dR} 和 I_{di} 分别为整流侧与逆变侧直流电流；I_R 和 I_i 分别为整流侧与逆变侧交流电流；X_R 和 X_i 为整流侧与逆变侧直流侧平波电抗器；R 和 L 为直流线路电阻和电感；k_R 为整流侧变压器变比；k_i 为逆变侧变压器变比；α 和 β 分别代表触发延迟角、触发越前角。忽略直流线路中的电容部分，传统直流输电系统模型包含三个部分：直流线路模型、换流器模型、控制器模型。LCC-HVDC 输电系统整流侧控制目标为保持直流输送功率恒定，逆变侧控制目标为保持直流电压稳定或防止换相失败。

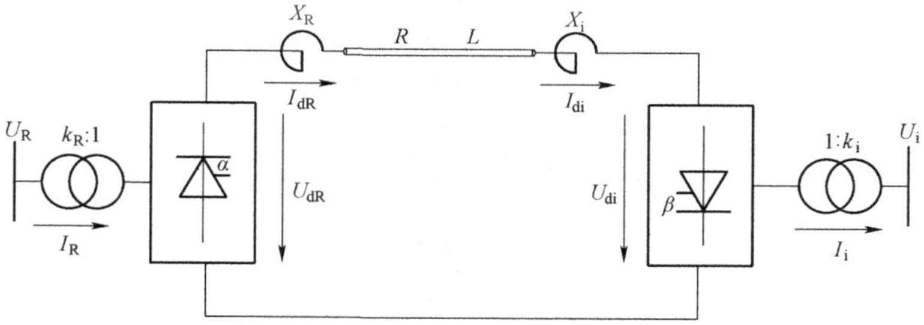

图 2-14　简单两端 LCC 直流输电系统模型

（1）换流器模型。目前对于 LCC-HVDC 换流器通常采用其准稳态模型。在以下有名值方程中，α、β、γ 和 δ 分别代表触发延迟角、触发越前角、换向角和熄弧角，下标“R”

和“I”代表整流侧和逆变侧的变量，“d”代表直流侧的变量。

整流器准稳态方程为

$$\begin{cases} U_{\mathrm{dR}} = 2\left(\dfrac{U_{\mathrm{R}}}{n_{\mathrm{R}}}\cos\alpha - R_{\mathrm{cR}} I_{\mathrm{dR}}\right),\ n_{\mathrm{R}} = \dfrac{\pi k_{\mathrm{R}}}{3\sqrt{2}},\ R_{\mathrm{cR}} = \dfrac{3X_{\mathrm{R}}}{\pi} \\ I_{\mathrm{R}} = \dfrac{2\sqrt{6}}{\pi}\dfrac{I_{\mathrm{dR}}}{k_{\mathrm{R}}},\ P_{\mathrm{R}} = U_{\mathrm{dR}} I_{\mathrm{dR}} = \sqrt{3} U_{\mathrm{R}} I_{\mathrm{R}} \cos\varphi_{\mathrm{R}} \\ \cos\varphi_{\mathrm{R}} = \cos\alpha - \dfrac{R_{\mathrm{cR}} I_{\mathrm{dR}} n_{\mathrm{R}}}{U_{\mathrm{R}}} \end{cases} \tag{2-78}$$

式中：U_{dR} 为整流侧直流电压；U_{R} 为整流侧交流电压；I_{dR} 为整流侧直流电流；I_{R} 为整流侧交流电流；X_{R} 为直流侧平波电抗器电抗；k_{R} 为整流侧变压器变比；α 为触发延迟角；P_{R} 为整流侧直流有功；$\cos\varphi_{\mathrm{R}}$ 为功率因数。

逆变器准稳态方程为

$$\begin{cases} U_{\mathrm{dI}} = 2\left(\dfrac{U_{\mathrm{I}}}{n_{\mathrm{I}}}\cos\beta + R_{\mathrm{cI}} I_{\mathrm{dI}}\right),\ n_{\mathrm{I}} = \dfrac{\pi k_{\mathrm{I}}}{3\sqrt{2}},\ R_{\mathrm{cI}} = \dfrac{3X_{\mathrm{I}}}{\pi} \\ I_{\mathrm{I}} = \dfrac{2\sqrt{6}}{\pi}\dfrac{I_{\mathrm{dI}}}{k_{\mathrm{I}}},\ P_{\mathrm{I}} = -U_{\mathrm{dI}} I_{\mathrm{dI}} = -\sqrt{3} U_{\mathrm{I}} I_{\mathrm{I}} \cos\varphi_{\mathrm{I}} \\ \cos\beta = \cos\delta - \dfrac{\sqrt{2} X_{\mathrm{I}} I_{\mathrm{dI}} k_{\mathrm{I}}}{U_{\mathrm{I}}} \end{cases} \tag{2-79}$$

式中：U_{dI} 为逆变侧直流电压；U_{I} 为逆变侧交流电压；I_{dI} 为逆变侧直流电流；I_{I} 为逆变侧交流电流；X_{I} 为直流侧平波电抗器电抗；k_{I} 为逆变侧变压器变比；P_{R} 为逆变侧直流有功功率。

（2）直流线路及控制系统模型。LCC－HVDC 系统整流侧定电流控制和逆变侧定关断角控制框图分别如图 2－15 和图 2－16 所示。

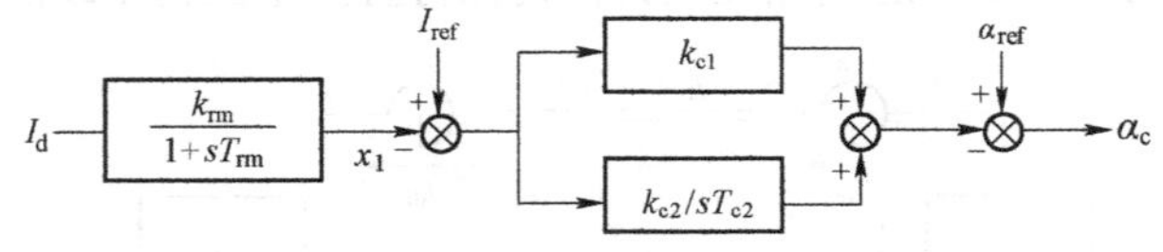

图 2－15　整流侧定电流控制

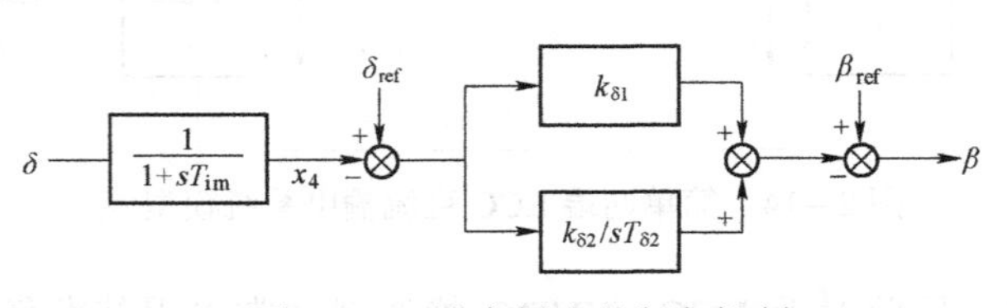

图 2－16　逆变侧定关断角控制

根据上述控制框图及直流输电线路的动态特性，可得到微分方程如下

$$\begin{cases} pI_{\mathrm{d}} = \dfrac{Z_{\mathrm{dcb}}}{L}\left(U_{\mathrm{dR}} - U_{\mathrm{dI}} - RI_{\mathrm{d}}\right) \\ T_{\mathrm{rm}} px_1 = k_{\mathrm{rm}} I_{\mathrm{d}} - x_1 \\ T_{\mathrm{c2}} p\alpha_{\mathrm{c}} - k_{\mathrm{c1}} T_{\mathrm{c2}} px_1 = k_{\mathrm{c2}} x_1 - k_{\mathrm{c2}} I_{\mathrm{ref}} \\ T_{\mathrm{im}} px_4 = \delta - x_4 \\ T_{\delta 2} p\beta - k_{\delta 1} T_{\delta 2} px_4 = k_{\delta 2} x_4 - k_{\delta 2}\delta_{\mathrm{ref}} \end{cases} \tag{2-80}$$

式中：Z_{dcb} 为直流侧阻抗基值；R 为直流线路电阻；L 为直流线路电抗；α_{c} 为定电流控制器输出；I_{d} 为直流电流；U_{dR}、U_{dI} 分别为整流侧和逆变侧直流电压；T_{rm}、k_{rm}、T_{im} 分别为整流侧和逆变侧控制中的测量环节参数；k_{c1}、k_{c2}、T_{c2} 为整流侧定电流控制 PI 参数；$k_{\delta 1}$、$k_{\delta 2}$、$T_{\delta 2}$ 为逆变侧定关断角控制 PI 参数；k_{R}、k_{I} 分别为整流侧和逆变侧换流变变比；R_{cR}、R_{cI} 分别为整流侧和逆变侧等值换向电阻。

以下给出 LCC－HVDC 系统的状态空间模型。此模型包括整流器、逆变器、整流侧控制器、逆变侧控制器、锁相环以及直流线路，位于两侧换流母线上的交流滤波器的模型用电阻/电感/电容等元件的串/并联组合形式表示，因此将其归于对交流网络元件的模型中。此外，以下对 LCC－HVDC 两侧换流阀的动态模型是基于其改进动态相量模型建立的，建模过程中考虑了换流阀在实际换相过程中开关函数曲线的正弦过程，因此所建立的 LCC－HVDC 的动态模型比上面基于准稳态的模型精确度更高。

（1）整流器。整流器的动态相量方程描述了整流侧直流电压与交流母线电压间的关系，以及整流侧交流电流 dq 分量与直流电流间的关系，其数学模型为

$$\begin{cases} V_{\mathrm{dcr}} = \dfrac{3\sqrt{3}N_{\mathrm{B}}}{\pi T_{\mathrm{r}}} V_{\mathrm{r}} \cos\dfrac{\mu_{\mathrm{r}}}{2} \cos\left(\alpha + \dfrac{\mu_{\mathrm{r}}}{2}\right) \\ I_{\mathrm{rd}} = \dfrac{2\sqrt{3}N_{\mathrm{B}}}{\pi T_{\mathrm{r}}} I_{\mathrm{dcr}} \dfrac{\cos\alpha + \cos(\alpha + \mu_{\mathrm{r}})}{2} \\ I_{\mathrm{rq}} = -\dfrac{2\sqrt{3}N_{\mathrm{B}}}{\pi T_{\mathrm{r}}} I_{\mathrm{dcr}} \dfrac{\sin 2\alpha - \sin 2(\alpha + \mu_{\mathrm{r}}) + 2\mu_{\mathrm{r}}}{4[\cos\alpha - \cos(\alpha + \mu_{\mathrm{r}})]} \end{cases} \tag{2-81}$$

式中：N_{B} 为整流器中级联的 6 脉波换流阀个数；T_{r} 为整流侧换流变压器变比；μ_{r} 为整流器的换相重叠角；α 为整流器的延迟触发角；V_{r} 为整流侧换流母线电压值；V_{dcr} 为整流侧直流母线电压值；I_{rd}、I_{rq} 为整流侧交流电流的 dq 轴分量。其中 μ_{r} 是触发延迟角、直流电流、换流母线电压的函数。

将上式线性化处理后，即可得到整流器的连续时间小信号状态空间方程为

$$\begin{bmatrix} \Delta V_{\text{dcr}} \\ \Delta I_{\text{rd}} \\ \Delta I_{\text{rq}} \end{bmatrix} = \begin{bmatrix} K_1^{\text{r}} & K_2^{\text{r}} & K_3^{\text{r}} \\ K_4^{\text{r}} & K_5^{\text{r}} & K_6^{\text{r}} \\ K_7^{\text{r}} & K_8^{\text{r}} & K_9^{\text{r}} \end{bmatrix} \begin{bmatrix} \Delta V_{\text{r}} \\ \Delta I_{\text{dcr}} \\ \Delta \alpha \end{bmatrix} \tag{2-82}$$

式中：系数 $K_1^{\text{r}} \sim K_9^{\text{r}}$ 均为常数。

（2）逆变器。与整流器的动态相量方程类似，逆变器的动态相量方程描述了逆变侧直流电压与交流母线电压间的关系，以及逆变侧交流电流 dq 分量与直流电流间的关系，其数学模型为

$$\begin{cases} V_{\text{dci}} = \dfrac{3\sqrt{3}N_{\text{B}}}{\pi T_{\text{i}}} V_{\text{i}} \cos\dfrac{\mu_{\text{i}}}{2} \cos\left(\beta - \dfrac{\mu_{\text{i}}}{2}\right) \\ I_{\text{id}} = \dfrac{2\sqrt{3}N_{\text{B}}}{\pi T_{\text{i}}} I_{\text{dci}} \dfrac{\cos(\beta-\mu_{\text{i}}) + \cos\beta}{2} \\ I_{\text{iq}} = \dfrac{2\sqrt{3}N_{\text{B}}}{\pi T_{\text{i}}} I_{\text{dci}} \dfrac{\sin 2(\beta-\mu_{\text{i}}) - \sin 2\beta + 2\mu_{\text{i}}}{4[\cos(\beta-\mu_{\text{i}}) - \cos\beta]} \\ \gamma = \beta - \mu_{\text{i}} \end{cases} \tag{2-83}$$

式中：相关变量含义与整流侧动态方程中变量含义相同，仅下标由“r”变为了“i”，γ 为逆变器关断角，β 为逆变器超前触发角。

将上式线性化处理后，即可得到逆变器的连续时间小信号状态空间方程

$$\begin{bmatrix} \Delta V_{\text{dci}} \\ \Delta I_{\text{id}} \\ \Delta I_{\text{iq}} \\ \Delta \gamma \end{bmatrix} = \begin{bmatrix} K_1^{\text{i}} & K_2^{\text{i}} & K_3^{\text{i}} \\ K_4^{\text{i}} & K_5^{\text{i}} & K_6^{\text{i}} \\ K_7^{\text{i}} & K_8^{\text{i}} & K_9^{\text{i}} \\ K_{10}^{\text{i}} & K_{11}^{\text{i}} & K_{12}^{\text{i}} \end{bmatrix} \begin{bmatrix} \Delta V_{\text{i}} \\ \Delta I_{\text{dci}} \\ \Delta \beta \end{bmatrix} \tag{2-84}$$

式中：系数 $K_1^{\text{i}} \sim K_9^{\text{i}}$ 均为常数。

（3）整流侧控制器部分。LCC－HVDC 整流侧采用定电流控制模式，其控制框图如图 2－17 所示。图中 I_{dcm} 为直流电流 I_{dc} 的测量值，$\boldsymbol{x}_{\text{conr}}$ 为控制器内部状态变量，G_{mr} 和 T_{mr} 分别为测量环节的增益和时间常数，K_{pconr} 和 K_{iconr} 分别为控制器的比例增益和积分增益，α_{ord} 为触发延迟角。

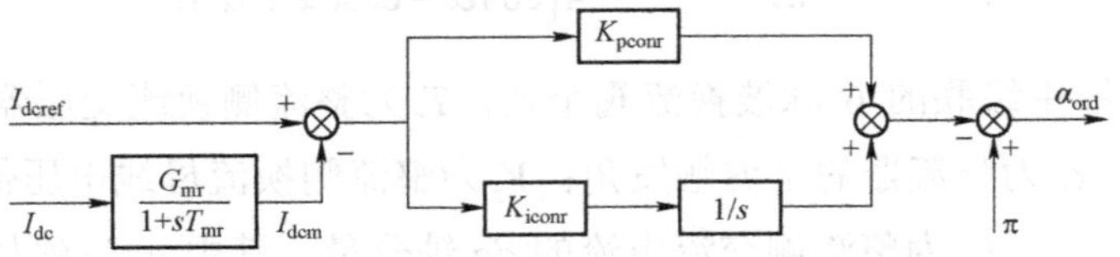

图 2－17　整流侧定电流控制示意图

因此，整流侧控制器中含两个状态变量，对其动态方程线性化后得到小信号模型为

$$\begin{cases}\Delta\dot{\boldsymbol{x}}_{\text{conr}}=\begin{bmatrix}-\dfrac{1}{T_{\text{mr}}} & 0\\ -K_{\text{iconr}} & 0\end{bmatrix}\Delta\boldsymbol{x}_{\text{conr}}+\begin{bmatrix}0 & \dfrac{G_{\text{mr}}}{T_{\text{mr}}}\\ K_{\text{iconr}} & 0\end{bmatrix}\Delta\boldsymbol{u}_{\text{conr}}\\ \Delta y_{\text{conr}}=\begin{bmatrix}K_{\text{pconr}} & -1\end{bmatrix}\Delta\boldsymbol{x}_{\text{conr}}+\begin{bmatrix}-K_{\text{pconr}} & 0\end{bmatrix}\Delta\boldsymbol{u}_{\text{conr}}\end{cases}\tag{2-85}$$

（4）逆变侧控制器部分。LCC－HVDC 逆变侧采用定关断角控制模式，其控制框图如图 2－18 所示。图中γ_{m}为关断角γ的测量值，$\boldsymbol{x}_{\text{coni}}$为控制器内部状态变量，$G_{\text{mi}}$和$T_{\text{mi}}$分别为测量环节的增益和时间常数，$K_{\text{pconi}}$和$K_{\text{iconi}}$分别为控制器的比例增益和积分增益，$\beta_{\text{ord}}$为触发超前角。

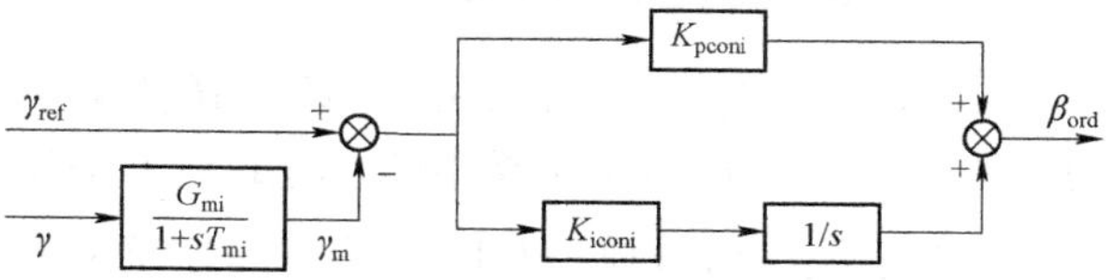

图 2－18　逆变侧定关断角控制示意图

对逆变侧控制器的二阶动态方程进行线性化处理后得到其小信号模型为

$$\begin{cases}\Delta\dot{\boldsymbol{x}}_{\text{coni}}=\begin{bmatrix}-\dfrac{1}{T_{\text{mi}}} & 0\\ -K_{\text{iconi}} & 0\end{bmatrix}\Delta\boldsymbol{x}_{\text{coni}}+\begin{bmatrix}0 & \dfrac{G_{\text{mi}}}{T_{\text{mi}}}\\ K_{\text{iconi}} & 0\end{bmatrix}\Delta\boldsymbol{u}_{\text{coni}}\\ \Delta y_{\text{coni}}=\begin{bmatrix}-K_{\text{pconi}} & 1\end{bmatrix}\Delta\boldsymbol{x}_{\text{coni}}+\begin{bmatrix}K_{\text{pconi}} & 0\end{bmatrix}\Delta\boldsymbol{u}_{\text{coni}}\end{cases}\tag{2-86}$$

（5）锁相环部分。LCC－HVDC 整流侧锁相环的控制框图如图 2－19 所示，图中$\boldsymbol{x}_{\text{PLLr}}$为锁相环内部状态变量，$\theta_{\text{PLLr}}$为锁相角，$\theta_1$为整流侧电网电压实时相位，$K_{\text{pPLLr}}$和$K_{\text{iPLLr}}$分别为锁相环 PI 控制器的比例增益和积分增益。

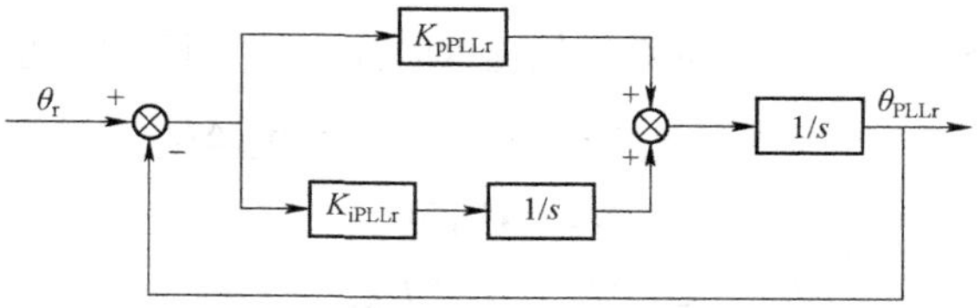

图 2－19　LCC－HVDC 整流侧锁相环

整流侧锁相环对应的线性化方程为

$$\begin{cases}\Delta\dot{\boldsymbol{x}}_{\text{PLLr}}=\begin{bmatrix}0 & -K_{\text{iPLLr}}\\ 1 & -K_{\text{pPLLr}}\end{bmatrix}\Delta\boldsymbol{x}_{\text{PLLr}}+\begin{bmatrix}K_{\text{iPLLr}}\\ K_{\text{pPKKr}}\end{bmatrix}\Delta\theta_{\text{r}}\\ \Delta y_{\text{PLLr}}=\begin{bmatrix}0 & 1\end{bmatrix}\Delta\boldsymbol{x}_{\text{PLLr}}\end{cases}\tag{2-87}$$

LCC－HVDC 逆变侧锁相环的控制框图及对应方程与整流侧类似，只需要将上式中的下标“r”改为“i”即可。

（6）直流线路部分。直流线路部分对应三阶动态方程与柔性直流输电系统中直流线路的方程相同，将在下一小节中给出。

至此，给出了描述 LCC－HVDC 输电系统全部物理/控制环节动态特性的 11 阶线性化微分方程组和相关的代数方程组。将上述各方程联立起来，消去中间代数变量后，即可得到以 LCC－HVDC 两侧交流母线电压作为输入变量，以两侧换流阀输出交流电流作为输出变量的常规直流输电系统的连续时间小信号状态空间模型，其表达式如下

$$\begin{cases}\boldsymbol{p}\Delta\boldsymbol{X}=\boldsymbol{A}\Delta\boldsymbol{X}+\boldsymbol{B}_1\Delta\boldsymbol{U}_{\mathrm{r}}+\boldsymbol{B}_2\Delta\boldsymbol{U}_{\mathrm{i}}\\ \Delta\boldsymbol{I}_{\mathrm{r}}=\boldsymbol{C}_1\Delta\boldsymbol{X}+\boldsymbol{D}_1\Delta\boldsymbol{U}_{\mathrm{r}}\\ \Delta\boldsymbol{I}_{\mathrm{i}}=\boldsymbol{C}_2\Delta\boldsymbol{X}+\boldsymbol{D}_2\Delta\boldsymbol{U}_{\mathrm{i}}\end{cases} \tag{2-88}$$

式中：$\Delta\boldsymbol{U}_{\mathrm{r}}=[\Delta V_{\mathrm{r}}\ \ \Delta\theta_{\mathrm{r}}]^{\mathrm{T}}$，$\Delta\boldsymbol{U}_{\mathrm{i}}=[\Delta V_{\mathrm{i}}\ \ \Delta\theta_{\mathrm{i}}]^{\mathrm{T}}$，$\Delta\boldsymbol{I}_{\mathrm{r}}=[\Delta I_{\mathrm{rd}}\ \ \Delta I_{\mathrm{rq}}]^{\mathrm{T}}$，$\Delta\boldsymbol{I}_{\mathrm{i}}=[\Delta I_{\mathrm{id}}\ \ \Delta I_{\mathrm{iq}}]^{\mathrm{T}}$。

上式中输入变量 $\boldsymbol{U}_{\mathrm{r}}$ 和 $\boldsymbol{U}_{\mathrm{i}}$ 是建立在极坐标系中的，而 $\boldsymbol{I}_{\mathrm{r}}$ 和 $\boldsymbol{I}_{\mathrm{i}}$ 是建立在 dq 坐标系中的，因此为了方便 LCC－HVDC 系统小信号模型与网络其他部分模型的融合建模，还需要进一步对式（2－88）中的电压电流进行坐标转换，将其全部换算到全网统一 xy 同步旋转坐标系中。整流侧采用的坐标转换矩阵关系如下（逆变侧采用的坐标转换矩阵与之相同，只需更改相关变量的下标即可）

$$\begin{bmatrix}\Delta V_{\mathrm{r}}\\ \Delta\theta_{\mathrm{r}}\end{bmatrix}=\begin{bmatrix}\dfrac{V_{\mathrm{rx0}}}{V_{\mathrm{r0}}} & \dfrac{V_{\mathrm{ry0}}}{V_{\mathrm{r0}}}\\ -\dfrac{V_{\mathrm{ry0}}}{V_{\mathrm{r0}}^2} & \dfrac{V_{\mathrm{rx0}}}{V_{\mathrm{r0}}^2}\end{bmatrix}\begin{bmatrix}\Delta V_{\mathrm{rx}}\\ \Delta V_{\mathrm{ry}}\end{bmatrix} \tag{2-89}$$

$$\begin{bmatrix}\Delta I_{\mathrm{rx}}\\ \Delta I_{\mathrm{ry}}\end{bmatrix}=\begin{bmatrix}\cos\theta_{\mathrm{r0}} & -\sin\theta_{\mathrm{r0}}\\ \sin\theta_{\mathrm{r0}} & \cos\theta_{\mathrm{r0}}\end{bmatrix}\begin{bmatrix}\Delta I_{\mathrm{rd}}\\ \Delta I_{\mathrm{rq}}\end{bmatrix}+\begin{bmatrix}-I_{\mathrm{rd0}}\sin\theta_{\mathrm{r0}}-I_{\mathrm{rq0}}\cos\theta_{\mathrm{r0}}\\ I_{\mathrm{rd0}}\cos\theta_{\mathrm{r0}}-I_{\mathrm{rq0}}\sin\theta_{\mathrm{r0}}\end{bmatrix}\Delta\theta_{\mathrm{r}} \tag{2-90}$$

将式（2－89）和式（2－90）代入式（2－88）中，即可得到 LCC－HVDC 系统两侧交流电压、电流均表示在全网统一 xy 坐标系下的连续时间小信号状态空间模型，其表达式为

$$\begin{cases}\boldsymbol{p}\Delta\boldsymbol{X}=\boldsymbol{A}_0\Delta\boldsymbol{X}+\boldsymbol{B}_{10}\Delta\boldsymbol{U}_{\mathrm{rxy}}+\boldsymbol{B}_{20}\Delta\boldsymbol{U}_{\mathrm{ixy}}\\ \Delta\boldsymbol{i}_{\mathrm{rxy}}=\boldsymbol{C}_{10}\Delta\boldsymbol{X}+\boldsymbol{D}_{10}\Delta\boldsymbol{U}_{\mathrm{rxy}}\\ \Delta\boldsymbol{i}_{\mathrm{ixy}}=\boldsymbol{C}_{20}\Delta\boldsymbol{X}+\boldsymbol{D}_{20}\Delta\boldsymbol{U}_{\mathrm{ixy}}\end{cases} \tag{2-91}$$

由此可见，LCC－HVDC 系统存在明显的双端口特点。

4. VSC－HVDC 输电系统

典型的双端两电平 VSC－HVDC 输电系统接线图如图 2－20 所示，主要由变流器及其控制系统、直流线路等部分构成。两电平柔直变流器主要采用 dq 双环解耦控制策略，送端控制器的控制目标是输送有功功率恒定，受端变流器控制目标是维持直流电压恒定，双端变流器均可针对交流侧无功功率进行控制。图中各变量符号中下标“1”表示送端变量，下标“2”表示受端变量，本小节如不加特殊说明，则所列写 VSC－HVDC 状态空间方程中也是此含义。

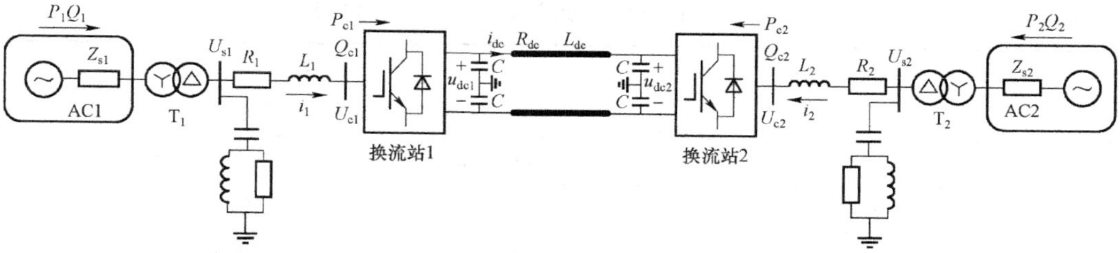

图 2-20　双端两电平柔性直流输电系统图

VSC-HVDC 系统的变流器及其控制系统与直驱风机的网侧变流器及其控制系统类似，相关的微分动态方程也基本类似。VSC-HVDC 系统的变流器一般采用基于电网电压定向的矢量控制。VSC-HVDC 送端变流器分别控制送端有功功率和无功功率，控制框图如图 2-21 所示；受端变流器分别控制直流电压和无功功率，控制框图如图 2-22 所示。变流器控制框图符号含义如表 2-5 所示。

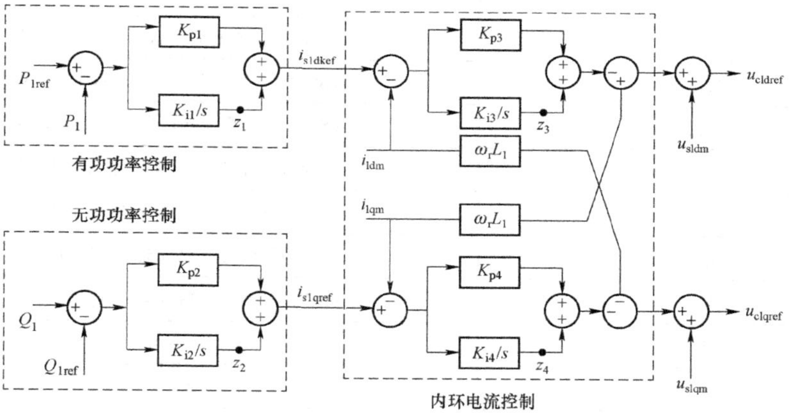

图 2-21　VSC-HVDC 送端变流器控制框图

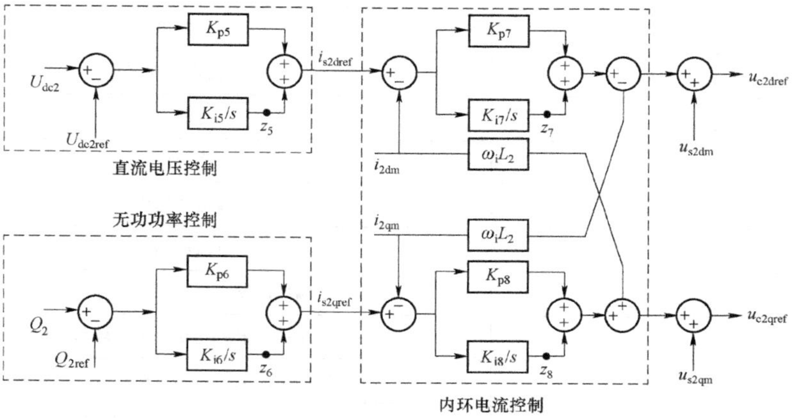

图 2-22　VSC-HVDC 受端变流器控制框图

表 2-5 VSC-HVDC 系统的变流器控制框图符号含义

符号	含义
P	VSC 换流器与交流系统交换的有功功率
P_{ref}	VSC 换流器与交流系统交换的有功功率参考值
Q	VSC 换流器与交流系统交换的无功功率
Q_{ref}	VSC 换流器与交流系统交换的无功功率参考值
u_{sd}	VSC 换流器输出滤波后的端口电压 d 轴分量
u_{sq}	VSC 换流器输出滤波后的端口电压 q 轴分量
u_{sdm}	VSC 换流器输出滤波后的端口电压测量值 d 轴分量
u_{sqm}	VSC 换流器输出滤波后的端口电压测量值 d 轴分量
u_{sdref}	VSC 换流器输出滤波后的端口电压 d 轴分量参考值
u_{sqref}	VSC 换流器输出滤波后的端口电压 q 轴分量参考值
u_{cd}	VSC 换流器交流端口电压 d 轴分量
u_{cq}	VSC 换流器交流端口电压 q 轴分量
u_{cdref}	VSC 换流器交流端口电压 d 轴分量参考值
u_{cqref}	VSC 换流器交流端口电压 q 轴分量参考值
i_d	VSC 换流器交流端口电流 d 轴分量
i_q	VSC 换流器交流端口电流 q 轴分量
i_{dm}	VSC 换流器交流端口电流测量值 d 轴分量
i_{qm}	VSC 换流器交流端口电流测量值 q 轴分量
R	寄生电阻
L	滤波电感
P_c	VSC 换流器交流端口有功功率
Q_c	VSC 换流器交流端口无功功率
U_{dc}	直流电压
U_{dcref}	直流电压参考值
i_{dc}	直流电流
C	直流电容
R_{dc}	直流线路电阻
L_{dc}	直流线路电感
K_{p1}	送端换流器有功功率控制环比例系数
K_{i1}	送端换流器有功功率控制环积分增益
K_{p2}	送端换流器无功功率控制环比例系数
K_{i2}	送端换流器无功功率控制环积分增益

续表

符号	含义
K_{p3}	送端换流器 d 轴电流控制环比例系数
K_{i3}	送端换流器 d 轴电流控制环积分增益
K_{p4}	送端换流器 q 轴电流控制环比例系数
K_{i4}	送端换流器 q 轴电流控制环积分增益
K_{p5}	受端换流器直流电压控制环比例系数
K_{i5}	受端换流器直流电压控制环积分增益
K_{p6}	受端换流器无功功率控制环比例系数
K_{i6}	受端换流器无功功率控制环积分增益
K_{p7}	受端换流器 d 轴电流控制环比例系数
K_{i7}	受端换流器 d 轴电流控制环积分增益
K_{p8}	受端换流器 q 轴电流控制环比例系数
K_{i8}	受端换流器 q 轴电流控制环积分增益

以下给出 VSC－HVDC 各环节线性化微分方程。

（1）送端换向电抗。与直驱风机网侧变流器端口滤波电感微分动态方程一致，其线性化表达式为

$$\begin{cases}\dfrac{L_1}{\omega_b}p\Delta i_{1d}=\Delta u_{s1d}-\Delta u_{c1d}+\omega_{r0}L_1\Delta i_{1q}+L_1 i_{1q0}\Delta\omega_r-R_1\Delta i_{1d}\\ \dfrac{L_1}{\omega_b}p\Delta i_{1q}=\Delta u_{s1q}-\Delta u_{c1q}-\omega_{r0}L_1\Delta i_{1d}-L_1 i_{1d0}\Delta\omega_r-R_1\Delta i_{1q}\end{cases} \tag{2-92}$$

（2）送端电压电流测量滤波。与直驱风机网侧电压电流采样测量方程一致，线性化表达式为

$$\begin{cases}p\Delta i_{1dm}=\dfrac{1}{T_{m1}}\Delta i_{1d}-\dfrac{1}{T_{m1}}\Delta i_{1dm}\\ p\Delta i_{1qm}=\dfrac{1}{T_{m1}}\Delta i_{1q}-\dfrac{1}{T_{m1}}\Delta i_{1qm}\\ p\Delta u_{s1dm}=\dfrac{1}{T_{m1}}\Delta u_{s1d}-\dfrac{1}{T_{m1}}\Delta u_{s1dm}\\ p\Delta u_{s1qm}=\dfrac{1}{T_{m1}}\Delta u_{s1q}-\dfrac{1}{T_{m1}}\Delta u_{s1qm}\end{cases} \tag{2-93}$$

（3）送端变流器控制环节。整体控制框图与直驱风机网侧变流器控制类似，方程形式一致，线性化表达式为

$$\begin{cases} p\Delta z_1 = \Delta P_{1\text{ref}} - \Delta P_1 \\ p\Delta z_2 = \Delta Q_1 - \Delta Q_{1\text{ref}} \\ p\Delta z_3 = K_{i1}\Delta z_1 + K_{p1}\Delta P_{1\text{ref}} - K_{p1}\Delta P_1 - \Delta i_{1\text{dm}} \\ p\Delta z_4 = K_{i2}\Delta z_2 + K_{p2}\Delta Q_1 - K_{p2}\Delta Q_{1\text{ref}} - \Delta i_{1\text{qm}} \end{cases} \tag{2-94}$$

（4）送端变流器开关延时环节。与直驱风机网侧变流器的开关延时环节一致，线性化表达式为

$$\begin{cases} p\Delta u_{\text{c1d}} = \dfrac{K_1}{T_{\text{d1}}}\Delta u_{\text{c1dref}} - \dfrac{1}{T_{\text{d1}}}\Delta u_{\text{c1d}} \\ p\Delta u_{\text{c1q}} = \dfrac{K_1}{T_{\text{d1}}}\Delta u_{\text{c1qref}} - \dfrac{1}{T_{\text{d1}}}\Delta u_{\text{c1q}} \end{cases} \tag{2-95}$$

（5）送端变流器锁相环节。锁相环节线性化微分方程如下

$$\begin{cases} p\Delta x_1 = \Delta u_{\text{s1q}} \\ p\Delta \theta_1 = K_{\text{pPLL1}}\Delta u_{\text{s1q}} + K_{\text{iPLL1}}\Delta x_1 \end{cases} \tag{2-96}$$

（6）受端换向电抗。与送端换向电抗动态方程表达式类似，仅电流方向相反，线性化后可得

$$\begin{cases} \dfrac{L_2}{\omega_{\text{b}}} p\Delta i_{2\text{d}} = \Delta u_{\text{c2d}} - \Delta u_{\text{s2d}} + \omega_{\text{i0}} L_2 \Delta i_{2\text{q}} + L_2 i_{2\text{q0}} \Delta\omega_{\text{i}} - R_2 \Delta i_{2\text{d}} \\ \dfrac{L_2}{\omega_{\text{b}}} p\Delta i_{2\text{q}} = \Delta u_{\text{c2q}} - \Delta u_{\text{s2q}} - \omega_{\text{i0}} L_2 \Delta i_{2\text{d}} - L_2 i_{2\text{d0}} \Delta\omega_{\text{i}} - R_2 \Delta i_{2\text{q}} \end{cases} \tag{2-97}$$

（7）受端电压电流测量滤波环节。动态方程与送端采样测量环节一致，仅时间常数取值可能不同，线性化后可得

$$\begin{cases} p\Delta i_{2\text{dm}} = \dfrac{1}{T_{\text{m2}}}\Delta i_{2\text{d}} - \dfrac{1}{T_{\text{m2}}}\Delta i_{2\text{dm}} \\ p\Delta i_{2\text{qm}} = \dfrac{1}{T_{\text{m2}}}\Delta i_{2\text{q}} - \dfrac{1}{T_{\text{m2}}}\Delta i_{2\text{qm}} \\ p\Delta u_{\text{s2dm}} = \dfrac{1}{T_{\text{m2}}}\Delta u_{\text{s2d}} - \dfrac{1}{T_{\text{m2}}}\Delta u_{\text{s2dm}} \\ p\Delta u_{\text{s2qm}} = \dfrac{1}{T_{\text{m2}}}\Delta u_{\text{s2q}} - \dfrac{1}{T_{\text{m2}}}\Delta u_{\text{s2qm}} \end{cases} \tag{2-98}$$

（8）受端变流器控制环节。控制框图与直驱风机网侧控制框图相同，动态方程一致，线性化表达式为

$$\begin{cases} p\Delta z_5 = \Delta U_{\text{dc}} - \Delta U_{\text{dcref}} \\ p\Delta z_6 = \Delta Q_2 - \Delta Q_{2\text{ref}} \\ p\Delta z_7 = K_{i5}\Delta z_5 + K_{p5}\Delta U_{\text{dc}} - K_{p5}\Delta U_{\text{dcref}} - \Delta i_{2\text{dm}} \\ p\Delta z_8 = K_{i6}\Delta z_6 + K_{p6}\Delta Q_2 - K_{p6}\Delta Q_{2\text{ref}} - \Delta i_{2\text{qm}} \end{cases} \tag{2-99}$$

(9) 受端变流器开关延时环节。微分方程与送端变流器开关延时环节相同，线性化方程为

$$\begin{cases} p\Delta u_{c2d} = \dfrac{K_2}{T_{d2}}\Delta u_{c2dref} - \dfrac{1}{T_{d2}}\Delta u_{c2d} \\ p\Delta u_{c2q} = \dfrac{K_2}{T_{d2}}\Delta u_{c2qref} - \dfrac{1}{T_{d2}}\Delta u_{c2q} \end{cases} \tag{2-100}$$

(10) 直流环节。直流环节包括直流输电线路和送、受端变流器直流母线电容部分，其动态方程的线性化表达式如下

$$\begin{cases} \dfrac{C_1}{Y_b}U_{dc10}p\Delta U_{dc1} = \Delta P_{c1} - U_{dc10}\Delta i_{dc} - i_{dc0}\Delta U_{dc1} \\ \dfrac{C_2}{Y_b}U_{dc20}p\Delta U_{dc2} = U_{dc20}\Delta i_{dc} + i_{dc0}\Delta U_{dc2} - \Delta P_{c2} \\ \dfrac{L_{dc}}{Z_{dcb}}p\Delta i_{dc} = \Delta U_{dc1} - \Delta U_{dc2} - R_{dc}\Delta i_{dc} \end{cases} \tag{2-101}$$

上述线性化微分方程组中，存在部分中间变量，以下给出中间变量表达式，送端变流器部分中间变量为

$$\begin{aligned} \Delta P_1 &= u_{s1d0}\Delta i_{1d} + u_{s1q0}\Delta i_{1q} + i_{1d0}\Delta u_{s1d} + i_{1q0}\Delta u_{s1q} \\ \Delta Q_1 &= u_{s1q0}\Delta i_{1d} + i_{1d0}\Delta u_{s1q} - u_{s1d0}\Delta i_{1q} - i_{1q0}\Delta u_{s1d} \\ \Delta u_{c1dref} &= \Delta u_{s1dm} + \omega_{r0}L_1\Delta i_{1qm} + L_1 i_{1qm0}\Delta\omega_r - K_{i3}\Delta z_3 \\ &\quad - K_{p3}K_{i1}\Delta z_1 - K_{p3}K_{p1}\Delta P_{ref} + K_{p3}K_{p1}\Delta P_1 + K_{p3}\Delta i_{1dm} \\ \Delta u_{c1qref} &= \Delta u_{s1qm} - \omega_{r0}L_1\Delta i_{1dm} - L_1 i_{1dm0}\Delta\omega_r - K_{i4}\Delta z_4 \\ &\quad - K_{p4}K_{i2}\Delta z_2 + K_{p4}K_{p2}\Delta Q_{1ref} - K_{p4}K_{p2}\Delta Q_1 + K_{p4}\Delta i_{1qm} \\ \Delta\omega_r &= \frac{K_{pPLL1}}{\omega_b}\Delta u_{s1q} + \frac{K_{iPLL1}}{\omega_b}\Delta x_1 \end{aligned} \tag{2-102}$$

受端变流器部分中间变量为

$$\begin{aligned} \Delta Q_2 &= u_{s2q0}\Delta i_{2d} + i_{2d0}\Delta u_{2sq} - u_{s2d0}\Delta i_{2q} - i_{2q0}\Delta u_{s2d} \\ \Delta u_{c2dref} &= \Delta u_{s2dm} - \omega_{i0}L_2\Delta i_{2qm} - L_2 i_{2qm0}\Delta\omega_i + K_{i7}\Delta z_7 \\ &\quad + K_{p7}K_{i5}\Delta z_5 + K_{p7}K_{p5}\Delta U_{dc} - K_{p7}K_{p5}\Delta U_{dcref} - K_{p7}\Delta i_{2dm} \\ \Delta u_{c2qref} &= \Delta u_{s2qm} + \omega_{i0}L_2\Delta i_{2dm} + L_2 i_{2dm0}\Delta\omega_i + K_{i8}\Delta z_8 \\ &\quad + K_{p8}K_{i6}\Delta z_6 + K_{p8}K_{p6}\Delta Q_2 - K_{p8}K_{p6}\Delta Q_{2ref} - K_{p8}\Delta i_{2qm} \\ \Delta\omega_i &= \frac{K_{pPLL2}}{\omega_b}\Delta u_{s2q} + \frac{K_{iPLL2}}{\omega_b}\Delta x_2 \end{aligned} \tag{2-103}$$

直流环节中间变量为

$$\begin{aligned}\Delta P_{c1} &= u_{c1d0}\Delta i_{s1d} + u_{c1q0}\Delta i_{s1q} + i_{s1d0}\Delta u_{c1d} + i_{s1q0}\Delta u_{c1q} \\ \Delta P_{c2} &= u_{c2d0}\Delta i_{s2d} + u_{c2q0}\Delta i_{s2q} + i_{s2d0}\Delta u_{c2d} + i_{s2q0}\Delta u_{c2q}\end{aligned} \tag{2-104}$$

以上给出了描述VSC－HVDC系统各环节动态特性的31阶线性化微分方程组和相关的代数方程组，以双端直流送端和受端的交流母线电压作为输入变量，以两侧变流器端口的交流电流作为输出变量，可得到VSC－HVDC交—直—交贯通模型的数学紧凑表达式如下

$$\begin{cases} \boldsymbol{G}p\Delta\boldsymbol{X} = \boldsymbol{A}_{01}\Delta\boldsymbol{X} + \boldsymbol{B}_{01}\Delta\boldsymbol{U}_1 + \boldsymbol{B}_{02}\Delta\boldsymbol{U}_2 + \boldsymbol{C}_{01}\Delta\boldsymbol{W} \\ \boldsymbol{0} = \boldsymbol{A}_{02}\Delta\boldsymbol{X} + \boldsymbol{B}_{03}\Delta\boldsymbol{U}_1 + \boldsymbol{B}_{04}\Delta\boldsymbol{U}_2 + \boldsymbol{C}_{02}\Delta\boldsymbol{W} \end{cases} \tag{2-105}$$

式中：$\boldsymbol{G}$、$\boldsymbol{A}_{01}$、$\boldsymbol{B}_{01}$、$\boldsymbol{B}_{02}$、$\boldsymbol{C}_{01}$、$\boldsymbol{A}_{02}$、$\boldsymbol{B}_{03}$、$\boldsymbol{B}_{04}$、$\boldsymbol{C}_{02}$均为系数矩阵，矩阵元素对应上述各微分代数方程的系数，此处不再写出；$\Delta\boldsymbol{X}$为31阶状态变量矩阵，$\Delta\boldsymbol{W}$为15阶中间变量矩阵；$\Delta\boldsymbol{U}_1$为双端直流的送端交流母线电压矩阵；$\Delta\boldsymbol{U}_2$为双端直流的受端交流母线电压矩阵，对应的表达式分别如下

$$\begin{aligned}\Delta\boldsymbol{X} = \big[&\Delta i_{1d}, \Delta i_{1q}, \Delta u_{s1dm}, \Delta u_{s1qm}, \Delta i_{1dm}, \Delta i_{1qm}, \Delta z_1, \Delta z_2, \Delta z_3, \Delta z_4, \Delta x_1, \Delta\theta_1, \Delta i_{2d}, \Delta i_{2q}, \Delta u_{s2dm}, \Delta u_{s2gm} \\ &\Delta i_{2dm}, \Delta i_{2qm}, \Delta z_5, \Delta z_6, \Delta z_7, \Delta z_8, \Delta x_2, \Delta\theta_2, \Delta i_{dc}, \Delta U_{dc1}, \Delta U_{dc2}, \Delta u_{c1d}, \Delta u_{c1q}, \Delta u_{c2d}, \Delta u_{c2q}\big]^{\mathrm{T}}\end{aligned} \tag{2-106}$$

$$\begin{aligned}\Delta\boldsymbol{W} = \big[&\Delta P_1, \Delta Q_1, \Delta i_{1dref}, \Delta i_{1qref}, \Delta u_{1dref}, \Delta u_{1qref}, \Delta\omega_r, \Delta Q_2, \Delta i_{2dref}, \\ &\Delta i_{2qref}, \Delta u_{2dref}, \Delta u_{2qref}, \Delta\omega_1, \Delta P_{c1}, \Delta P_{c2}\big]^{\mathrm{T}}\end{aligned} \tag{2-107}$$

$$\Delta\boldsymbol{U}_1 = [\Delta u_{s1d}, \Delta u_{s1q}]' \qquad \Delta\boldsymbol{U}_2 = [\Delta u_{s2d}, \Delta u_{s2q}]^{\mathrm{T}} \tag{2-108}$$

消去式中间变量矩阵$\Delta\boldsymbol{W}$，即可得到双端VSC－HVDC系统在两侧变流器自身锁相环dq坐标系下的连续时间状态空间模型

$$p\Delta\boldsymbol{X} = \boldsymbol{A}\Delta\boldsymbol{X} + \boldsymbol{B}_1\Delta\boldsymbol{U}_{1dq} + \boldsymbol{B}_2\Delta\boldsymbol{U}_{2dq} \tag{2-109}$$

其中，$\boldsymbol{A}$、$\boldsymbol{B}_1$、$\boldsymbol{B}_2$矩阵表达式为：$\begin{cases} \boldsymbol{A} = \boldsymbol{G}^{-1}(\boldsymbol{A}_{01} - \boldsymbol{C}_{01}\boldsymbol{C}_{02}^{-1}\boldsymbol{A}_{02}) \\ \boldsymbol{B}_1 = \boldsymbol{G}^{-1}(\boldsymbol{B}_{01} - \boldsymbol{C}_{01}\boldsymbol{C}_{02}^{-1}\boldsymbol{B}_{03}) \\ \boldsymbol{B}_2 = \boldsymbol{G}^{-1}(\boldsymbol{B}_{02} - \boldsymbol{C}_{01}\boldsymbol{C}_{02}^{-1}\boldsymbol{B}_{04}) \end{cases}$。

VSC－HVDC送端和受端变流器两侧的交流电流表达式为

$$\Delta\boldsymbol{i}_{1dq} = \boldsymbol{C}_1\Delta\boldsymbol{X} \qquad \Delta\boldsymbol{i}_{2dq} = \boldsymbol{C}_2\Delta\boldsymbol{X} \tag{2-110}$$

式中：送端变流器处的电流以从交流网络流进变流器为正，受端变流器处的电流以从变流器流向交流网络为正，因此系数矩阵$\boldsymbol{C}_1$、$\boldsymbol{C}_2$分别为

$$\boldsymbol{C}_1 = [\boldsymbol{I}_2 \quad \boldsymbol{0}_{2\times 29}] \qquad \boldsymbol{C}_2 = [\boldsymbol{0}_{2\times 12} \quad \boldsymbol{I}_2 \quad \boldsymbol{0}_{2\times 17}]$$

与风机和光伏等元件类似，为实现VSC－HVDC系统与网络其他部分状态空间模型的融合建模，需要将柔直系统模型中两侧变流器端口处的电压、电流量转换到网络公共

xy 坐标系中，采用前文中介绍的 $dq-xy$ 坐标转换方式，分别对 VSC－HVDC 系统送端和受端进行处理，即可完成接口处变量的坐标变换。则有

$$\begin{cases}\Delta \boldsymbol{U}_{1dq}=\boldsymbol{T}_{01}\Delta \boldsymbol{U}_{1xy}+\boldsymbol{R}_{V1}\Delta \boldsymbol{X}\\ \Delta \boldsymbol{i}_{1dq}=\boldsymbol{T}_{01}\Delta \boldsymbol{i}_{1xy}+\boldsymbol{R}_{i1}\Delta \boldsymbol{X}\end{cases}\quad \begin{cases}\Delta \boldsymbol{U}_{2dq}=\boldsymbol{T}_{02}\Delta \boldsymbol{U}_{2xy}+\boldsymbol{R}_{V2}\Delta \boldsymbol{X}\\ \Delta \boldsymbol{i}_{2dq}=\boldsymbol{T}_{02}\Delta \boldsymbol{i}_{2xy}+\boldsymbol{R}_{i2}\Delta \boldsymbol{X}\end{cases}\tag{2-111}$$

其中

$$\boldsymbol{T}_{01}=\begin{bmatrix}\sin\delta_{10} & -\cos\delta_{10}\\ \cos\delta_{10} & \sin\delta_{10}\end{bmatrix};\ \boldsymbol{R}_{V1}=\begin{bmatrix}\boldsymbol{0}_{11} & u_{s1q0} & \boldsymbol{0}_{19}\\ \boldsymbol{0}_{11} & -u_{s1d0} & \boldsymbol{0}_{19}\end{bmatrix};\ \boldsymbol{R}_{i1}=\begin{bmatrix}\boldsymbol{0}_{11} & i_{1q0} & \boldsymbol{0}_{19}\\ \boldsymbol{0}_{11} & -i_{1d0} & \boldsymbol{0}_{19}\end{bmatrix}$$

$$\boldsymbol{T}_{02}=\begin{bmatrix}\sin\delta_{20} & -\cos\delta_{20}\\ \cos\delta_{20} & \sin\delta_{20}\end{bmatrix};\ \boldsymbol{R}_{V2}=\begin{bmatrix}\boldsymbol{0}_{23} & u_{s2q0} & \boldsymbol{0}_{7}\\ \boldsymbol{0}_{23} & -u_{s2d0} & \boldsymbol{0}_{7}\end{bmatrix};\ \boldsymbol{R}_{i2}=\begin{bmatrix}\boldsymbol{0}_{23} & i_{2q0} & \boldsymbol{0}_{7}\\ \boldsymbol{0}_{23} & -i_{2d0} & \boldsymbol{0}_{7}\end{bmatrix}$$

综上，可得到 VSC－HVDC 系统两侧交流电压、电流表示在 xy 同步旋转坐标系下的交—直—交贯通连续时间状态空间模型

$$\begin{cases}p\Delta \boldsymbol{X}=\boldsymbol{A}_0\Delta \boldsymbol{X}+\boldsymbol{B}_{10}\Delta \boldsymbol{U}_{1xy}+\boldsymbol{B}_{20}\Delta \boldsymbol{U}_{2xy}\\ \Delta \boldsymbol{i}_{1xy}=\boldsymbol{C}_{10}\Delta \boldsymbol{X}\\ \Delta \boldsymbol{i}_{2xy}=\boldsymbol{C}_{20}\Delta \boldsymbol{X}\end{cases}\tag{2-112}$$

式中：$\boldsymbol{A}_0=\boldsymbol{A}+\boldsymbol{B}_1\boldsymbol{R}_{V1}+\boldsymbol{B}_2\boldsymbol{R}_{V2}$；$\begin{cases}\boldsymbol{B}_{10}=\boldsymbol{B}_1\boldsymbol{T}_{01}\\ \boldsymbol{B}_{20}=\boldsymbol{B}_2\boldsymbol{T}_{02}\end{cases}$；$\begin{cases}\boldsymbol{C}_{10}=\boldsymbol{T}_{01}^{-1}(\boldsymbol{C}_1-\boldsymbol{R}_{i1})\\ \boldsymbol{C}_{20}=\boldsymbol{T}_{02}^{-1}(\boldsymbol{C}_2-\boldsymbol{R}_{i2})\end{cases}$

与风机和光伏发电系统的状态空间模型对比可知，VSC－HVDC 系统的状态空间模型存在明显的双端口特性，表现为在直流送端和受端变流器处分别存在一对输入—输出变量，且两端的输入—输出变量间存在耦合关系。

2.1.2　直驱风机序阻抗建模方法

1. 电压、电流矢量变换

如图 2－23 所示为典型直驱风机网侧 VSC 换流器的结构框图。图中换流电感电流参考方向为阀侧指向网侧，u_{cabc} 为阀侧交流电压；i_{cabc} 为阀侧交流电流；i_{gabc} 为 VSC 流向 PCC 电流；u_{gabc} 为 PCC 交流电压；$G_{ci}(s)$ 为 VSC 的 dq 解耦控制结构中内环 PI 控制环节的传递函数；$G_{d1}(s)$ 为电流内环等效延时环节的传递函数；$G_{d2}(s)$ 为 PCC 电压前馈通道等效延时环节的传递函数。$H_{fri}(s)$ 和 $H_{frv}(s)$ 分别为 dq 坐标系下电流和电压的二阶滤波环节的传递函数，$H_{fsi}(s)$ 和 $H_{fsv}(s)$ 分别为三相交流电流和电压的采样（零阶采样保持环节）、延时、滤波环节的传递函数，包含了采样零阶保持器、一拍采样滞后和采样低通滤波器，其传递函数分别为

$$H_{fsi}(s)=\frac{1-e^{-sT_s}}{sT_s}\cdot e^{-sT_s}\cdot\frac{1}{1+s/\omega_{fi}}\quad H_{fsv}(s)=\frac{1-e^{-sT_s}}{sT_s}\cdot e^{-sT_s}\cdot\frac{1}{1+s/\omega_{fv}}\tag{2-113}$$

式中：T_s 为采样周期；ω_{fi}、ω_{fv} 分别为电流和电压采样低通滤波器角频率，选择 $\omega_{fi}=\omega_{fv}=2\pi f_{sample}$。

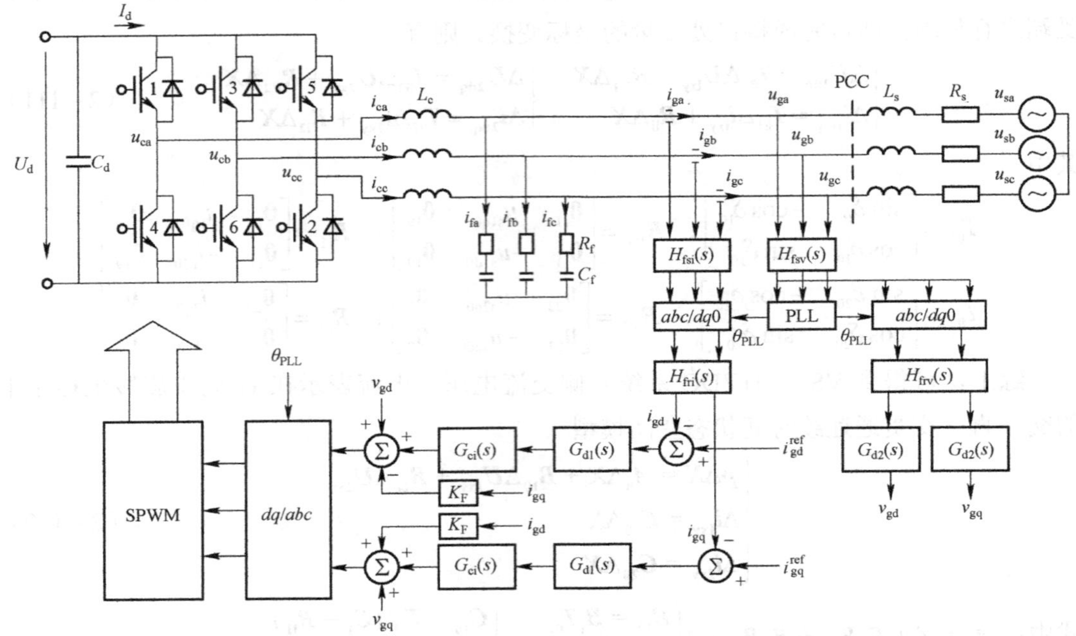

图 2-23 直驱风机并网 VSC 换流器的结构框图

如图 2-23 所示，PCC 向 VSC 的电流 $\boldsymbol{i}_{gabc}$ 中注入正负序扰动频率的电流，先不考虑电流采样延迟环节和滤波环节，其 A 相电流为

$$
\begin{aligned}
i_{ga}(t) &= I_{m1}\cos(2\pi f_1 t+\varphi_1)+I_{mp}\cos(2\pi f_p t+\varphi_{ip})+I_{mn}\cos(2\pi f_n t+\varphi_{in}) \\
&= I_{m1}\frac{e^{j(2\pi f_1 t+\varphi_1)}+e^{-j(2\pi f_1 t+\varphi_1)}}{2}+I_{mp}\frac{e^{j(2\pi f_p t+\varphi_{ip})}+e^{-j(2\pi f_p t+\varphi_{ip})}}{2}+I_{mn}\frac{e^{j(2\pi f_n t+\varphi_{in})}+e^{-j(2\pi f_n t+\varphi_{in})}}{2} \\
&= \frac{I_{m1}}{2}e^{j\varphi_1}e^{j2\pi f_1 t}+\frac{I_{m1}}{2}e^{-j\varphi_1}e^{-j2\pi f_1 t}+\frac{I_{mp}}{2}e^{j\varphi_{ip}}e^{j2\pi f_p t}+\frac{I_{mp}}{2}e^{-j\varphi_{ip}}e^{-j2\pi f_p t}+\frac{I_{mn}}{2}e^{j\varphi_{in}}e^{j2\pi f_n t}+\frac{I_{mn}}{2}e^{-j\varphi_{in}}e^{-j2\pi f_n t}
\end{aligned}
\tag{2-114}
$$

上式可以写成频域形式

$$
\boldsymbol{I}_g[f]=\begin{cases}\boldsymbol{I}_1 & f=\pm f_1 \\ \boldsymbol{I}_p & f=\pm f_p \\ \boldsymbol{I}_n & f=\pm f_n\end{cases}
\tag{2-115}
$$

其中：$\boldsymbol{I}_1=\frac{I_{m1}}{2}e^{\pm j\varphi_1}$；$\boldsymbol{I}_p=\frac{I_{mp}}{2}e^{\pm j\varphi_p}$；$\boldsymbol{I}_n=\frac{I_{mn}}{2}e^{\pm j\varphi_n}$。

1）电流 $\boldsymbol{i}_{gabc}$ 中基波分量经过 park 变换，取 $\theta_{PLL}=\theta_1=2\pi f_1 t$，则

$$\begin{bmatrix} I_{d1} \\ I_{q1} \\ I_{01} \end{bmatrix} = \boldsymbol{P}(\theta_{PLL}) \begin{bmatrix} i_{a1}(t) \\ i_{b1}(t) \\ i_{c1}(t) \end{bmatrix} = I_{m1} \begin{bmatrix} \cos(\varphi_{i1}) \\ \sin(\varphi_{i1}) \\ 0 \end{bmatrix} \tag{2-116}$$

2）电流 $\boldsymbol{i}_{gabc}$ 中扰动频率为 f_p 正序电流分量经过 park 变换，取 $\theta_{PLL} = \theta_1 = 2\pi f_1 t$，$\theta_p = 2\pi f_p t + \varphi_{ip}$，三相正序扰动电流 park 变换如下

$$\begin{aligned}\begin{bmatrix} i_{dp}(t) \\ i_{qp}(t) \\ i_{0p}(t) \end{bmatrix} &= \boldsymbol{P}(\theta_{PLL}) \begin{bmatrix} i_{ap}(t) \\ i_{bp}(t) \\ i_{cp}(t) \end{bmatrix} = I_{mp} \begin{bmatrix} \cos(2\pi f_p t + \varphi_{ip} - 2\pi f_1 t) \\ \sin(2\pi f_p t + \varphi_{ip} - 2\pi f_1 t) \\ 0 \end{bmatrix} = I_{mp} \begin{bmatrix} \cos[2\pi(f_p - f_1)t + \varphi_{ip}] \\ \sin[2\pi(f_p - f_1)t + \varphi_{ip}] \\ 0 \end{bmatrix} \\ &= I_{mp} \begin{bmatrix} \dfrac{e^{j[2\pi(f_p - f_1)t + \varphi_{ip}]} + e^{-j[2\pi(f_p - f_1)t + \varphi_{ip}]}}{2} \\ \dfrac{e^{j[2\pi(f_p - f_1)t + \varphi_{ip}]} - e^{-j[2\pi(f_p - f_1)t + \varphi_{ip}]}}{2j} \\ 0 \end{bmatrix} = I_{mp} \begin{bmatrix} \dfrac{e^{j\varphi_{ip}} e^{j2\pi(f_p - f_1)t} + e^{-j\varphi_{ip}} e^{-j2\pi(f_p - f_1)t}}{2} \\ \dfrac{e^{j\varphi_{ip}} e^{j2\pi(f_p - f_1)t} - e^{-j\varphi_{ip}} e^{-j2\pi(f_p - f_1)t}}{2j} \\ 0 \end{bmatrix}\end{aligned} \tag{2-117}$$

其中：系数矢量 $\boldsymbol{I}_p = \dfrac{I_{mp}}{2} e^{\pm j\varphi_{ip}}$，以频域形式复矢量表示为

$$\begin{aligned} \boldsymbol{I}_{dp}[f] &= \{\boldsymbol{I}_p \quad f = \pm(f_p - f_1) \\ \boldsymbol{I}_{qp}[f] &= \{\mp j\boldsymbol{I}_p \quad f = \pm(f_p - f_1) \end{aligned} \tag{2-118}$$

3）同理，VSC 的换流电感上电流扰动负序分量经过 park 变换，取 $\theta_{PLL} = \theta_1 = 2\pi f_1 t$，$\theta_n = 2\pi f_n t + \varphi_{in}$，以频域形式表示为

$$\begin{aligned} \boldsymbol{I}_{dn}[f] &= \{\boldsymbol{I}_n \quad f = \pm(f_n + f_1) \\ \boldsymbol{I}_{qn}[f] &= \{\pm j\boldsymbol{I}_n \quad f = \pm(f_n + f_1) \end{aligned} \tag{2-119}$$

其中：系数矢量 $\boldsymbol{I}_n = \dfrac{I_{mn}}{2} e^{\pm j\varphi_{in}}$，综合基波、正序和负序电流分量经过 park 变换，所包含分量为

$$\begin{aligned} \boldsymbol{I}_d[f] &= \begin{cases} I_{m1}\cos(\varphi_{i1}) & \text{DC} \\ \boldsymbol{I}_p & f = \pm(f_p - f_1) \\ \boldsymbol{I}_n & f = \pm(f_n + f_1) \end{cases} \\ \boldsymbol{I}_q[f] &= \begin{cases} I_{m1}\sin(\varphi_{i1}) & \text{DC} \\ \mp j\boldsymbol{I}_p & f = \pm(f_p - f_1) \\ \pm j\boldsymbol{I}_n & f = \pm(f_n + f_1) \end{cases} \end{aligned} \tag{2-120}$$

假定 PCC 母线交流电压量 $\boldsymbol{U}_{gabc}$ 中包含了频率为 f_p 和 f_n 的扰动正、负序电压分量，先不考虑电压采样延迟和滤波环节，与三相电流变换类似，综合 PCC 基波、扰动正序和负序电压分量，经过参考角为 θ_1 的 park 变换后 dq 分量为

$$\boldsymbol{U}_{gd1}[f]=\begin{cases}U_{m1} & \text{DC}\\ \boldsymbol{U}_{gp} & f=\pm(f_p-f_1)\\ \boldsymbol{U}_{gn} & f=\pm(f_n+f_1)\end{cases}$$
$$\boldsymbol{U}_{gq1}[f]=\begin{cases}0 & \text{DC}\\ \mp j\boldsymbol{U}_{gp} & f=\pm(f_p-f_1)\\ \pm j\boldsymbol{U}_{gn} & f=\pm(f_n+f_1)\end{cases} \tag{2-121}$$

其中：$\boldsymbol{U}_{g1}=\dfrac{\boldsymbol{U}_{m1}}{2}$；$\boldsymbol{U}_{gp}=\dfrac{U_{mp}}{2}e^{\pm j\varphi_p}$；$\boldsymbol{U}_{gn}=\dfrac{U_{mn}}{2}e^{\pm j\varphi_n}$。

2. 不考虑锁相环和 VSC 外环控制

电流内环 PI 环节的传递函数为 $G_{ci}(s)=k_p+k_i/s$，VSC 的电流内环 PI 控制环节输出电压分量至累加环节，累加环节输出包括了 PCC 前馈电压、dq 轴反馈解耦电压和电流内环 PI 输出电压。因此 VSC 输出扰动频率的正负序调制控制电压输出量为

$$\begin{cases}\boldsymbol{U}_{cdp}[\pm(f_p-f_1)]=G_{ci}(s)[i_{gd}^{ref}(s)-\boldsymbol{i}_{gd}(s)]-K_F\boldsymbol{i}_{gq}(s)+\boldsymbol{U}_{gd}(s)\\ \qquad=-G_{ci}[\pm j2\pi(f_p-f_1)]\boldsymbol{I}_p-K_F[\mp j\boldsymbol{I}_p]+\boldsymbol{U}_{gp}\\ \boldsymbol{U}_{cqp}[\pm(f_p-f_1)]=G_{ci}(s)[i_{gq}^{ref}(s)-\boldsymbol{i}_{gq}(s)]+K_F\boldsymbol{i}_{gd}(s)+\boldsymbol{U}_{gq}(s)\\ \qquad=-G_{ci}[\pm j2\pi(f_p-f_1)][\mp j\boldsymbol{I}_p]+K_F\boldsymbol{I}_p+[\mp j\boldsymbol{U}_{gp}]\end{cases} \tag{2-122}$$

上述变量经过 park 逆变换，忽略 $\pm(f_p-2f_1)$ 项，VSC 正序扰动相电压控制分量和 VSC 输出电压为

$$\boldsymbol{U}_{c\_p}=-G_{ci}(s-2\pi f_1)\boldsymbol{I}_{gp}+jK_F\boldsymbol{I}_{gp}+\boldsymbol{U}_{gp} \tag{2-123}$$

$$\boldsymbol{U}_{cp}(s)=K_{PWM}\boldsymbol{U}_{c\_p}(s) \tag{2-124}$$

VSC 交流侧换流电感及滤波支路动态方程为

$$U_{gp}(s)=-\frac{sL_c}{1+\dfrac{sL_c}{Z_{filter}}}I_{gp}(s)+\frac{1}{1+\dfrac{sL_c}{Z_{filter}}}U_{cp}(s) \tag{2-125}$$

把 VSC 输出电压代入上式，可得正序阻抗，同理也可得负序阻抗，综合如下

$$\begin{cases} Z_{gp}(s) = \dfrac{U_{gp}(s)}{-I_{gp}(s)} = \dfrac{sL_c + K_{PWM}[G_{ci}(s-2\pi f_1) - jK_F]}{1 + \dfrac{sL_c}{Z_{filter}} - K_{PWM}} \\ Z_{gn}(s) = \dfrac{U_{gn}(s)}{-I_{gn}(s)} = \dfrac{sL_c + K_{PWM}[G_{ci}(s+2\pi f_1) + jK_F]}{1 + \dfrac{sL_c}{Z_{filter}} - K_{PWM}} \end{cases} \tag{2-126}$$

若考虑滤波环节 $H_{fsi}(s)$、$H_{fsv}(s)$、$H_{fri}(s)$、$H_{frv}(s)$ 和电流内环延迟环节 $G_{d1}(s)$、$G_{d2}(s)$，VSC 的序阻抗为

$$\begin{cases} Z_{gp}(s) = \dfrac{U_{gp}(s)}{-I_{gp}(s)} = \dfrac{sL_c + K_{PWM}[G_{ci}(s-2\pi f_1)G_{d1}(s-2\pi f_1) - jK_F]H_{fsi}(s)H_{fri}(s-2\pi f_1)}{1 + \dfrac{sL_c}{Z_{filetr}} - K_{PWM}H_{fsv}(s)H_{frv}(s-2\pi f_1)G_{d2}(s-2\pi f_1)} \\ Z_{gn}(s) = \dfrac{U_{gn}(s)}{-I_{gn}(s)} = \dfrac{sL_c + K_{PWM}[G_{ci}(s+2\pi f_1)G_{d1}(s+2\pi f_1) + jK_F]H_{fsi}(s)H_{fri}(s+2\pi f_1)}{1 + \dfrac{sL_c}{Z_{filetr}} - K_{PWM}H_{fsv}(s)H_{frv}(s+2\pi f_1)G_{d2}(s+2\pi f_1)} \end{cases} \tag{2-127}$$

3. 锁相环动态特性

因 PCC 母线电压中包含正负序扰动电压分量，因此锁相环输出相角中包括了相应扰动分量。设 $\theta_{PLL}(t) = \theta_1(t) + \Delta\theta(t)$，$\Delta\theta(t)$ 项可以认为是扰动电压量造成的，则 park 变换矩阵可以转换为如下形式

$$\begin{aligned} \boldsymbol{P}(\theta_{PLL}) &= \begin{bmatrix} \cos(\Delta\theta) & \sin(\Delta\theta) & 0 \\ -\sin(\Delta\theta) & \cos(\Delta\theta) & 0 \\ 0 & 0 & 1 \end{bmatrix} \frac{2}{3} \begin{bmatrix} \cos(\theta_1) & \cos\left(\theta_1 - \dfrac{2\pi}{3}\right) & \cos\left(\theta_1 + \dfrac{2\pi}{3}\right) \\ -\sin(\theta_1) & -\sin\left(\theta_1 - \dfrac{2\pi}{3}\right) & -\sin\left(\theta_1 + \dfrac{2\pi}{3}\right) \\ \dfrac{1}{2} & \dfrac{1}{2} & \dfrac{1}{2} \end{bmatrix} \\ &= \boldsymbol{T}(\Delta\theta)\boldsymbol{P}(\theta_1) \end{aligned} \tag{2-128}$$

按照矩阵乘积形式，由上式可以得到，PCC 三相电压、电流量先经过以基波相角为参考的 park 变换，再经过 $\Delta\theta(t)$ 的旋转变换，可以用图 2-24 表示。

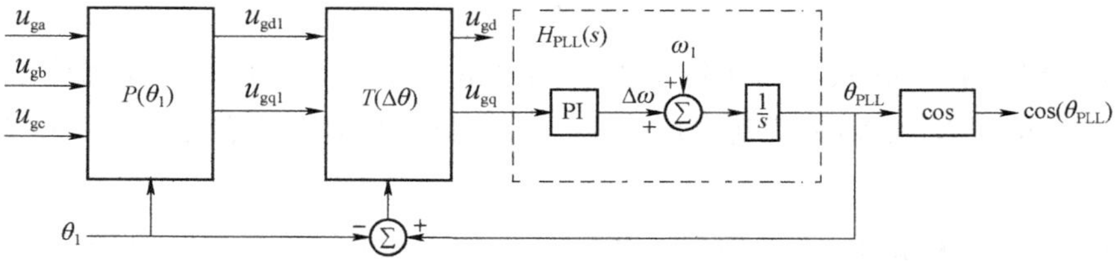

图 2-24　PLL 结构图

先考虑频率为 f_p 的正序扰动电压分量。如图 2-24 所示，经过第一个方框后，电压 $\boldsymbol{u}_{gabc}$ 中基波电压和正序扰动电压分量经过 park 变换（参考角为 θ_1）后 dq 电压分量为

$$\boldsymbol{U}_{gd1}[f]=\begin{cases}U_{m1} & \text{DC}\\ \boldsymbol{U}_{gp} & f=\pm(f_p-f_1)\end{cases}$$
$$\boldsymbol{U}_{gq1}[f]=\begin{cases}0 & \text{DC}\\ \mp j\boldsymbol{U}_{gp} & f=\pm(f_p-f_1)\end{cases} \tag{2-129}$$

上述 dq 电压量经过 PLL 结构图中第二个方框 $\boldsymbol{T}(\Delta\theta)$，可得

$$\begin{cases}\boldsymbol{U}_{gd}(t)=\cos[\Delta\theta(t)]\boldsymbol{U}_{gd1}(t)+\sin[\Delta\theta(t)]\boldsymbol{U}_{gq1}(t)\approx\boldsymbol{U}_{gd1}(t)+\Delta\theta(t)\boldsymbol{U}_{gq1}(t)\\ \boldsymbol{U}_{gq}(t)=-\sin[\Delta\theta(t)]\boldsymbol{U}_{gd1}(t)+\cos[\Delta\theta(t)]\boldsymbol{U}_{gq1}(t)\approx-\Delta\theta(t)\boldsymbol{U}_{gd1}(t)+\boldsymbol{U}_{gq1}(t)\end{cases} \tag{2-130}$$

先假定 $G_{PLL}[f]$ 是 $\Delta\theta[f]$ 与 $\boldsymbol{U}_{gp}$ 之间的传函表达式（后面求出 $G_{PLL}[f]$）

$$\Delta\theta[f]=\{G_{p-PLL}[\pm(f_p-f_1)]\boldsymbol{U}_{gp}\quad f=\pm(f_p-f_1) \tag{2-131}$$

PLL 结构图中 $\boldsymbol{T}(\Delta\theta)$ 后面框图传函为

$$\Delta\theta(s)=\frac{K_{p-PLL}+\dfrac{K_{i-PLL}}{s}}{s}\boldsymbol{U}_{gq}(s)=H_{PLL}(s)\boldsymbol{U}_{gq}(s) \tag{2-132}$$

经过推导可得

$$\Delta\theta[f]=G_{p-PLL}[\pm2\pi(f_p-f_1)]\boldsymbol{U}_{gp}=\frac{\mp jH_{PLL}[\pm2\pi(f_p-f_1)]}{1+\boldsymbol{U}_{m1}H_{PLL}[\pm2\pi(f_p-f_1)]}\boldsymbol{U}_{gp}\quad f=\pm(f_p-f_1) \tag{2-133}$$

4. 考虑锁相环动态特性直驱风机序阻抗

如图 2-23 所示 dq 解耦控制框图，VSC 输出 dq 控制电压为

$$\begin{cases}u_{cd}=u_{gd}+\left(k_p+\dfrac{k_i}{s}\right)(I_{gdRef}-i_{gd})-\omega L_c i_{gq}\\ u_{cq}=u_{gq}+\left(k_p+\dfrac{k_i}{s}\right)(I_{gqRef}-i_{gq})+\omega L_c i_{gd}\end{cases} \tag{2-134}$$

因此，VSC 输出 dq 扰动电压包括了 3 项分量，分别考虑上述 3 项扰动分量，经过 park 逆变换，可得 VSC 输出扰动电压分量，通过交流侧电路动态方程，可得 VSC 序阻抗表达式。

对于可逆矩阵 $\boldsymbol{A}$ 和 $\boldsymbol{B}$，有 $(\boldsymbol{AB})^{-1}=\boldsymbol{B}^{-1}\boldsymbol{A}^{-1}$，因此 park 逆变换矩阵可表示为

$$
\boldsymbol{P}^{-1}(\theta_{\mathrm{PLL}}) = [\boldsymbol{T}(\Delta\theta)\boldsymbol{P}(\theta_1)]^{-1} = \boldsymbol{P}^{-1}(\theta_1)\boldsymbol{T}^{-1}(\Delta\theta)
= \begin{bmatrix} \cos(\theta_1) & -\sin(\theta_1) & 1 \\ \cos\left(\theta_1 - \dfrac{2\pi}{3}\right) & -\sin\left(\theta_1 - \dfrac{2\pi}{3}\right) & 1 \\ \cos\left(\theta_1 + \dfrac{2\pi}{3}\right) & -\sin\left(\theta_1 + \dfrac{2\pi}{3}\right) & 1 \end{bmatrix} \begin{bmatrix} \cos(\Delta\theta) & -\sin(\Delta\theta) & 0 \\ \sin(\Delta\theta) & \cos(\Delta\theta) & 0 \\ 0 & 0 & 1 \end{bmatrix} \tag{2-135}
$$

因此旋转坐标系下扰动电压分量首先经过 $\boldsymbol{T}^{-1}(\Delta\theta)$ 旋转变换，再经过 $\boldsymbol{P}^{-1}(\theta_1)$ 变换至三相静止坐标系下扰动电压分量。$\boldsymbol{T}^{-1}(\Delta\theta)$ 变换可以表示为

$$
\begin{cases} u_{\mathrm{cd\_1}}(t) = \cos[\Delta\theta(t)]u_{\mathrm{cd}}(t) - \sin[\Delta\theta(t)]u_{\mathrm{cq}}(t) \approx u_{\mathrm{cd}} - \Delta\theta u_{\mathrm{cq}} \\ u_{\mathrm{cq\_1}}(t) = \sin[\Delta\theta(t)]u_{\mathrm{cd}}(t) + \cos[\Delta\theta(t)]u_{\mathrm{cq}}(t) \approx \Delta\theta u_{\mathrm{cd}} + u_{\mathrm{cq}} \end{cases} \tag{2-136}
$$

依据 PCC 扰动正、负序分量在 VSC 控制器各环节之间传递关系和 VSC 交流侧动态方程，可得直驱风机并网侧序阻抗为

$$
Z_{\mathrm{gp}}(s) = \frac{U_{\mathrm{gp}}(s)}{-I_{\mathrm{gp}}(s)}
= \frac{sL_{\mathrm{c}} + K_{\mathrm{PWM}}H_{\mathrm{fsi}}(s)H_{\mathrm{fri}}(s - \mathrm{j}2\pi f_1)G_{\mathrm{d1}}(s - \mathrm{j}2\pi f_1)[G_{\mathrm{ci}}(s - \mathrm{j}2\pi f_1) - \mathrm{j}K_{\mathrm{L}}]}{1 + \dfrac{sL_{\mathrm{c}}}{Z_{\mathrm{filter}}} - K_{\mathrm{PWM}}H_{\mathrm{fsv}}(s)H_{\mathrm{frv}}(s - 2\pi f_1)G_{\mathrm{d2}}(s - 2\pi f_1) - K_{\mathrm{PWM}}G_{\mathrm{PLL\_p}}(s - 2\pi f_1)}
$$

$$
H_{\mathrm{fsv}}(s)\left\{ \begin{aligned} &\frac{1}{2}I_{\mathrm{m1}}\mathrm{e}^{\mathrm{j}\varphi_{\mathrm{i1}}}G_{\mathrm{ci}}\left(s - \mathrm{j}2\pi f_1\right)G_{\mathrm{d1}}\left(s - \mathrm{j}2\pi f_1\right) \\ &-\mathrm{j}\frac{1}{2}K_{\mathrm{L}}I_{\mathrm{m1}}\mathrm{e}^{\mathrm{j}\varphi_{\mathrm{i1}}} \\ &+\frac{1}{2}V_{\mathrm{mc1}}^{(0)}\mathrm{e}^{\mathrm{j}\varphi_{\mathrm{c1}}} \end{aligned} \right\} \tag{2-137}
$$

$$
Z_{\mathrm{gn}}(s) = \frac{U_{\mathrm{gn}}(s)}{-I_{\mathrm{gn}}(s)}
= \frac{sL_{\mathrm{c}} + K_{\mathrm{PWM}}H_{\mathrm{fsi}}(s)H_{\mathrm{fri}}(s + \mathrm{j}2\pi f_1)G_{\mathrm{d1}}(s + \mathrm{j}2\pi f_1)[G_{\mathrm{ci}}(s + \mathrm{j}2\pi f_1) + \mathrm{j}K_{\mathrm{L}}]}{1 + \dfrac{sL_{\mathrm{c}}}{Z_{\mathrm{filter}}} - K_{\mathrm{PWM}}H_{\mathrm{fsv}}(s)H_{\mathrm{frv}}(s + 2\pi f_1)G_{\mathrm{d2}}(s + 2\pi f_1) - K_{\mathrm{PWM}}G_{\mathrm{PLL\_p}}(s + 2\pi f_1)}
$$

$$
H_{\mathrm{fsv}}(s)\left\{ \begin{aligned} &\frac{1}{2}I_{\mathrm{m1}}\mathrm{e}^{-\mathrm{j}\varphi_{\mathrm{i1}}}G_{\mathrm{ci}}(s + \mathrm{j}2\pi f_1)G_{\mathrm{d1}}(s + \mathrm{j}2\pi f_1) \\ &+\mathrm{j}\frac{1}{2}K_{\mathrm{L}}I_{\mathrm{m1}}\mathrm{e}^{-\mathrm{j}\varphi_{\mathrm{i1}}} \\ &+\frac{1}{2}V_{\mathrm{mc1}}^{(0)}\mathrm{e}^{-\mathrm{j}\varphi_{\mathrm{c1}}} \end{aligned} \right\} \tag{2-138}
$$

5. 直驱风机序阻抗分析模型验证

为了验证所建立的直驱风机并网侧序阻抗模型的正确性，如图 2-25 所示，在 PSCAD 中搭建了直驱风机并网侧电路模型，VSC 交流换流电感 $L_c=0.135\text{mH}$，滤波支路 $C_f=1200\mu\text{F}$，$R_f=1.02\Omega$，机端变压器参数为 35kV/0.69kV、$X_t=0.07$，直流侧额定电压 $U_d=1.45\text{kV}$，直流电容 $C_{dc}=25\text{mF}$，电流内环控制参数：$k_p=1$，$k_i=4$，锁相环控制参数：$k_{p\_PLL}=150$，$k_{i\_PLL}=50$。同步旋转坐标系下电压通道二阶高频滤波特征频率为 7 倍基波、阻尼比 0.7，电流通道二阶高频滤波特征频率为 10 倍基波、阻尼比 0.7。

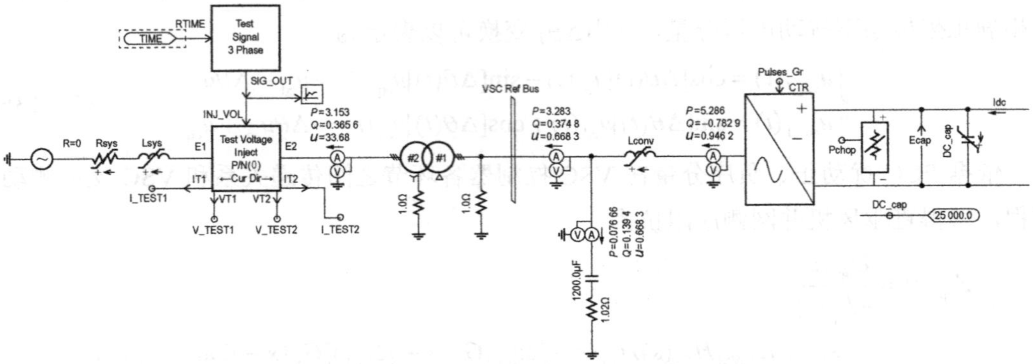

图 2-25 PSCAD 中频率—阻抗扫描仿真电路图

在直驱风机 35kV 侧串联加入三相（正序/负序）可调幅值扰动电压源，频率可以在 0～2000Hz 范围内调整频率步长进行动态仿真，并可以设置时间段、数据源存储对应数据，因

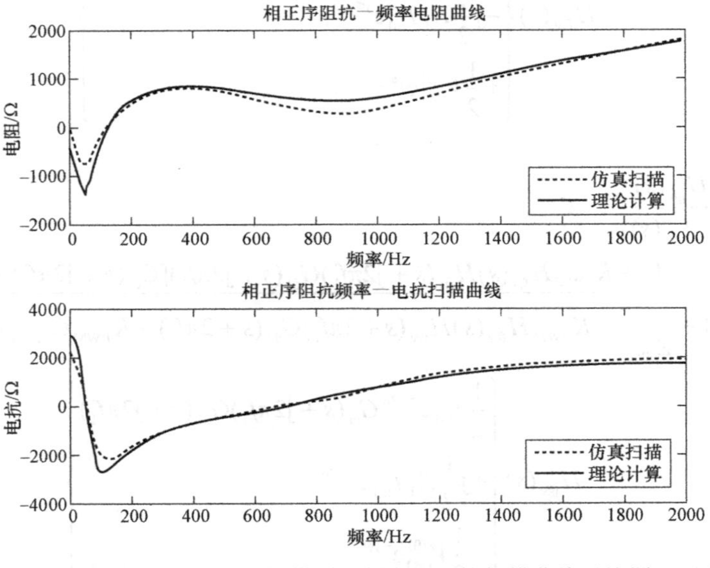

图 2-26 直驱风机序阻抗分析模型与频率—阻抗扫描曲线对比图（正序）

VSC 呈现非线性特性，单次仿真计算时施加一个扰动频率的扰动源。对不同频率下的仿真数据进行 FFT 分析，可以得到频率—阻抗扫描曲线，如图 2－26 和图 2－27 所示。仿真中，VSC 的基波稳态运行工况为 VSC 注入 PCC 功率 $P=3\text{MW}$，$Q=0.1\text{Mvar}$。

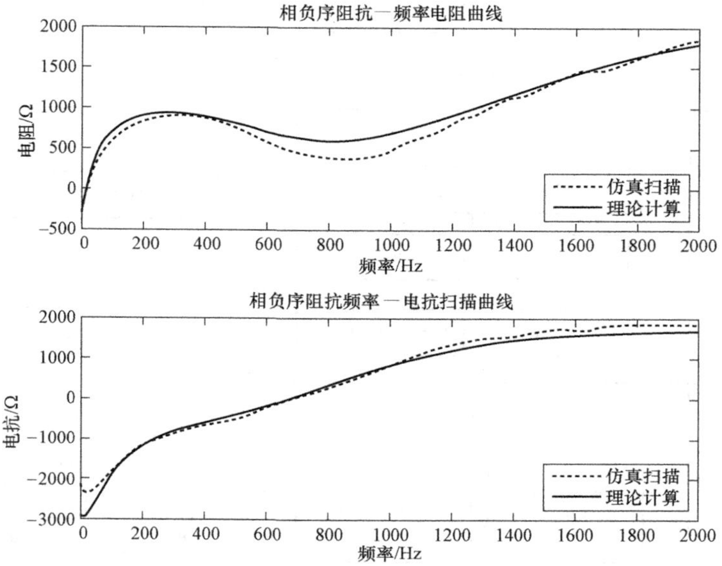

图 2－27 直驱风机序阻抗分析模型与频率—阻抗扫描曲线对比图（负序）

由图 2－26 和图 2－27 可见，仿真扫描与理论计算的正、负序阻抗曲线基本吻合，验证了序阻抗分析模型的正确性。

2.2 电力系统宽频带动态稳定时域仿真技术

为了对高比例电力电子电力系统的宽频带动态稳定问题进行准确的仿真分析，国家电网公司仿真中心构建了含高比例电力电子设备的电力系统全电磁暂态实时仿真平台。仿真平台包含新能源发电设备及交流网络的全数字与数模混合仿真系统，其总体架构如图 2－28 所示。

其中，全数字仿真系统以自主产权 ADPSS 为核心仿真平台，是世界首套基于超算的交直流混联大电网全电磁暂态仿真系统，包含国家电网公司 5 大区域电网的全电磁暂态仿真模型；数模混合仿真系统以大规模电磁暂态实时仿真软件和超级并行计算机硬件为数字仿真核心模拟交流网络，接入全部在运的 21 回直流工程控保装置及 FACTS 控保装置，具有双馈风力发电机、直驱风力发电机、光伏设备、SVG 等多样化设备实际控制器接入仿真能力，控制器涵盖了我国 20 余种主力的新能源机型。仿真平台实现了新能源场站与超特高压交直流电网精细化电磁暂态建模与仿真，物理部分接入了直流及新能源发电实际控保装置，具备对高比例电力电子电力系统动态过程复现及理论分析结果验证的能力。

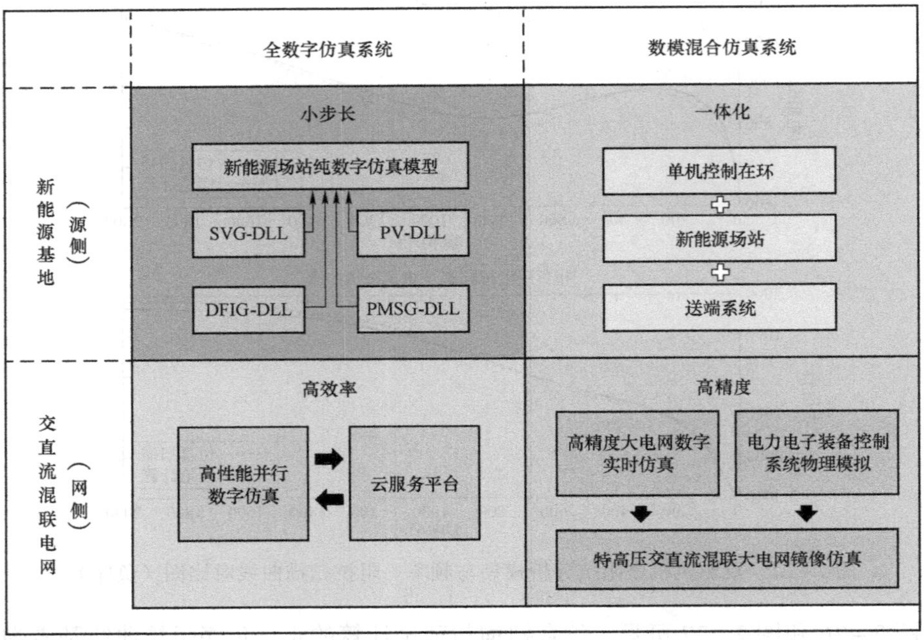

图 2－28 仿真平台的总体架构

2.2.1 数字仿真平台

数字仿真即采用数值计算方法，求解相应的数学方程实现物理过程的模拟仿真，系统内所有元件都采用数字仿真模型。数字仿真的优点是不受被研究系统规模和结构复杂性的限制，使用灵活、扩展方便、成本相对低廉。同时随着数字计算机和计算技术的飞速发展，数字仿真在精度、规模、效率、灵活性、扩展性、经济性方面的优势更为突出，已基本取代了动态模拟实验，成为电力系统仿真的核心。

但与此同时，随着计算分析水平的提升与细化，数字仿真所依赖的计算平台面临着更加严峻的挑战。国家电网公司专属的数字超算平台，旨在解决新一代数字仿真中计算规模大、作业数目多、计算频次高和计算时间紧迫等问题。超算平台架构如图 2－29 所示。

超算平台包含超算硬件、监控平台、并行计算平台、应用功能模块等。超算硬件是超算平台的基础性设备，包含超算制冷系统、服务器系统、网络系统、存储系统等硬件

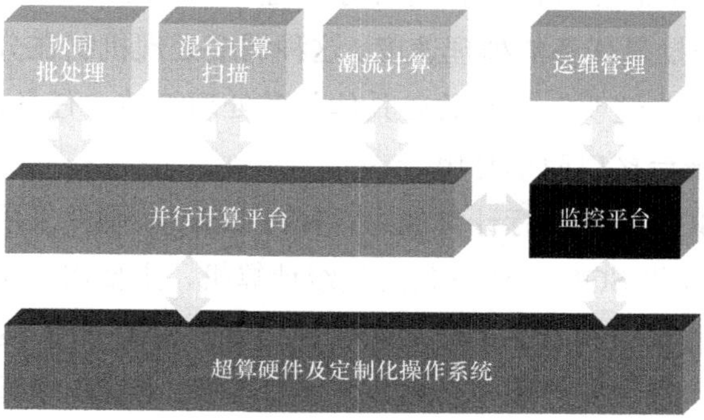

图 2－29　超算平台架构

资源。并行计算平台则需将超算所有的硬件资源进行整合调度管理，充分考虑闲置状态下如何对计算资源进行有效管理，通过分网并行和任务并行等支撑技术，满足电力系统仿真分析。监控系统主要针对超算硬件的运行状态、并行文件系统作业的管理信息进行管控，服务于运维团队工作，保障平台业务的安全可靠运行。最终通过并行计算平台，超算基于共享文件系统整合了协同暂稳，混合仿真扫描、潮流计算等功能，并制订相关工作标准及业务流程，按照生产要求开展常态化计算工作。

2.2.2　数模仿真系统

数模仿真面临的两大挑战为：数字仿真能够模拟的电网规模要足够大，这不仅对数字实时仿真平台提出了挑战，也对数字实时仿真软件提出了挑战；数模混合仿真接口数量要足够多，一个直流工程的交互信号量就有几百个，如果需要将多个直流工程的控保装置接入数字仿真电网，就需要几千个数模接口，均要求实时的数据交互。这对数模接口装置及接口技术提出了挑战。

鉴于以上挑战，对给定电网仿真时，应用自动分网技术，自动计算所需 CPU 数目或仿真的最小步长。考虑到各 CPU 的计算速度及多 CPU 之间的通信速度要求，目前选择的是 SGI 超级计算机最新产品 SGI UV300，其采用 NUMAFlex 体系结构、单一操作系统、所有处理器共享内存，具有通信速率快、管理简单、运算效率高、易于编程等特点。仿真软件目前选择的是加拿大魁北克水电局研究院研发的 HYPERSIM 实时仿真软件。

相比于其他仿真平台，国家电网仿真中心构建的含高比例电力电子设备的电力系统全电磁暂态实时仿真平台的优势有：

1）并行计算平台拥有先进的平台资源统一分配技术和平台数据存储技术。采用分层分布式调度技术，将多个机群联合起来，形成统一资源池，根据机群接收仿真计算任务的具体情况，将客户端提交的任务按照负载均衡与既定调控策略，协调调度到多个机群中进行任务处理，提高平台批量任务的处理速度。这种调度处理机制在分布式并行计算平台内部进行，对提交任务用户透明，无需关心具体任务处理细节，任务提交端无需进行调整，分布式并行计算管理平台接口简单易用。

2）拥有先进的 SGI 超级并行计算能力。HYPERSIM 硬件采用基于共享存储器的多 CPU 超级并行处理计算机 SGI－UV 系列的超级计算机，主要用于电力系统仿真，仿真规模大，也可以用于装置试验和直流系统动态特性仿真。SGI－UV 为单一节点、单一操作系统超级计算服务器，最大能扩展至 5632 个处理器核，64TB 全局共享内存，具有灵活多变的资源划分方式。它适用于大电网实时仿真等高耦合度的应用场景，能在元器件具有高耦合度、存在依赖性计算关系、存在大量实时信号传输需求的大电网仿真应用中提供超强的计算能力、超高的数据通信带宽和极低的通信延迟，保证了大电网仿真规模更大，数值更稳定，缩短了模拟的时间，提高了仿真的效率。

3）拥有先进的电磁暂态实时仿真自动化建模能力。通过深入总结人工建模的经验，最大化提高了建模效率以及建模的智能化程度，基于 BPA 数据和 HYPERSIM 模型的参数差异，提出了相应的元件转换规则；基于发电机控制器类型与结构，开发了控制器用户自定义模型库；研发了拓扑自动布局技术，实现了模型拓扑的自动生成；研发了自动建模流程控制技术，并开发了相应用户主动控制型程序界面。

2.2.3 数字仿真和数模仿真技术的正确性验证

1. 正确性验证方法

（1）借助数模仿真平台提供的单个直流输电工程的稳态和暂态仿真结果（交流线路接地故障、直流线路接地故障、紧急停运等），调校数字仿真平台中单个直流输电工程的电磁暂态模型和参数，确保直流工程的数字仿真准确性。

（2）采用 2017 年华东夏季等值电网数据，搭建接入多回直流的大规模交直流电网机电—电磁混合仿真模型，与数模混合仿真平台对比多种情况下导致直流换相失败的交流故障范围，校验数字仿真平台和数模仿真平台的一致性。

2. 直流工程电磁暂态模型的准确性验证

本节采用的数字仿真平台已建有 16 条直流的电磁暂态模型，进行稳态和暂态仿真（交流线路接地故障、直流线路接地故障、紧急停运等），然后与数模仿真平台提供的仿真结果不断比对，反复调校数字仿真平台的直流输电工程电磁暂态模型和参数，确保直流工程的数字仿真准确性。下面以复奉直流工程为例，叙述准确性验证过程。

（1）验证过程。选择具有代表意义的几项试验，包括整流侧和逆变侧交流线路接地故障、直流线路接地故障、紧急停运等，将各条直流工程的数字仿真结果与数模混合仿真试验结果进行对比，据此反复调校直流工程的电磁暂态模型和参数，确保最终的比对结果基本一致。

下面以复奉直流工程交流系统单相接地故障和直流线路接地故障为例展示比对结果。

1）交流侧对地故障。

接地故障位置：复龙换流站整流侧交流母线 A 相接地故障。

直流系统运行方式：功率正送，双极功率控制。

直流系统输送功率：6400MW。

图 2－30～图 2－33 展示了数字仿真波形与数模仿真波形的对比情况。数模仿真中，极 I 交流系统单相接地故障，复龙站极 I 直流电流振荡最高值到 4210A，直流电压振荡最低跌至－73.3kV，奉贤站直流电流振荡最高到 4240A，直流电压振荡最低至 63.5kV。数

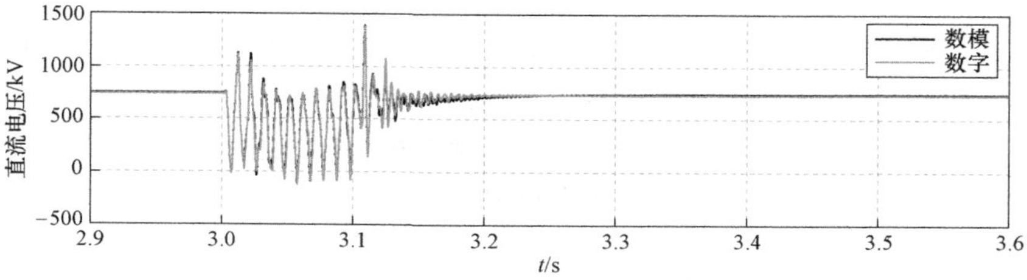

(a)

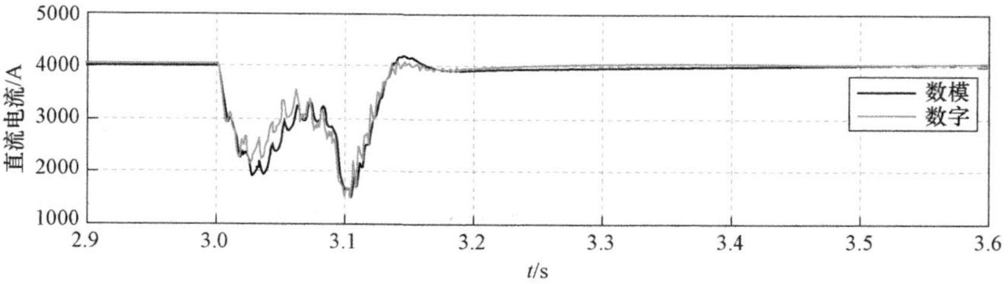

(b)

图 2－30 复龙站直流电压和直流电流波形比对

（a）直流电压；（b）直流电流

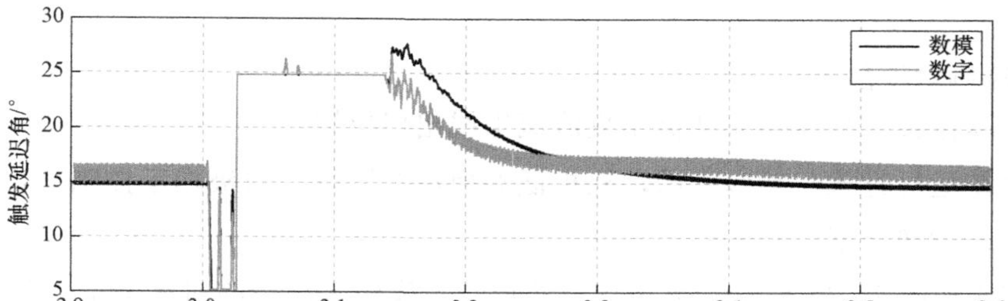

图 2－31 复龙站触发延迟角波形比对

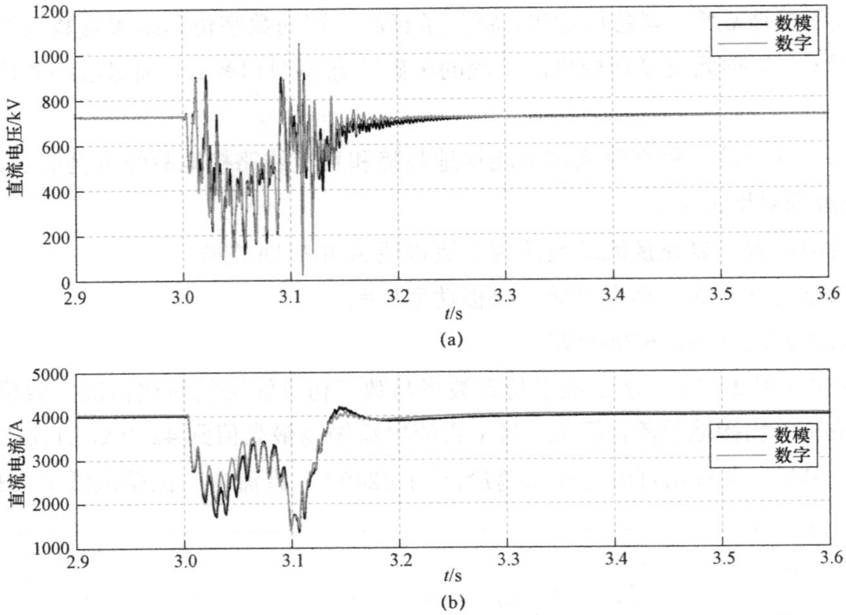

图 2-32 奉贤站直流电压和直流电流波形比对
（a）直流电压；（b）直流电流

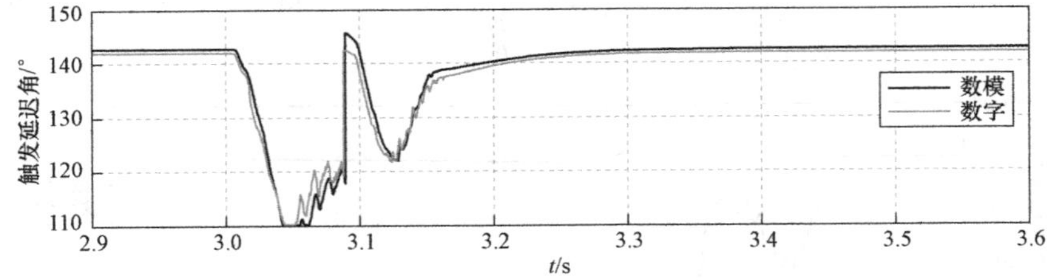

图 2-33 奉贤站触发延迟角波形比对

字仿真中，复龙站极Ⅰ低端直流电流振荡最高至 4094A，直流电压振荡最低至 -72kV，奉贤站直流电流振荡最高到 4118A，直流电压振荡最低至 21.1kV。仿真试验波形，复龙站与奉贤站触发延迟角调节特性一致。通过波形比对发现，两种仿真保持较高一致性。

2）直流侧对地故障。

接地故障位置：复龙换流站极Ⅰ直流流出线出口位置。

直流系统运行方式：功率正送，双极低端换流器运行，双极功率控制。

直流系统输送功率：6400MW。

图 2-34 和图 2-35 展示了数字仿真波形与数模仿真波形的对比情况。仿真试验中，模拟功率正送情况下极Ⅰ靠近复龙站直流线路故障，故障过程中及故障清除后直流电压、直流电流、触发角和直流功率变化趋势相同。

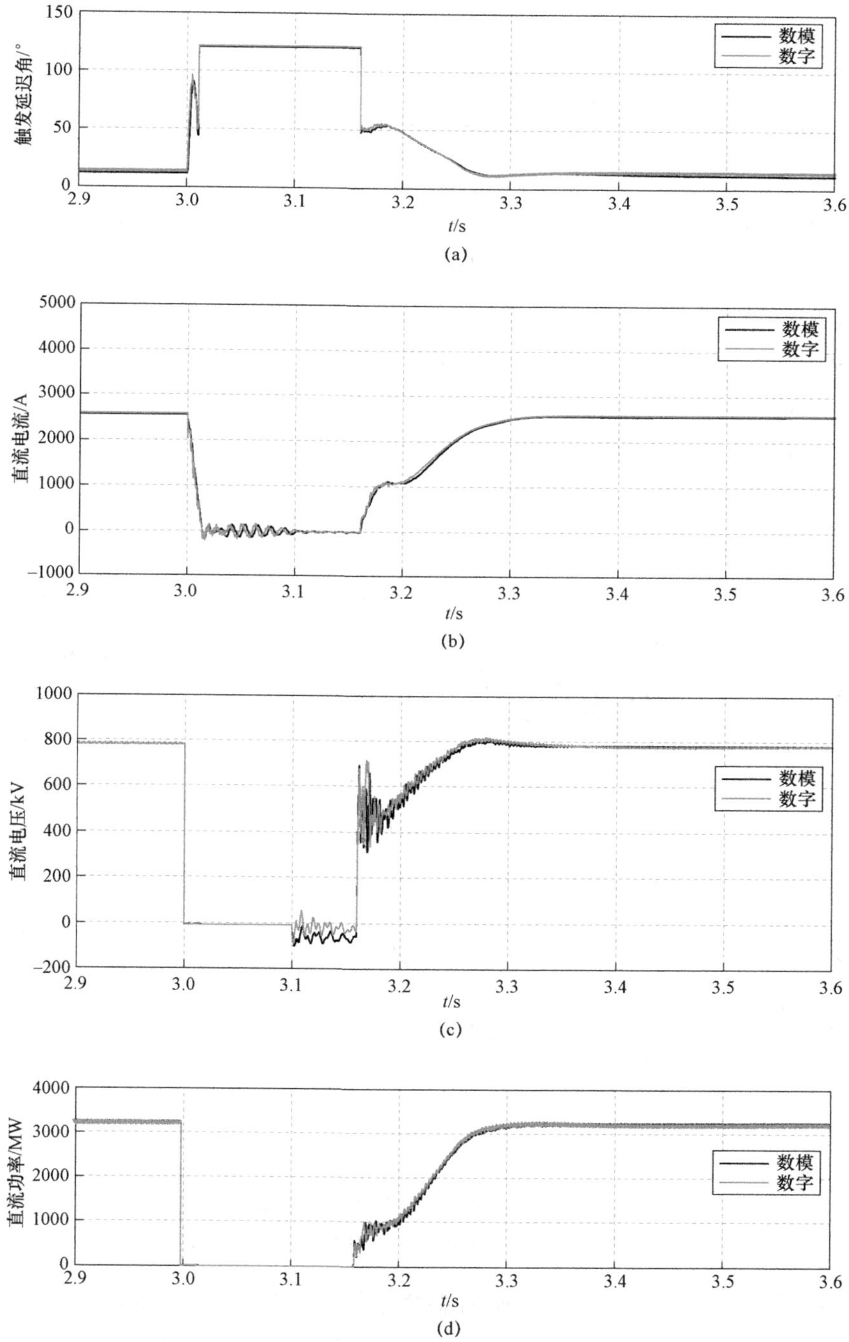

图 2-34　极 I 靠近复龙站侧直流线路接地故障时复龙站波形

（a）触发延迟角；（b）直流电流；（c）直流电压；（d）直流功率

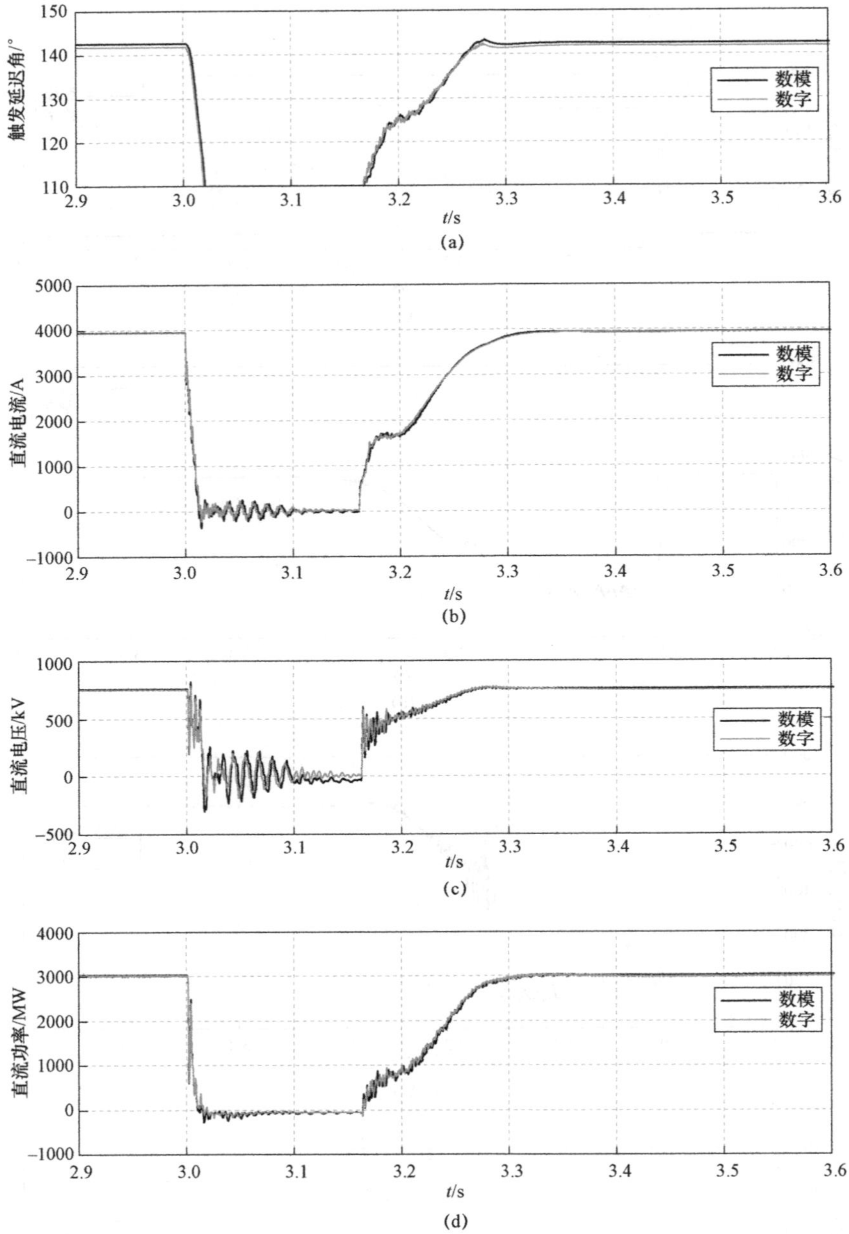

图 2-35　极Ⅰ靠近复龙站侧直流线路接地故障时奉贤站波形

（a）触发延迟角；（b）直流电流；（c）直流电压；（d）直流功率

（2）准确性小结。在直流工程电磁暂态模型的准确性验证中选择具有代表意义的几项试验，包括交流线路接地故障、直流线路接地故障、紧急停运等，将各条直流工程的数字仿真结果与数模混合仿真试验结果进行对比，据此反复调校模型和参数。最终的比对结果表明，数字仿真的稳态和暂态响应与数模仿真基本一致，为下一步大规模交直流电网的数字混合仿真的准确性验证提供了模型基础。

3. 大规模交直流电网的数字混合和数模混合仿真一致性验证

采用 2017 年华东夏季等值电网数据，搭建接入多回直流的大规模交直流电网机电—电磁混合仿真模型，与数模混合仿真平台对比华东电网导致直流换相失败的交流故障范围，校验数字仿真平台和数模仿真平台的一致性。

（1）边界条件。采用 2017 年华东夏季等值电网数据（BPA 格式），在原始的 BPA 格式数据基础上进行处理，形成各个仿真工具可用的计算数据。处理流程具体包括：

1）数模仿真工具：在原始数据基础上人工搭建 HYPERSIM 仿真模型，并加入直流控保物理模型。

2）机电暂态仿真工具（BPA）：在原始数据基础上加入 7 回直流的机电暂态模型参数，其中直流控保系统采用 5 型直流控保系统模型。

3）机电暂态仿真工具（PSASP）：在步骤 2）基础上进行 BPA－PSASP 数据格式转换，生成 PSASP 格式数据。

4）机电－电磁混合仿真（ADPSS）：在步骤 3）基础上添加华东 7 回直流电磁暂态模型。

BPA－PSASP 数据转换后，对比 BPA 和 PSASP 的潮流，结果基本一致，见表 2－6。

表 2－6　BPA 数据与 PSASP 数据潮流对比结果

BPA 母线名	PSASP 母线名	基准电压	BPA 电压	PSASP 电压	电压差值	BPA 相角	PSASP 相角	相角差值
国政平__	国政平__	525	0.984	0.984 6	0.000 6	0.4	−0.058 8	−0.458 8
国浙中__	国浙中__－1050	1050	1.014	1.014 4	0.000 4	3	2.493 4	−0.506 6
国浙西__	国浙西__	525	0.998	0.999 7	0.001 7	6.7	6.262 5	−0.437 5
国浙南__	国浙南__－1050	1050	1.016	1.016 4	0.000 4	4.7	4.308	−0.392
国泰州__	国泰州__－1050	1050	1	1	0	4.3	3.932 8	−0.367 2
国苏特__	国苏特__	1050	1.01	1.010 2	0.000 2	−0.9	−1.427	−0.527
国芜湖__	国芜湖__－1050	1050	1.015	1.015	0	4.6	4.173 5	−0.426 5
国南京__	国南京__－1050	1050	1.003	1.002 9	−0.000 1	5.8	5.418 8	−0.381 2
国安吉__	国安吉__－1050	1050	1.015	1.015 3	0.000 3	1.7	1.202 1	−0.497 9
苏同里 51	苏同里 51	525	0.976	0.979 1	0.003 1	−0.8	−1.573 2	−0.773 2
浙金华 51	浙金华 51	525	0.996	0.999 3	0.003 3	7.1	6.348 8	−0.751 2
沪华新 51	沪华新 51	525	0.979	0.980 6	0.001 6	−7.2	−7.8	−0.6

续表

BPA 母线名	PSASP 母线名	基准电压	BPA 电压	PSASP 电压	电压差值	BPA 相角	PSASP 相角	相角差值
沪政平 51	沪政平 51	525	0.984	0.984 5	0.000 5	0.6	-0.025 1	-0.625 1
沪奉贤 51	沪奉贤 51	525	0.988	0.990 3	0.002 3	-4.1	-4.863 2	-0.763 2
沪枫泾 51	沪枫泾 51	525	1.005	1.006	0.001	-2.4	-3.038	-0.638
SNQ220_2	SNQ220_2	230	1.012	1.012	0	-9.9	-10.451 9	-0.551 9
SNQ220_1	SNQ220_1	230	1.011	1.011 9	0.000 9	-9.9	-10.427 3	-0.527 3

计算考虑的故障类型包括500kV及以上电压等级的单相永久性故障重合不成功以及三相永久性接地故障，如表2-7所示，故障地点包括线路首端和线路末端。待研究的故障集见表2-7。两种故障的设置如下：

1）单相永久性故障重合不成功：0s A相发生故障，0.09s故障侧A相开关跳开，0.1s对侧A相开关跳开，1.1s重合不成功，1.2s跳开两侧三相开关。

2）三相永久性接地故障：0s发生故障，0.09s故障侧开关跳开，0.1s对侧开关跳开。

表2-7　　待研究的故障集

单相永久性故障	安吉—练塘安吉侧单永故障
	安吉—浙中安吉侧单永故障
	芜湖—安吉安吉侧单永故障
	苏特—练塘练塘侧单永故障
	南京—泰州泰州侧单永故障
三相永久性故障	苏特—练塘练塘侧 $N-1$ 故障
	南京—泰州泰州侧 $N-1$ 故障
	安吉—练塘练塘侧 $N-1$ 故障
	石牌—昆南昆南侧 $N-1$ 故障
	亭卫—上漕上漕侧 $N-1$ 故障

（2）机电-电磁混合、数模混合结果对比分析。首先选取两个故障进行了详细对比，对比结果如表2-8所示。机电-电磁混合仿真和数模混合仿真的差别都是在宾金直流换相失败与否上，其余直流换相失败情况一致；然后将表2-7中10个故障下的换相失败情况进行了对比，两种仿真软件对换相失败情况的仿真结果差异也是在一条以内。下面以亭卫-上漕上漕侧 $N-1$ 故障为例，展示对比结果。其数模混合与机电-电磁混合仿真换相失败情况见表2-8。

表 2-8　亭卫－上漕上漕侧 $N-1$ 故障下，数模混合与机电－电磁混合仿真换相失败情况

故障类型	故障线路	直流换相失败回数	复奉	宾金	锦苏	龙政	林枫	宜华	葛南	是否功角稳定
三永故障	ADPSS	5	×		×		×	×	×	稳定
	HYPERSIM	6	×	×	×		×	×	×	

注：×表示发生换相失败，空格表示未发生换相失败。

1）复奉直流。复奉直流电压曲线、电流曲线和有功功率曲线如图 2-36～图 2-38 所示。

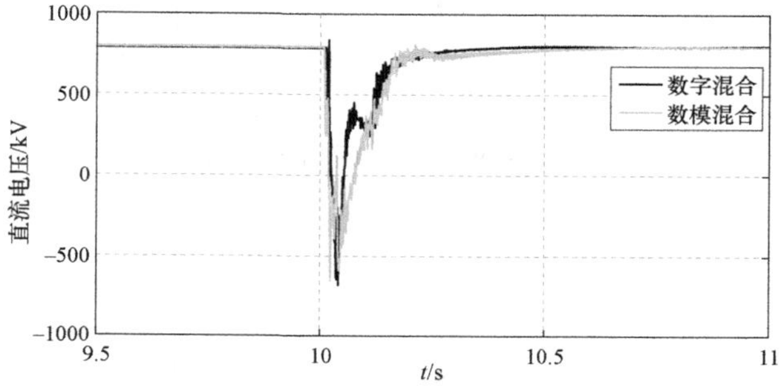

图 2-36　复奉直流电压曲线

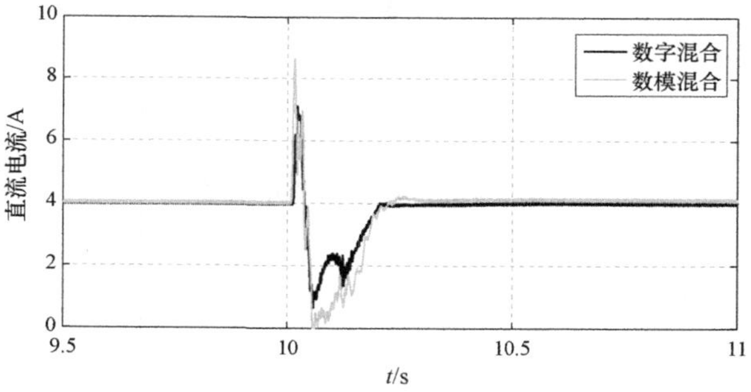

图 2-37　复奉直流电流曲线

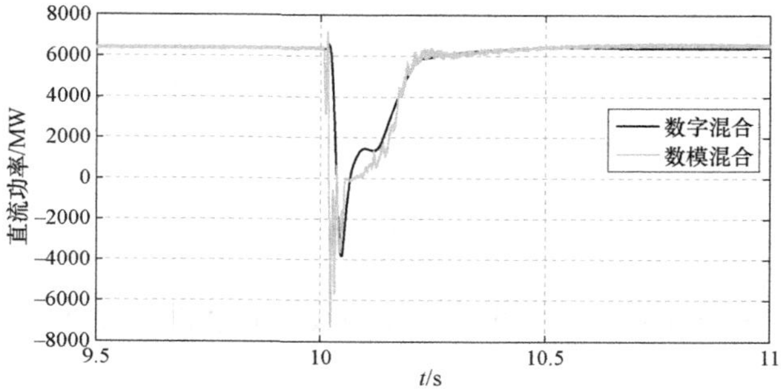

图 2-38　复奉直流有功功率曲线

2）锦苏直流。锦苏直流电压曲线、电流曲线和有功功率曲线如图 2-39～图 2-41 所示。

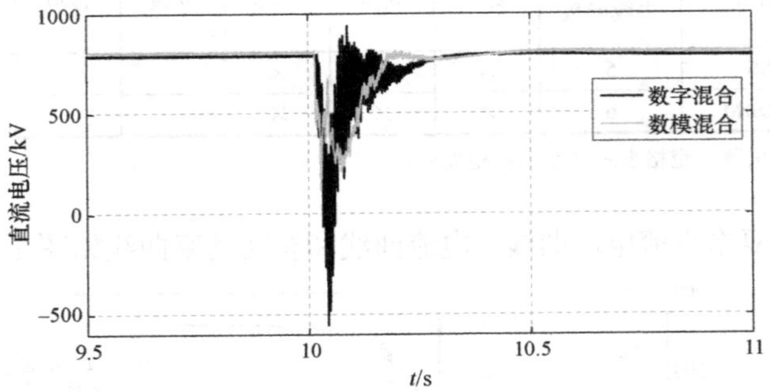

图 2-39 锦苏直流电压曲线

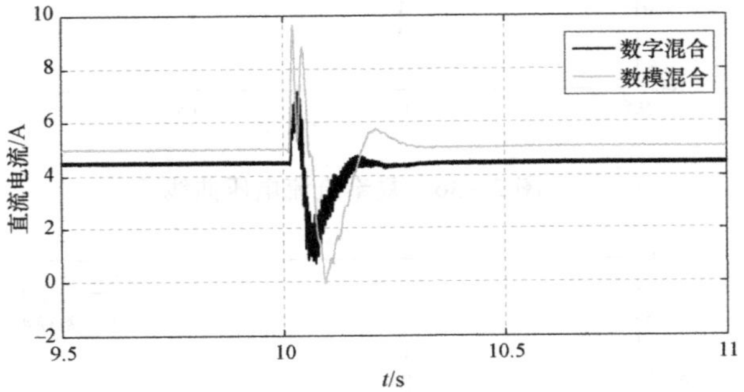

图 2-40 锦苏直流电流曲线

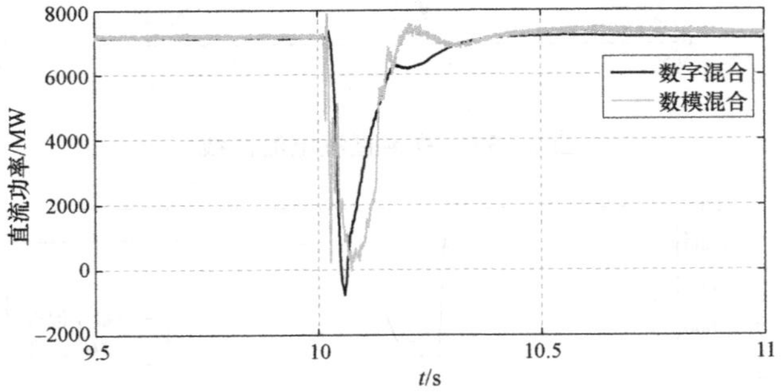

图 2-41 锦苏直流有功功率曲线

3）宾金直流。宾金直流电压曲线、电流曲线和有功功率曲线如图 2-42～图 2-44 所示。

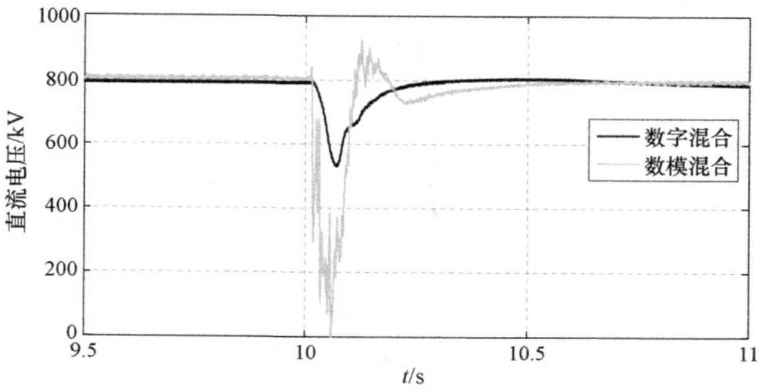

图 2－42　宾金直流电压曲线

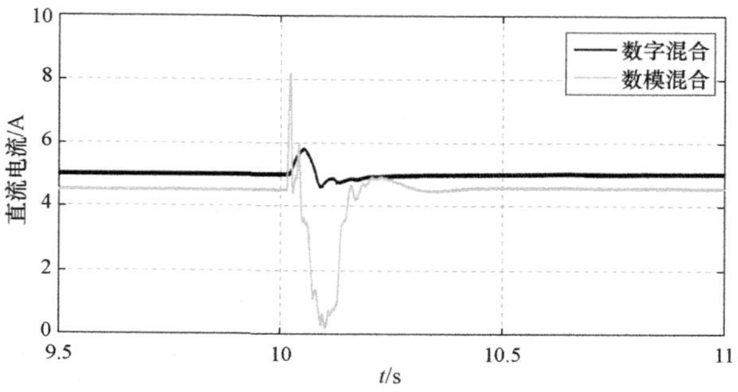

图 2－43　宾金直流电流曲线

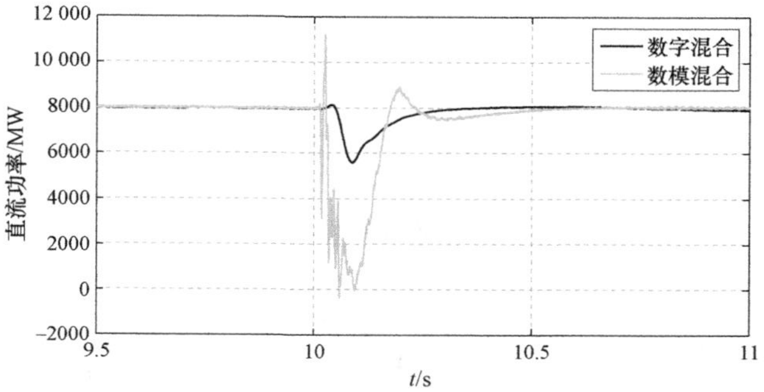

图 2－44　宾金直流有功功率曲线

4）林枫直流。林枫直流电压曲线、电流曲线和有功功率曲线如图 2－45～图 2－47 所示。

5）葛南直流。葛南直流电压曲线、电流曲线和有功功率曲线如图 2－48～图 2－50 所示。

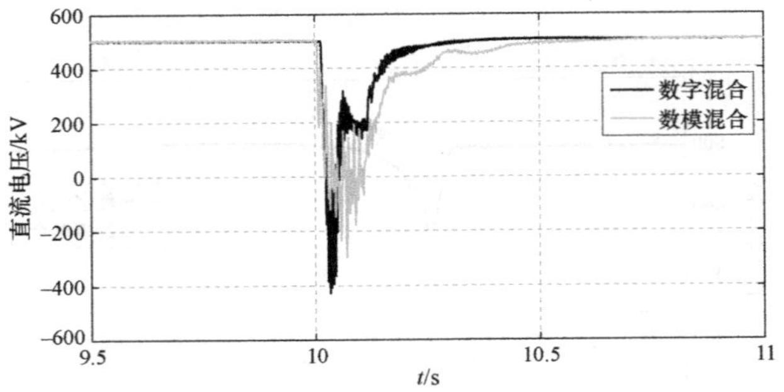

图 2-45　林枫直流电压曲线

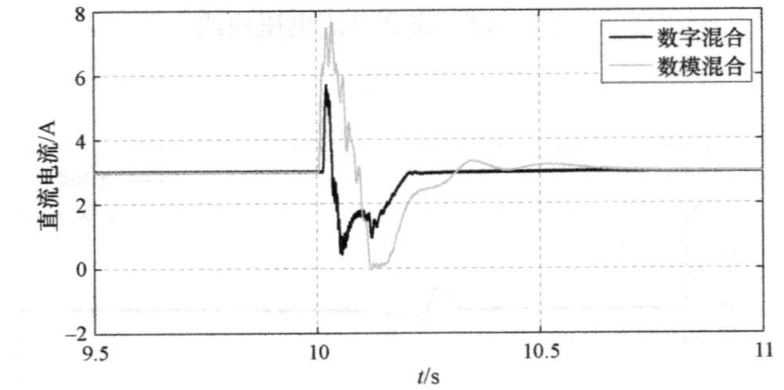

图 2-46　林枫直流电流曲线

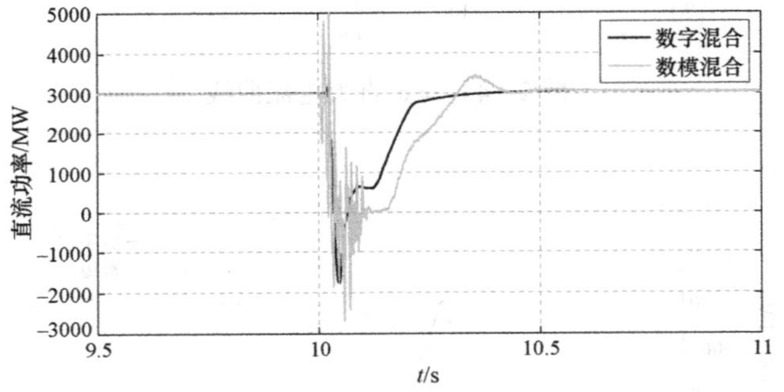

图 2-47　林枫直流有功功率曲线

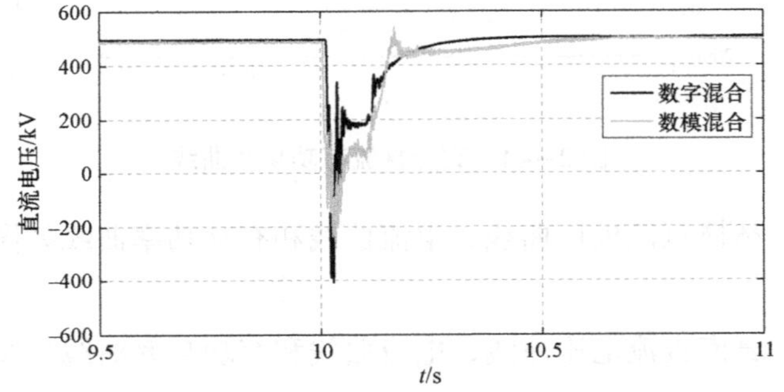

图 2-48　葛南直流电压曲线

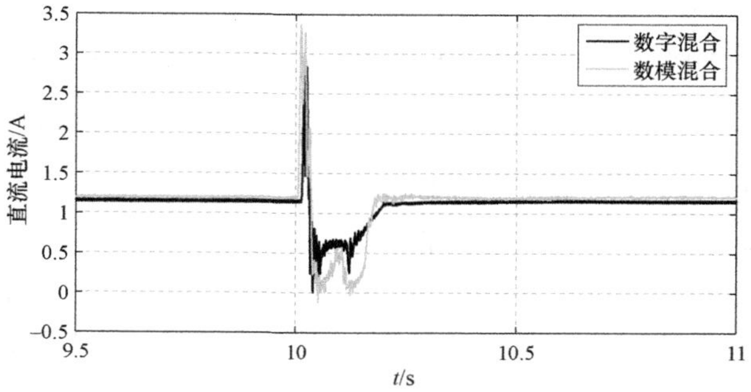

图 2－49　葛南直流电流曲线

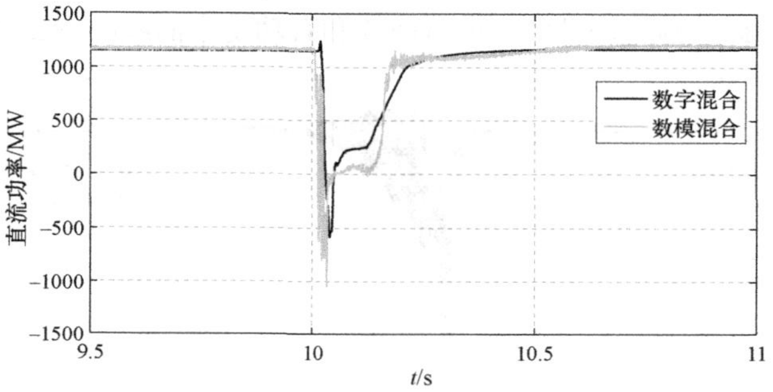

图 2－50　葛南直流有功功率曲线

6）宜华直流。宜华直流电压曲线、电流曲线和有功功率如图 2－51～图 2－53 所示。

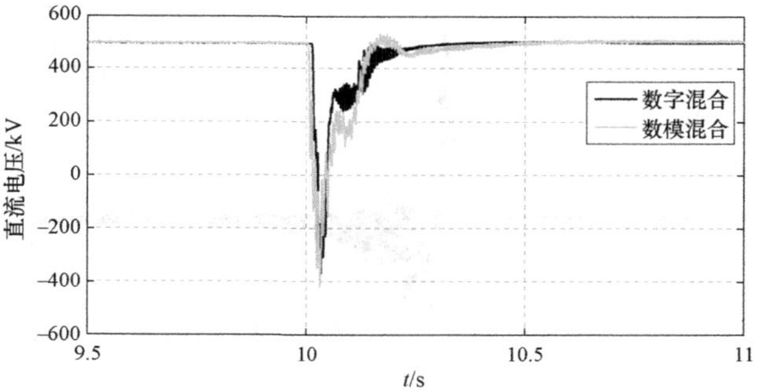

图 2－51　宜华直流电压曲线

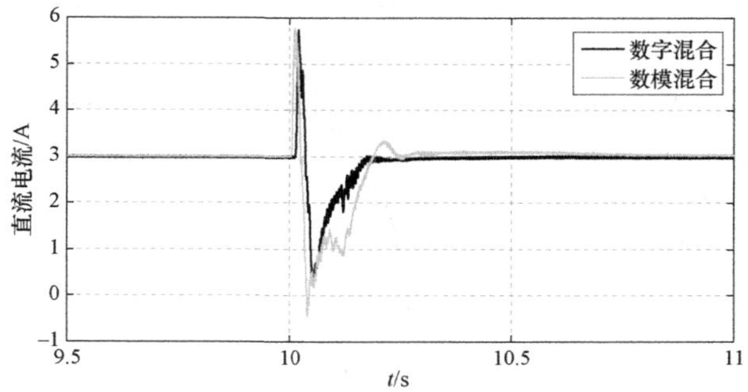

图 2－52　宜华直流电流曲线

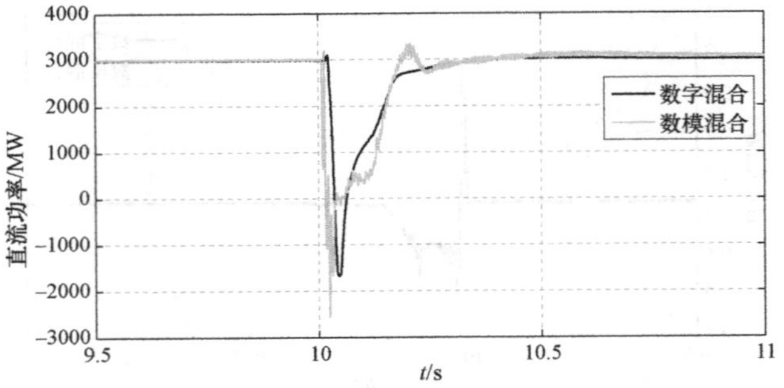

图 2−53　宜华直流有功功率曲线

7）龙政直流。龙政直流电压曲线、电流曲线和有功功率曲线如图 2−54～图 2−56 所示。

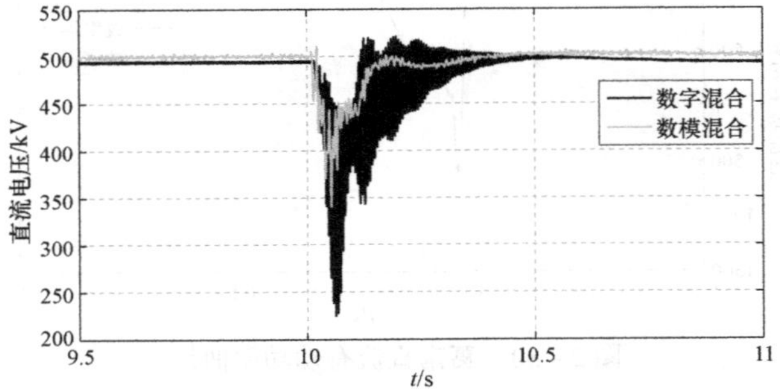

图 2−54　龙政直流电压曲线

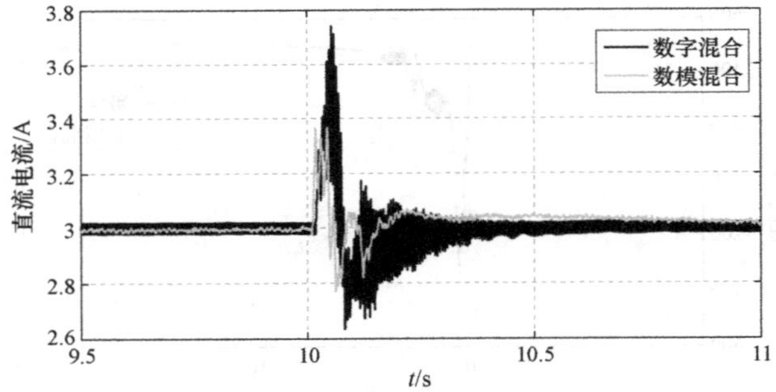

图 2−55　龙政直流电流曲线

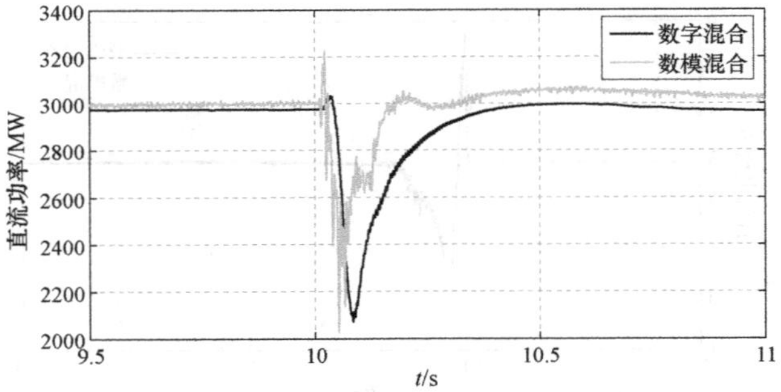

图 2−56　龙政直流有功功率曲线

针对 10 个故障，采用 ADPSS 及数模混合分别进行仿真计算，仿真结果对比如表 2－9 所示。

表 2－9　　10 个典型故障下的计算结果

故障类型	故障线路	仿真工具	直流换相失败回数	复奉	宾金	锦苏	龙政	林枫	宜华	葛南
单相永久性故障	安吉—练塘安吉侧	数模	6	×	×	×		×	×	×
		ADPSS	5	×	×	×		×		×
	安吉—浙中安吉侧	数模	6	×	×	×		×	×	×
		ADPSS	6	×	×			×	×	×
	芜湖—安吉安吉侧	数模	6	×	×	×		×	×	×
		ADPSS	5	×	×	×		×	×	
	苏特—练塘练塘侧	数模	6	×	×	×		×	×	×
		ADPSS	7	×	×	×	×	×	×	×
	南京—泰州泰州侧	数模	2	×		×				
		ADPSS	1					×		
三相永久性故障	苏特—练塘练塘侧	数模	7	×	×	×	×	×	×	×
		ADPSS	7	×	×	×	×	×	×	×
	南京—泰州泰州侧	数模	6	×	×	×		×	×	×
		ADPSS	5	×		×		×	×	×
	安吉—练塘练塘侧	数模	7	×	×	×	×	×	×	×
		ADPSS	7	×	×	×	×	×	×	×
	石牌—昆南昆南侧	数模	7	×	×	×	×	×	×	×
		ADPSS	7	×	×	×	×	×	×	×
	亭卫—上漕上漕侧	数模	6	×	×	×		×	×	×
		ADPSS	5	×		×		×	×	×

注：×表示发生换相失败，空格表示未发生换相失败。

将 ADPSS 的计算结果与数模混合仿真相比，得到以下结论：

1）机电－电磁混合仿真软件 ADPSS 在所有故障下的直流换相失败条数偏差基本都在 1 条以内，说明机电－电磁混合仿真具有较高的仿真精度。

2）数模混合仿真结果表明，华东电网发生单一短路故障（单永故障、三永故障）时，普遍存在多回直流同时换相失败的情况，在计算考虑的 10 个故障中，有 9 个故障会引起 6 回以上直流同时换相失败。

（3）仿真结果与实际故障结果的差异分析。上述仿真均采用金属性接地故障，故障后保护动作时间为近端 90ms、远端 100ms。然而实际电网发生故障时，大多是经阻抗接地短路，且故障后保护动作时间较快。针对这个情况，本节采用数模混合仿真（HYPERSIM）和机电–电磁混合仿真（ADPSS）两种工具，对故障接地条件和故障后保护动作时间、故障位置三个因素对多回直流换相失败影响进行灵敏度分析。

为了找出接地电阻对多回直流换相失败的影响，分别在故障接地电阻为0Ω、10Ω、20Ω三种情况下进行试验研究，研究接地电阻值对多回直流换相失败的影响，见表2–10。

表2–10　不同接地电阻情况下的两种仿真工具结果

故障类型	故障线路	接地电阻	仿真工具	直流换相失败回数	复奉	宾金	锦苏	龙政	林枫	宜华	葛南
单相永久性故障	安吉—练塘安吉侧	0Ω	数模	6	×	×	×		×	×	×
			ADPSS	5	×	×	×		×		×
		10Ω	数模	3	×	×			×		
			ADPSS	2	×				×		
		20Ω	数模	1		×					
			ADPSS	1	×						
	安吉—浙中安吉侧	0Ω	数模	6	×	×	×		×	×	×
			ADPSS	6	×	×	×		×	×	×
		10Ω	数模	4	×	×	×		×		
			ADPSS	1	×						
		20Ω	数模	0							
			ADPSS	0							
	芜湖—安吉安吉侧	0Ω	数模	6	×	×	×		×	×	×
			ADPSS	5	×	×	×		×	×	
		10Ω	数模	3	×	×			×		
			ADPSS	1					×		
		20Ω	数模	2	×	×					
			ADPSS	0							
	苏特—练塘练塘侧	0Ω	数模	6	×	×	×		×	×	×
			ADPSS	7	×	×	×	×	×	×	×
		10Ω	数模	6	×	×	×		×	×	×
			ADPSS	6	×	×	×	×	×		×
		20Ω	数模	2	×				×		
			ADPSS	1							×

续表

故障类型	故障线路	接地电阻	仿真工具	直流换相失败回数	复奉	宾金	锦苏	龙政	林枫	宜华	葛南
单相永久性故障	南京—泰州泰州侧	0Ω	数模	2	×	×					
			ADPSS	1					×		
		10Ω	数模	2	×	×					
			ADPSS	0							
		20Ω	数模	2	×	×					
			ADPSS	0							
三相永久性故障	苏特—练塘练塘侧	0Ω	数模	7	×	×	×	×	×	×	×
			ADPSS	7	×	×	×	×	×	×	×
		10Ω	数模	6	×	×	×		×	×	×
			ADPSS	6	×	×	×		×	×	×
		20Ω	数模	6	×	×	×		×	×	×
			ADPSS	5	×		×		×	×	×
	南京—泰州泰州侧	0Ω	数模	6	×	×	×		×	×	×
			ADPSS	5	×		×		×	×	×
		10Ω	数模	6	×	×	×		×	×	×
			ADPSS	5	×		×		×	×	×
		20Ω	数模	3	×	×	×				
			ADPSS	5	×		×		×	×	×
	安吉—练塘练塘侧	0Ω	数模	7	×	×	×	×	×	×	×
			ADPSS	7	×	×	×	×	×	×	×
		10Ω	数模	6	×	×	×		×	×	×
			ADPSS	6	×	×	×		×	×	×
		20Ω	数模	6	×	×	×		×	×	×
			ADPSS	5	×		×		×	×	×
	石牌—昆南昆南侧	0Ω	数模	7	×	×	×	×	×	×	×
			ADPSS	7	×	×	×	×	×	×	×
		10Ω	数模	1			×				
			ADPSS	1			×				
		20Ω	数模	1			×				
			ADPSS	0							

续表

故障类型	故障线路	接地电阻	仿真工具	直流换相失败回数	复奉	宾金	锦苏	龙政	林枫	宜华	葛南
三相永久性故障	亭卫—上漕上漕侧	0Ω	数模	6	×	×	×		×	×	×
			ADPSS	5	×		×		×	×	×
		10Ω	数模	4	×	×			×		×
			ADPSS	0							
		20Ω	数模	0							
			ADPSS	0							

注：×表示发生换相失败，空格表示未发生换相失败。

通过结果对比分析可以看出：

1）当从金属性接地变成经 10Ω 或 20Ω 的电阻接地后，换相失败条数明显减少；

2）大多数故障下，数模混合仿真、机电－电磁混合仿真的换相失败条数偏差在 1 条以内；少数故障下的偏差较大，尚需进一步分析。

为了研究故障后保护跳开时间不同对多回直流换相失败的影响，对下述工况进行研究：工况 1 为故障后近端 90ms，远端 100ms 跳开；工况 2 为故障后近端 50ms，远端 60ms 跳开。保护跳开时间不同下的两种仿真工具结果见表 2－11。

表 2－11　保护跳开时间不同下的两种仿真工具结果

故障类型	故障线路	工况	仿真工具	直流换相失败回数	复奉	宾金	锦苏	龙政	林枫	宜华	葛南
单相永久性故障	安吉—练塘安吉侧	1	数模	6	×	×	×		×	×	×
			ADPSS	5	×	×	×		×		×
		2	数模	5	×	×			×	×	×
			ADPSS	5	×	×	×		×		×
	安吉—浙中安吉侧	1	数模	6	×	×	×		×	×	×
			ADPSS	6	×	×	×		×	×	×
		2	数模	5	×	×			×	×	×
			ADPSS	6	×	×	×		×	×	×
	芜湖—安吉安吉侧	1	数模	6	×	×	×		×	×	×
			ADPSS	5	×	×	×		×		×
		2	数模	6	×	×	×		×	×	×
			ADPSS	5	×	×	×		×		×

续表

故障类型	故障线路	工况	仿真工具	直流换相失败回数	复奉	宾金	锦苏	龙政	林枫	宜华	葛南
单相永久性故障	苏特—练塘练塘侧	1	数模	6	×	×	×		×	×	×
			ADPSS	7	×	×	×	×	×	×	×
		2	数模	6	×	×	×		×	×	×
			ADPSS	7	×	×	×	×	×	×	×
	南京—泰州泰州侧	1	数模	2	×	×					
			ADPSS	1					×		
		2	数模	2	×	×					
			ADPSS	1					×		
三相永久性故障	苏特—练塘练塘侧	1	数模	7	×	×	×	×	×	×	×
			ADPSS	7	×	×	×	×	×	×	×
		2	数模	7	×	×	×	×	×	×	×
			ADPSS	7	×	×	×	×	×	×	×
	南京—泰州泰州侧	1	数模	6	×	×	×		×	×	×
			ADPSS	5	×		×		×	×	×
		2	数模	6	×	×	×		×	×	×
			ADPSS	5	×		×		×	×	×
	安吉—练塘练塘侧	1	数模	7	×	×	×	×	×	×	×
			ADPSS	7	×	×	×	×	×	×	×
		2	数模	7	×	×	×	×	×	×	×
			ADPSS	7	×	×	×	×	×	×	×
	石牌—昆南昆南侧	1	数模	7	×	×	×	×	×	×	×
			ADPSS	7	×	×	×	×	×	×	×
		2	数模	7	×	×	×	×	×	×	×
			ADPSS	6	×		×	×	×	×	×
	亭卫—上漕上漕侧	1	数模	6	×	×	×		×	×	×
			ADPSS	5	×		×		×	×	×
		2	数模	5	×	×			×	×	×
			ADPSS	5	×		×		×	×	×

注：×表示发生换相失败，空格表示未发生换相失败。

在两种工况条件下，通过两种仿真工具的计算结果可以看出，故障后保护动作的切除时间对直流多回直流换相失败的条数有一定的影响，但是影响在 1 条以内。

接下来选取了安吉—练塘、远东—亭卫、乔司—仁和三个单相永久故障，研究不同故障位置及接地电阻对多回直流换相失败的影响。结果见表 2-12。

表 2-12　　不同故障位置及接地电阻下的两种仿真工具结果

故障位置	故障位置	接地电阻	仿真工具	直流换相失败回数	复奉	宾金	锦苏	龙政	林枫	宜华	葛南
安吉—练塘线	首端	5Ω	数模	6	×	×	×		×	×	×
			ADPSS	5	×		×		×		×
		10Ω	数模	3	×	×			×		
			ADPSS	2	×				×		
		20Ω	数模	2	×	×					
			ADPSS	1	×						
	距首端 30%	20Ω	数模	2	×	×					
			ADPSS	1					×		
		25Ω	数模	2	×	×					
			ADPSS	0							
		30Ω	数模	2	×	×					
			ADPSS	0							
		50Ω	数模	1	×						
			ADPSS	0							
		60Ω	数模	1	×						
			ADPSS	0							
		70Ω	数模	0							
			ADPSS	0							
远东—亭卫线	距首端 30%	20Ω	数模	1	×						
			ADPSS	1					×		
		25Ω	数模	1	×						
			ADPSS	0							
		30Ω	数模	1	×						
			ADPSS	0							
		40Ω	数模	1	×						
			ADPSS	0							
		50Ω	数模	0							
			ADPSS	0							

续表

故障位置	故障位置	接地电阻	仿真工具	直流换相失败回数	复奉	宾金	锦苏	龙政	林枫	宜华	葛南
乔司—仁和线	首端	5Ω	数模	2	×	×					
			ADPSS	0							
	距首端30%	5Ω	数模	0							
			ADPSS	0							

注：×表示发生换相失败，空格表示未发生换相失败。

由上述三个故障的仿真结果可知，故障位置对多回直流换相失败的条数有一定的影响，当所发生的故障位置不是首末端而是线路某个位置，再考虑故障电阻的影响，则直流换相失败的回数可能减少。

（4）分析小结。基于新一代仿真平台建设成果对华东电网多回直流换相失败问题进行分析，校验数字仿真平台和数模仿真平台的一致性，并对可能造成仿真结果与实际结果差异的因素进行了研究。主要结论如下：

1）数字混合仿真和数模混合仿真在几乎所有故障下的直流换相失败条数偏差基本都在 1 条以内，验证了数字仿真平台和数模仿真平台的一致性。

2）运行方式、接地电阻等因素对多回直流同时换相失败结果影响较大，若运行方式、接地电阻等因素与实际情况一致，数模混合仿真、数字混合仿真均具有较高的准确度。实际电网中的短路故障绝大多数为非金属性短路故障，与仿真中采用金属性短路故障不同，因而实际电网中发生多回直流同时换相失败的次数相对较少。

2.3　电力系统宽频带动态稳定标准算例

本书提出了 5 个用于电力系统宽频带动态稳定研究的标准算例系统，包括直驱风机/光伏单机并网系统、双馈风机单机并网系统、LCC 直流系统、直驱风机三机系统和新疆哈密系统。

2.3.1　直驱风机/光伏单机并网系统

直驱风机和光伏均通过电压源型变流器直接并网。本算例针对电力系统中由电力电子设备引发的宽频带动态稳定问题，建立了包含直流电压源、电压源型变流器、滤波器、交流线路等元件的单机标准算例系统，如图 2－57 所示。

在图 2－57 中，直流电压经 DC/AC 变流器转换为交流电压，DC/AC 变流器出口连接滤波电感 L_1、L_2 和滤波电容 C_f，R_t、R_s 为线路电阻，L_t、L_s 为线路电感，U_g 为无穷大电源电压。在本算例系统中，电压源型变流器的控制系统包含锁相环、功率外环、电流内环等典型控制环节，其控制框图如图 2－58 所示。

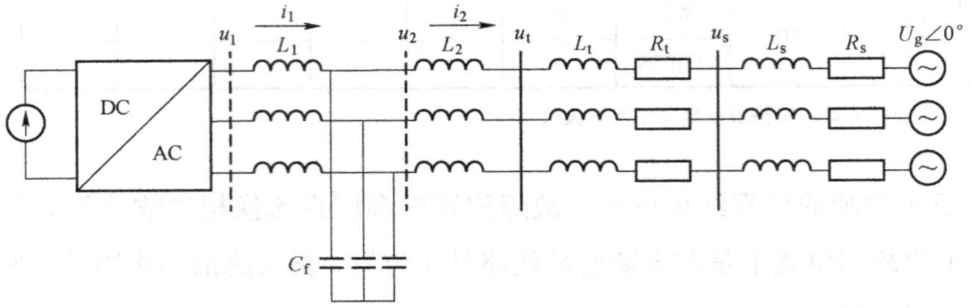

图 2－57　直驱风机/光伏单机并网系统的模型结构

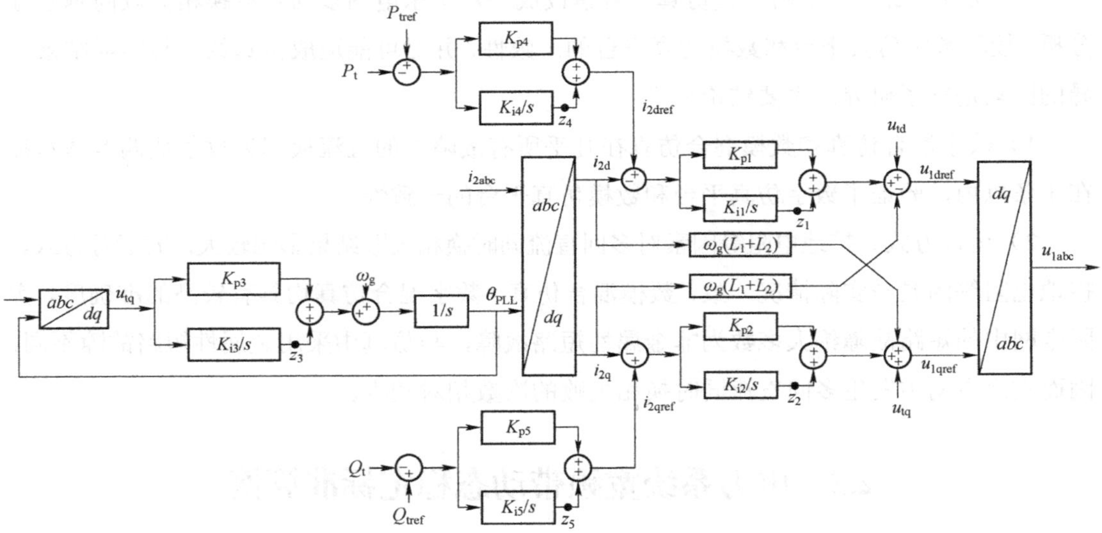

图 2－58　直驱风机/光伏的控制系统框图

单机标准算例系统的典型参数如表 2－13 所示。

表 2－13　　单机标准算例系统参数

符号	含义	数值	符号	含义	数值
L_1	滤波器电感 1	10^{-4}H	L_s	线路电感 2	0
L_2	滤波器电感 2	2×10^{-5}H	R_s	线路电阻 2	0.1Ω
C_f	滤波器电容	2×10^{-4}H	ω_g	电网频率	314rad/s
L_t	线路电感 1	4.1×10^{-5}H	P_{tref}	有功功率参考值	0.75p.u.
R_t	线路电阻 1	0	Q_{tref}	无功功率参考值	0.3p.u.

续表

符号	含义	数值	符号	含义	数值
u_{gd}^0	无穷大电源电压 d 轴分量初始值	1.0p.u.	K_{i3}	锁相环积分增益	900
u_{gq}^0	无穷大电源电压 q 轴分量初始值	0	K_{p3}	锁相环比例系数	50
K_{i1}	d 轴电流控制环积分增益	100	K_{i4}	有功功率控制环积分增益	20
K_{p1}	d 轴电流控制环比例系数	1	K_{p4}	有功功率控制环比例系数	0.5
K_{i2}	q 轴电流控制环积分增益	100	K_{i5}	无功功率控制环积分增益	20
K_{p2}	q 轴电流控制环比例系数	0.4	K_{p5}	无功功率控制环比例系数	0.5

下面分别应用特征值法、阻抗法和时域仿真法对本标准算例进行分析。

1. 特征值法

对单机标准算例系统在 dq 坐标系下进行特征值分析，特征值分析结果如表 2－14 所示。表 2－14 中模式 5 所对应的特征实部为 0，处于发生振荡的临界状态，其所对应的模态频率为 23.91Hz。

表 2－14　　单机标准算例系统的特征值分析结果

模式	特征值	模态频率/Hz
1	－0.625 7±4399j	700.24
2	－0.690 8±4072.6j	648.18
3	－0.129 8±783.2j	124.65
4	－0.077 4±454.7j	72.36
5	－0.000 0±150.3j	23.91
6	－0.014 7±0.2j	0.03

2. 阻抗分析

对典型参数下单机标准算例系统进行阻抗分析。在频域内将电力系统等效为电源和负载两部分，采用奈奎斯特稳定判据来判断系统的稳定性，阻抗分析结果如图 2－59 所示。分析结果表明：电源等效阻抗和负载等效阻抗的幅频曲线存在 2 个交点，分别为 26Hz 和 74Hz。上述特征频率所对应的相频曲线上的相位裕度不足。因此，算例系统在上述频率点处容易发生振荡事故。

3. 时域仿真分析

基于时域仿真对模型特性进行具体分析，时域仿真结果如图 2－60 所示。仿真结果表明：在典型参数下（$K_{p2}=0.4$），单机标准算例系统可建立稳定运行状态，在 $t=3.0$s 向系统注入扰动，算例系统可持续稳定运行。

当内环比例系数 $K_{p2}=0.01$ 时，在 $t=3.0$s 向系统注入扰动。时域仿真结果如图 2－61 所示，可以看出，单机标准算例系统将出现次同步振荡现象。

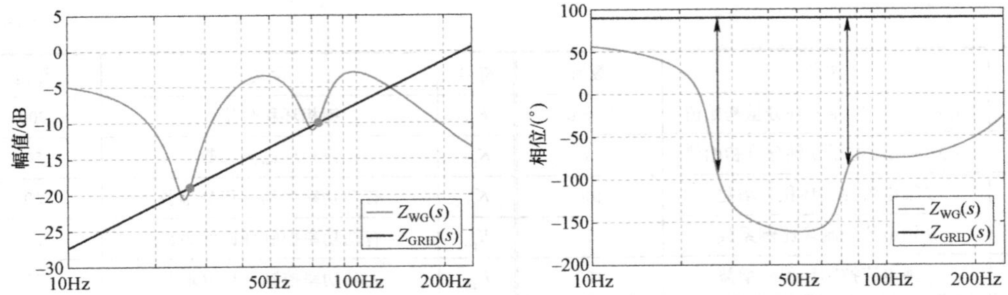

图 2-59 单机并网系统的阻抗分析

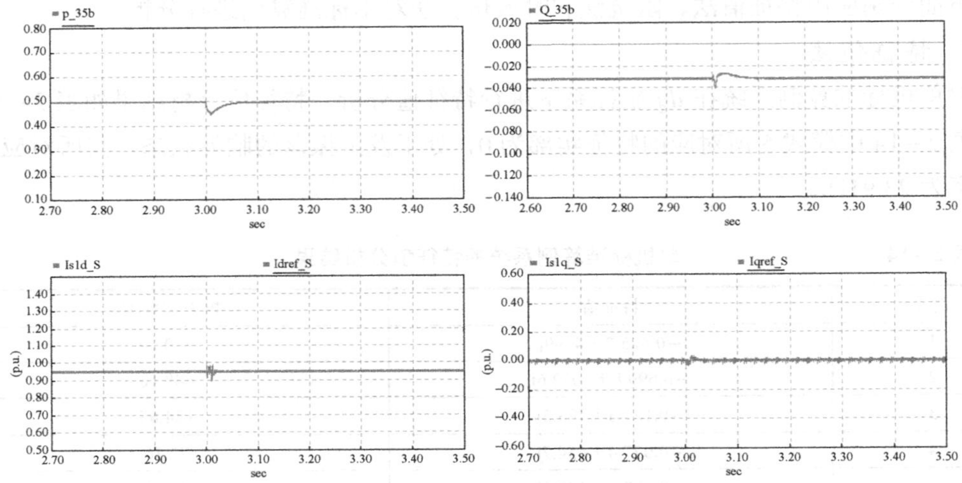

图 2-60 $K_{p2}=1$ 时的仿真结果

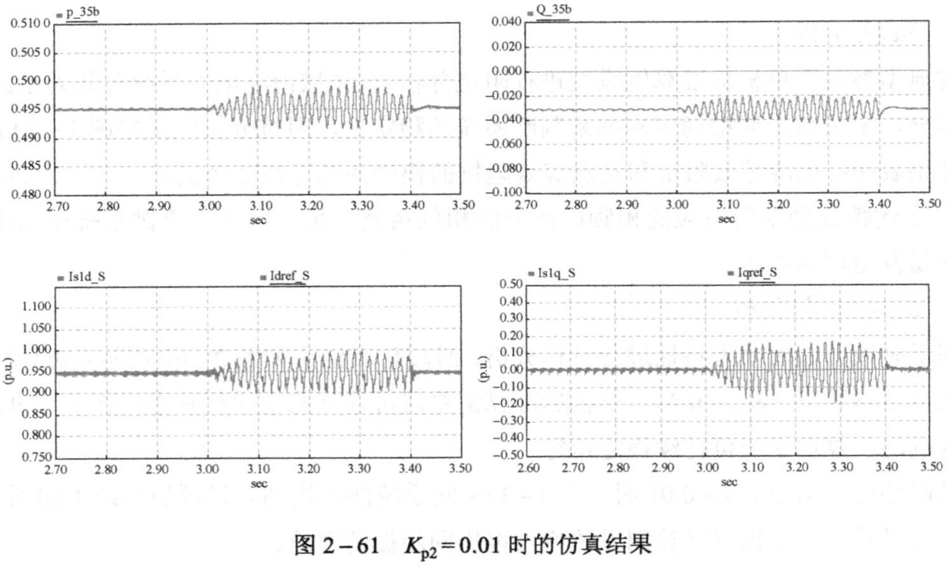

图 2-61 $K_{p2}=0.01$ 时的仿真结果

2.3.2 双馈风机单机并网系统

双馈风机经串补线路并入无穷大电网算例系统结构如图 2－62 所示。

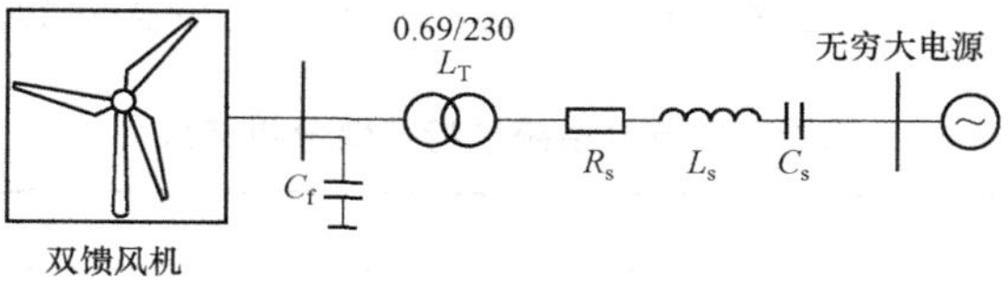

图 2－62 单机标准算例系统的模型结构

在图 2－62 中，C_f为并网点滤波电容，端口变压器由等效电感 L_T表示，交流侧线路的等效电感用 L_s表示，等效电阻用 R_s表示，串联补偿电容用 C_s表示。

本标准算例系统采用的主要参数如表 2－15 所示。

表 2－15　　双馈风机并网算例系统参数

符号	含义	数值	符号	含义	数值
S	风机容量	100MVA	K_{p7}	GSCq 轴电流内环比例系数	2.218p.u.
U_s	变压器风机侧电压等级	0.69kV	T_{i7}	GSCq 轴电流内环积分时间常数	0.378 9s
E	变压器网侧电压等级	230kV	K_{p6}	GSCd 轴电流内环比例系数	2.218p.u.
v_w	风速	7m/s	T_{i6}	GSCd 轴电流内环积分时间常数	0.378 9s
Q_{sref}	无功功率参考值	0Mvar	R_g	网侧出口电阻	0p.u.
ω_b	基准转速	2π×50rad/s	L_g	滤波电感	1p.u.
H_t	风轮机质量块惯量常数	4s	C_{dc}	电容器电容	0.3F
H_g	发电机质量块惯量常数	0.5s	K_{p1}	有功外环比例系数	0.1p.u.
K	轴刚性系数	1.1p.u.	T_{i1}	有功外环积分时间常数	0.074 5s
D	轴阻尼系数	0.01p.u.	K_{p2}	无功外环比例系数	0.1p.u.
R_s	定子绕组电阻	0.007 56p.u.	T_{i2}	无功外环积分时间常数	0.074 5s
R_r	转子绕组电阻	0.005 33p.u.	X_T	风机端口变压器等效电抗	0.159 5p.u.
L_m	定转子绕组间互感	2.176 7p.u.	R	交流侧线路的等效电阻	14.876Ω
K_{p3}	RSCd 轴电流内环比例系数	0.2p.u.	L	交流侧线路的等效电感	0.473 5H
T_{i3}	RSCd 轴电流内环积分时间常数	0.54s	C	交流侧线路串联补偿电容	61.13μF
K_{p4}	RSCq 轴电流内环比例系数	0.2p.u.	L_{1s}	定子漏电感	0.142 5p.u.
T_{i4}	RSCq 轴电流内环积分时间常数	0.54s	L_{1r}	转子漏电感	0.142 5p.u.
K_{p5}	GSC 直流电压控制比例系数	4p.u.	C_f	并网点滤波电容	67μF
T_{i5}	GSC 直流电压控制积分时间常数	0.302 4s	U_{dcref}	电容电压参考值	1.2kV

对上述的双馈风机系统，分别采用特征值法、时域仿真法进行分析。

1. 特征值法

计算双馈风机算例的离散状态空间矩阵，进而得到系统的离散特征根。表 2－16 给出了双馈风机并网算例系统的部分离散特征值结果。表 2－16 中第二列为离散特征值，第三列为由离散特征值转换而来的连续特征值，第四列为对应的振荡频率。

表 2－16　　单机标准算例系统的特征值分析结果

序号	离散特征值	连续特征值	振荡频率/Hz
1	0.998 7±0.021 3j	－21.403±426.99j	67.96
2	1.000 8±0.010 2j	17.602±203.32j	32.36
3	0.999 9±0.001j	－1.771±19.64j	3.13

2. 时域仿真分析

在 PSCAD/EMTDC 中建立双馈风机经串补线路并网系统的详细电磁暂态仿真模型，模型中各初始参数及控制参数与上述特征值计算时采用的参数一致，风速设置为 7m/s，串联电容补偿度为 35%。仿真设置在 4s 时交流电网输电线路投入 35%串补度的串补电容，双馈风机电磁转矩、有功功率、无功功率、直流电压响应如图 2－63 所示，对电磁转矩的频谱分析结果如图 2－64 所示。

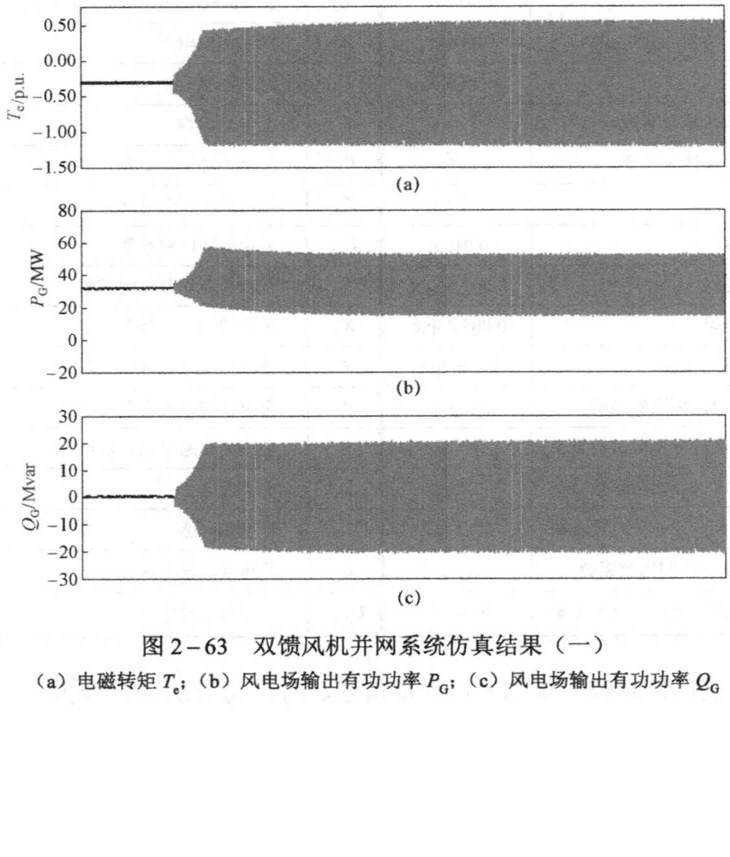

图 2－63　双馈风机并网系统仿真结果（一）

（a）电磁转矩 T_e；（b）风电场输出有功功率 P_G；（c）风电场输出有功功率 Q_G

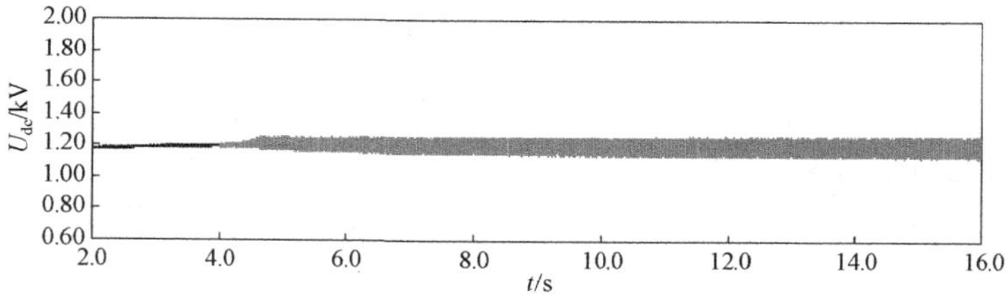

图 2－63　双馈风机并网系统仿真结果（二）

（d）直流母线 U_{dc}

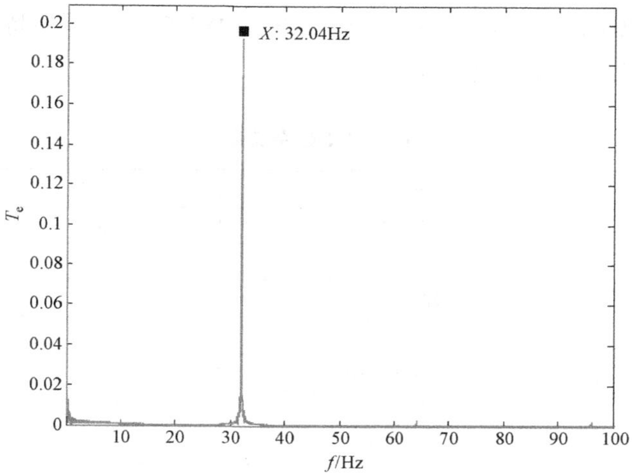

图 2－64　电磁转矩 T_e 频谱分析结果

由图 2－63 可见，当串补投入后，双馈风机输出有功功率等变量波形迅速发散振荡，此时系统不稳定，与特征模式分析结果一致。需要指出的是，由于线性化状态空间模型建立在 dq 轴下，因此特征值计算得到的模态振荡频率即对应于时域仿真中风机输出功率/电磁转矩的振荡频率。通过对图 2－63 中电磁转矩波形进行傅里叶分析发现，波形中存在明显的次同步振荡分量，且频率为 32.04Hz，与离散特征值计算得到的模式频率（32.36Hz）较为接近，二者相对误差为 1%。

2.3.3　LCC 直流系统

典型两端常规直流输电（LCC－HVDC）系统结构如图 2－65 所示，其两侧换流器均是采用基于电网电压换相的晶闸管式器件。与柔性直流输电系统中采用的全通断型开关器件不同的是，LCC－HVDC 的换流器在一个周波内只能开通/关断一次，因此其交流侧电压电流中含有较多谐波，正常运行时需在换流母线处配置足够容量的交流滤波器，用以滤除多余的谐波，同时为换流器提供无功功率支撑。实际应用中，LCC－HVDC 系统整

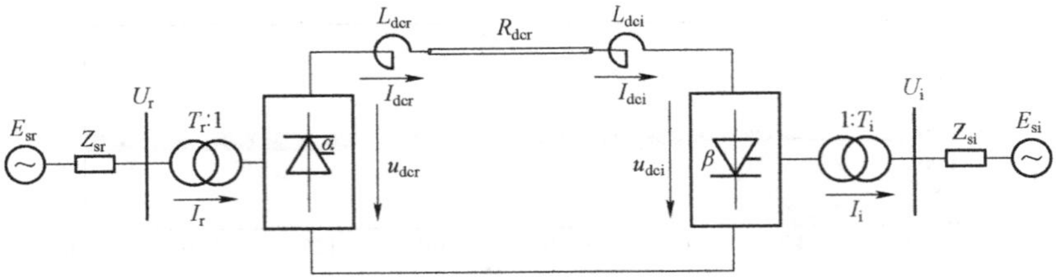

图 2－65 双端 LCC－HVDC 系统结构简图

流侧控制目标一般为定电流控制，以保证直流输送功率恒定；逆变侧控制目标一般为定关断角控制，以防止换相失败发生。

本算例基于 CIGRE 标准模型中的两端 LCC－HVDC 系统开展特征模式分析研究。CIGRE 标准模型相关参数如表 2－17 所示。

表 2－17　　LCC－HVDC 系统参数

类别	参数	整流侧	逆变侧
交流系统	额定容量/MVA	1000	1000
	额定电压/kV	345	230
	短路比 SCR	2.5	2.5
	阻抗角/°	84	75
换流变压器	额定容量/MVA	598	598
	变比	345/211.42	230/211.42
	短路阻抗/p.u.	0.18	0.18
控制器参数	锁相环 PI	10/50	10/50
	测量参数	0.5/0.001 2	1/0.01
	PI 控制参数	1.1/91.6	0.75/18.4

对上述的常规直流输电系统，分别采用特征值法、时域仿真法进行分析。

1. 特征值法

开展离散时间特征模式分析，计算得到全系统的离散时间状态矩阵，进而计算系统的离散特征值。表 2－18 给出 CIGRE 标准算例系统的部分特征值结果。

表 2－18　　LCC－HVDC 系统部分特征值分析结果

序号	离散特征根	连续特征根	振荡频率/Hz
$\lambda_{1,2}$	0.999 08±j0.000 3	−18.34±j0.953×2π	0.953
$\lambda_{3,4}$	0.998 06±j0.013 99	−36.88±j44.63×2π	44.63
$\lambda_{5,6}$	1.000 8±j0.021 76	20.74±j69.19×2π	69.19
$\lambda_{7,8}$	0.997 67±j0.047 08	−24.36±j150.14×2π	150.14
$\lambda_{9,10}$	0.973 16±j0.088 64	−462.54±j289.31×2π	289.31

由表 2－18 结果可见，LCC－HVDC 系统的特征模式对应的频率分布范围较宽，同时涵盖了低频段到高频段，整体呈现出宽频带动态特性。其中 $\lambda_{5,6}$ 对应的离散特征值绝对值大于 1（也即位于复平面中单元圆外），该结果对应于连续时间域内实部为正（也即位于复平面中右半部分）的特征值，二者均表明 LCC－HVDC 系统不稳定，存在振荡的风险，并且对应的振荡频率为 69.19Hz，该模态将主导 LCC－HVDC 系统的动态特性。

2. 时域仿真分析

在 PSCAD/EMTDC 中搭建 CIGRE 标准 LCC－HVDC 算例系统电磁暂态仿真模型，系统参数与特征值计算中采用的参数一致。仿真中扰动设置为整流侧定电流控制器的比例增益在 3s 时由 1.1 变为 2.5，图 2－66 和图 2－67 分别给出 LCC－HVDC 送端输送有功功率的波形及其 FFT 分析结果。

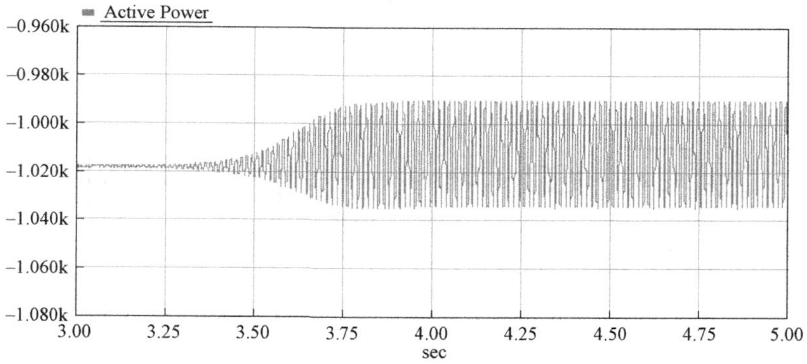

图 2－66　LCC－HVDC 送端有功功率

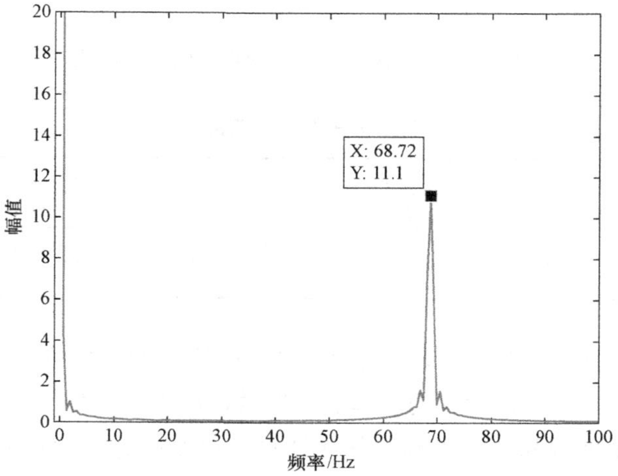

图 2－67　LCC－HVDC 有功功率频谱分析

由图 2－66 可见，当 LCC－HVDC 整流侧定电流控制器比例增益增大后，系统输送有功功率波形迅速发散振荡，此时系统不稳定，与特征模式分析结果一致。由于线性化状态空间模型建立在 *dq* 轴下，因此特征值计算得到的模态振荡频率即对应于时域仿真中直流输送功率的振荡频率。对图 2－66 中波形进行频谱分析，结果表明，功率波形中存在明显的次同步振荡分量，且频率为 68.72Hz，与特征值计算得到的模式频率（69.19Hz）较为接近，二者相对误差为 0.68%。

2.3.4 直驱风机三机系统

三个直驱风电场站经同一并网点接入弱交流电力系统的仿真模型如图 2－68 所示。各直驱风电场站的并网运行条件与控制器参数不同，部分参数如表 2－19 所示。

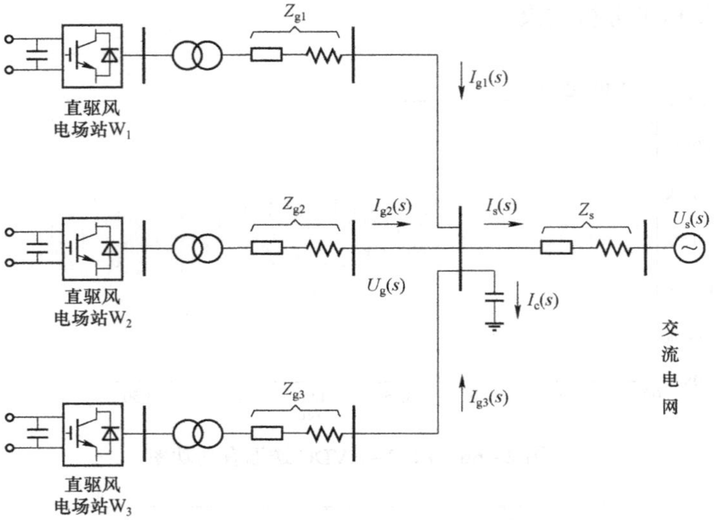

图 2－68　直驱风机三机并网系统的拓扑结构

表 2－19　　直驱风机三机并网系统的部分参数

场站	数量/台	单机容量/MW	升压站的电压等级/kV
W_1	33	1.5	0.5/110/220
W_2	33	1.5	0.5/110/220
W_3	33	1.5	0.5/35/220

首先通过时域仿真进行算例分析。通过图 2－69 所示的时域仿真结果可以看出，该标准算例系统经扰动后出现了持续性的功率振荡发散，电力系统处于不稳定状态。

为进一步确定振荡源和振荡机理，依次计算各单场站并网运行方式下的时域仿真结果，如图 2－70 所示（以场站 W_1 为例）。时域仿真结果表明：各单场站并网模型受扰后均可快速恢复稳定状态，并网系统的动态性能良好。

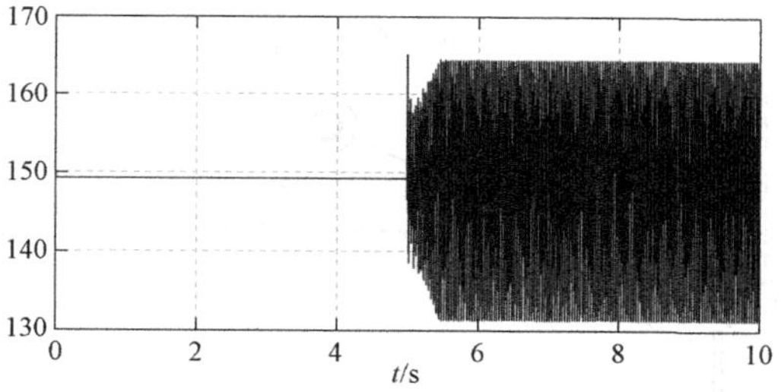

图 2－69　电力电子电源区域受扰后的时域响应

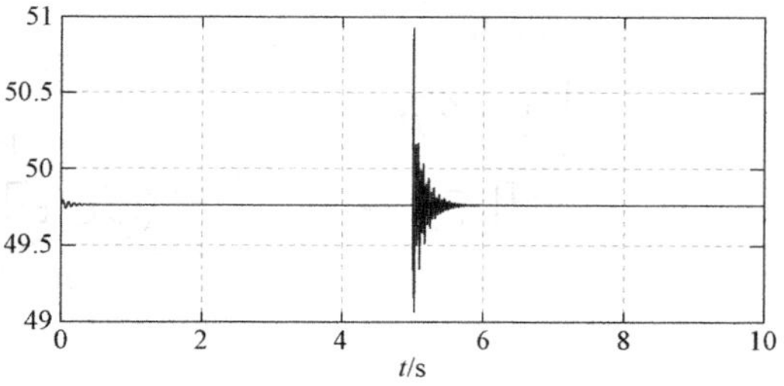

图 2－70　单场站受扰后的时域响应

进一步地，将两个场站并入弱交流电网，时域仿真结果如图 2－71 所示（以 W_1 和 W_2 为例）。时域仿真结果表明：两场站并网系统受扰后均可恢复稳定状态，未出现功率的持续性振荡，并网系统的动态性能良好。

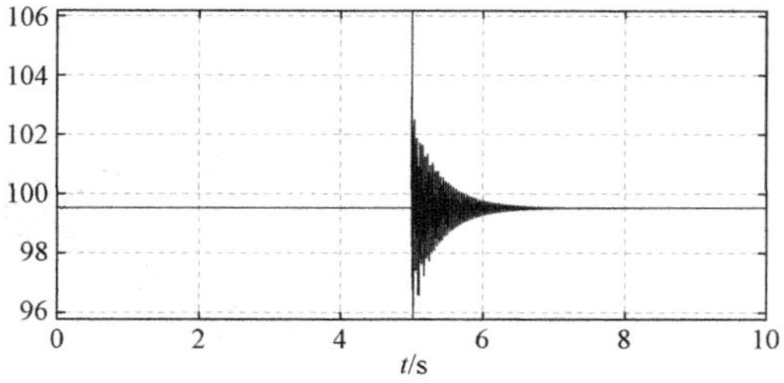

图 2－71　两场站并网系统受扰后的时域响应

综上所述，本标准算例系统中出现的稳定性问题与三个场站间的功率交互作用有关。

2.3.5　新疆哈密系统

哈密是我国百千万千瓦风电基地之一，风电总装机容量近 10GW，主要分布于北部电网末端区域 A、区域 B 和区域 C，如图 2－72 所示。风电多级升压汇集后经远距离 220kV 线路接入 750kV 主网（最远距离超过 200km），经 H 站接入的±800kV/8000MW 特高压直流输电系统送出。同时，H 站配置 6 台 660MW 火电机组，作为送端系统的支撑电源。

哈密电网是典型的电力电子高占比电力系统，基于电力电子并网的设备容量是传统同步发电设备容量的 2.5 倍，系统运行特性复杂，稳定问题突出。2015 年 7 月 1 日，哈密北部风电基地出现严重的次/超同步振荡现象，导致 3 台直流配套火电机组轴系扭振保护动作跳机，直流功率紧急下调 1500MW，风电大规模脱网。此后，振荡发生 100 余次，严重危害电网安全运行，制约风电送出消纳。

为深入研究哈密风电次/超同步振荡机理，需要构建具有代表性的、能够反映系统动态特性的标准算例系统。本书构建的新疆哈密系统振荡算例包括：北部风电基地、高压直流系统、配套火电机组，以及从北部风电基地到直流换流站的交流电网，如图 2－73 所示。区域 A、B、C 的风电均采用单机容量倍乘的方式等值。

首先，对仿真环境和设置进行简单地说明。本算例的仿真采用 PSCAD V4.6 软件，仿真步长设置为 10μs。在仿真中采用分网四核并行的做法，形成的 4 个子网包括麻黄沟、哈密主网＋淖毛湖、高压直流、火电机组，仿真结构图如图 2－74～图 2－78 所示。

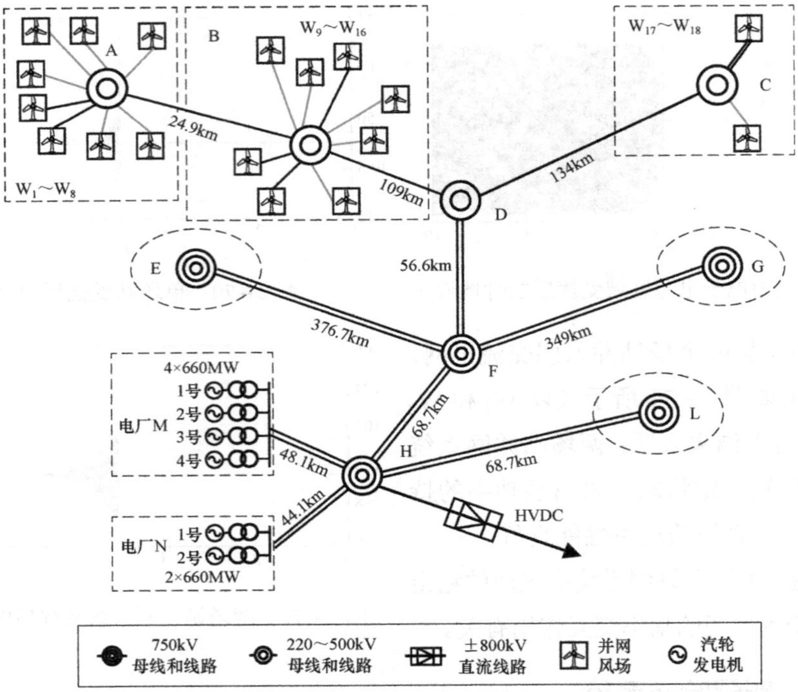

图 2-72 哈密电网接线图

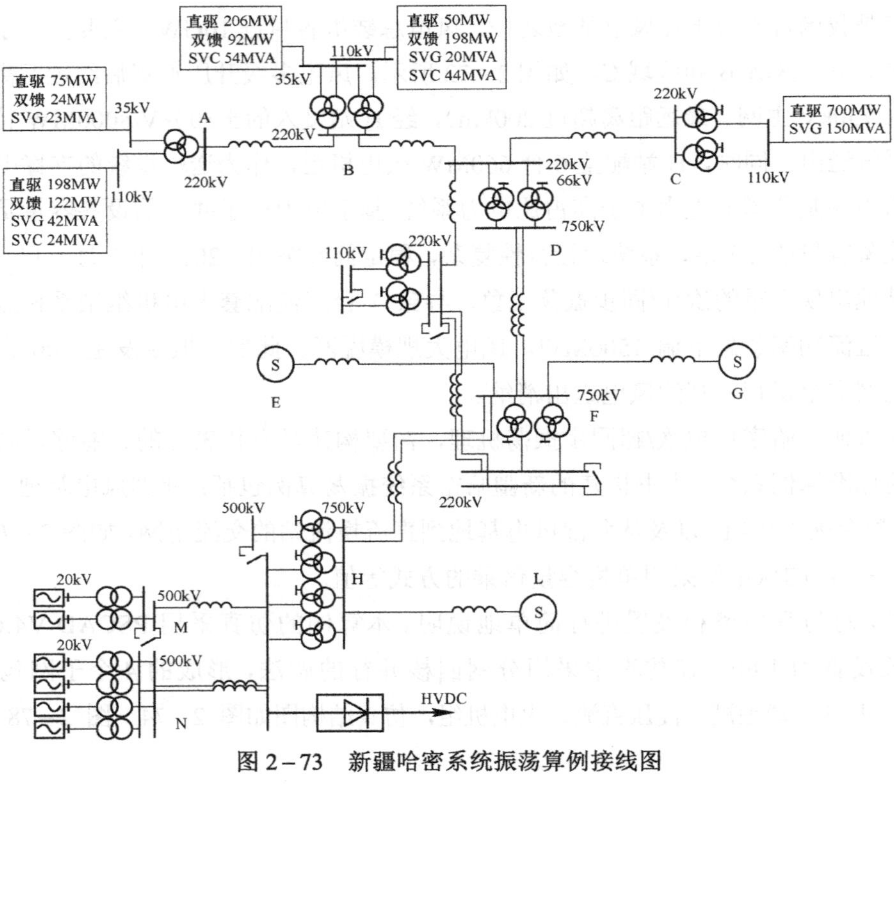

图 2-73 新疆哈密系统振荡算例接线图

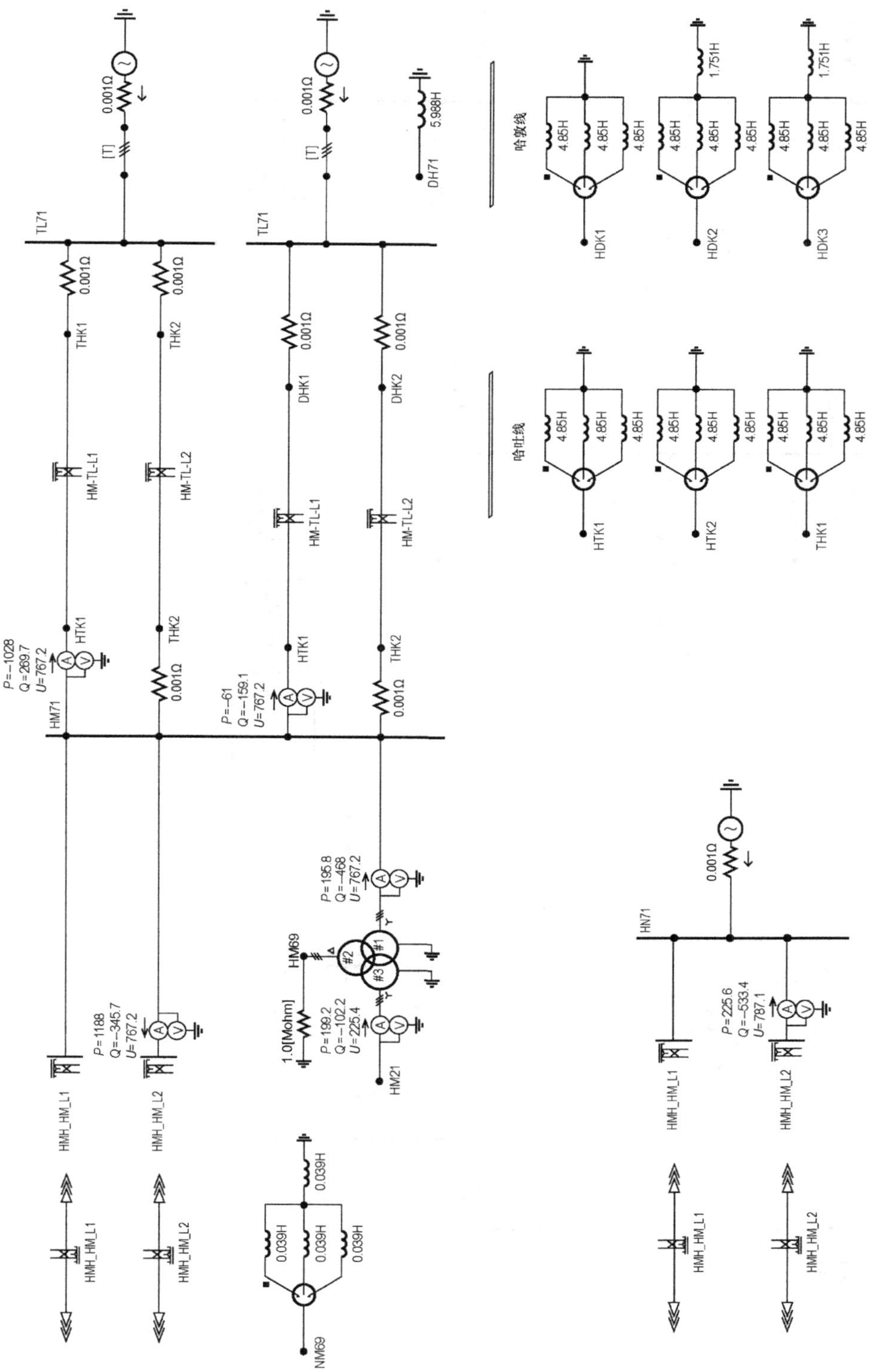

图 2-74　哈密主网仿真结构图

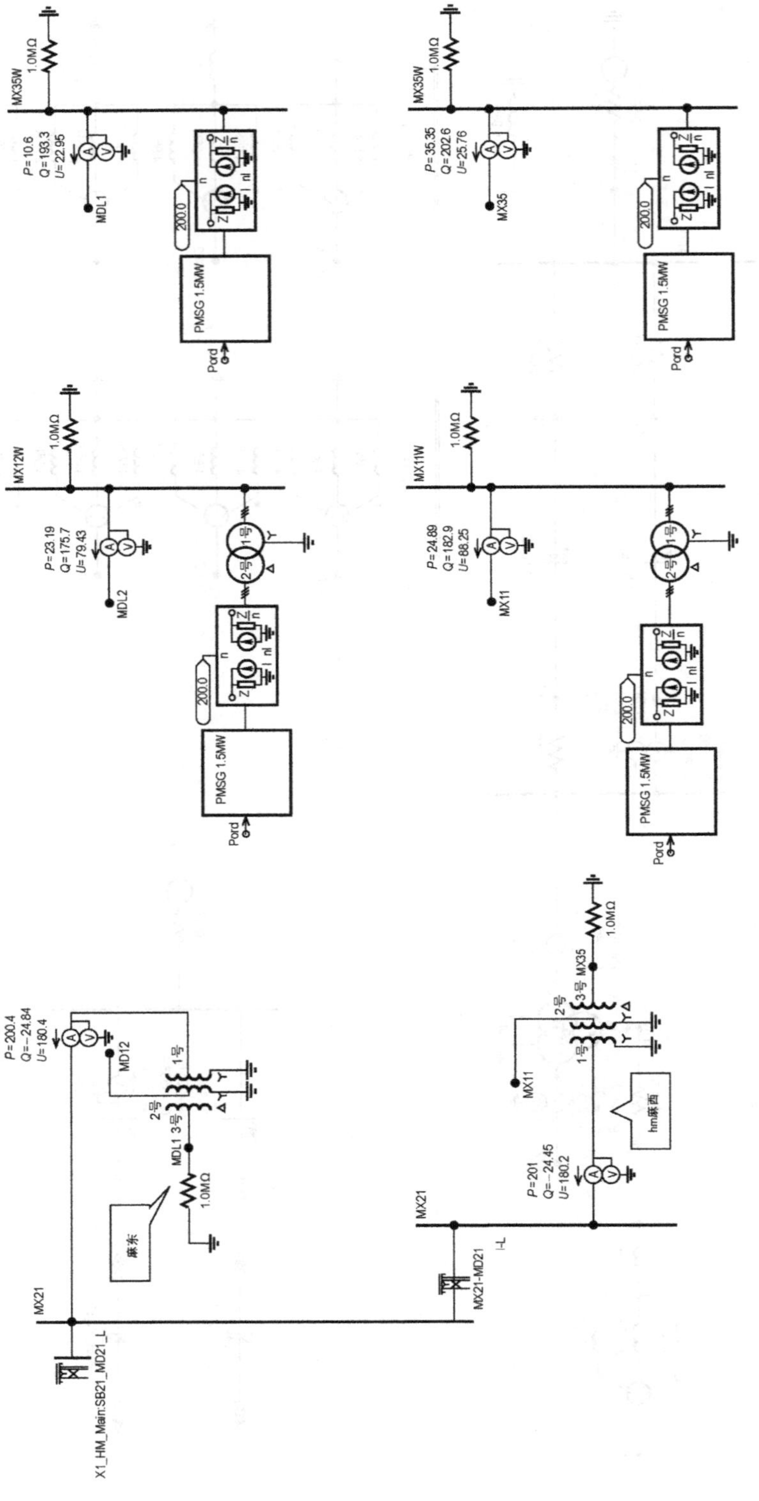

图 2-75 麻黄沟仿真结构图

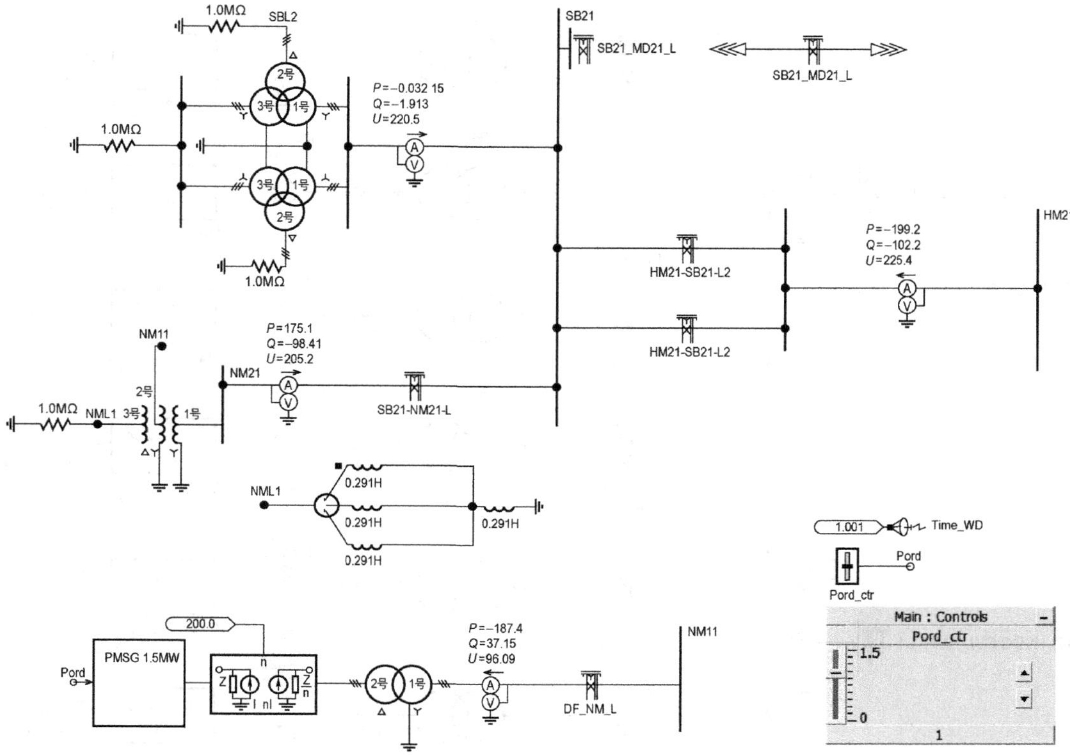

图 2-76　淖毛湖仿真结构图

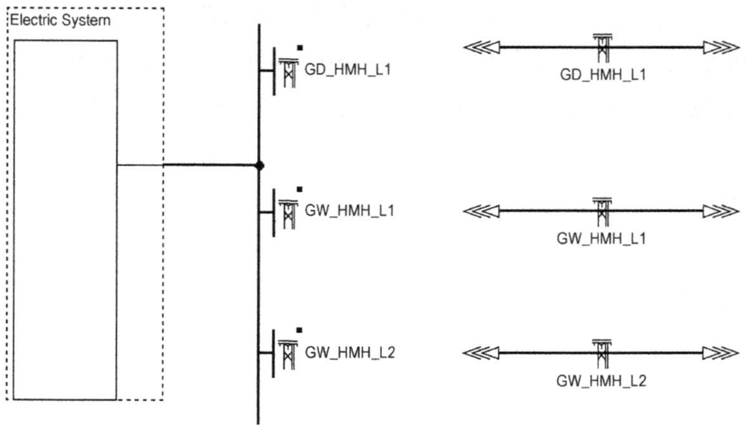

图 2-77　高压直流仿真结构图

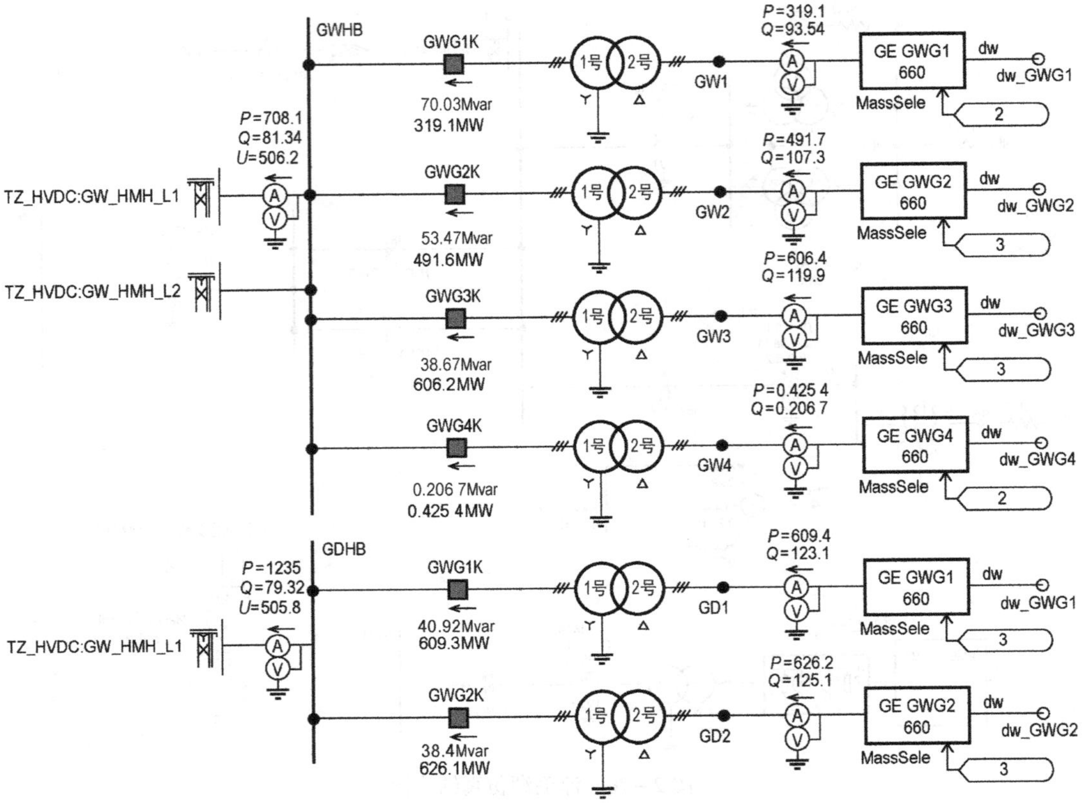

图 2-78 火电厂仿真结构图

采用分网四核并行的方法，仿真得到的交流电压振荡曲线如图 2-79 所示，交流电压波形的频谱分析结果如图 2-80 所示。从图 2-80 中可以看出复现结果中有多种不同频率的振荡，但以约 78Hz 的振荡为主，交流电压波形的频谱分析结果如图 2-80 所示。

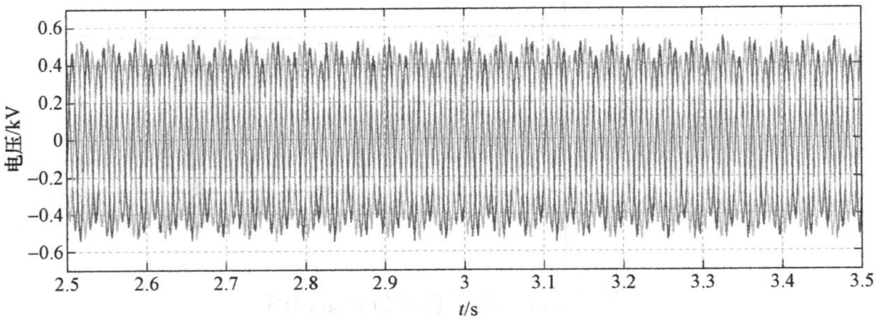

图 2-79 振荡仿真曲线

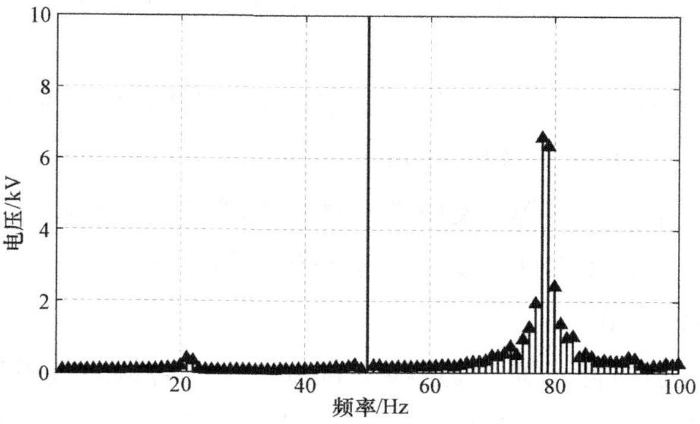

图2-80 振荡曲线FFT结果图

小 结

（1）利用中国电力科学研究院自主研发的ADPSS数字仿真技术，建立了典型电力电子设备的电磁暂态状态空间模型和序阻抗模型，为高比例电力电子设备电力系统宽频带动态稳定特性的准确仿真分析奠定了模型基础。

（2）依托国家电网公司仿真中心，构建了含高比例电力电子设备的电力系统全电磁暂态实时仿真平台，包含新能源发电设备及交流网络的全数字与数模混合仿真系统。

（3）提出了5个标准算例系统，分别为直驱风机/光伏单机并网系统、双馈风机单机并网系统、LCC直流系统、直驱风机三机系统和新疆哈密系统，为电力系统宽频带动态稳定分析与控制提供了算例基础。

参 考 文 献

[1] Kundur P，Balu N J，Lauby M G. Power system stability and control [M]. New York: McGraw-hill，1994.
[2] 倪以信. 动态电力系统的理论和分析 [M]. 北京：清华大学出版社，2002.
[3] 王锡凡. 现代电力系统分析 [M]. 北京：科学出版社，2003.
[4] 周孝信，田芳，李亚楼. 电力系统并行计算与数字仿真 [M]. 北京：清华大学出版社，2014.
[5] 鞠平. 可再生能源发电系统的建模与控制 [M]. 北京：科学出版社，2014.
[6] 徐政. 柔性直流输电系统 [M]. 北京：机械工业出版社，2013.
[7] 赵畹君. 高压直流输电工程技术 [M]. 北京：中国电力出版社，2004.

[8] DOMEMEL H W. 电力系统电磁暂态计算理论［M］. 李永庄译. 北京：水利电力出版社，1991.

[9] 张星，徐得超，李亚楼，等. 基于超算的大电网数字并行仿真系统构建及应用［J］. 电网技术，2019，43（04）：1144－1150.

[10] 朱艺颖，于钊，李柏青，等. 大规模交直流电网电磁暂态数模混合仿真平台构建及验证（一）整体构架及大规模交直流电网仿真验证［J］. 电力系统自动化，2018，042（015）：164－170.

[11] 朱艺颖，于钊，李柏青，等. 大规模交直流电网电磁暂态数模混合仿真平台构建及验证（二）直流输电工程数模混合仿真建模及验证［J］. 电力系统自动化，2018，42（22）：32－37.

[12] L.Chen，H.Sun，H.Wang，et al. A benchmark model of grid-connected conversion system for control interaction caused oscillation problems［C］. 2021 IEEE 16th Conference on Industrial Electronics and Applications（ICIEA），2021，pp.1573－1578.

[13] 周佩朋，李光范，孙华东，等. 基于频域阻抗分析的直驱风电场等值建模方法［J］. 中国电机工程学报，2020，40（S1）：84－90. DOI：10.13334/j.0258－8013.pcsee.200752.

第3章　电力系统宽频带动态稳定分析与控制方法

3.1　广义转矩分析法

3.1.1　电力系统宽频带振荡的统一数学描述

1. 振荡现象的统一数学描述

广义地说，任何一个物理量随时间的周期性变化都可以叫作振荡。振荡在自然界中广泛存在。最简单的振荡形式是简谐振荡，即离开平衡点的位置随时间呈正弦规律变化，也称为无阻尼自由振荡。实际中任何振荡系统总要受到阻力的作用，表现为带阻尼的正弦运动；若使振荡持续，需要有外界激励作用。几种常见的振荡现象如图 3－1 所示。

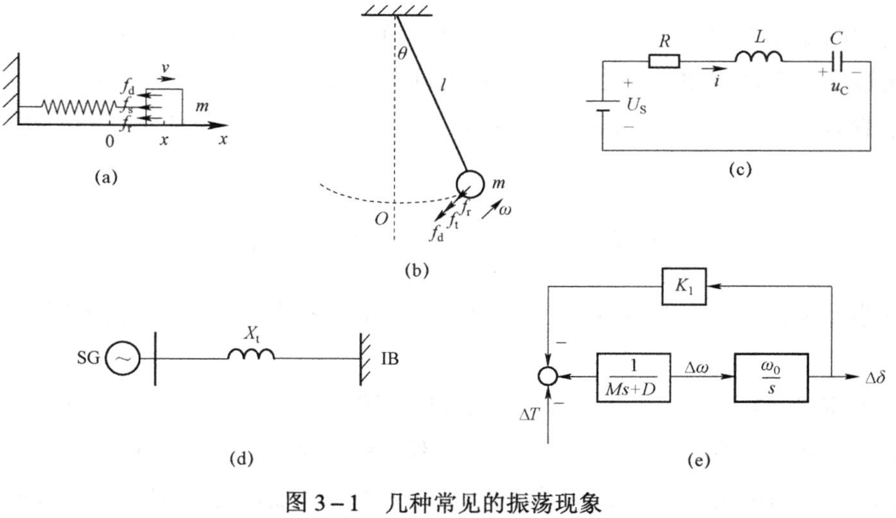

图 3－1　几种常见的振荡现象

(a) 弹簧振子；(b) 单摆；(c) RLC 电路；(d) 单机无穷大电力系统；(e) 同步发电机的机电振荡回路

图 3-1（a）所示为一水平弹簧振子。质量为m的振子在弹簧的弹力（$f_s=-kx$，式中：k为弹力系数；x为振子位移）、与地面的摩擦力（$f_r=-\gamma v$，式中：γ为阻尼系数，v为振子速度）及驱动力（f_d）的合力作用下，在原点O附近振荡。根据牛顿第二定律，弹簧振子的运动方程可以写为

$$m\frac{\mathrm{d}^2x}{\mathrm{d}t^2}+\gamma\frac{\mathrm{d}x}{\mathrm{d}t}+kx=f_{\mathrm{d}} \tag{3-1}$$

在水平弹簧振子系统中，振子位移x为振荡状态量，外力f_d为外界激励。

图 3-1（b）所示为单摆的小摆角振荡。摆长为l、质量为m的单摆在重力沿圆弧切线方向的分力（$f_t=-mg\theta$，式中：θ为摆线与竖直方向的夹角，取逆时针方向为角位移的正方向，角位移很小时，$\sin\theta\approx\theta$）、空气阻力（$f_r=-\gamma v$，式中：γ为阻尼系数；v为摆球线速度）及驱动力（f_d）的合力作用下，运动方程为

$$ml\frac{\mathrm{d}^2\theta}{\mathrm{d}t^2}+\gamma l\frac{\mathrm{d}\theta}{\mathrm{d}t}+mg\theta=f_{\mathrm{d}} \tag{3-2}$$

在单摆系统中，单摆角位移θ为振荡状态量，外力f_d为外界激励。

在电路分析中，最基本的振荡是 RLC 电路的电气振荡，如图 3-1（c）所示。电压源的电压为u_S，线路电流为i，电容电压为u_C，该二阶电路的动态方程可以写为

$$LC\frac{\mathrm{d}^2u_{\mathrm{C}}}{\mathrm{d}t^2}+RC\frac{\mathrm{d}u_{\mathrm{C}}}{\mathrm{d}t}+u_{\mathrm{C}}=u_{\mathrm{S}} \tag{3-3}$$

在 RLC 电路中，电容电压u_C为振荡状态量，电压源电压u_S为外界激励。

在电力系统低频振荡领域，最基础的算例为如图 3-1（d）所示的单机无穷大系统。同步发电机 SG 通过电抗为X_t的线路连接到无穷大母线处。同步机二阶运动方程构成的机电振荡回路如图 3-1（e）所示。在图 3-1（e）中，δ、ω、M、D分别为同步机的功角、角速度、惯性常数和阻尼系数，ω_0为同步转速，K_1为系数，T为系统其他部分向机电振荡回路贡献的电磁转矩。由图 3-1（e），同步机功角的小扰动运动方程可以写为

$$M\frac{\mathrm{d}^2}{\mathrm{d}t^2}\Delta\delta+D\frac{\mathrm{d}}{\mathrm{d}t}\Delta\delta+\omega_0K_1\Delta\delta=-\omega_0\Delta T \tag{3-4}$$

在同步发电机转子振荡系统中，同步机功角$\Delta\delta$为振荡状态量，电磁转矩ΔT为外界激励。

通过观察式（3-1）～式（3-4）可以看出，等式左边均为振荡状态量的二阶微分形式，表征了振荡现象的固有振荡特征，当没有外界激励时，系统会按照固有特征（固有振荡频率、固有振荡阻尼）发生振荡；等式右边均为外界激励作用，激励源不同的变化规律会对系统的固有振荡模式产生不同的影响。外界激励源常见的变化规律有正弦形式和状态

量的比例微分形式。

当外界激励源以持续的正弦规律变化时，系统经过短暂的暂态过程后，状态量会以激励源的频率作等幅正弦振荡。例如，对于图 3－1（a）和图 3－1（b）所示的机械振荡系统，当驱动力 f_d 为 $H\cos\omega t$ 时，振荡的稳定状态可表示为 $x = A\cos(\omega t + \varphi)$，受迫振荡的振幅 A 由系统固有振荡频率、阻尼与驱动力共同决定；对于图 3－1（c）所示的 RLC 电气振荡，当电压源为正弦激励时，稳态的电容电压和电感电流表现为同频率的正弦变化。

当外界激励源为状态量的比例微分形式时，状态量表现的振荡频率和阻尼会与固有振荡的频率和阻尼有所差别，差别的大小取决于比例系数与微分系数的大小。在图 3－1（d）和图 3－1（e）所示的单机无穷大系统中，外界激励 ΔT 可以表示为状态量 $\Delta\delta$ 的比例微分形式。

由以上分析可以看出，虽然各种振荡现象的物理形态不同，但状态量的变化都呈现出了相同的规律，有着类似的数学描述。振荡现象的统一数学描述形式可以表示为

$$\frac{\mathrm{d}^2}{\mathrm{d}t^2}x + D\cdot\frac{\mathrm{d}}{\mathrm{d}t}x + K\cdot x = u \tag{3-5}$$

式中：x 为状态量；u 为外界激励；D 和 K 为系数。

2. 电力系统宽频带振荡的统一数学描述形式

电力系统宽频带振荡作为广义振荡现象中的一种，也可以表示为式（3－5）的形式。将电力系统宽频带振荡表示为式（3－5）的形式时，可以有两种推导方式：一种是用主导振荡的物理量作为状态量来表示，另一种是根据宽频带振荡模式进行分解。

第一种表示形式，将主导振荡的物理量作为状态量，可以表征振荡的物理意义，如同步机功角 δ 表示了旋转电机的机电振荡，电感电流 i_L、电容电压 u_C 表示了电感、电容元件的电磁振荡，PI 控制器的状态变量 x_{PI} 表示了由 PI 控制器主导的振荡。然而，在很多情况下，元件的动态过程与振荡模式并非一一对应，一个元件的动态过程往往与多个振荡模式相关，一个振荡模式通常在多个元件中表现出高参与度，即使对所有元件一一进行振荡元素分解，也难以对待研究的振荡模式进行有效的分析。此时式（3－5）左侧所示的二阶微分方程并不能表征出“有效的”振荡信息，作如此分解的意义大大减弱。

第二种表示形式，根据待研究的宽频带振荡模式，对系统的传递函数进行分解，从而得到式（3－5）所示的振荡方程形式。对于传递函数方程为 $y = g(s)u$ 的系统，令该系统中待研究的振荡模式为 $\lambda_0 = \xi_0 + \mathrm{j}\omega_0$，该振荡模式对应的微分方程为

$$[s-(\xi_0+\mathrm{j}\omega_0)][s-(\xi_0-\mathrm{j}\omega_0)] = s^2 + ds + k \tag{3-6}$$

式中：$d = -2\xi_0$，$k = \xi_0^2 + \omega_0^2$。

那么，$s^2 + ds + k$ 必然是传递函数 $g(s)$ 的分母多项式的一项。进而，输出变量与输入变量之间的关系可以表示为

$$y=\frac{-k(s)}{s^2+ds+k}u \tag{3-7}$$

式中：$k(s)=-(s^2+ds+k)g(s)$。

式（3-7）可以展开为

$$(s^2+ds+k)y+k(s)u=0 \tag{3-8}$$

即

$$\ddot{y}+d\dot{y}+ky=-k(\lambda)u \tag{3-9}$$

式（3-9）即为基于电力系统宽频带振荡模式的振荡方程。该方程与式（3-5）有相同的数学表达形式。式（3-9）等号左边表征了系统的固有振荡模式 $\lambda_0=\xi_0+\mathrm{j}\omega_0$，等号右边为输入变量对固有振荡模式的激励作用。在电力系统中，激励源 $-k(s)u$ 的表达式往往由连接于输入量与输出量之间的子系统/电气设备/控制器决定。

在式（3-9）所示的第二种表示形式中，对系统输出量中可观测到的振荡模式直接进行研究，而不是对单个动态元件进行模式分解，这样可以绕过元件间错综复杂的交互关系，直接对危害系统稳定的振荡进行分析与控制，具有一定的工程实用性。

通过以上分析可以看出，将系统的传递函数基于电力系统宽频带振荡模式进行分解，可以得到关于输出变量的二阶微分方程。该形式符合振荡现象的统一数学描述。通过进一步分析可以发现，电力系统宽频带振荡统一描述中的激励源作用，往往可以分解为输出变量的比例微分形式。因而，电力系统宽频带振荡的分析可以借鉴电力系统低频振荡中阻尼转矩分析法的思想，来对电力系统宽频带振荡进行统一研究。

3.1.2 广义转矩分析法

1. 广义转矩分析法的引入

阻尼转矩分析法是电力系统低频振荡分析中一种主要的研究方法。阻尼转矩分析法于 20 世纪 60 年代首次提出，最初是用于分析单机无穷大系统中励磁控制器对小扰动稳定性的影响。阻尼转矩分析法的依据是经典控制理论和发电机转子运动所受力矩的分解。

在电力系统低频振荡研究中，在同步发电机机械功率 P_m 恒定的情况下，线性化的同步机转子运动方程为

$$\begin{aligned}\Delta\dot{\delta}&=\omega_0\Delta\omega\\ \Delta\dot{\omega}&=-\frac{1}{M}\Delta P_\mathrm{e}-\frac{D}{M}\Delta\omega\end{aligned} \tag{3-10}$$

式中：δ 表示同步发电机的功角；ω 表示转子转速；M 表示转子的惯性常数；D 表示阻尼系数；P_e 表示电磁功率；$\omega_0=2\pi f_0$ 表示同步转速；f_0 表示系统频率。

由励磁控制器的数学模型及网络拓扑，可以推导得到

$$\Delta P_{\mathrm{e}} = K_1 \Delta\delta + \Delta T \tag{3-11}$$

其中，ΔT 是除同步发电机二阶运动方程外，系统中所有其他环节提供的电磁转矩，与发电机励磁绕组直接相关。

由式（3－10）和式（3－11），可以得到

$$\Delta\ddot{\delta} + \frac{D}{M}\Delta\dot{\delta} + \frac{\omega_0 K_1}{M}\Delta\delta + \frac{\omega_0}{M}\Delta T = 0 \tag{3-12}$$

式（3－12）可以用图 3－2 表示。由图 3－2 可以看出，同步发电机的机电振荡回路表征了同步发电机的转子运动动态特性，电磁转矩 ΔT 是机电振荡回路的输入信号。

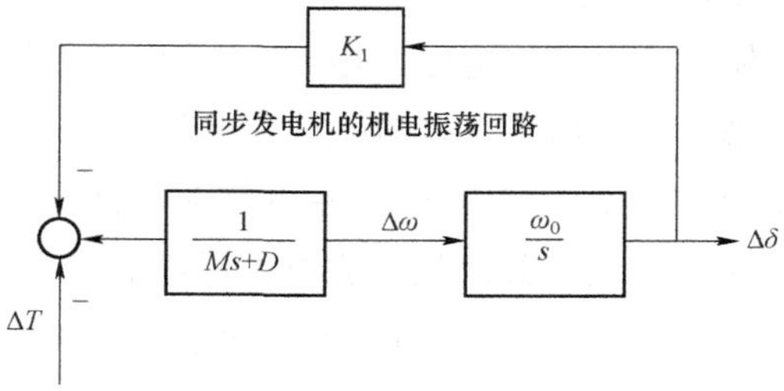

图 3－2　同步发电机的机电振荡回路

输入到发电机机电振荡回路的电磁转矩 ΔT 可以分解为

$$\Delta T = T_{\mathrm{d}} \Delta\omega + T_{\mathrm{s}} \Delta\delta \tag{3-13}$$

将式（3－13）代入到式（3－12）中，可以得到

$$\Delta\ddot{\delta} + \left(\frac{D}{M} + \frac{T_{\mathrm{d}}}{M}\right)\Delta\dot{\delta} + \left(\frac{\omega_0 K_1}{M} + \frac{\omega_0 T_{\mathrm{s}}}{M}\right)\Delta\delta = 0 \tag{3-14}$$

由式（3－14）可以看出，电磁转矩 ΔT 中的 $T_{\mathrm{d}}\Delta\omega$ 部分为阻尼转矩，主要影响同步机功角振荡的阻尼；$T_{\mathrm{s}}\Delta\delta$ 部分为同步转矩，主要影响同步机功角振荡的频率。正阻尼转矩表明控制装置对电力系统振荡稳定性是有利的，向系统低频振荡提供正阻尼；而负阻尼转矩表明控制装置对电力系统振荡稳定性是不利的，会导致系统低频振荡阻尼不足或发散。由此可见，在单机无穷大系统中，应用阻尼转矩分析法，可以利用阻尼转矩的正负和大小判断系统中所有的其他环节对机电振荡模式的影响好坏及大小。

将除同步发电机的机电振荡回路外，系统其他环节的动态过程用传递函数 $\Delta T = H(s)\Delta\delta$ 表示。将其加入到图 3－2 中，可以得到如图 3－3 所示的系统完整的模型图。

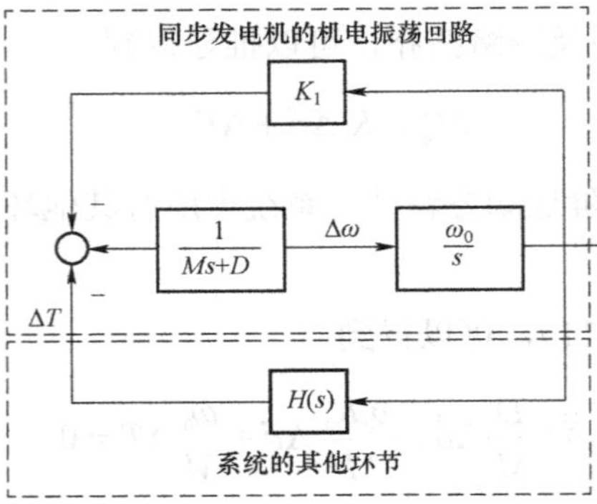

图 3-3 系统完整的模型图

从图 3-3 所示的系统完整的模型图中可以看出，单机无穷大系统的阻尼转矩分析法将整个系统分为两个子系统，其中上半部分表示的子系统为同步发电机的机电振荡回路部分，其输入变量为系统其他环节提供的电磁转矩 ΔT，输出变量为同步发电机的功角 $\Delta\delta$。下半部分表示系统其他环节的动态响应，其输入变量是同步发电机的功角 $\Delta\delta$，输出变量是向同步机机电振荡回路提供的电磁转矩 ΔT。由此可见，两个子系统之间通过各自的输入、输出变量建立起动态交互关系，共同构成完整的系统。

该方法之所以能简单明了的求出系统其他部分（如励磁控制器等）对同步机机电振荡模式的影响，主要原因有：

（1）对于单机无穷大系统，机电振荡模式只有一个，同步机的功角和角速度是主导该模式的状态变量；而图 3-3 中的上半部分恰恰反映的就是功角和角速度的动态过程；

（2）当图 3-3 中上下两部分解耦，即 $\Delta T = 0$ 时，通过求解式（3-14），可以得到小扰动下功角振荡曲线的显示表达式：

$$\Delta\delta(t) = a\mathrm{e}^{-\frac{D}{2M}t}\cos\omega_{\mathrm{NOF}}t + b \tag{3-15}$$

式中：a 和 b 是由初始条件计算得出的系数。

（3）系统其他部分会向同步机机电振荡回路贡献一个复电磁转矩 ΔT，由 ΔT 可以得到实阻尼转矩系数 T_{d} 和实同步转矩系数 T_{s}，两个系数会直接叠加到式（3-14）中的阻尼和频率上。通过判断两个实系数的正负和大小，可以对机电振荡模式阻尼和频率的变化进行定性分析判断。

然而，阻尼转矩分析法也有局限性：

（1）在单机无穷大系统中进行的阻尼转矩研究，其物理意义明确，易于理解，便于应用。因此很自然的，很多研究试图将阻尼转矩分析法推广应用到多机电力系统中。然而在多机电力系统，机电振荡模式不止一个，而且每个机电振荡模式往往与多台同步机的功角和角速度强相关。如果对每台同步机的机电振荡回路进行阻尼转矩求解，并不能得到阻尼转矩与振荡模式阻尼的直接对应关系，使得阻尼转矩分析法在多机电力系统中的适用度下降。由于多个动态环节都会对单个振荡模式产生影响，计算得出的阻尼转矩数值已无法直接表征对振荡模式阻尼的影响，需要借助各个机电振荡回路对振荡模式灵敏度的概念完成分析，大大降低了阻尼转矩分析法的实用性。

（2）电力系统低频振荡研究的是电力系统机电振荡模式，即与同步发电机的机械量（功角和角速度）密切相关的模式，因此在图 3－3 中，可以提取同步机的机电振荡回路作为研究对象。这样，系统其他部分向机电振荡回路提供了有实际物理意义的电磁转矩。然而，阻尼转矩分析法只能用来分析频率在 0.1～2.5Hz 范围内的机电振荡模式，特定的应用场景也限定阻尼转矩分析法的使用范围。

如 3.1.1 节所述，式（3－9）所示电力系统宽频带振荡统一数学描述中的激励源作用，往往可以分解为输出变量的比例微分形式，因此可以借鉴阻尼转矩分析法的思想来对电力系统宽频带振荡进行统一分析。下面提取阻尼转矩分析法的核心思想，将其抽象为一般化的数学表示，进而推广应用于电力系统的宽频带振荡的研究中，如图 3－4 所示。

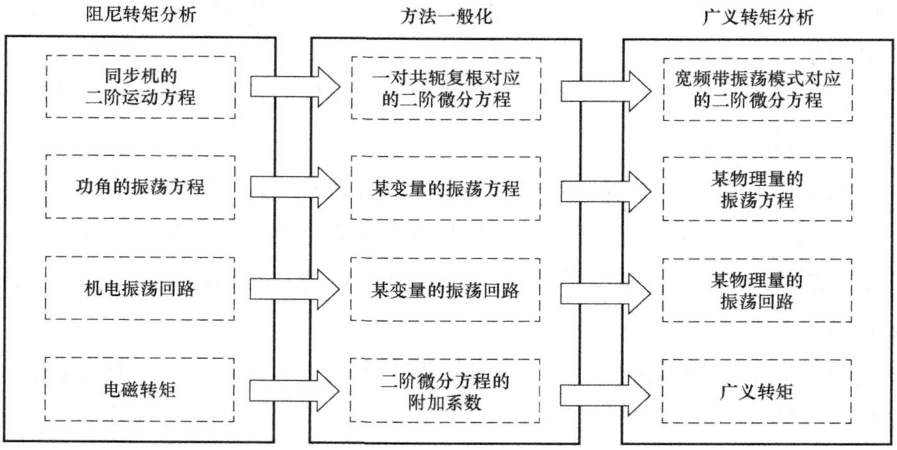

图 3－4　从阻尼转矩推广到广义转矩

（1）对于同步机的二阶运动方程［见式（3－12）］，不考虑电磁转矩 ΔT 时，该二阶运动方程对应着同步机机电振荡回路的固有振荡模式。此方程可以一般化为一对共轭复根对应的二阶微分方程，该共轭复根的频率不再局限于低频振荡的 0.1～2.5Hz 范围。在电力系统宽频带振荡研究中，此方程即为待研究的宽频带振荡模式对应的二阶微分方程。

（2）电力系统低频振荡中的机电振荡模式与功角强相关，因此其特征方程表现为功角的振荡方程［如式（3－12）及图 3－2 所示］。当二阶微分方程一般化为任意频率的振荡模式后，二阶微分形式的特征方程往往不再与功角强相关，而是表现为其他某物理量的振荡方程，该物理量与传递函数输入/输出变量的选取有关。

（3）一般化推广后，图 3-2 中的机电振荡回路变成了一般物理量的振荡回路，由于振荡方程形式相同，因此振荡回路图形的形式也相同。

（4）随着同步发电机的机电振荡回路被推广为一般物理量的振荡回路，阻尼转矩分析中系统其他环节提供的电磁转矩被一般化后不再有一致的物理意义。系统其他环节向一般物理量的振荡回路也会有一个复数的输入，该复数的输入也同样可以通过分解叠加到原二阶微分方程对应的系数上。本书将该复数输入定义为广义转矩。

2. 广义转矩分析法

为应用广义转矩分析法对电力系统宽频带振荡问题进行研究，在各电气设备模型的基础上，需要建立电力系统的频域互联模型。

对于任意一个电力系统宽频带振荡模式，至少会存在一个“关键元件”对其具有高参与度。该“关键元件”可以是系统中的电气设备（如风电机组、光伏模块等）单体或其场站、电气设备内部的基本元件或动态环节（如励磁装置、锁相环等），也可以是局部系统。该关键元件与系统其他部分之间存在强动态交互作用，该交互作用会对宽频带振荡模式的频率或阻尼产生较大的影响。因此，有必要从关键元件与系统其他部分的动态交互作用入手，研究电力系统宽频带振荡模式的变化。

按照分析目的的不同，电力系统宽频带振荡关键元件的选取、电力系统频域互联模型的构建有以下几种方法：

（1）对设备选型或参数设置的规划。当某个电气设备或控制装置尚未并网，欲研究其型号、参数或控制方式等对当前系统宽频带振荡模式的影响时，该电气设备或控制装置自然成为要研究的关键元件。根据该电气设备或控制装置的物理结构或电气关系，选择与系统发生交互的交互变量。

（2）电力系统宽频带振荡源定位。在已知电力系统发生宽频带振荡现象后，需要对主导或强参与振荡的装置进行参数调整或附加控制，因此首先需要对振荡源进行定位。在此种情况下，需要分别针对振荡区域内不同的关键元件，建立对应的边界条件，结合各电气量对所研究宽频带振荡模式的可观性与可控性指标，选择强交互变量。

在以上两种情况下，选取的关键元件与系统其他部分之间通过交互变量进行动态耦合，从而将完整系统拆分为两个存在动态互联关系的子系统，形成电力系统的互联模型。

按照上述方法，以研究风电并网的影响为例，选取一台风电机组为关键元件，电力系统的互联模型可以表示为如图 3-5 所示。

按照电力系统中各元件的模型及其参数是否已知，两个子系统的传递函数模型可以分别通过以下方法获得。

（1）当电力系统各元件的模型和参数已知时，可以通过解析法得到两个子系统的传递函数模型。令图 3－5 中两个子系统的状态变量分别为 $\boldsymbol{X}_{\mathrm{g}}$ 和 $\boldsymbol{X}_{\mathrm{h}}$。针对所研究的振荡频段，选择各个元件对应的数学模型，两个子系统线性化的状态空间方程分别可以写为

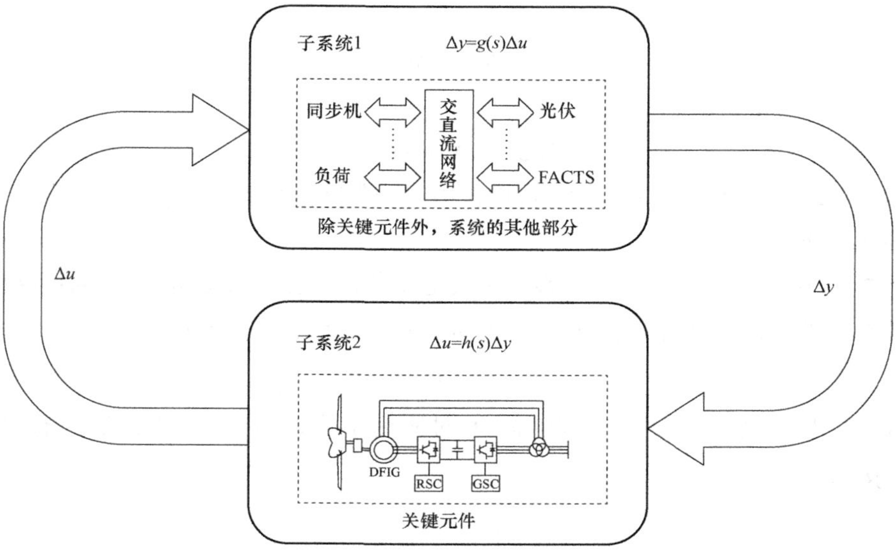

图 3－5　存在动态耦合关系的互联系统（以研究风电并网的影响为例）

$$\begin{aligned}\Delta\dot{\boldsymbol{X}}_{\mathrm{g}} &= \boldsymbol{A}_{\mathrm{g}}\Delta\boldsymbol{X}_{\mathrm{g}} + \boldsymbol{B}_{\mathrm{g}}\Delta u \\ \Delta y &= \boldsymbol{C}_{\mathrm{g}}\Delta\boldsymbol{X}_{\mathrm{g}} + D_{\mathrm{g}}\Delta u\end{aligned} \tag{3-16}$$

$$\begin{aligned}\Delta\dot{\boldsymbol{X}}_{\mathrm{h}} &= \boldsymbol{A}_{\mathrm{h}}\Delta\boldsymbol{X}_{\mathrm{h}} + \boldsymbol{B}_{\mathrm{h}}\Delta y \\ \Delta u &= \boldsymbol{C}_{\mathrm{h}}\Delta\boldsymbol{X}_{\mathrm{h}} + D_{\mathrm{h}}\Delta y\end{aligned} \tag{3-17}$$

进而可以得到两个子系统的传递函数分别为

$$\Delta y = g(s)\Delta u \tag{3-18}$$

$$\Delta u = h(s)\Delta y \tag{3-19}$$

式中：$g(s) = \boldsymbol{C}_{\mathrm{g}}(s\boldsymbol{I} - \boldsymbol{A}_{\mathrm{g}})^{-1}\boldsymbol{B}_{\mathrm{g}} + D_{\mathrm{g}}$；$h(s) = \boldsymbol{C}_{\mathrm{h}}(s\boldsymbol{I} - \boldsymbol{A}_{\mathrm{h}})^{-1}\boldsymbol{B}_{\mathrm{h}} + D_{\mathrm{h}}$。

（2）当电力系统各元件的模型和参数难以获得时，可以采用摄动法，通过频率响应试验得到两个子系统的频率特性。对于一个子系统，在其输入变量上叠加频率为 ς 的正弦信号，测量稳态输出变量中该频率对应的分量，即可得到该频率下传递函数的数值。

通过下文的分析会发现，在广义转矩分析法的应用中，需要的只是两个子系统的传递函数模型在特定频率点的数值。因此在使用摄动法时，只需要计算特定频率点或窄频段内的传递函数的数值，而不需要在宽频段内进行扫频操作。相比其他基于传递函数的分析方法，广义转矩分析法在模型方面更易获得。

对于传递函数方程为 $\Delta y = g(s)\Delta u$ 的子系统 1，令该子系统中待研究的振荡模式为 $\lambda_0 = \xi_0 + \mathrm{j}\omega_0$。将子系统 1 的传递函数 $g(s)$ 基于待研究的宽频带振荡模式 $\lambda_0 = \xi_0 + \mathrm{j}\omega_0$ 进

行分解，可以得到

$$(s^2+ds+k)\Delta y+k(s)\Delta u=0 \tag{3-20}$$

令

$$\Delta z=s\Delta y \tag{3-21}$$

代入式（3-20），可以得到

$$(s+d)\Delta z+k\Delta y+k(s)\Delta u=0 \tag{3-22}$$

根据式（3-21）和式（3-22），可以作出宽频带振荡模式 $\lambda_0=\xi_0\pm \mathrm{j}\omega_0$ 对应的振荡回路，如图 3-6 所示。

在图 3-6 中，上半部分即为子系统 1 关键振荡模式 $\lambda_0=\xi_0\pm \mathrm{j}\omega_0$ 对应的振荡回路。

当两个子系统之间没有动态交互，即 $\Delta u=0$ 时，式（3-20）变为

$$(s^2+ds+k)\Delta y=0 \tag{3-23}$$

式（3-23）中特征方程 $s^2+ds+k=0$ 对应为子系统 1 中待研究的固有振荡模式 $\lambda_0=\xi_0\pm \mathrm{j}\omega_0$。

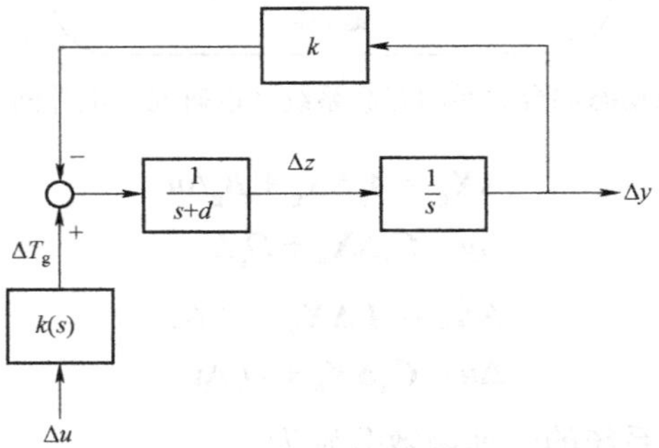

图 3-6　子系统 1 宽频带振荡模式 $\lambda_0=\xi_0\pm \mathrm{j}\omega_0$ 对应的振荡回路

当考虑两个子系统之间的动态交互，即 $\Delta u\neq 0$、$\Delta y\neq 0$ 时，动态交互作用会对子系统 1 的固有振荡模式产生影响。令子系统 2 的动态作用加入后，子系统 1 的振荡模式会由 $\lambda_0=\xi_0+\mathrm{j}\omega_0$ 变为 $\hat{\lambda}=\hat{\xi}+\mathrm{j}\hat{\omega}$。振荡模式之差 $\Delta\lambda_0=\hat{\lambda}-\lambda_0$ 即量化反映了两个子系统间的动态交互作用对电力系统宽频带振荡模式 $\lambda_0=\xi_0+\mathrm{j}\omega_0$ 的影响。下面通过广义转矩分析，对上述量化指标 $\Delta\lambda_0=\hat{\lambda}-\lambda_0$ 进行计算，从而评估子系统 2 的动态作用加入对子系统 1 带来的影响。

将子系统 2 的传递函数模型 $\Delta u=h(s)\Delta y$ 加入到图 3-7(a)所示的子系统 1 的框图中，即可将系统的频域互联模型转换为带有宽频带振荡回路的传递函数框图，如图 3-7（b）所示。图 3-7（b）在形式上与传统的 Phillips-Heffron 模型相似，本书将其命名为广义 Phillips-Heffron 模型。

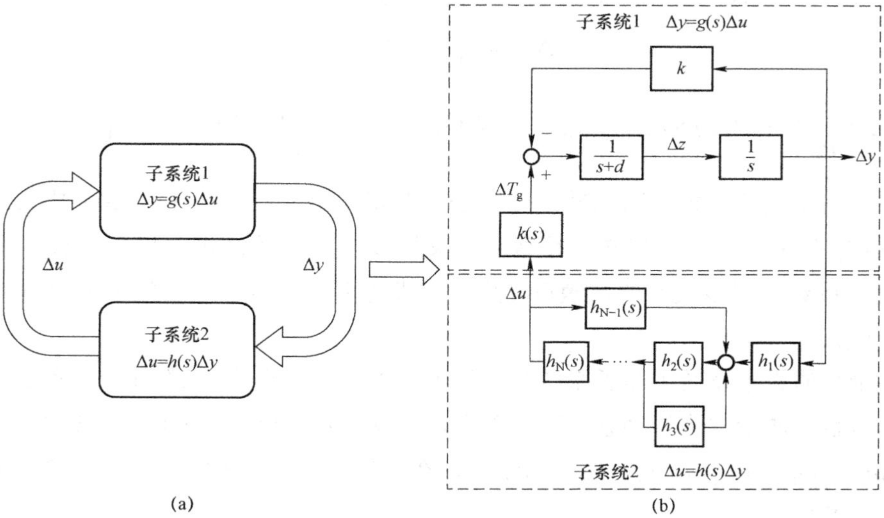

图 3-7 适用于宽频带振荡研究的广义 Phillips-Heffron 模型

（a）频域互联模型；（b）广义 Phillips-Heffron 模型

在图 3-7（b）中，子系统 1 按照图 3-6 的形式进行分解，包括振荡模式 λ_0 对应的宽频带振荡回路部分，以及输入变量 Δu 到宽频带振荡回路的前向通道传递函数 $k(s)$。这样有助于直接分析宽频带振荡模式受到的影响。

子系统 2 按照元件的电气连接联系，用各个基本元件传递函数的串并联形式进行连接。这样有助于比较各个元件对关键振荡模式的影响大小，以直观判断导致失稳的具体电气设备或单元。

在图 3-7（b）中，宽频带振荡回路受到的广义转矩用符号 ΔT_g 表示。与阻尼转矩分析法类似，令由 Δu 到 ΔT_g 的路径为前向通道，由 Δy 到 Δu 的路径为反馈通道，其传递函数分别为 $k(s)$ 和 $h(s)$。令 $k(s)h(s)$ 为复合矩阵。

对于固有宽频带振荡模式为 λ_0 的子系统 1，从图 3-7（b）中的广义 Phillips-Heffron 模型可以看出，结合输入量到宽频带振荡回路的前向通道，以及子系统 2 构成的反馈通道，可以确定对于所研究的宽频带振荡模式 λ_0，宽频带振荡回路所受到的广义转矩为

$$\Delta T_g = k(\lambda_0)h(\lambda_0)\Delta y \tag{3-24}$$

式（3-24）中的广义转矩系数 $k(\lambda_0)h(\lambda_0)$ 为一个复数，为便于分析，需要将其转化为分别与 Δy 和 $\Delta\dot{y}$ 成正比例的实数。

根据 Δy 和 Δz 之间的关系，可以得到

$$\mathrm{j}\Delta y = \frac{1}{\omega_0}\Delta z - \frac{\xi_0}{\omega_0}\Delta y \tag{3-25}$$

将式（3－25）代入到式（3－24）中，可以得到

$$\Delta T_{\mathrm{g}} = T_{\mathrm{gd}}\Delta z + T_{\mathrm{gs}}\Delta y \tag{3-26}$$

其中，$T_{\mathrm{gd}} = \dfrac{1}{\omega_0}\mathrm{Im}[K(\lambda_0)h(\lambda_0)]$；$T_{\mathrm{gs}} = \mathrm{Re}\left[K(\lambda_0)h(\lambda_0)\right] - \dfrac{\xi_0}{\omega_0}\mathrm{Im}\left[K(\lambda_0)h(\lambda_0)\right]$。

仿照电力系统低频振荡阻尼转矩分析法中的相关定义，令式（3－26）中 Δz 和 Δy 的系数 T_{gd} 和 T_{gs} 分别为广义阻尼转矩系数和广义同步转矩系数。进一步，结合宽频带振荡回路对阻尼系数与同步系数的灵敏度，共同形成适用于电力系统宽频带振荡研究的广义转矩分析法。

上述推导假设子系统 1 和子系统 2 均为单输入单输出模型。实际上，子系统间更可能以多输入多输出的形式进行动态交互。下面以两输入两输出的传递函数进行推导。

令 $\boldsymbol{\Delta u} = [\Delta u_1 \quad \Delta u_1]^T$，$\boldsymbol{\Delta y} = [\Delta y_1 \quad \Delta y_1]^T$，在两输入两输出模型下，式（3－18）和式（3－19）可以写为：

$$\begin{bmatrix} \Delta y_1 \\ \Delta y_2 \end{bmatrix} = \begin{bmatrix} g_{11}(s) & g_{12}(s) \\ g_{21}(s) & g_{22}(s) \end{bmatrix} \begin{bmatrix} \Delta u_1 \\ \Delta u_2 \end{bmatrix} \tag{3-27}$$

$$\Delta u_1 = h_{11}(s)\Delta y_1 + h_{12}(s)\Delta y_2 \tag{3-28}$$

$$\Delta u_2 = h_{21}(s)\Delta y_1 + h_{22}(s)\Delta y_2 \tag{3-29}$$

当子系统 1 存在固有振荡模式 $\lambda_0 = \xi_0 + \mathrm{j}\omega_0$ 时，式（3－27）可以写为：

$$\begin{bmatrix} \Delta y_1 \\ \Delta y_2 \end{bmatrix} = \frac{1}{s^2 + ds + k} \begin{bmatrix} k_{11}(s) & k_{12}(s) \\ k_{21}(s) & k_{22}(s) \end{bmatrix} \begin{bmatrix} \Delta u_1 \\ \Delta u_2 \end{bmatrix} \tag{3-30}$$

在此需要说明，在式（3－30）中从矩阵 $\begin{bmatrix} g_{11}(s) & g_{12}(s) \\ g_{21}(s) & g_{22}(s) \end{bmatrix}$ 中提取出 $\dfrac{1}{s^2 + ds + k}$，并不代表在矩阵 $\begin{bmatrix} g_{11}(s) & g_{12}(s) \\ g_{21}(s) & g_{22}(s) \end{bmatrix}$ 的所有元素分母中都存在 $s^2 + ds + k$ 项，这对应着振荡模式不会在每个环节都具有可观性。但如果 $\lambda_0 = \xi_0 + \mathrm{j}\omega_0$ 是子系统 1 的固有振荡模式，那么在矩阵 $\begin{bmatrix} g_{11}(s) & g_{12}(s) \\ g_{21}(s) & g_{22}(s) \end{bmatrix}$ 中至少会有一元素的分母中包含 $s^2 + ds + k$ 项。对于分母中没有 $s^2 + ds + k$ 项的元素，只需在分子分母中同乘以 $s^2 + ds + k$ 即可，并不影响后续分析。

式（3－30）可以用矩阵表示为：

$$\boldsymbol{\Delta y} = \frac{1}{s^2 + ds + k}\boldsymbol{K}(s)\boldsymbol{\Delta u} \tag{3-31}$$

由式（3－28）、式（3－29）和式（3－31），可以画出两输入两输出的子系统 1 和子系统 2 互联系统的广义 Phillips－Heffron 模型，如图 3－8 所示。

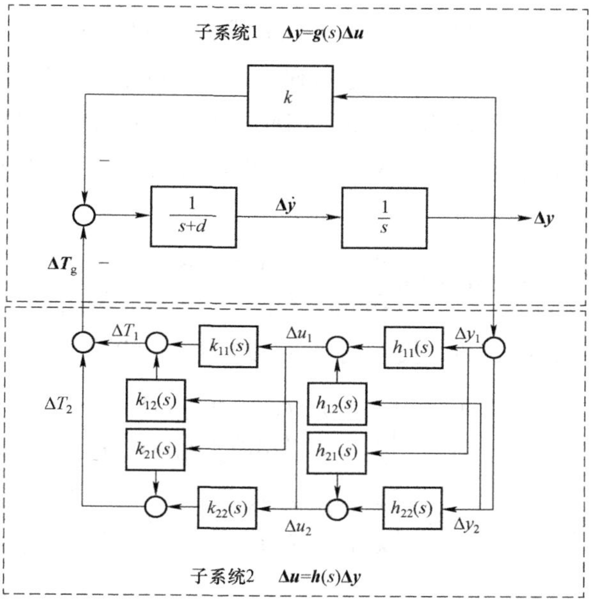

图 3－8　两输入两输出互联系统的广义 Phillips－Heffron 模型

由图 3－8 可以看出，与单输入单输出模型相比，两输入两输出模型下的广义 Phillps－Heffron 模型，具有以下特点：

（1）前向通道与反馈通道的传递函数均为矩阵形式，两输入与两输出通道之间存在交互耦合；

（2）宽频带振荡回路只有一个，但是两组变量（$\boldsymbol{\Delta u}=[\Delta u_1 \quad \Delta u_2]^T$ 和 $\boldsymbol{\Delta y}=[\Delta y_1 \quad \Delta y_2]^T$）都会对该宽频带振荡回路造成影响。分别画出 Δy_1 和 Δy_2 的宽频带振荡回路，如图 3－9 所示。

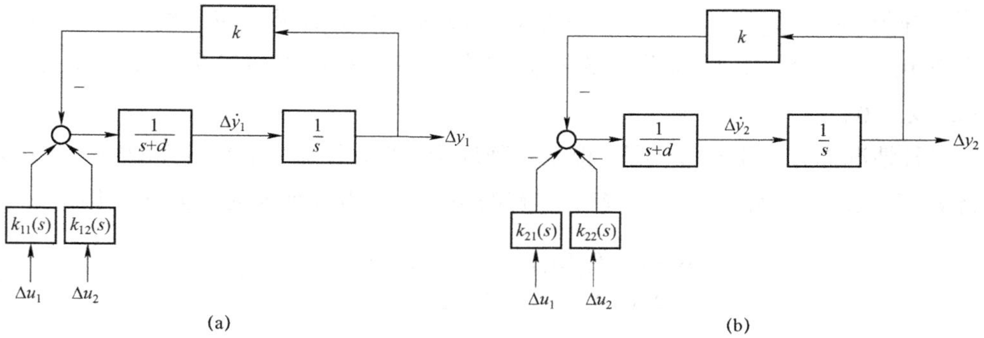

图 3－9　Δy_1 和 Δy_2 的宽频带振荡回路

（a）Δy_1 的宽频振荡回路；（b）Δy_2 的宽频振荡回路

由图 3－9 可以看出，Δy_1 和 Δy_2 的宽频带振荡回路受到的广义转矩都会对待研究的振荡模式产生影响，最后在两个回路的综合影响作用下，原振荡模式 $\lambda_0=\xi_0+\mathrm{j}\omega_0$ 会过渡到

新的振荡模式 $\hat{\lambda}=\hat{\xi}+\mathrm{j}\hat{\omega}$。如果只取图 3－9（a）或 3－9（b）所示的单个振荡回路，按照单输入单输出模型下的广义转矩分析法进行研究，都会漏掉另一振荡回路的影响，会造成最终振荡模式计算不一致且不准确的问题。因此，在两输入两输出模型下，需要先对模型进行整理，推导出可以综合反映多广义转矩共同影响的单振荡回路形式。

式（3－30）可以写为：

$$(s^2+ds+k)\begin{bmatrix}\Delta y_1\\ \Delta y_2\end{bmatrix}=\begin{bmatrix}k_{11}(s) & k_{12}(s)\\ k_{21}(s) & k_{22}(s)\end{bmatrix}\begin{bmatrix}\Delta u_1\\ \Delta u_2\end{bmatrix} \tag{3-32}$$

将式（3－28）和式（3－29）代入式（3－32）中，可以得到：

$$(s^2+ds+k)\begin{bmatrix}\Delta y_1\\ \Delta y_2\end{bmatrix}=\begin{bmatrix}k_{11}(s) & k_{12}(s)\\ k_{21}(s) & k_{22}(s)\end{bmatrix}\begin{bmatrix}h_{11}(s) & h_{12}(s)\\ h_{21}(s) & h_{22}(s)\end{bmatrix}\begin{bmatrix}\Delta y_1\\ \Delta y_2\end{bmatrix} \tag{3-33}$$

令 $\boldsymbol{R}(s)=\boldsymbol{K}(s)\boldsymbol{H}(s)$，$\boldsymbol{K}(s)=\begin{bmatrix}k_{11}(s) & k_{12}(s)\\ k_{21}(s) & k_{22}(s)\end{bmatrix}$，$\boldsymbol{H}(s)=\begin{bmatrix}h_{11}(s) & h_{12}(s)\\ h_{21}(s) & h_{22}(s)\end{bmatrix}$，$\boldsymbol{R}(s)=\begin{bmatrix}R_{11}(s) & R_{12}(s)\\ R_{21}(s) & R_{22}(s)\end{bmatrix}$，式（3－32）可以表示为：

$$\begin{bmatrix}s^2+ds+k & 0\\ 0 & s^2+ds+k\end{bmatrix}\begin{bmatrix}\Delta y_1\\ \Delta y_2\end{bmatrix}=\begin{bmatrix}R_{11}(s) & R_{12}(s)\\ R_{21}(s) & R_{22}(s)\end{bmatrix}\begin{bmatrix}\Delta y_1\\ \Delta y_2\end{bmatrix} \tag{3-34}$$

即：

$$\begin{bmatrix}s^2+ds+k-R_{11}(s) & -R_{12}(s)\\ -R_{21}(s) & s^2+ds+k-R_{22}(s)\end{bmatrix}\begin{bmatrix}\Delta y_1\\ \Delta y_2\end{bmatrix}=\mathbf{0} \tag{3-35}$$

根据矩阵理论，如式（3－35）所示的关于 Δy_1 和 Δy_2 的方程组的解有两种情况。

第一种是 $\Delta y_1=\Delta y_2=0$，方程组为零解，此时对应着子系统 1 与子系统 2 之间没有动态交互作用，子系统 1 的振荡模式不会因为动态交互作用而发生改变，即 $\hat{\lambda}=\lambda_0$，$\Delta\lambda_0=\hat{\lambda}-\lambda_0=0$。

第二种情况为方程组有非零解。根据矩阵理论，当子系统 1 中待研究的振荡模式为 λ_0 时，将 $s=\lambda_0$ 代入，方程（3－35）有非零解的条件是系数行列式的值为 0，即：

$$\begin{vmatrix}s^2+ds+k-R_{11}(\lambda_0) & -R_{12}(\lambda_0)\\ -R_{21}(\lambda_0) & s^2+ds+k-R_{22}(\lambda_0)\end{vmatrix}=0 \tag{3-36}$$

下文中将 $R_{11}(\lambda_0)$、$R_{12}(\lambda_0)$、$R_{21}(\lambda_0)$ 和 $R_{22}(\lambda_0)$ 分别用 R_{11}、R_{12}、R_{21} 和 R_{22} 简化表示，由式（3－36）可以得到：

$$(s^2+ds+k-R_{11})(s^2+ds+k-R_{22})-R_{12}R_{21}=0 \tag{3-37}$$

进而可以解得：

$$
\begin{aligned}
s^2+ds+k&=T_{1,2}(s)\\
&=\frac{1}{2}(R_{11}+R_{12}\pm q)
\end{aligned}
\tag{3-38}
$$

其中辅助变量 q 满足：

$$
q^2=(R_{11}-R_{22})^2+4R_{12}R_{21} \tag{3-39}
$$

其中，$(R_{11}-R_{22})^2+4R_{12}R_{21}$ 为复数。

令：

$$
\begin{aligned}
&(R_{11}-R_{22})^2+4R_{12}R_{21}=r(\cos\theta+\mathrm{j}\sin\theta)\\
&q=\rho(\cos\varphi+\mathrm{j}\sin\varphi)
\end{aligned}
\tag{3-40}
$$

其中，r、ρ、θ、φ 都为实数。

将式（3-40）代入式（3-39）中，可以得到：

$$
\rho^2(\cos2\varphi+\mathrm{j}\sin2\varphi)=r(\cos\theta+\mathrm{j}\sin\theta) \tag{3-41}
$$

那么有：

$$
\left.
\begin{aligned}
&\rho^2=r\\
&\cos2\varphi=\cos\theta\\
&\sin2\varphi=\sin\theta
\end{aligned}
\right\}
\tag{3-42}
$$

由于 $\cos\theta=\cos(\theta+2k\pi),\sin\theta=\sin(\theta+2k\pi)$，故由式（3-42）后两式可以得到：

$$
2\varphi=\theta+2k\pi(k=0,\pm1) \tag{3-43}
$$

即：

$$
\rho=\sqrt{r},\varphi=\frac{\theta+2k\pi}{2}(k=0,\pm1) \tag{3-44}
$$

因此可得：

$$
q=\sqrt{r}\exp\left(\mathrm{j}\frac{\theta}{2}\right) \tag{3-45}
$$

或：

$$
q=\sqrt{r}\exp\left[\mathrm{j}\left(\frac{\theta}{2}+\pi\right)\right]=-\sqrt{r}\exp\left(\mathrm{j}\frac{\theta}{2}\right) \tag{3-46}
$$

即：

$$
q=\pm\sqrt{r}\exp\left(\mathrm{j}\frac{\theta}{2}\right) \tag{3-47}
$$

由式（3-47），s^2+ds+k 有两个解。对于电力系统宽频带振荡这个特定问题，振荡模式往往不会由于动态交互作用发生特别大的变化，因此可以排除掉一个非实际的解，此处令保留的解为 $T(s)$。

如前所述，分别考虑两个输出变量对应振荡回路的广义转矩，会造成振荡模式计算结果不统一不准确，因此需要综合两个振荡回路及两对输入输出量之间的耦合关系。令等效输出量为Δy，在式（3－38）的两侧同时乘以Δy，可以得到：

$$(s^2+ds+k)\Delta y=T(s)\Delta y \tag{3-48}$$

根据式（3－48），可以画出等效输出量对应的单振荡回路的 Phillips－Heffron 模型，如图 3－10 所示。

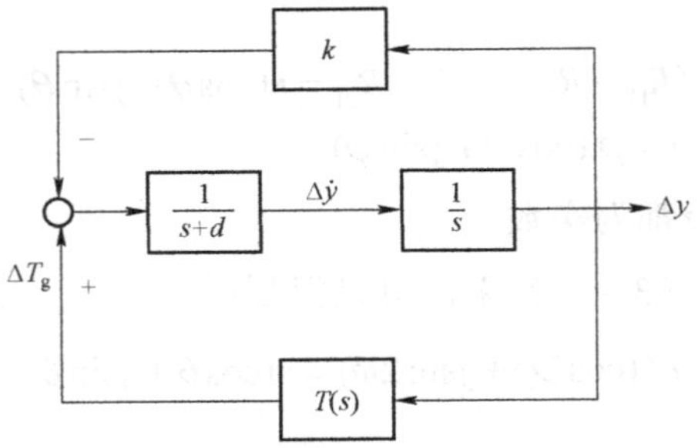

图 3－10　等效输出量Δy对应宽频带振荡回路的 Phillips－Heffron 模型

对比图 3－10 与图 3－7（b），可以看出，在两输入两输出模型中，向待研究宽频带振荡回路提供的广义转矩为：

$$\Delta T_{\mathrm{g}}=-T(\lambda_0)\Delta y \tag{3-49}$$

进而可以得到用广义阻尼转矩系数和广义同步转矩系数形式表示的广义转矩表达式：

$$\Delta T_{\mathrm{g}}=T_{\mathrm{gd}}\Delta\dot{y}+T_{\mathrm{gs}}\Delta y \tag{3-50}$$

其中，$T_{\mathrm{gs}}=-\mathrm{Re}[T(\lambda_0)]+\dfrac{\xi_0}{\omega_0}\mathrm{Im}[T(\lambda_0)]$，$T_{\mathrm{gd}}=-\dfrac{1}{\omega_0}\mathrm{Im}[T(\lambda_0)]$。

3. 电力系统宽频带振荡模式的量化评估

在单机无穷大系统的阻尼转矩分析法中，机电振荡回路是根据有着明确物理实体和物理意义的发电机转子运动方程得出的，而且控制器对机电振荡回路贡献的阻尼转矩也有明确的物理意义，即转子运动的阻尼。当确定了阻尼转矩系数的大小及正负后，即可判断外加控制器对低频振荡模式阻尼的影响；另外，由于电力系统低频振荡问题的特点，控制器带来的频率变化不会太大，因此阻尼的变化是低频振荡研究的重点。

在电力系统宽频带振荡的广义转矩分析中，待研究的宽频带振荡模式与广义转矩之间存在着一定的灵敏度关系。

如前所述，当不考虑子系统 1 与子系统 2 的动态交互时，子系统 1 的特征方程为

$$s^2+ds+k=0 \tag{3-51}$$

令$d=d_0$、$k=k_0$，方程（3－51）的解为$s=\lambda_0=\xi_0+\mathrm{j}\omega_0$。当方程的系数变化时，方

程（3－51）的解 $s=\lambda$ 对一次项系数 d 和常数项 k 变化的灵敏度为

$$S_{\mathrm{d}}=\frac{\partial\lambda}{\partial d}\approx\frac{\Delta\lambda}{\Delta d}=\frac{\lambda_{0\mathrm{d}}\big|_{\mathrm{d_0+\Delta d}}-\lambda_0\big|_{\mathrm{d_0}}}{\Delta d} \tag{3-52}$$

$$S_{\mathrm{k}}=\frac{\partial\lambda}{\partial k}\approx\frac{\Delta\lambda}{\Delta k}=\frac{\lambda_{0\mathrm{k}}\big|_{\mathrm{k_0+\Delta k}}-\lambda_0\big|_{\mathrm{k_0}}}{\Delta k} \tag{3-53}$$

式中：$\lambda_{0\mathrm{d}}$ 和 $\lambda_{0\mathrm{k}}$ 分别为 $d=d_0+\Delta d$ 、$k=k_0$ 和 $k=k_0+\Delta k$ 、$d=d_0$ 时，方程（3－51）中 s 的解。

对于式（3－51），根据一元二次方程的求解公式，可以得到

$$s_{1,2}=\frac{-d\pm\sqrt{d^2-4k}}{2}=\xi\pm\mathrm{j}\omega \tag{3-54}$$

那么有

$$\xi=-\frac{d}{2},\omega=\frac{\sqrt{4k-d^2}}{2} \tag{3-55}$$

对于式（3－54），分别对一次项系数 d 和常数项 k 求导，可以得到

$$S_{\mathrm{d}}=\frac{\partial s_{1,2}}{\partial d}=-\frac{1}{2}\pm\mathrm{j}\frac{\xi}{2\omega} \tag{3-56}$$

$$S_{\mathrm{k}}=\frac{\partial s_{1,2}}{\partial k}=\pm\mathrm{j}\frac{1}{2\omega} \tag{3-57}$$

由上式可以看出，系统宽频带振荡特征根的实部只受阻尼系数改变的影响，对于阻尼比很小的宽频带振荡模式，$\xi\ll 2\omega$，简化计算中可以取 $\frac{\partial s_{1,2}}{\partial d}\approx-\frac{1}{2}$。

当考虑子系统 1 与子系统 2 之间的动态交互作用，即将式（3－26）所示的广义转矩代入到式（3－22）中，可以得到完整系统的特征方程为

$$s^2+(d+T_{\mathrm{gd}})s+(k+T_{\mathrm{gs}})=0 \tag{3-58}$$

式（3－58）中 s 的解即为考虑子系统 1 和子系统 2 之间的动态交互后，完整系统的振荡模式的数值解。从式（3－58）中可以看出，广义阻尼转矩系数 T_{gd} 和广义同步转矩系数 T_{gs} 分别叠加到原方程的一次项系数 d 和常数项 k 上。

自此，子系统 2 动态作用的加入对电力系统宽频带振荡模式的影响问题，变成了一元二次方程系数变化后解的问题。在考虑子系统 1 与子系统 2 之间的动态交互作用后，系统宽频带振荡模式的变化量可以估算为

$$\Delta\lambda=T_{\mathrm{gd}}\cdot S_{\mathrm{d}}+T_{\mathrm{gs}}\cdot S_{\mathrm{k}} \tag{3-59}$$

对于子系统 1 中待研究的宽频带振荡模式 $\lambda_0=\xi_0+\mathrm{j}\omega_0$，加入子系统 2 的动态影响后，完整系统对应的振荡模式变为

$$\lambda \approx \lambda_0 + \Delta\lambda = \lambda_0 + T_{gd} \cdot S_d + T_{gs} \cdot S_k \tag{3-60}$$

此数值可以作为电力系统宽频带振荡模式的估算值。

4. 应用广义转矩分析法对多设备间动态交互作用的分析

当风电、光伏、直流等电力电子设备大量接入系统后，电力系统的宽频带振荡特性会随之改变。当需要研究单个设备的并网对电力系统振荡模式的影响时，可以将该设备作为图 3－5 中的子系统 2，将系统其他部分作为子系统 1，按照前文所述方法对电力系统振荡模式进行量化评估。

电力系统中各个设备之间也存在动态交互作用，两设备间的动态交互作用也会对振荡模式造成影响；另外，在电力系统的阻尼控制分析中，不仅需要知道多台阻尼控制器的总影响大小，各台阻尼控制器能否最大程度的发挥作用也是需要关心的问题，这就需要对各台阻尼控制器进行最优配置。有时候，会发生“1+1＜1”的案例，即两台阻尼控制器的共同控制效果不如单台阻尼控制器的效果，这说明两台控制器的动态交互对彼此都产生了消极的影响，是需要避免的；如果让两台控制器都最大的发生效能，产生“1+1≈2”甚至“1+1＞2”，是阻尼控制中追求的目标。

因此，如何分析多设备间的动态交互作用对电力系统宽频带振荡的影响非常重要。下面应用广义转矩分析法对多设备间动态交互作用进行量化评估。在下面的分析中，以两台设备间的动态交互研究为例，而且两台设备均为单输入单输出模型。

令待研究的两台设备的传递函数分别为：

$$\Delta u_1 = h_1(s)\Delta y_1 \tag{3-61}$$

$$\Delta u_2 = h_2(s)\Delta y_2 \tag{3-62}$$

除这两台设备外，系统部分的传递函数模型为：

$$\begin{bmatrix} \Delta y_1 \\ \Delta y_2 \end{bmatrix} = \begin{bmatrix} g_{11}(s) & g_{12}(s) \\ g_{21}(s) & g_{22}(s) \end{bmatrix} \begin{bmatrix} \Delta u_1 \\ \Delta u_2 \end{bmatrix} \tag{3-63}$$

令系统部分存在固有振荡模式 $\lambda_0 = \xi_0 + \mathrm{j}\omega_0$ 时，式（3－63）可以写为：

$$\begin{bmatrix} \Delta y_1 \\ \Delta y_2 \end{bmatrix} = \frac{1}{s^2 + ds + k} \begin{bmatrix} k_{11}(s) & k_{12}(s) \\ k_{21}(s) & k_{22}(s) \end{bmatrix} \begin{bmatrix} \Delta u_1 \\ \Delta u_2 \end{bmatrix} \tag{3-64}$$

首先，研究两设备间的动态交互作用对设备 1 的影响。根据式（3－64）的第一式、式（3－62）的第二式及式（3－61），可以得到表征两台设备的动态交互作用对设备 1 宽频带振荡回路影响的广义 Phillips－Heffron 模型，如图 3－11 所示。

由图 3－11 可以看出，设备 1 对宽频带振荡回路的影响可以分为两部分，一部分是直接影响通道，另一部分是间接影响通道。

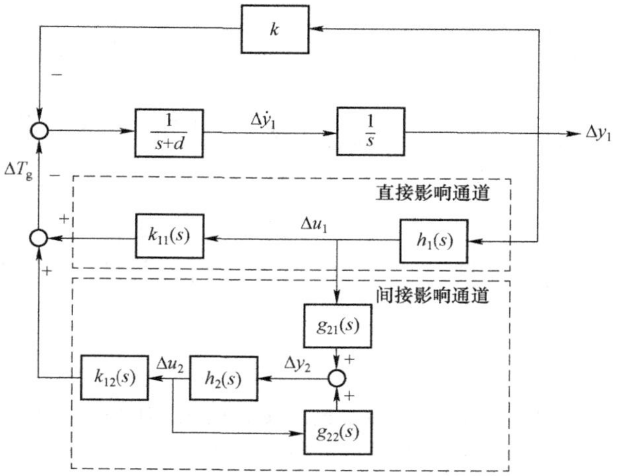

图 3－11　设备 2 的动态交互对设备 1 宽频带振荡回路的影响

直接影响通道是指由设备 1 的输入、经过设备 1 的传递函数、经系统交互传递到宽频带振荡回路的路径。该路径中不包含设备 2 的传递函数。无论设备 2 是否接入系统，直接影响通道一直会存在。直接影响通道的传递函数为：

$$\Delta T_{g1} = k_{11}(s)h_1(s)\Delta y_1 \tag{3-65}$$

间接影响通道是指由设备 1 的输入、经过设备 1 的传递函数、经设备 2 和系统交互传递到宽频带振荡回路的路径。对应着设备 1 的输出量受到设备 2 的动态影响后再反馈给宽振荡回路的广义转矩，反映了设备 1 与设备 2 之间产生的动态交互作用对宽频带振荡的影响。间接影响通道的传递函数为：

$$\Delta T_{g2} = \frac{k_{12}(s)h_2(s)g_{21}(s)}{1-g_{22}(s)h_2(s)}\Delta y_1 \tag{3-66}$$

为了与直接影响通道的传递函数具有相同的形式，令：

$$k'_{11}(s) = \frac{k_{12}(s)g_{21}(s)}{h_1(s)/h_2(s)-g_{22}(s)h_1(s)} \tag{3-67}$$

间接影响通道可以表示为：

$$\Delta T_{g2} = k'_{11}(s)h_1(s)\Delta y_1 \tag{3-68}$$

根据式（3－65）和式（3－68），可以画出设备 2 接入后，简化的广义 Phillips－Heffron 模型图，如图 3－12（a）所示。

由图 3－12（a），可以求得设备 1 和设备 2 同时接入后，设备 1 对应的宽频带振荡回路受到的广义转矩为：

$$\Delta T_g = \Delta T_{g1} + \Delta T_{g2} = [k_{11}(s)+k'_{11}(s)]\,h_1(s)\Delta y_1 \tag{3-69}$$

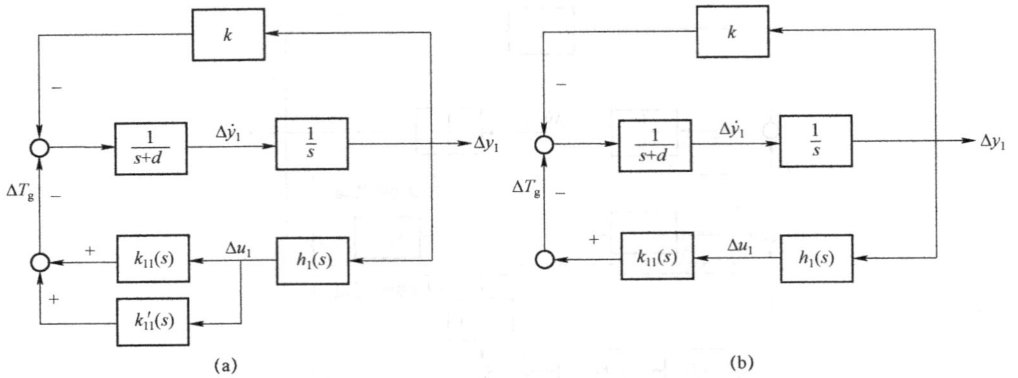

图 3－12　设备 2 接入前后的广义 Phillips－Heffron 模型图

（a）设备 2 接入时的广义 Phillips－Heffron 模型；（b）设备 2 未接入时的广义 Phillips－Heffron 模型

图 3－12(b)所示为忽略设备 2 接入带来的交互影响作用后，系统的广义 Phillips－Heffron 模型。对比设备 2 接入前后的广义 Phillips－Heffron 模型图，可以求得设备 1 对宽频带振荡回路贡献的广义转矩受到两设备间的动态交互作用的改变量为：

$$\Delta T_{\mathrm{g}}' = k_{11}'(s)h_1(s)\Delta y_1 \tag{3-70}$$

结合灵敏度指标，可以求得设备 1 对振荡模式的影响受到两设备间的动态交互作用的改变量为：

$$\Delta\lambda' = T_{\mathrm{gd}}'S_{\mathrm{d}} + T_{\mathrm{gs}}'S_{\mathrm{k}} \tag{3-71}$$

式中：T_{gd}' 和 T_{gs}' 分别为广义阻尼转矩系数和广义同步转矩系数。

上述分析研究了两设备间的动态交互作用对设备 1 的影响。同样的方法可以研究动态交互作用对设备 2 的作用。

5. 广义转矩分析法的应用流程

根据以上分析，广义转矩分析法可以用来研究电力系统中某个关键元件与系统间的交互作用，进而对电力系统振荡模式进行量化评估，其应用流程如图 3－13 所示；也可以用来对电力系统中多设备间的动态交互作用进行量化评估，其应用流程如图 3－14 所示。

对于电力系统振荡模式的量化评估，具体流程如下：

（1）根据研究需要，将整个系统划分为子系统 1 和子系统 2。子系统 2 是待研究的关键元件，可以是系统中的电气设备（如风电机组、光伏模块等）单体或其场站、电气设备内部的基本元件或动态环节（如励磁装置、锁相环等），也可以是局部系统。子系统 1 是系统其他部分。

（2）根据子系统的具体物理结构和电气关系，选择子系统 1 与子系统 2 的交互变量，一个子系统的输入量/输出量为另一个子系统的输出量/输入量，两个子系统通过输入/输出量发生动态交互作用。

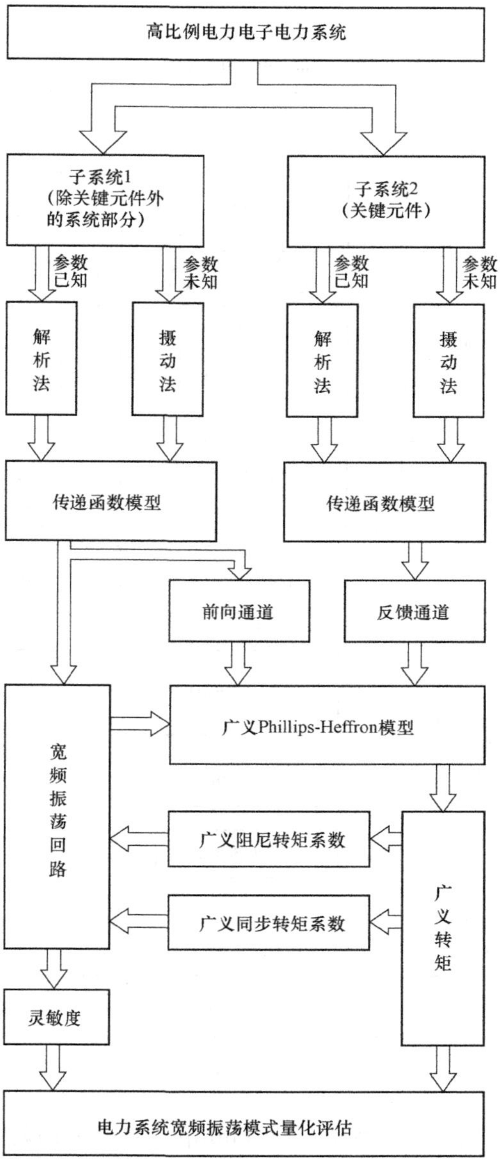

图 3－13 设备与系统之间的动态交互研究框图

（3）当子系统模型和参数已知时，可以采用解析法，通过列写子系统的状态空间方程，进而得到子系统的传递函数模型；当模型或参数未知时，可以采用摄动法，通过频率响应试验得到特定频率下的传递函数数值。

（4）根据子系统 1 的传递函数模型，提取待研究的振荡模式作为振荡回路，剩余部分作为输入量到广义转矩的前向通道；子系统 2 的传递函数模型作为反馈通道。宽频带振荡回路、前向通道和反馈通道共同构成用于电力系统宽频带振荡分析的广义 Phillips－Heffron 模型。

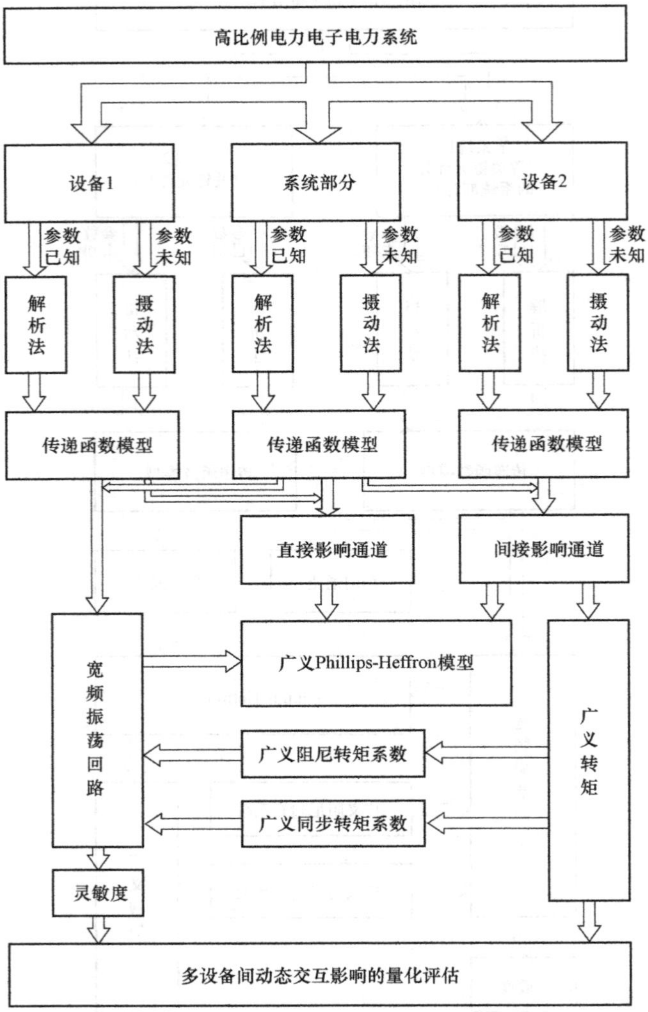

图 3-14 多设备间的动态交互研究框图

（5）对于单输入单输出模型，根据广义 Phillips-Heffron 模型，计算作为子系统 2 的关键元件对电力系统宽频带振荡回路的广义转矩；对于多输入多输出模型，首先对多维的广义 Phillips-Heffron 模型进行降维，最终形成一个等效的单输入单输出广义 Phillips-Heffron 模型，进而计算关键元件贡献的广义转矩。

（6）将复数形式的广义转矩分解为分别与输出量和输出量的一阶微分成正比例的广义阻尼转矩系数和广义同步转矩系数，两个系数均为实数形式。

（7）计算宽频带振荡回路中，振荡模式对一次项系数及常系数的灵敏度。

（8）广义转矩系数与对应灵敏度的乘积，可以作为关键元件对振荡模式影响的量化数值。将子系统 1 的固有振荡模式与该乘积值相加，即为闭环系统振荡模式的估算值。

对于多设备间动态交互作用的量化评估，具体流程如下：

（1）根据研究需要，选择待研究的两个设备，系统被划分为三部分：设备 1、设备 2 以及系统部分。

（2）根据两个设备与系统的具体物理结构和电气关系，分别选择两个设备与系统的交互变量，每个设备的输入量/输出量为系统部分的一组输出量/输入量，两个设备通过输入/输出量与系统发生动态交互作用，两台设备之间也会通过系统存在动态交互作用。

（3）当各部分的模型和参数已知时，可以采用解析法，通过列写状态空间方程，进而得到各部分的传递函数模型；当模型或参数未知时，可以采用摄动法，通过频率响应试验得到特定频率下的传递函数数值。

（4）根据系统部分的传递函数模型，提取待研究的振荡模式作为振荡回路；根据系统部分及设备 1 的传递函数模型，可以作出设备 1 对宽频带振荡回路的直接影响通道；根据系统部分及设备 2 的传递函数模型，可以作出设备 1 对宽频带振荡回路的间接影响通道。宽频带振荡回路、直接影响通道和间接影响通道共同构成用于反映设备 1 宽频带振荡回路的广义 Phillips－Heffron 模型。

（5）根据广义 Phillips－Heffron 模型，计算间接影响通道对电力系统宽频带振荡回路的广义转矩，该转矩反映了设备 2 的动态作用对设备 1 的影响。

（6）将复数形式的广义转矩分解为分别与输出量和输出量的一阶微分成正比例的广义阻尼转矩系数和广义同步转矩系数，两个系数均为实数形式。

（7）计算待研究的宽频带振荡回路中，振荡模式对一次项系数及常系数的灵敏度。

（8）广义转矩系数与对应灵敏度的乘积，可以作为两设备间动态交互作用对设备 1 影响的量化数值。

（9）重复步骤（4）到步骤（8），计算两设备间动态交互作用对设备 2 影响的量化数值。

6. 对广义转矩分析法的讨论

由上述推导可以看出，广义转矩分析法提取了阻尼转矩分析法的核心思想，对振荡模式进行“可视化”，构建宽频带振荡回路，借鉴发电机转子运动所获得“电磁转矩”的概念，将外界对宽频带振荡回路的影响抽象为“广义转矩”。广义转矩叠加到二阶微分方程的对应系数上，使得振荡模式的数值发生变化，这也恰恰体现了两个子系统之间的动态交互的影响。广义转矩分析理论可以从数学本质上分析宽频带振荡产生的原因，并找到引起宽频带振荡弱阻尼或负阻尼的关键设备或元件。

广义转矩分析法将阻尼转矩分析法的数学思想进行了推广，使得应用领域不再局限于电力系统低频振荡，所研究振荡模式不再局限于 0.1~2.5Hz。广义转矩分析法可以对低频、次同步、超同步等多频段的振荡模式进行分析，只要电力系统各元件采用相对应的数学模型即可。

广义转矩分析法在以下方面有理论与应用价值：

（1）广义转矩的分配和传递：通过广义 Phillips – Heffron 模型，可以回答“为什么”的问题，即通过观察各个元件提供的广义转矩，可以清晰地判断宽频带振荡是由哪个元件引起的，这个元件提供的弱/负阻尼转矩是经过何种路径传递到宽频带振荡回路的。

（2）宽频带振荡稳定性的定性判别：利用广义转矩分析法，通过观察广义阻尼转矩和广义同步转矩的正负与大小，结合宽频带振荡回路的灵敏度，可以定性评估设备对电力系统宽频带振荡稳定性的影响。通过广义转矩分析法，可以求取图 3 – 7（b）子系统 2 中各个基本元件对应的传递函数大小，来比较不同元件对关键振荡模式的影响，从而判断导致失稳的具体电气设备或单元，为阻尼控制策略提供基础。

（3）振荡模式的量化估算：广义转矩分析法提供了一种电力系统振荡模式的简化计算方法。通过图 3 – 7（b）所示的广义 Phillips – Heffron 模型，结合式（3 – 26）给出的广义阻尼转矩系数和广义同步转矩系数，可以由子系统 1 的开环关键振荡模式 $\lambda_0 = \xi_0 + j\omega_0$，通过迭代求解得到完整互联系统对应的闭环振荡模式。对于一个包含许多元件的电力系统，其状态矩阵阶数可能非常高，直接求取完整系统的特征值会非常耗时。通过将系统合理的分为如图 3 – 5 所示的两个存在动态耦合的子系统，只需要求取其中一个子系统状态矩阵的特征值，然后应用广义转矩分析法，即可对完整系统对应的振荡模式进行估算，大大减少了计算量。

电力系统宽频带振荡已有研究方法或只应用于特定振荡频段，或只适用于特定机理引起的振荡，或计算复杂、有“维数灾”的问题。本节针对高比例电力电子电力系统的宽频带振荡问题，建立电力系统的频域互联模型，基于电力系统宽频带振荡的统一数学特征，提出广义转矩分析法，对电力系统宽频带振荡稳定性进行定性判别，并实现对电力系统振荡模式的量化评估。广义转矩分析法对振荡频带没有限制，适用于各种失稳机理，并避免了高阶系统特征值计算带来的“维数灾”问题，为电力系统宽频带振荡的研究提供了一种定性判稳与量化计算的新方法。

相比于模态分析法，广义转矩分析法将完整系统分为两个存在动态耦合的子系统，只需要求取其中一个子系统状态矩阵的特征值，即可完成对完整系统对应的振荡模式的估算，避免了高阶矩阵特征值求解的“维数灾”问题，大大减少了计算量。

相比于阻尼转矩分析法，广义转矩分析法基于振荡模式构建广义振荡回路，而不局限于发电机的功角和角速度，将适用范围拓展到整个宽频段的振荡分析中。

相比于复转矩系数法，广义转矩分析法不局限于按照机械子系统和电气子系统进行系统划分；基于广义 Phillips – Heffron 模型的理论基础比传统的复转矩系数判据（判断两个子系统阻尼系数之和是否大于 0）更加严格；而且提供了电力系统振荡模式的量化估算方法。

相比于阻抗分析法，广义转矩分析法不仅可以研究次同步、超同步频段的稳定问题，还可以应用到直流电压、转速等秒级时间尺度动态问题的分析和研究中；而且提供了电力系统振荡模式的量化估算方法。

3.1.3　广义转矩分析法与阻尼转矩分析法的对比

本节将分别应用阻尼转矩分析法和广义转矩分析法研究 FACTS 设备对电力系统稳定性的影响，并对比两种方法在单机无穷大系统和多机电力系统中的异同。

1. 单机无穷大系统分析

本小节将对图 3－15 所示的单机无穷大系统，分别应用阻尼转矩分析和广义转矩分析法，来研究同步发电机的励磁控制对机电振荡模式的影响。

由于机电振荡模式由转子运动产生，因此选择同步机的转子运动部分为系统部分，励磁等其他部分为控制器部分。为此，选择同步发电机的暂态电动势 $\Delta E'_q$ 和功角 $\Delta\delta$ 作为两个部分的交互变量。

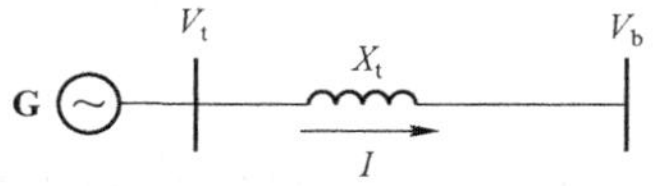

图 3－15　单机无穷大系统

同步机转子运动方程为：

$$\begin{aligned}\dot{\delta}&=\omega_0(\omega-1)\\ \dot{\omega}&=\frac{1}{M}[P_m-P_e-D(\omega-1)]\end{aligned} \tag{3-72}$$

式中：δ 表示同步发电机的功角；ω 表示转子转速；$\omega_0=2\pi f_0$ 表示同步转速；f_0 表示系统频率；M 表示转子的惯性常数；D 表示阻尼系数；P_m 表示机械功率；P_e 表示电磁功率，计算公式为：

$$P_e=V_{td}I_d+V_{tq}I_q \tag{3-73}$$

式中：V_{td} 和 V_{tq} 分别为同步发电机机端电压的 d 轴和 q 轴分量；I_d 和 I_q 分别为同步发电机输出电流的 d 轴和 q 轴分量。

根据同步发电机内部的电磁关系，有：

$$\begin{aligned}V_{td}&=X_qI_q\\ V_{tq}&=E'_q-X'_dI_d\end{aligned} \tag{3-74}$$

其中，E'_q 为同步发电机的 q 轴暂态电动势；X'_d 和 X_q 分别为 d 轴暂态电抗和 q 轴电抗。

另外，根据线路的电压电流关系，有：

$$
\begin{aligned}
V_{td} &= V_b \sin\delta - X_t I_q \\
V_{tq} &= V_b \cos\delta + X_t I_d
\end{aligned}
\tag{3-75}
$$

式中：X_t 为线路电抗；V_b 为无穷大母线电压幅值，一般设定 $V_b = 1$。

对式（3-73）～式（3-75）进行线性化，整理可以得到：

$$
\Delta P_e = K_1 \Delta\delta + K_2 \Delta E'_q \tag{3-76}
$$

其中

$$
K_1 = \frac{E'_{q0} V_b}{X'_d + X_t} \cos\delta_0 - \frac{(X_q - X'_d) V_b^2}{(X'_d + X_t)(X_q + X_t)} \cos 2\delta_0
$$

$$
K_2 = \frac{V_b}{X'_d + X_t} \sin\delta_0
$$

对式（3-72）进行线性化，并将式（3-76）代入，可以得到：

$$
Ms^2 \Delta\delta + Ds\Delta\delta + \omega_0 K_1 \Delta\delta = -\omega_0 K_2 \Delta E'_q \tag{3-77}
$$

（1）阻尼转矩分析法。根据式（3-77），可以得到经典的阻尼转矩分析中的机电振荡回路，如图 3-16（a）所示。输入到发电机机电振荡回路的电磁转矩 ΔT 可以分解为阻尼转矩 T_d 和同步转矩 T_s。

根据经典的阻尼转矩分析理论，正阻尼转矩表明外加控制器对电力系统振荡稳定性是有利的，向系统低频振荡提供正阻尼；而负阻尼转矩表明外加控制器对电力系统振荡稳定性是不利的，会导致系统低频振荡阻尼不足或发散。由此可见，在单机无穷大系统中，应用经典的阻尼转矩分析法，可以利用阻尼转矩的正负和大小判断系统中所有的其他环节对机电振荡模式的影响好坏及大小。

（2）广义转矩分析法。由式（3-77）可以得到以 $\Delta E'_q$ 为输入、以 $\Delta\delta$ 为输出的传递函数关系为：

$$
\Delta\delta = g(s)\Delta E'_q = \frac{-\omega_0 K_2}{Ms^2 + Ds + \omega_0 K_1} \Delta E'_q \tag{3-78}
$$

根据单输入单输出系统广义转矩分析法的步骤，提取系统部分振荡模式对应的一元二次方程 $s^2 + ds + k$，可以得到：

$$
\Delta\delta = g(s)\Delta E'_q = \frac{R}{s^2 + ds + k} \Delta E'_q \tag{3-79}
$$

由式（3-79）可以得出基于振荡模式的振荡回路如图 3-16（b）所示。

对比式（3-78）与式（3-79），可以很容易的得到，式（3-79）中系数与式（3-78）中系数的关系为：

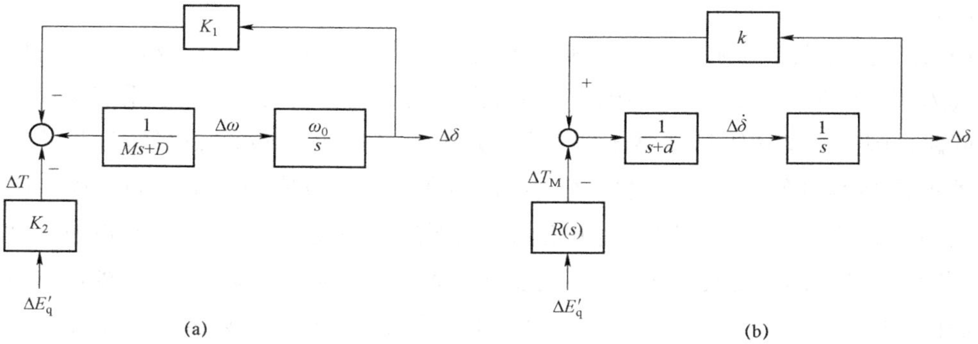

图 3－16 经典的机电振荡回路与基于振荡模式的振荡回路

（a）经典的机电振荡回路；（b）基于振荡模式的振荡回路

$$d=\frac{D}{M},k=\frac{\omega_0 K_1}{M},R=-\frac{\omega_0 K_2}{M} \tag{3-80}$$

因此，对于图 3－16（a）和图 3－16（b），由于只是差了一个倍数，两个图中振荡回路完全等效。因此在单机无穷大系统的低频振荡分析中，广义转矩分析法与经典的阻尼转矩分析法等效，分析思路和结论也完全相同。

2. 多机系统分析

（1）阻尼转矩分析法。经典的阻尼转矩分析法，是以同步机的机电振荡回路为主要的分析对象。已有研究表明，在多机电力系统中，多机系统中的控制器并非仅对安装地点的发电机提供阻尼转矩，还会通过该发电机与系统中其他发电机产生联系。当应用经典的阻尼转矩分析法分析外加控制器对电力系统的机电振荡模式的影响时，需要对所有同步机构造如图 3－16（a）所示的机电振荡回路，逐一计算每个机电振荡回路所受到的阻尼转矩。这种分析方法的优点是可以显示出外加控制器对各台同步机影响的大小，具有一定的物理意义。

然而，经典的阻尼转矩分析法在以下方面也存在缺憾。

1）在控制器地点选择等问题中，多次重复的阻尼转矩计算会增大计算压力，因为对每台同步机的机电振荡回路进行阻尼转矩计算时，传递函数的阶数都几乎等于整个系统的阶数。

2）经典的阻尼转矩只给出了外加控制器对同步机机电振荡回路的影响，如果需要继续分析外加控制器对系统机电振荡模式的影响，还需要分析各台同步机阻尼系数与振荡模式之间的关系，如图 3－17（a）所示。这无疑又增加了分析的复杂度。

3）另外，实际图 3－16（a）中的 ΔT 并没有实际对应的可观测物理量，因此经典的阻尼转矩分析中的系数矩阵无法通过量测法获得，只能通过公式推导获得。

（2）广义转矩分析法。相比于阻尼转矩分析法，广义转矩分析法在以下几方面存在一定的优势。

1）计算量方面。与阻尼转矩分析法不同，广义转矩分析法直接以待研究的机电振荡模式为研究对象。当选定了系统部分待研究的某个振荡模式后，整个系统只存在一个振荡回路，因此广义转矩只需要计算一次，如图 3-17（b）所示。这种方法虽然无法体现出外加控制器与各台同步机之间的关系，但在实际计算应用中不失为一种简捷的算法。例如，对于一个有 N 台同步发电机的电力系统，需要对 M 个 PSS 装设地点进行评估。如果应用经典的阻尼转矩分析法，需要计算 $N\times M$ 次阻尼转矩计算，另外还需要对 N 台同步机进行振荡模式灵敏度评估；如果应用广义转矩分析法，只需要进行 M 次广义转矩计算即可。

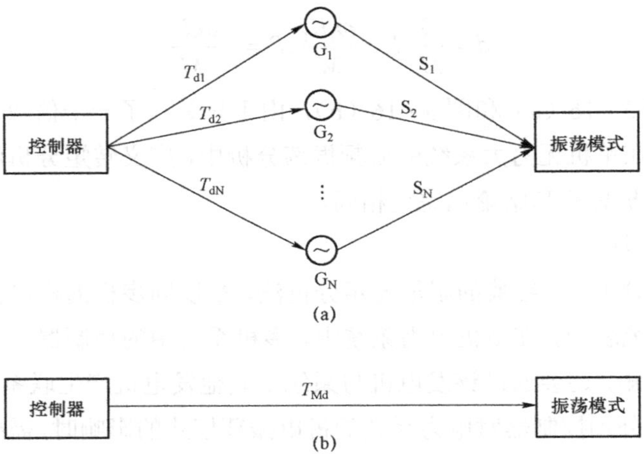

图 3-17　多机电力系统中的经典的阻尼转矩分析和广义转矩分析

（a）阻尼转矩分析；（b）广义转矩分析

2）灵敏度方面。电力系统机电振荡模式对阻尼转矩系数和同步转矩系数的灵敏度 S_d 和 S_k 分别为：

$$S_d=\frac{\partial s_{1,2}}{\partial d}=-\frac{1}{2}\pm j\frac{\xi_0}{2\omega_0} \tag{3-81}$$

$$S_k=\frac{\partial s_{1,2}}{\partial k}=\pm j\frac{1}{2\omega_0} \tag{3-82}$$

由式（3-81）和式（3-82）可以看出，系统机电振荡特征根的实部只受阻尼系数改变的影响，对于阻尼比很弱的机电振荡模式，$\xi_0 \ll \omega_0^2$，简化计算中可以取 $\frac{\partial s_{1,2}}{\partial d}\approx-\frac{1}{2}$。

由此可见，在广义转矩分析法中，待研究的振荡模式与广义转矩之间有着固定的灵敏度关系。这就避免了经典的阻尼转矩分析法中对灵敏度指标的计算，进一步减少了计算量，提高了分析效率。

3）变量可获取方面。广义转矩分析法的交互变量 u 和 y 都是实际可量测的，可通过摄动法进行系统部分和控制器部分传递函数值的求取。

3.1.4　算例分析

在直驱风力发电机组中，网侧换流器及其控制器直接与电力网络发生交互，机侧换流器通过直流电容与网侧换流器耦合。在直驱风机并网系统的稳定性分析中，一般认为电容的直流电压恒定，机侧换流器与网侧换流器之间解耦。为了简化对直驱风力发电机组并网系统宽频带振荡问题的分析，本算例也采用这种假设，简化的直驱风力发电机组并网系统的结构如图 3－18 所示，参数如表 3－1 所示。

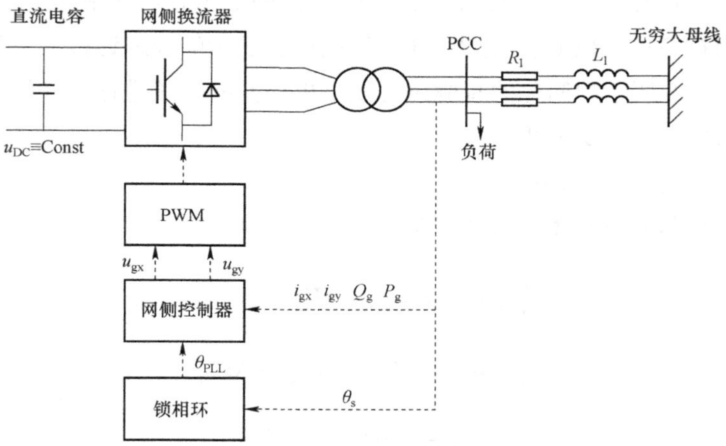

图 3－18　简化的直驱风力发电机组并网系统结构示意图

表 3－1　　直驱风力发电机组并网系统参数

元件	参数	数值
锁相环	PI 控制器比例系数 K_{pPLL}（p.u.）	1
	PI 控制器比例系数 K_{iPLL}（1/s）	15 000
网侧换流器	电阻 R_g（p.u.）	0
	电感 L_g（p.u.）	0.02
网侧控制器	有功外环 PI 控制器比例系数 K_{p4}（p.u.）	0.1
	有功外环 PI 控制器积分系数 K_{i4}（1/s）	1

续表

元件	参数	数值
网侧控制器	无功外环 PI 控制器比例系数 K_{p5}（p.u.）	0.1
	无功外环 PI 控制器积分系数 K_{i5}（1/s）	1
	d 轴电流内环 PI 控制器比例系数 K_{p6}（p.u.）	20
	d 轴电流内环 PI 控制器积分系数 K_{i6}（1/s）	100
	q 轴电流内环 PI 控制器比例系数 K_{p7}（p.u.）	20
	q 轴电流内环 PI 控制器积分系数 K_{i7}（1/s）	100
交流网络	线路电阻 R_l（p.u.）	0.02
	负荷有功功率（p.u.）	0.01
	负荷无功功率（p.u.）	0.005

在图 3-18 中，直流电容的电压恒定，忽略掉直流电容前的环节；网侧换流器为有功功率控制，控制目标是直驱风力发电机组在 PCC 点的输出有功功率为指定值；PCC 点处的负荷采用恒阻抗负荷；PCC 点通过由 RL 串联模型表示的线路连接到无穷大母线处。

为针对图 3-18 所示的简化的直驱风力发电机组并网系统进行广义转矩分析，下面依次给出各个环节的传递函数模型。

1. 锁相环的传递函数模型

锁相环的小信号数学模型可以表示为：

$$
\begin{aligned}
&\frac{\mathrm{d}}{\mathrm{d}t}\Delta x_{\mathrm{PLL}} = K_{\mathrm{iPLL}} \cdot \Delta V_{\mathrm{sq}} \\
&\frac{\mathrm{d}}{\mathrm{d}t}\Delta \theta_{\mathrm{PLL}} = K_{\mathrm{pPLL}} \cdot \Delta V_{\mathrm{wq}} + \Delta x_{\mathrm{PLL}}
\end{aligned}
\tag{3-83}
$$

$$
\Delta V_{\mathrm{sq}} = V_{\mathrm{s0}}\Delta\theta_{\mathrm{s}} - V_{\mathrm{s0}}\Delta\theta_{\mathrm{PLL}} \tag{3-84}
$$

由式（3-83）和式（3-84），以 $\Delta\theta_{\mathrm{s}}$ 为输入、以 $\Delta\theta_{\mathrm{PLL}}$ 为输出的 PLL 的传递函数模型可以表示为：

$$
\Delta\theta_{\mathrm{PLL}} = G_{\mathrm{PLL}}(s)\Delta\theta_{\mathrm{s}} \tag{3-85}
$$

其中，$G_{\mathrm{PLL}}(s) = \dfrac{K_{\mathrm{pPLL}}V_{\mathrm{s0}}s + K_{\mathrm{iPLL}}V_{\mathrm{s0}}}{s^2 + K_{\mathrm{pPLL}}V_{\mathrm{s0}}s + K_{\mathrm{iPLL}}V_{\mathrm{s0}}}$。

由式（3-85），两阶的 PLL 环节存在一个固有振荡模式，该固有振荡模式由 $G_{\mathrm{PLL}}(s)$ 的分母项 $s^2 + K_{\mathrm{pPLL}}V_{\mathrm{s0}}s + K_{\mathrm{iPLL}}V_{\mathrm{s0}} = 0$ 对应的特征值确定。

2. 背靠背换流器的传递函数模型

网侧换流器的小信号数学模型可以表示为：

$$
\begin{aligned}
&\frac{\mathrm{d}}{\mathrm{d}t}\Delta i_{\mathrm{gx}}=\frac{\omega_0}{L_{\mathrm{g}}}(\Delta u_{\mathrm{gx}}-\Delta u_{\mathrm{sx}}-R_{\mathrm{g}}\Delta i_{\mathrm{gx}}+L_{\mathrm{g}}\Delta i_{\mathrm{gy}})\\
&\frac{\mathrm{d}}{\mathrm{d}t}\Delta i_{\mathrm{gy}}=\frac{\omega_0}{L_{\mathrm{g}}}(\Delta u_{\mathrm{gy}}-\Delta u_{\mathrm{sy}}-L_{\mathrm{g}}\Delta i_{\mathrm{gx}}-R_{\mathrm{g}}\Delta i_{\mathrm{gy}})
\end{aligned}
\tag{3-86}
$$

风机输出功率的小信号数学模型可以表示为：

$$
\Delta P_{\mathrm{s}}=i_{\mathrm{gx0}}\Delta u_{\mathrm{sx}}+i_{\mathrm{gy0}}\Delta u_{\mathrm{sy}}+u_{\mathrm{sx0}}\Delta i_{\mathrm{gx}}+u_{\mathrm{sy0}}\Delta i_{\mathrm{gy}}
\tag{3-87}
$$

$$
\Delta Q_{\mathrm{s}}=-i_{\mathrm{gy0}}\Delta u_{\mathrm{sx}}+i_{\mathrm{gx0}}\Delta u_{\mathrm{sy}}+u_{\mathrm{sy0}}\Delta i_{\mathrm{gx}}-u_{\mathrm{sx0}}\Delta i_{\mathrm{gy}}
\tag{3-88}
$$

以 $\boldsymbol{\Delta U}_{\mathbf{sxy}}=[\Delta u_{\mathrm{sx}}\quad \Delta u_{\mathrm{sy}}]^{\mathrm{T}}$ 、 $\boldsymbol{\Delta U}_{\mathbf{gxy}}=[\Delta u_{\mathrm{gx}}\quad \Delta u_{\mathrm{gy}}]^{\mathrm{T}}$ 为输入、以 $\boldsymbol{\Delta I}_{\mathbf{gxy}}=[\Delta i_{\mathrm{gx}}\quad \Delta i_{\mathrm{gy}}]^{\mathrm{T}}$ 、 $\boldsymbol{\Delta PQ}_{\mathbf{s}}=[\Delta P_{\mathrm{s}}\quad \Delta Q_{\mathrm{s}}]^{\mathrm{T}}$ 为输出的背靠背换流器的传递函数模型分别可以表示为：

$$
\boldsymbol{\Delta I}_{\mathbf{gxy}}=\boldsymbol{G}_{\mathbf{cvt1}}(s)(\boldsymbol{\Delta U}_{\mathbf{gxy}}-\boldsymbol{\Delta U}_{\mathbf{sxy}})
\tag{3-89}
$$

$$
\boldsymbol{\Delta PQ}_{\mathbf{s}}=\boldsymbol{G}_{\mathbf{cvt2}}\boldsymbol{\Delta U}_{\mathbf{sxy}}+\boldsymbol{G}_{\mathbf{cvt3}}\boldsymbol{\Delta I}_{\mathbf{gxy}}
\tag{3-90}
$$

其中， $\boldsymbol{G}_{\mathbf{cvt1}}(s)=\dfrac{\dfrac{\omega_0}{L_{\mathrm{g}}}}{s^2+\dfrac{2\omega_0 R_{\mathrm{g}}}{L_{\mathrm{g}}}s+\omega_0^2\left(\dfrac{R_{\mathrm{g}}^2}{L_{\mathrm{g}}^2}+1\right)}\begin{bmatrix} s+\dfrac{\omega_0 R_{\mathrm{g}}}{L_{\mathrm{g}}} & \omega_0 \\ -\omega_0 & s+\dfrac{\omega_0 R_{\mathrm{g}}}{L_{\mathrm{g}}}\end{bmatrix}$ ， $\boldsymbol{G}_{\mathbf{cvt2}}=\begin{bmatrix} i_{\mathrm{gx0}} & i_{\mathrm{gy0}} \\ -i_{\mathrm{gy0}} & i_{\mathrm{gx0}}\end{bmatrix}$ ，
$\boldsymbol{G}_{\mathbf{cvt3}}=\begin{bmatrix} u_{\mathrm{sx0}} & u_{\mathrm{sy0}} \\ u_{\mathrm{sy0}} & -u_{\mathrm{sx0}}\end{bmatrix}$ 。

两阶的背靠背换流器存在一个固有振荡模式，该固有振荡模式由 $\boldsymbol{G}_{\mathbf{cvt1}}(s)$ 的分母项 $s^2+\dfrac{2\omega_0 R_{\mathrm{g}}}{L_{\mathrm{g}}}s+\omega_0^2\left(\dfrac{R_{\mathrm{g}}^2}{L_{\mathrm{g}}^2}+1\right)=0$ 对应的特征值确定。

3. 网侧控制器的传递函数模型

网侧换流器控制部分的小信号数学模型可以表示为：

$$
\begin{aligned}
&\frac{\mathrm{d}}{\mathrm{d}t}\Delta x_{\mathrm{pm4}}=-K_{\mathrm{i4}}\Delta P_{\mathrm{s}}\\
&\frac{\mathrm{d}}{\mathrm{d}t}\Delta x_{\mathrm{pm5}}=-K_{\mathrm{i5}}\Delta Q_{\mathrm{s}}\\
&\frac{\mathrm{d}}{\mathrm{d}t}\Delta x_{\mathrm{pm6}}=K_{\mathrm{i6}}(\Delta i_{\mathrm{gqref}}-\Delta i_{\mathrm{gq}})\\
&\frac{\mathrm{d}}{\mathrm{d}t}\Delta x_{\mathrm{pm7}}=K_{\mathrm{i7}}(\Delta i_{\mathrm{gdref}}-\Delta i_{\mathrm{gd}})\\
&\Delta i_{\mathrm{gqref}}=-K_{\mathrm{p4}}\Delta P_{\mathrm{s}}+\Delta x_{\mathrm{pm4}}\\
&\Delta i_{\mathrm{gdref}}=-K_{\mathrm{p5}}\Delta Q_{\mathrm{s}}+\Delta x_{\mathrm{pm5}}\\
&\Delta u_{\mathrm{gq}}=K_{\mathrm{p6}}(\Delta i_{\mathrm{gqref}}-\Delta i_{\mathrm{gq}})+\Delta x_{\mathrm{pm6}}+L_{\mathrm{g}}\Delta i_{\mathrm{gd}}+\Delta V_{\mathrm{s}}\\
&\Delta u_{\mathrm{gd}}=K_{\mathrm{p7}}(\Delta i_{\mathrm{gdref}}-\Delta i_{\mathrm{gd}})+\Delta x_{\mathrm{pm7}}-L_{\mathrm{g}}\Delta i_{\mathrm{gq}}
\end{aligned}
\tag{3-91}
$$

电压电流信号在 dq 坐标系和 xy 坐标系下的转换关系为：

$$\begin{aligned} i_{gd} &= \sin\theta_{PLL0}\Delta i_{gx} - \cos\theta_{PLL0}\Delta i_{gy} + (i_{gx0}\cos\theta_{PLL0} + i_{gy0}\sin\theta_{PLL0})\Delta\theta_{PLL} \\ i_{gq} &= \cos\theta_{PLL0}\Delta i_{gx} + \sin\theta_{PLL0}\Delta i_{gy} + (-i_{gx0}\sin\theta_{PLL} + i_{gy0}\cos\theta_{PLL})\Delta\theta_{PLL} \end{aligned} \tag{3-92}$$

$$\begin{aligned} \Delta u_{gx} &= \sin\theta_{PLL0}\Delta u_{gd} + \cos\theta_{PLL0}\Delta u_{gq} + (u_{gd0}\cos\theta_{PLL0} - u_{gq0}\sin\theta_{PLL0})\Delta\theta_{PLL} \\ \Delta u_{gy} &= -\cos\theta_{PLL0}\Delta u_{gd} + \sin\theta_{PLL0}\Delta u_{gq} + (u_{gd0}\sin\theta_{PLL0} + u_{gq0}\cos\theta_{PLL0})\Delta\theta_{PLL} \end{aligned} \tag{3-93}$$

由式（3－91）～式（3－93），以 $\boldsymbol{\Delta PQ_s} = [\Delta P_s \quad \Delta Q_s]^T$、$\boldsymbol{\Delta I_{gxy}} = [\Delta i_{gx} \quad \Delta i_{gy}]^T$、$\Delta V_s$、$\Delta\theta_{PLL}$ 为输入、以 $\boldsymbol{\Delta U_{gxy}} = [\Delta u_{gx} \quad \Delta u_{gy}]^T$ 为输出的网侧控制器的传递函数模型可以表示为：

$$\boldsymbol{\Delta U_{gxy}} = \boldsymbol{G_{ctl1}}(s)\boldsymbol{\Delta PQ_s} + \boldsymbol{G_{ctl2}}(s)\boldsymbol{\Delta I_{gxy}} + \boldsymbol{G_{ctl3}}\Delta V_s + \boldsymbol{G_{ctl4}}\Delta\theta_{PLL} \tag{3-94}$$

其中，$\boldsymbol{G_{ctl1}}(s) = \boldsymbol{G_{c4}}\boldsymbol{G_{c1}}(s)$，$\boldsymbol{G_{ctl2}}(s) = \boldsymbol{G_{c4}}\boldsymbol{G_{c2}}(s)\boldsymbol{G_{c6}}$，$\boldsymbol{G_{ctl3}} = \boldsymbol{G_{c4}}\boldsymbol{G_{c3}}$，$\boldsymbol{G_{ctl4}}(s) = \boldsymbol{G_{c4}}\boldsymbol{G_{c2}}(s)\boldsymbol{G_{c7}} + \boldsymbol{G_{c5}}$，$\boldsymbol{G_{c1}}(s) = -\dfrac{1}{s^2}\begin{bmatrix} 0 & (K_{p5}s + K_{i5})(K_{p7}s + K_{i7}) \\ (K_{p4}s + K_{i4})(K_{p6}s + K_{i6}) & 0 \end{bmatrix}$，$\boldsymbol{G_{c2}}(s) = -\dfrac{1}{s}\begin{bmatrix} K_{p7}s + K_{i7} & L_g s \\ -L_g s & K_{p6}s + K_{i6} \end{bmatrix}$，$\boldsymbol{G_{c3}} = \begin{bmatrix} 0 \\ 1 \end{bmatrix}$，$\boldsymbol{G_{c4}} = \begin{bmatrix} \sin\theta_{PLL0} & \cos\theta_{PLL0} \\ -\cos\theta_{PLL0} & \sin\theta_{PLL0} \end{bmatrix}$，$\boldsymbol{G_{c5}} = \begin{bmatrix} -u_{gy0} \\ u_{gx0} \end{bmatrix}$，$\boldsymbol{G_{c6}} = \begin{bmatrix} \sin\theta_{PLL0} & -\cos\theta_{PLL0} \\ \cos\theta_{PLL0} & \sin\theta_{PLL0} \end{bmatrix}$，$\boldsymbol{G_{c7}} = \begin{bmatrix} i_{gq0} \\ -i_{gd0} \end{bmatrix}$。

由式（3－94），网侧控制器传递函数 $\boldsymbol{G_{grid}}(s)$ 的分母项为 s^2，因此开环的网侧控制器对应的特征值为 $s = 0$。

4. 交流网络部分的传递函数模型

在本算例中，交流线路采用 RL 串联模型。在 xy 公共同步旋转坐标系下，交流线路的动态模型为：

$$\begin{aligned} \frac{d}{dt}i_{lx} &= \frac{\omega_0}{L_l}(u_{sx} - u_{ibx} - R_l i_{lx} + L_l i_{ly}) \\ \frac{d}{dt}i_{ly} &= \frac{\omega_0}{L_l}(u_{sy} - u_{iby} - L_l i_{lx} - R_l i_{ly}) \end{aligned} \tag{3-95}$$

式中：u_{ibx}、u_{iby} 为无穷大线路电压的 x、y 轴分量；i_{lx}、i_{ly} 为线路电流的 x、y 轴分量；R_l 和 L_l 分别为 xy 同步旋转坐标系下线路的等值电阻和电感。

负荷采用恒阻抗负荷。在 xy 公共同步旋转坐标系下，负荷的数学模型为：

$$\begin{aligned} i_{dx} &= G_d V_{sx} - B_d V_{sy} \\ i_{dy} &= B_d V_{sx} + G_d V_{sy} \end{aligned} \tag{3-96}$$

式中：i_{dx}、i_{dy} 为负荷电流的 x、y 轴分量。

风机输出电流与线路电流和负荷电流的关系为：

$$\begin{aligned} i_{gx} &= i_{lx} + i_{dx} \\ i_{gy} &= i_{ly} + i_{dy} \end{aligned} \tag{3-97}$$

对式（3－95）～式（3－97）线性化，可以得到：

$$\begin{aligned}\frac{\mathrm{d}}{\mathrm{d}t}\Delta i_{\mathrm{lx}} &= \frac{\omega_0}{L_1}(\Delta u_{\mathrm{sx}} - R_1\Delta i_{\mathrm{lx}} + L_1\Delta i_{\mathrm{ly}}) \\ \frac{\mathrm{d}}{\mathrm{d}t}\Delta i_{\mathrm{ly}} &= \frac{\omega_0}{L_1}(\Delta u_{\mathrm{sy}} - L_1\Delta i_{\mathrm{lx}} - R_1\Delta i_{\mathrm{ly}})\end{aligned} \tag{3-98}$$

$$\begin{aligned}\Delta i_{\mathrm{dx}} &= G_{\mathrm{d}}\Delta u_{\mathrm{sx}} - B_{\mathrm{d}}\Delta u_{\mathrm{sy}} \\ \Delta i_{\mathrm{dy}} &= B_{\mathrm{d}}\Delta u_{\mathrm{sx}} + G_{\mathrm{d}}\Delta u_{\mathrm{sy}}\end{aligned} \tag{3-99}$$

$$\begin{aligned}\Delta i_{\mathrm{gx}} &= \Delta i_{\mathrm{lx}} + \Delta i_{\mathrm{dx}} \\ \Delta i_{\mathrm{gy}} &= \Delta i_{\mathrm{ly}} + \Delta i_{\mathrm{dy}}\end{aligned} \tag{3-100}$$

由式（3－98）～式（3－100），以 $\boldsymbol{\Delta I}_{\mathbf{gxy}} = [\Delta i_{\mathrm{gx}} \quad \Delta i_{\mathrm{gy}}]^{\mathrm{T}}$ 为输入、以 $\boldsymbol{\Delta U}_{\mathbf{sxy}} = [\Delta u_{\mathrm{sx}} \quad \Delta u_{\mathrm{sy}}]^{\mathrm{T}}$ 为输出的交流网络部分的传递函数模型可以表示为：

$$\boldsymbol{\Delta U}_{\mathbf{sxy}} = \boldsymbol{G}_{\mathbf{grid}}(s)\boldsymbol{\Delta I}_{\mathbf{gxy}} \tag{3-101}$$

其中，$\boldsymbol{G}_{\mathbf{grid}}(s) = [\boldsymbol{G}_{\mathbf{g1}}(s) + \boldsymbol{G}_{\mathbf{g2}}]^{-1}$，$\boldsymbol{G}_{\mathbf{g1}}(s) = \dfrac{\dfrac{\omega_0}{L_1}}{s^2 + \dfrac{2\omega_0 R_1}{L_1}s + \omega_0^2\left(\dfrac{R_1^2}{L_1^2}+1\right)}\begin{bmatrix} s + \dfrac{\omega_0 R_1}{L_1} & \omega_0 \\ -\omega_0 & s + \dfrac{\omega_0 R_1}{L_1}\end{bmatrix}$，$\boldsymbol{G}_{\mathbf{g2}} = \begin{bmatrix} G_{\mathrm{d}} & -B_{\mathrm{d}} \\ B_{\mathrm{d}} & G_{\mathrm{d}}\end{bmatrix}$。

由式（3－101），两阶的交流网络部分存在一个固有振荡模式，该固有振荡模式由 $\boldsymbol{G}_{\mathbf{grid}}(s)$ 的分母项 $\left(\dfrac{L_1 G_{\mathrm{d}}}{\omega_0}s + R_1 G_{\mathrm{d}} - L_1 B_{\mathrm{d}} + 1\right)^2 + \left(\dfrac{L_1 B_{\mathrm{d}}}{\omega_0}s + L_1 G_{\mathrm{d}} + R_1 B_{\mathrm{d}}\right)^2 = 0$ 对应的特征值确定。

另外，机端电压幅值和相角为：

$$\begin{aligned}\Delta V_{\mathrm{s}} &= \boldsymbol{G}_{\mathbf{v}}\boldsymbol{\Delta U}_{\mathbf{sxy}} \\ \Delta\theta_{\mathrm{s}} &= \boldsymbol{G}_{\boldsymbol{\theta}}\boldsymbol{\Delta U}_{\mathbf{sxy}}\end{aligned} \tag{3-102}$$

其中，$\boldsymbol{G}_{\mathbf{v}} = \begin{bmatrix}\dfrac{V_{\mathrm{sx0}}}{V_{\mathrm{s0}}} & \dfrac{V_{\mathrm{sy0}}}{V_{\mathrm{s0}}}\end{bmatrix}$，$\boldsymbol{G}_{\boldsymbol{\theta}} = \begin{bmatrix}-\dfrac{V_{\mathrm{sy0}}}{V_{\mathrm{s0}}^2} & \dfrac{V_{\mathrm{sx0}}}{V_{\mathrm{s0}}^2}\end{bmatrix}$。

由式（3－85）、式（3－89）、式（3－90）、式（3－94）、式（3－101）、式（3－102），可以得到直驱风力发电机组网侧控制器的线性化模型如图 3－19 所示。

由图 3－19 可以看出，锁相环、背靠背换流器、网侧控制器以及交流网络部分之间通过各自的输入输出变量进行交互，共同组成直驱风力发电机组并网系统的闭环模型。由于各部分之间的动态交互，不同环节的振荡模式都会在其固有振荡模式的基础上发生一定的变化，通过对不同部分之间的动态交互作用进行评估，可以对完整系统的宽频带振荡稳定性进行定性和定量的判别。

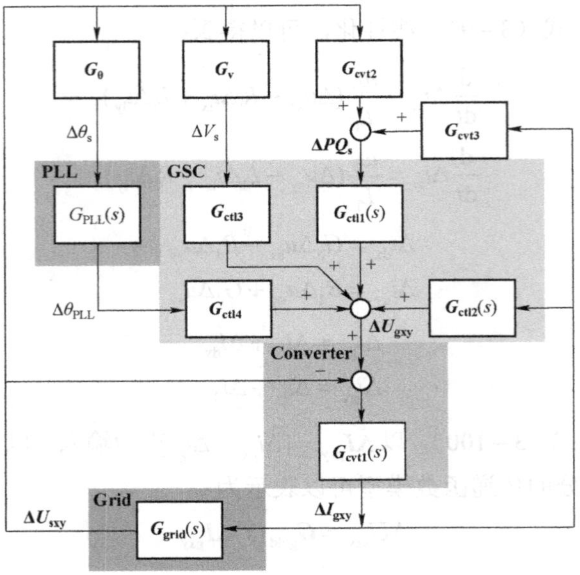

图 3－19　直驱风力发电机组网侧控制器的线性化模型

为研究 PLL 振荡模式的变化，需要提取 PLL 振荡模式对应的振荡回路，建立广义 Phillips－Heffron 模型。

由式（3－95）：

$$\Delta\theta_{PLL}=\frac{K_{pPLL}V_{s0}s+K_{iPLL}V_{s0}}{s^2+K_{pPLL}V_{s0}s+K_{iPLL}V_{s0}}\Delta\theta_s \tag{3-103}$$

可以得到：

$$(s^2+K_{pPLL}V_{s0}s+K_{iPLL}V_{s0})\Delta\theta_{PLL}-(K_{pPLL}V_{s0}s+K_{iPLL}V_{s0})\Delta\theta_s=0 \tag{3-104}$$

令 $d=K_{pPLL}V_{s0}$，$k=K_{iPLL}V_{s0}$，$r=-(K_{pPLL}V_{s0}s+K_{iPLL}V_{s0})$，$\Delta z=s\Delta\theta_{PLL}$，可以得到：

$$(s+d)\Delta z_{PLL}+k\Delta\theta_{PLL}+r\Delta\theta_s=0 \tag{3-105}$$

结合式（3－105），图 3－19 所示的直驱风力发电机组网侧控制器的线性化模型，可以转化为以 PLL 振荡模式为振荡回路的广义 Phillips－Heffron 模型，如图 3－20 所示。

通过图 3－20 所示的直驱风力发电机组网侧控制器的广义 Phillips－Heffron 模型，可以清晰的看出各部分对 PLL 振荡模式的影响路径。该影响路径包括前向回路和反馈回路。

前向回路是指起始于 PLL 的输出信号 $\Delta\theta_{PLL}$，依次经网侧控制器的传递函数 $\boldsymbol{G}_{ctl4}$、背靠背换流器的传递函数 $\boldsymbol{G}_{cvt1}(s)$、交流网络的传递函数 $\boldsymbol{G}_{grid}(s)$，最终形成广义转矩 ΔT_g 的路径，如图 3－20 中实线箭头所示。

反馈回路分为两部分。一部分是由 $\Delta\boldsymbol{U}_{sxy}$ 经不同的传递函数反馈至网侧控制器和背靠背换流器的路径，如图 3－20 中蓝色箭头所示；另一部分是由 $\Delta\boldsymbol{I}_{gxy}$ 经不同的传递函数反馈至网侧控制器的路径，如图 3－20 中虚线箭头所示。

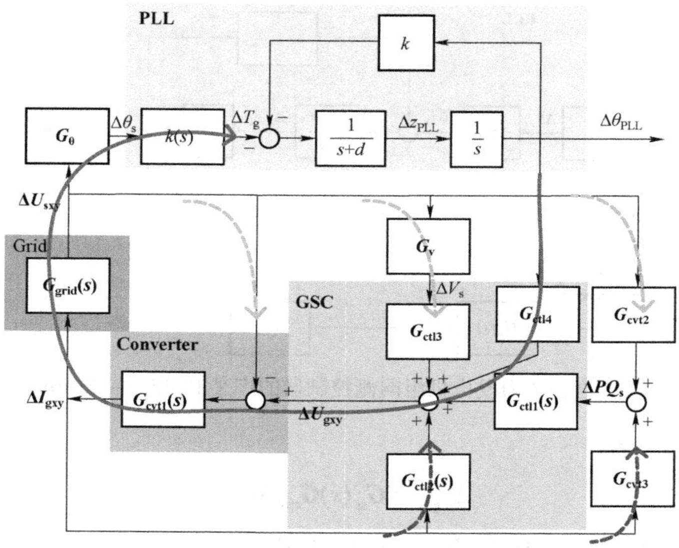

图 3-20　直驱风力发电机组网侧控制器的广义 Phillips-Heffron 模型

为了写出 PLL 振荡回路受到广义转矩的解析表达式，下面首先对图 3-20 中的反馈回路进行化简。经传递函数框图的合并，可以得到如图 3-21 所示的简化模型。

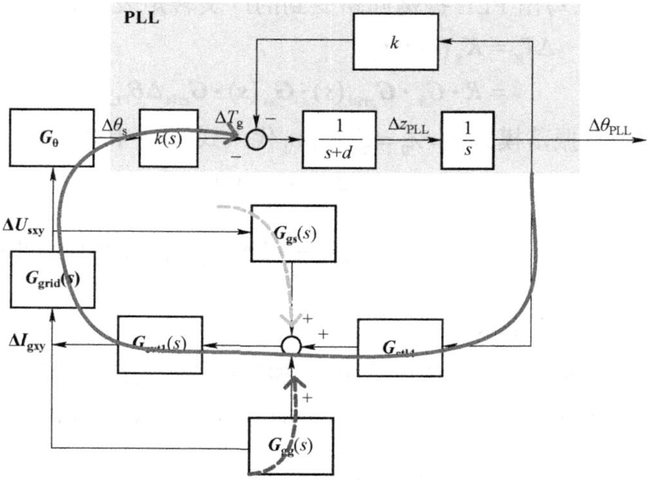

图 3-21　直驱风力发电机组网侧控制器的广义 Phillips-Heffron 模型

在图 3-21 中，两路反馈回路的传递函数分别表示为 $\boldsymbol{G}_{gs}(s)$ 和 $\boldsymbol{G}_{gg}(s)$。由图 3-21，可以得到：

$$\Delta\boldsymbol{I}_{gxy}=\boldsymbol{G}_{cvt1}(s)[\boldsymbol{G}_{gs}(s)\Delta\boldsymbol{U}_{sxy}+\boldsymbol{G}_{gg}(s)\Delta\boldsymbol{I}_{gxy}+\boldsymbol{G}_{ctl4}\Delta\theta_{PLL}] \tag{3-106}$$

其中，$\boldsymbol{G}_{gs}(s)=\boldsymbol{G}_{ctl1}(s)\boldsymbol{G}_{cvt2}+\boldsymbol{G}_{ctl3}\boldsymbol{G}_{v}-\boldsymbol{I}$，$\boldsymbol{G}_{gg}(s)=\boldsymbol{G}_{ctl1}(s)\boldsymbol{G}_{cvt3}+\boldsymbol{G}_{ctl2}(s)$。

在图 3-21 的基础上，可以将广义 Phillips-Heffron 模型做进一步的化简，如图 3-22 所示。

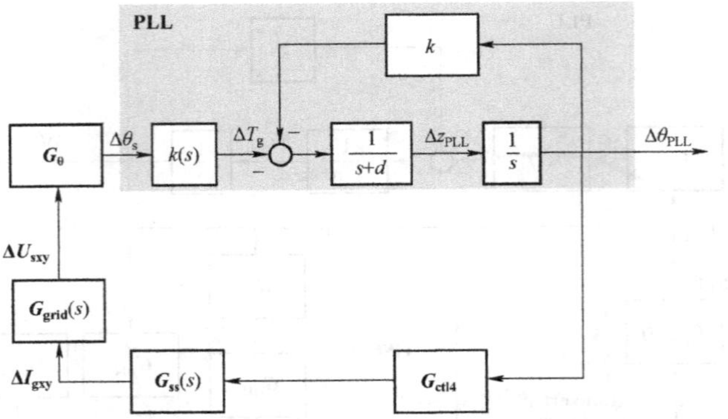

图 3－22 直驱风力发电机组网侧控制器的广义 Phillips－Heffron 模型

在图 3－22 中，有：

$$\Delta\boldsymbol{I}_{gxy} = \boldsymbol{G}_{ss}(s)\boldsymbol{G}_{ctl4}\Delta\theta_{PLL} \tag{3-107}$$

其中，$\boldsymbol{G}_{ss}(s) = [\boldsymbol{G}_{cvt1}^{-1}(s) - \boldsymbol{G}_{gs}(s)\boldsymbol{G}_{grid}(s) - \boldsymbol{G}_{gg}(s)]^{-1}$。

5. 风机功率和短路比对 PLL 闭环振荡模式的影响评估

运用广义转矩分析理论对 PLL 闭环振荡模式进行研究时，需要结合广义 Phillips－Heffron 模型对其进行分析。

根据图 3－22，可以写出 PLL 振荡回路受到的广义转矩表达式为

$$\begin{aligned}\Delta T_g &= K_g(s)\Delta\theta_{PLL} \\ &= R\cdot\boldsymbol{G}_\theta\cdot\boldsymbol{G}_{grid}(s)\cdot\boldsymbol{G}_{ss}(s)\cdot\boldsymbol{G}_{ctl4}\Delta\theta_{PLL}\end{aligned} \tag{3-108}$$

将 PLL 环节的固有振荡模式 $s=\lambda_0=\xi_0+j\omega_0$ 代入式（3－108）中，可以得到

$$\Delta T_g = T_{gd}\Delta z_{PLL} + T_{gs}\Delta\theta_{PLL} \tag{3-109}$$

其中：$T_{gd}=\dfrac{1}{\omega_0}\mathrm{Im}[K(\lambda_0)]$ 和 $T_{gs}=\mathrm{Re}[K_g(\lambda_0)]-\dfrac{\xi_0}{\omega_0}\mathrm{Im}[K_g(\lambda_0)]$ 分别为 PLL 振荡回路受到的广义阻尼转矩和广义同步转矩系数。

通过 T_{gd} 的正负与大小，可以对闭环后 PLL 振荡模式的变化趋势作初步的定性判别。如果要对其做量化评估，计算 PLL 振荡模式对广义阻尼转矩系数和广义同步转矩系数的灵敏度：

$$S_d = \frac{\partial s_{1,2}}{\partial d} = -\frac{1}{2} \pm j\frac{\xi_0}{2\omega_0} \tag{3-110}$$

$$S_k = \frac{\partial s_{1,2}}{\partial k} = \pm j\frac{1}{2\omega_0} \tag{3-111}$$

闭环后 PLL 振荡模式相对于 PLL 固有振荡模式的变化量为

$$\Delta\lambda = T_{gd}\cdot S_d + T_{gs}\cdot S_k \tag{3-112}$$

当直驱风力发电机组出力不同时，系统的稳态运行点不同，各元件的传递函数不同，PLL 振荡回路受到的广义转矩不同，PLL 振荡模式的阻尼也会不同。因此，需要分析不

同运行工况下系统振荡特性的变化趋势，以确定风电机组出力的合理范围。

短路比指标 SCR 可以描述换流器并网系统与电网的连接强度，它是交流短路容量与换流器装置额定容量的比值

$$SCR=\frac{S_{ac}}{S_B}=\frac{U_s^2/X_1}{S_B} \tag{3-113}$$

式中：S_{ac} 为交流电网短路容量；S_B 为换流器额定容量。

由式（3－113）可以看出，线路电抗 X_1 越大，SCR 越小，换流器并网系统与电网的连接越弱。换流器系统与电网的连接强度可以从系统传输容量和电网阻抗值的大小得到体现。通常，当 SCR 的取值范围为 2～3 时，认为换流器并网系统与电网为弱连接；当 SCR 的值小于 2 时，认为换流器并网系统与电网为极弱连接。

在本算例系统中，当直驱风力发电机组的有功功率出力在 0～0.5p.u.范围内变化，短路比在 2～7 范围内变化时，可以得到 PLL 振荡回路受到的广义阻尼转矩和广义同步转矩的变化趋势，分别如图 3－23～图 3－26 所示。

（1）PLL 闭环振荡模式稳定性的定性判别。在电力系统宽频带振荡模式的粗略计算和定性判别中，对于阻尼比较小的宽频带振荡模式，特征值实部对阻尼系数的灵敏度可以近似为－0.5。由图 3－23 和图 3－24 可以看出，在风机出力和短路比的各种组合下，广义阻尼转矩均为负值，说明 PLL 闭环振荡模式在坐标系中会向右移动，特征值实部增大，系统稳定性面临降低甚至破坏的风险。由图 3－23 可以看出，在同一短路比下，风机出力越大，广义阻尼转矩的绝对值会越大，对 PLL 闭环振荡模式的稳定性的不利影响越大；这种影响在短路比越小的条件下表现得越明显。

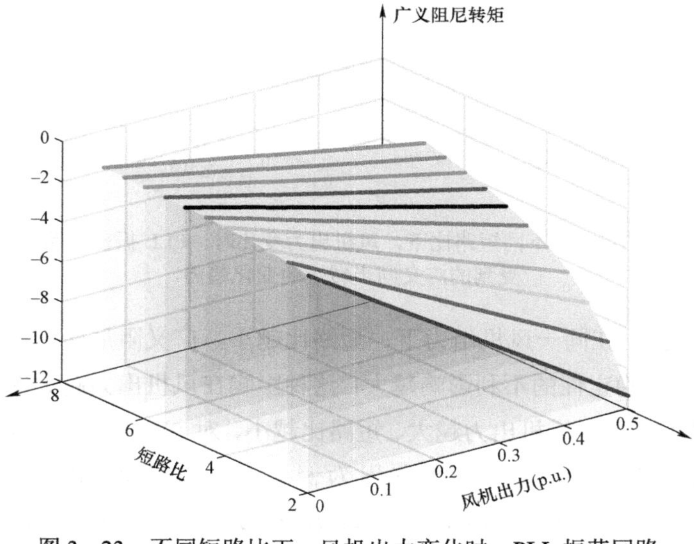

图 3－23　不同短路比下，风机出力变化时，PLL 振荡回路受到的广义阻尼转矩的变化趋势

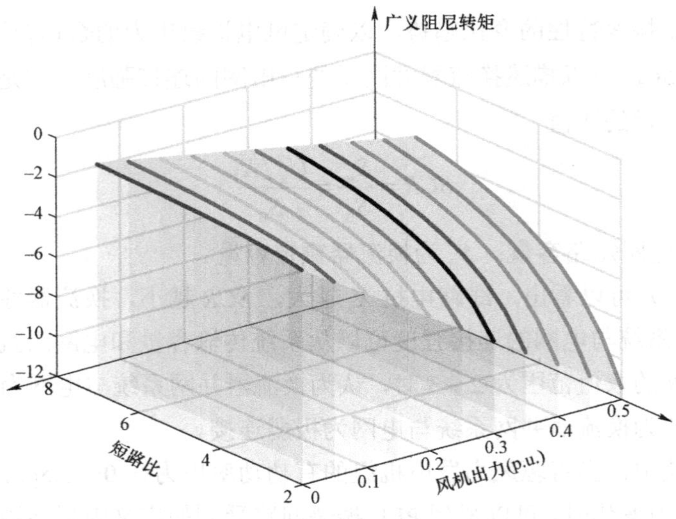

图 3－24 不同风机出力下，短路比变化时，PLL 振荡回路受到的广义阻尼转矩的变化趋势

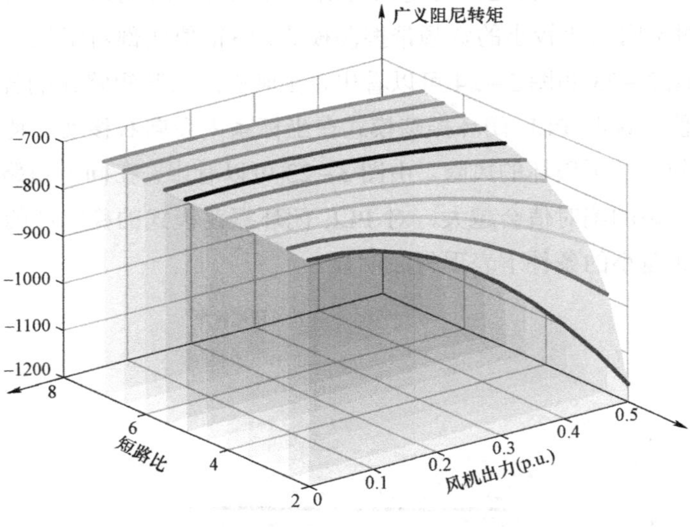

图 3－25 不同短路比下，风机出力变化时，PLL 振荡回路受到的广义同步转矩的变化趋势

由图 3－24 可以看出，在同一风机出力下，短路比越小，广义阻尼转矩的绝对值越大，对 PLL 闭环振荡模式的稳定性的不利影响越大；这种影响在风机出力越大的条件下表现得越明显。因此，在本算例中，风机出力越大、短路比越小，对 PLL 振荡模式的不利影响越大。

在本算例中，PLL 的固有振荡方程为 $s^2+1.05s+15\,750=0$，固有振荡模式为 $\lambda_0=-0.525+\mathrm{j}125.5$。结合特征值实部对阻尼系数的近似灵敏度－0.5，可以大体判断，当广义阻尼转矩达到约 1.05 时，PLL 闭环振荡模式对应的特征值会超过坐标系虚轴，系统失去稳定。

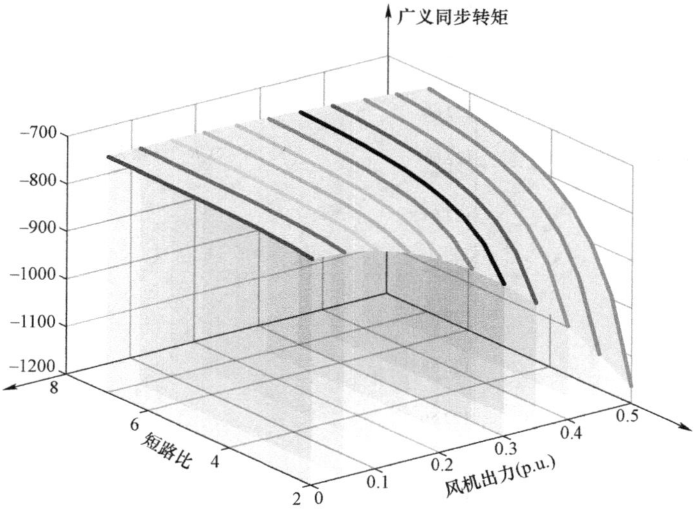

图 3－26　不同风机出力下，短路比变化时，PLL 振荡回路受到的广义同步转矩的变化趋势

由图 3－25 和图 3－26 可以看出，在风机出力和短路比的各种组合下，广义同步转矩均为负值，广义同步系数与特征值虚部呈正比例关系，说明 PLL 闭环振荡模式的频率会降低。由图 3－25 可以看出，在同一短路比下，风机出力越大，广义同步转矩的绝对值会越大，PLL 闭环振荡模式的频率下降得越多；这种影响在短路比越小的条件下表现得越明显，而当短路比较大时，广义同步转矩的数值变化很小，说明在高短路比条件下，风机出力的变化并不会改变 PLL 闭环振荡模式的频率。由图 3－26 可以看出，在同一风机出力下，短路比越小，广义同步转矩的绝对值越大，PLL 闭环振荡模式的频率下降越大；这种影响在风机出力越大的条件下表现得越明显，而当风机出力较小时，广义同步转矩的数值变化很小，说明在低风电渗透率条件下，短路比的变化并不会改变 PLL 闭环振荡模式的频率。因此，在本算例中，风机出力越大、短路比越小，PLL 闭环振荡模式的频率下降越大。

（2）PLL 闭环振荡模式稳定性的量化评估。对于 PLL 固有振荡模式 $\lambda_0 = -0.525 + \mathrm{j}125.5$，其对阻尼系数和同步系数的灵敏度分别为 $S_{\mathrm{d}} = -0.5 - \mathrm{j}0.0021$ 和 $S_{\mathrm{k}} = \mathrm{j}0.0040$。

根据图 3－23～图 3－26 所示的广义转矩系数和广义同步系数的数值，结合灵敏度，可以计算出闭环后 PLL 振荡模式的估算值。在风机固定出力为 0.1p.u.、短路比从 7 减小到 2 的工况下，以及短路比固定为 7，风机出力从 0 增大到 0.5p.u.的工况下，PLL 闭环振荡模式的估算结果如图 3－27 中实线所示。

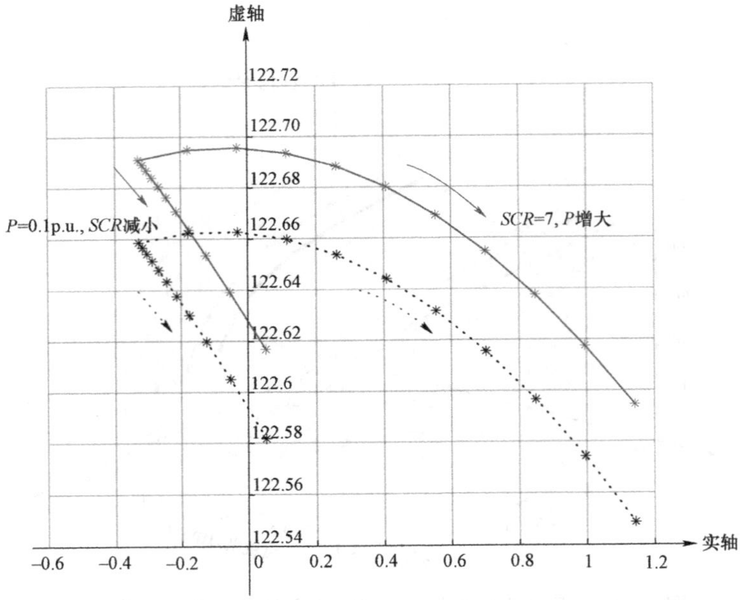

图 3－27 不同风机出力和短路比下，PLL 振荡模式对应特征值的变化趋势

为了验证该计算结果的准确度，下面计算闭环系统准确的特征值。由图 3－22 可以得到

$$\begin{aligned}\Delta\theta_{PLL} &= G_{PLL}(s)\Delta\theta_s \\ \Delta\theta_s &= \boldsymbol{G}_{\theta}\cdot\boldsymbol{G}_{grid}(s)\cdot\boldsymbol{G}_{ss}(s)\cdot\boldsymbol{G}_{ctl4}\Delta\theta_{PLL}\end{aligned} \tag{3-114}$$

进而可以得到闭环系统的特征方程为

$$G_{PLL}(s)\boldsymbol{G}_{\theta}\cdot\boldsymbol{G}_{grid}(s)\cdot\boldsymbol{G}_{ss}(s)\cdot\boldsymbol{G}_{ctl4}-1=0 \tag{3-115}$$

通过求解式（3－115），可以得到闭环系统准确的特征值。在以上两种工况变化趋势下，系统准确的 PLL 闭环振荡模式如图 3－27 中虚线所示。

由图 3－27 所示，实线与虚线差别很小，验证了应用广义转矩分析法对振荡模式进行量化评估的准确性。

在三种不同工况下，广义阻尼转矩系数、广义同步转矩系数、PLL 闭环振荡模式的估算值、PLL 闭环振荡模式的准确值如表 3－2 所示。

表 3－2　　三种不同工况下广义转矩分析结果

工况			广义阻尼转矩系数	广义同步转矩系数	闭环 PLL 振荡模式的估算值	闭环 PLL 振荡模式的准确值
序号	风机出力	短路比				
1	0.1	7.0	−0.6893	−703.8967	−0.180＋j122.69	−0.179＋j122.66
2	0.1	6.0	−1.0192	−708.1245	−0.015＋j122.68	−0.014＋j122.65
3	0.1	2.0	−2.1716	−727.3343	0.561＋j122.60	0.562＋j122.57

在同一扰动下，风机锁相环锁相角的变化情况如图 3－28 所示。

由图 3-28 的时域仿真曲线中表现出来的振荡信息与表 3-2 数据吻合，验证了应用所提方法进行宽频带振荡问题分析的可靠性。

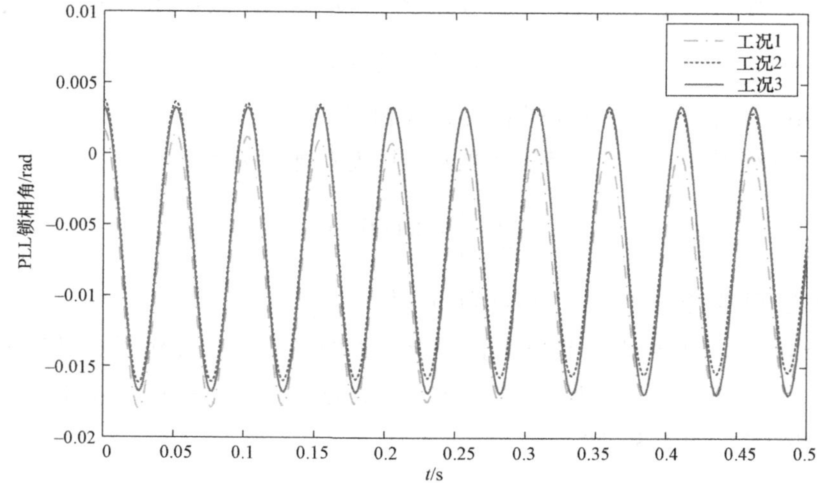

图 3-28　时域仿真结果

3.2　Nyquist 阵列理论

多变量系统的稳定性判别需要使用扩展 Nyquist 稳定判据，求解复杂且不够直观，实用价值受限。Nyquist 阵列理论以对角优势矩阵为基础，结合 Gershgorin 带作图可以得出对系统进行对角优势特性判别的直观方法。本节将多变量频域理论中的 Nyquist 阵列方法引入到电力系统宽频带振荡分析与控制中。

3.2.1　系统的对角优势判据及稳定判别

1. Nyquist 阵列理论的对角优势判据

Nyquist 阵列理论的对角优势判据需要研究对象具有多变量系统的一般结构，如图 3-29 所示。图中，$\boldsymbol{v}$，$\boldsymbol{e}$，$\boldsymbol{y}$ 分别为输入向量、误差向量和输出向量；$\boldsymbol{Q}(s)$ 为前向传递函数矩阵；$\boldsymbol{F}$ 为反馈增益传递函数矩阵，为常数对角矩阵 $\mathrm{diag}(f_1, f_2, \cdots, f_m)$，且 f_i 为非零实常数。

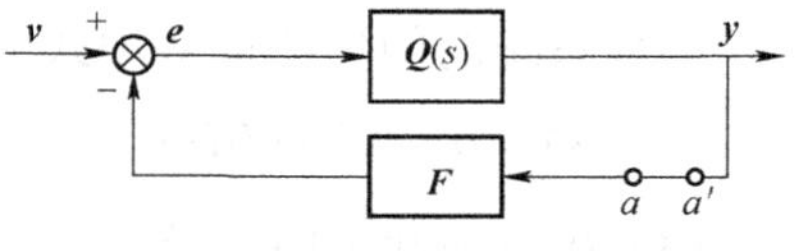

图 3-29　多变量系统的一般结构

下面给出几个常用的定义及关系说明，便于理解后续的理论推导。

（1）回差矩阵。在图 3－29 的 $a'-a$ 间断开，在断点 a 加入向量信号 $\boldsymbol{e}_a$，在断点 a' 取出向量信号 $\boldsymbol{e}_a$，则断点 a 与断点 a' 间信号向量之差定义为断点 a 的回差矩阵，表达为：

$$\boldsymbol{D}(s)=\boldsymbol{I}_{\mathrm{m}}+\boldsymbol{Q}(s)\boldsymbol{F} \tag{3-116}$$

易证明系统不同断点处的回差矩阵行列式相同。

（2）闭环特征多项式和开环特征多项式与回差矩阵的关系：

$$\frac{\rho_{\mathrm{c}}(s)}{\rho_{\mathrm{o}}(s)}=\det[\boldsymbol{D}(s)] \tag{3-117}$$

式中：$\rho_{\mathrm{o}}(s)$ 为开环特征多项式；$\rho_{\mathrm{c}}(s)$ 为闭环特征多项式。

（3）D 形围线。D 形围线是以半径为无穷大的半圆顺时针包围右半复平面一周所形成的围线，如图 3－30（a）所示。若有传递函数的极点在此围线上，则以半径为无穷小的半圆从右侧绕过，如图 3－30（b）所示。

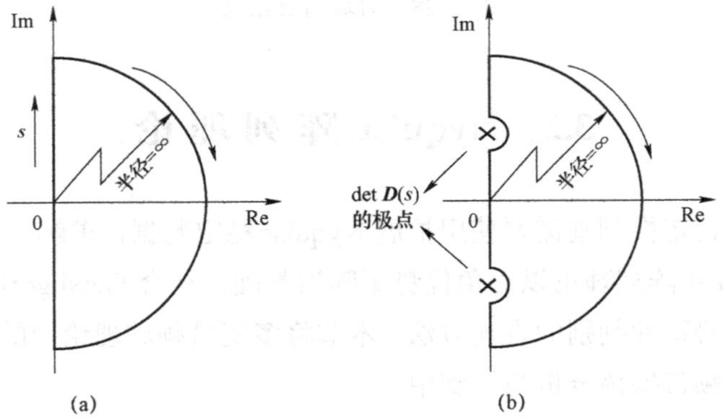

图 3－30　D 形围线

（a）传递函数极点不在 D 形围线上；（b）传递函数极点在 D 形围线上

（4）周数函数 enc $\boldsymbol{D}(s)$。矩阵 $\boldsymbol{D}(s)$ 为非奇异矩阵，当 s 沿 D 形围线变化一周时，函数 $\det \boldsymbol{D}(s)$ 在复平面上画出一条闭合曲线［即 $\det \boldsymbol{D}(s)$ 的 Nyquist 图］顺时针包围复平面上点 A 的周数，称为函数矩阵 $\boldsymbol{D}(s)$ 关于 A 点的周数函数 enc $[\boldsymbol{D}(s),A]$。若 A 点是原点，则称 $\boldsymbol{D}(s)$ 的周数为 enc $\boldsymbol{D}(s)$。

系统稳定的充分必要条件为系统的闭环特征多项式的极点都位于 s 的左半开平面上。由式（3－116）和式（3－117）可得系统的闭环特征多项式为：

$$\rho_{\mathrm{c}}(s)=\rho_{\mathrm{o}}(s)\det[\boldsymbol{D}(s)] \tag{3-118}$$

则稳定问题转化为式（3－118）在右半开平面上是否有极点的问题，从而得到多变量系统的 Nyquist 稳定判据具体如下所示。

定理 3.1（多变量系统的 Nyquist 稳定判据） 设开环特征多项式 $\rho_o(s)$ 在右半 s 平面上有 n_0 个极点，则闭环系统稳定的充分必要条件是

$$\text{enc}\,\boldsymbol{D}(s) = -n_0 \tag{3-119}$$

其中 $\boldsymbol{D}(s)$ 选用式（3－116）。

由于

$$\det\boldsymbol{D}(s) = \det[\boldsymbol{I}_{\mathrm{m}} + \boldsymbol{Q}(s)\boldsymbol{F}] = \det[\boldsymbol{Q}(s) + \boldsymbol{F}^{-1}]\det\boldsymbol{F} \tag{3-120}$$

则 $\boldsymbol{D}(s)$ 的周数可表示为

$$\text{enc}\,\boldsymbol{D}(s) = \text{enc}\,[\boldsymbol{Q}(s) + \boldsymbol{F}^{-1}] + \text{enc}\,\boldsymbol{F} = -n_0 \tag{3-121}$$

由于在多变量系统的一般结构中，$\boldsymbol{F}$ 为常数对角矩阵，因此可以将问题转化为多变量系统稳定的充分必要条件是

$$\text{enc}\,[\boldsymbol{Q}(s) + \boldsymbol{F}^{-1}] = -n_0 \tag{3-122}$$

Nyquist 阵列理论的理论基础是对角优势和 Gershgorin 定理的概念，以对角优势的判断为前提的目的是为了简化多变量系统的 Nyquist 稳定判据。

对于函数矩阵 $\boldsymbol{A}(s) \in R_{m\times m}$，其对角优势特性的定义如下所示。

定义 3.1 针对 $m\times m$ 的函数矩阵 $\boldsymbol{A}(s)$，若对 $\boldsymbol{D}$ 形围线上每个 s，均满足

$$|a_{ii}(s)| > \sum_{\substack{j=1 \\ (j\neq i)}}^{m} |a_{ij}(s)| = d_i(s) \tag{3-123}$$

或

$$|a_{ii}(s)| > \sum_{\substack{j=1 \\ (j\neq i)}}^{m} |a_{ji}(s)| = d_i'(s) \tag{3-124}$$

则 $\boldsymbol{A}(s)$ 在 D 形围线上有行（或列）对角优势性质。

对于函数矩阵 $\boldsymbol{A}(s) \in R_{m\times m}$，其 Gershgorin 带的定义如下所示。

定义 3.2 针对 $m\times m$ 的函数矩阵 $\boldsymbol{A}(s)$，当 s 沿 D 形围线顺时针变化一周时，对应于 s 的每个值，以 $a_{ii}(s)$ 为圆心，以 $d_i(s)$［或 $d_i'(s)$］为半径画 Gershgorin 圆，随着 s 的变化，这些圆扫出 m 个带状区域，称为 $\boldsymbol{A}(s)$ 的行（或列）Gershgorin 带。

对函数矩阵 $\boldsymbol{A}(s) \in R_{m\times m}$，结合对角优势和 Gershgorin 带间的关联，可通过绘制 Gershgorin 带来判别其对角优势特性的关系：

推论 3.1 针对 $m\times m$ 的函数矩阵 $\boldsymbol{A}(s)$，若 m 条行（或列）Gershgorin 带都不含原点，则 $\boldsymbol{A}(s)$ 在 D 形围线上满足行（或列）对角优势。

为了简化多变量系统的 Nyquist 稳定判据，首先要对式（3－122）中的矩阵 $[\boldsymbol{Q}(s) + \boldsymbol{F}^{-1}]$ 的对角优势特性进行讨论。结合推论 3.1，矩阵 $[\boldsymbol{Q}(s) + \boldsymbol{F}^{-1}]$ 在 D 形围线上是否有对角优势

需根据它的各对角元 $q_{ii}(s)+1/f_i(i=1,2,\cdots,m)$ 的 Gershgorin 带是否包含原点进行判断。通过在复数平面上平移坐标轴，如图 3-21 所示，系统的对角优势特性可以根据各对角元 $q_{ii}(s)$ 的 Gershgorin 带是否包含对应的 $-1/f_i(i=1,2,\cdots,m)$ 点来判断。因此，可以得到图 3-29 所示多变量系统对角优势特性判别方法。

定理 3.2（系统的对角优势判据） 对于如图 3-29 所示的多变量系统，矩阵 $[\boldsymbol{Q}(s)+\boldsymbol{F}^{-1}]$ 在 D 围线上有对角优势的充分必要条件是 $\boldsymbol{Q}(s)$ 各对角元的 Gershgorin 带分别不含 $-\boldsymbol{F}^{-1}$ 的对应对角元。

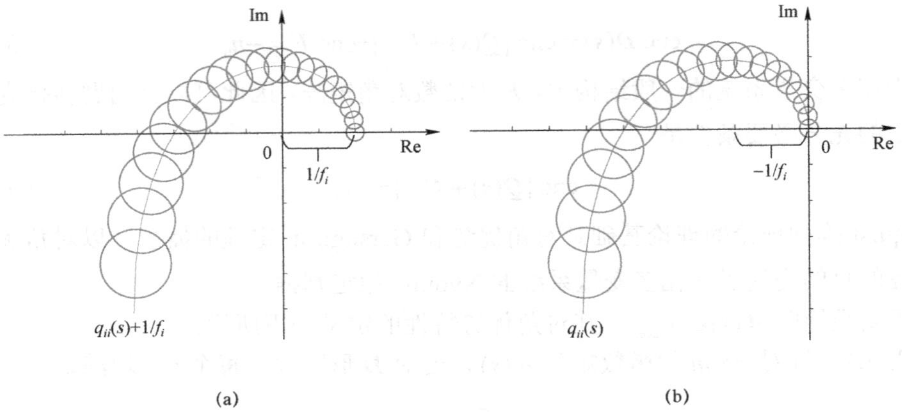

图 3-31 平移前后的 Gershgorin 带

（a）平移前的 Gershgorin 带；（b）平移后的 Gershgorin 带

2. 对角优势阵的稳定判据

由于对于具有对角优势系统而言，多变量系统的 Nyquist 稳定判据可以大幅度简化，接下来将对如何推导得到基于 Nyquist 阵列理论的对角优势系统的稳定判据进行具体的阐述。

若函数矩阵 $\boldsymbol{A}(s)\in \boldsymbol{R}_{m\times m}$ 为对角优势矩阵，则其具有以下性质。

定理 3.3 如果函数矩阵 $\boldsymbol{A}(s)\in \boldsymbol{R}_{m\times m}$ 在 D 形围线上有对角优势，则

$$\mathrm{enc}\,\boldsymbol{A}(s)=\sum_{i=1}^{m}\mathrm{enc}\,a_{ii}(s) \tag{3-125}$$

因此，根据定理 3.2 判别得到系统为对角优势系统时，可将多变量 Nyquist 稳定判据转化如下所示的定理 3.4，进一步对对角优势系统进行稳定判别。

定理 3.4（对角优势系统的稳定判据） 对于如图 3-29 所示的多变量系统，若 $\boldsymbol{Q}(s)+\boldsymbol{F}^{-1}$ 在 D 形围线上为对角优势矩阵，则系统稳定的充分必要条件是

$$\sum_{i=1}^{m}\mathrm{enc}\,[q_{ii}(s),-1/f_i]=-n_0 \tag{3-126}$$

即 $\boldsymbol{Q}(s)$ 各对角元的 Gershgorin 带分别顺时针包围 $-1/f_i$ 点周数的总和是等于开环系统右半平面极点数 n_0。

3.2.2 非对角优势系统的稳定控制器设计

1. 非对角优势系统的控制器设计

针对系统具有非对角优势特性的情况，可进一步设计预补偿器 $\boldsymbol{K}(s)$，将 $\boldsymbol{Q}(s)\boldsymbol{K}(s)$ 转化为对角优势矩阵，使得系统成为对角优势系统，从而利用定理 3.4 进行稳定判别。加入预补偿器 $\boldsymbol{K}(s)$ 后的系统结构如图 3－32 所示。

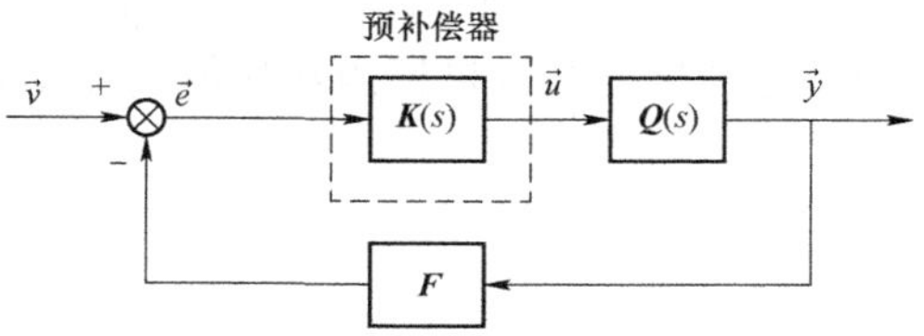

图 3－32 加入预补偿器后的多变量系统结构

为便于工程应用，预补偿器 $\boldsymbol{K}(s)$ 需要在系统实现对角优势的前提下进行最简单的设计，最常用的设计方法是伪对角化法。伪对角化法的目标为设计一个实常数矩阵 $\boldsymbol{K}$，使得 $\boldsymbol{Q}(s)\boldsymbol{K}$ 在某个频率 $s=\mathrm{j}\omega$ 下各行的非对角元之模的总和均尽量小，即 $\boldsymbol{Q}(\mathrm{j}\omega)\boldsymbol{K}$ 尽量向对角优势甚至对角的性质靠近。

2. 预补偿器的设计方法

非对角优势系统的 Nyquist 阵列设计方法的基本思路为：针对系统为非对角优势的情况，需要先加入预补偿器，将系统转化成具有对角优势特性的系统，从而可以使用对角优势系统的稳定判据进行稳定判断。因此，需要研究如何设计预补偿器实现矩阵 $\boldsymbol{Q}(s)$ 的对角优势以及是否有简单的实现办法。

工程上希望预补偿器 $\boldsymbol{K}(s)$ 尽可能简单，但过于简单的 $\boldsymbol{K}(s)$ 可能无法满足补偿后 $\boldsymbol{Q}(s)$ 的对角优势特性。目前的预补偿器设计方法主要有初等变换法和伪对角化法等，能够满足补偿后的矩阵 $\boldsymbol{Q}(s)$ 至少在某些频率段上具有对角优势，下面进行具体的介绍。

（1）初等变换法。采用初等变换法设计的预补偿器表示为

$$\boldsymbol{K}(s)=\boldsymbol{K}_{\mathrm{b}}(s)\boldsymbol{K}_{\mathrm{a}} \tag{3-127}$$

式中：$\boldsymbol{K}_{\mathrm{a}}$ 为置换矩阵，对 $\boldsymbol{Q}(s)$ 作行变换和列变换；$\boldsymbol{K}_{\mathrm{b}}(s)$ 为单模阵，表达式如式（3－128）所示，对 $\boldsymbol{Q}(s)$ 作列消去变换，其中 $a_{ij}(s)$ 阶数需要尽可能低。消去变换一般从第一行（列）开始逐行（列）检查，若发现第 i 行某非对角元 $g_{ik}(s)$ 的模过大，则可以进行消去变换，有时可能需要多次消去才能满足条件，表达式如式（3－129）所示。

$$\boldsymbol{K}_{\mathrm{b}}(s)=\begin{bmatrix}1 & & & & \\ & \ddots & & a_{ij}(s) & \\ & & \ddots & & \\ & & & \ddots & \\ & & & & 1\end{bmatrix} \tag{3-128}$$

$$\boldsymbol{K}_{\mathrm{b}}(s)=\prod_{k=1}^{\mu}K_{\mathrm{b}}{}^{(k)}(s) \tag{3-129}$$

初等变换法的优点为在维数较低时可能很简单有效。但在维数较高时，消去一个元的模可能会影响使其他元的模，从而导致试凑过程复杂，难以求取结果。

（2）伪对角化法。伪对角化法将寻找简单的预补偿器 $\boldsymbol{K}$（$\boldsymbol{K}$ 为实常数矩阵）并使得 $\boldsymbol{G}(s)\boldsymbol{K}$ 满足对角优势特性的问题转化为求取目标函数最值的优化问题。根据伪对角化法，求解的实常数矩阵 $\boldsymbol{K}$ 需满足：

1）$\boldsymbol{G}(s)\boldsymbol{K}$ 的对角元为非零；

2）$\boldsymbol{G}(s)\boldsymbol{K}$ 每行的非对角元之模的平方和尽可能小。

常常取某一特定频率 $s=\mathrm{j}\omega$，则 $\boldsymbol{G}(\mathrm{j}\omega)$ 为复常数矩阵

$$\boldsymbol{G}(\mathrm{j}\omega)=\boldsymbol{\alpha}+\mathrm{j}\boldsymbol{\beta} \tag{3-130}$$

其中，$\boldsymbol{\alpha}$ 和 $\boldsymbol{\beta}$ 皆为实常数矩阵。

令 $\boldsymbol{Q}(s)=\boldsymbol{G}(s)\boldsymbol{K}$，则求解预补偿器矩阵 $\boldsymbol{K}$ 的问题转化为在满足 $q_{rr}\neq 0\ (r=1,\cdots,m)$ 条件下求取目标函数 J_r 的最小值。

$$J_r=\sum_{\substack{k=1\\k\neq r}}^{m}|q_{rk}|^2=\min \tag{3-131}$$

其中

$$q_{rk}=[\boldsymbol{G}(\mathrm{j}\omega)\boldsymbol{K}]_{rk}=k_{r1}g_{1k}+k_{r2}g_{2k}+\cdots+k_{rm}g_{mk} \tag{3-132}$$

因此，问题可以看作以 $k_{r1},k_{r2},\cdots,k_{rm}$ 为自变量的多元函数的极值问题。

将实常数阵 $\boldsymbol{K}$ 按行向量划分，复常数阵 $\boldsymbol{G}(\mathrm{j}\omega)$ 按列向量划分，可得：

$$\boldsymbol{K}=\begin{bmatrix}\boldsymbol{k}_1\\ \boldsymbol{k}_2\\ \vdots\\ \boldsymbol{k}_m\end{bmatrix} \tag{3-133}$$

$$\boldsymbol{G}(\mathrm{j}\omega)=[\boldsymbol{g}_1\ \boldsymbol{g}_2\cdots\boldsymbol{g}_m]=[\boldsymbol{\alpha}_1\ \boldsymbol{\alpha}_2\cdots\boldsymbol{\alpha}_m]+\mathrm{j}[\boldsymbol{\beta}_1\ \boldsymbol{\beta}_2\cdots\boldsymbol{\beta}_m] \tag{3-134}$$

则

$$
\begin{aligned}
|q_{rk}|^2 &= |\boldsymbol{k}_r\boldsymbol{g}_k|^2 = |\boldsymbol{k}_r(\boldsymbol{\alpha}_k + \mathrm{j}\boldsymbol{\beta}_k)|^2 \\
&= (\boldsymbol{k}_r\boldsymbol{\alpha}_k)^2 + (\boldsymbol{k}_r\boldsymbol{\beta}_k)^2 - \boldsymbol{k}_r\boldsymbol{\alpha}_k\boldsymbol{\alpha}_k^{\mathrm{T}}\boldsymbol{k}_k^{\mathrm{T}} + \boldsymbol{k}_r\boldsymbol{\beta}_k\boldsymbol{\beta}_k^{\mathrm{T}}\boldsymbol{k}_k^{\mathrm{T}} - \boldsymbol{k}_r\boldsymbol{D}_k\boldsymbol{k}_k^{\mathrm{T}}
\end{aligned} \tag{3-135}
$$

式中：

$$
\boldsymbol{D}_k = \boldsymbol{\alpha}_k\boldsymbol{\alpha}_k^{\mathrm{T}} + \boldsymbol{\beta}_k\boldsymbol{\beta}_k^{\mathrm{T}} \tag{3-136}
$$

将式（3－135）代入式（3－131）有：

$$
\begin{aligned}
J_r &= \sum_{k=1}^{m}|q_{rk}|^2 = \sum_{k=1}^{m}|q_{rk}|^2 - |q_{rr}|^2 \\
&= \sum_{k=1}^{m}\boldsymbol{k}_r\boldsymbol{D}_k\boldsymbol{k}_r^{\mathrm{T}} - \boldsymbol{k}_r\boldsymbol{D}_r\boldsymbol{k}_r^{\mathrm{T}} = \boldsymbol{k}_r\left(\sum_{k=1}^{m}\boldsymbol{D}_k\right)\boldsymbol{k}_r^{\mathrm{T}} - \boldsymbol{k}_r\boldsymbol{D}_r\boldsymbol{k}_r^{\mathrm{T}} \\
&= \boldsymbol{k}_r\left(\sum_{k=1}^{m}\boldsymbol{D}_k - \boldsymbol{D}_r\right)\boldsymbol{k}_r^{\mathrm{T}} = \boldsymbol{k}_r(\boldsymbol{D}_\Sigma - \boldsymbol{D}_r)\,\boldsymbol{k}_r^{\mathrm{T}}
\end{aligned} \tag{3-137}
$$

式中：

$$
\boldsymbol{D}_\Sigma = \sum_{k=1}^{m}\boldsymbol{D}_k \tag{3-138}
$$

且 $\boldsymbol{D}_\Sigma$ 和 $\boldsymbol{D}_r$ 皆为对称正定矩阵。

因此，目标函数式表示为：

$$
J_r = \sum_{i=1}^{m}\sum_{k=1}^{m}(\boldsymbol{D}_\Sigma - \boldsymbol{D}_r)_{ik}k_{ri}k_{rk} \tag{3-139}
$$

约束条件 $q_{rr} \neq 0\,(r = 1,\cdots,m)$ 可规定为：

$$
|q_{rr}|^2 = 1(r = 1,\cdots,m) \tag{3-140}
$$

则

$$
\boldsymbol{k}_r\boldsymbol{D}_r\boldsymbol{k}_r^{\mathrm{T}} = \sum_{i=1}^{m}\sum_{k=1}^{m}(\boldsymbol{D}_r)_{ik}k_{ri}k_{rk} = 1 \tag{3-141}
$$

定义约束条件表达式为：

$$
\theta_r = 1 - \sum_{i=1}^{m}\sum_{k=1}^{m}(\boldsymbol{D}_r)_{ik}k_{ri}k_{rk} = 0 \tag{3-142}
$$

结合指标函数式（3－139）和约束条件式（3－142）将问题转化为条件极值问题，进一步采用 Largrange 乘子法转化为无条件极值问题。引入 Lagrange 乘子 λ，作新的指标函数：

$$
\begin{aligned}
\phi_r &= J_r + \lambda\theta_r \\
&= \sum_{i=1}^{m}\sum_{k=1}^{m}(\boldsymbol{D}_\Sigma - \boldsymbol{D}_r)_{ik}k_{ri}k_{rk} + \lambda\left[1 - \sum_{i=1}^{m}\sum_{k=1}^{m}(\boldsymbol{D}_r)_{ik}k_{ri}k_{rk}\right] \\
&= \lambda + \sum_{i=1}^{m}\sum_{k=1}^{m}[\boldsymbol{D}_\Sigma - (1+\lambda)\boldsymbol{D}_r]_{ik}k_{ri}k_{rk}
\end{aligned} \tag{3-143}
$$

因此，将问题转化为求取指标函数 ϕ_r 的极小值，求解方法为 ϕ_r 对自变量 $k_{r1}, k_{r2}, \cdots, k_{rm}$

的导数为零时取得ϕ_r的极小值，如式（3－144）所示。

$$\frac{\partial \phi_r}{\partial k_{rl}}=0 \quad (l=1,2,\cdots,m) \tag{3-144}$$

联立式（3－142）和式（3－144）可求得自变量$k_{r1},k_{r2},\cdots,k_{rm}$和 Lagrange 乘子$\lambda$的解，进一步采用 Hawkins 和 Jahnson 方法进行计算。

1）Hawkins 方法。将式（3－144）展开可得：

$$\frac{\partial \phi_r}{\partial k_{rl}}=2\sum_{i=1}^{m}[\boldsymbol{D}_\Sigma-(1+\lambda)\boldsymbol{D}_r]_{li}k_{ri}=0 \tag{3-145}$$

要使式（3－145）对$l=1,2,\cdots,m$均成立，可得

$$[\boldsymbol{D}_\Sigma-(1+\lambda)\boldsymbol{D}_r]\,\boldsymbol{k}_r^{\mathrm{T}}=0 \tag{3-146}$$

即

$$(1+\lambda)\boldsymbol{D}_r\boldsymbol{k}_r^{\mathrm{T}}=\boldsymbol{D}_\Sigma\boldsymbol{k}_r^{\mathrm{T}} \tag{3-147}$$

设$\lambda\neq-1$，可将式（3－147）转化为：

$$\boldsymbol{M}_r\boldsymbol{v}_r=\mu\boldsymbol{v}_r \tag{3-148}$$

式中：$\boldsymbol{M}_r=\boldsymbol{D}_r\boldsymbol{D}_\Sigma^{-1}$，是$m\times m$矩阵；特征值$\mu=\dfrac{1}{1+\lambda}$；对应的特征向量$\boldsymbol{v}_r=\boldsymbol{k}_r^{\mathrm{T}}$。

可以得到$\boldsymbol{k}_r=\boldsymbol{v}_r^{\mathrm{T}}$，即 Hawkins 方法最终将实常数矩阵$\boldsymbol{K}$求解的问题转化为对$m\times m$矩阵$\boldsymbol{M}_r$的特征值$\mu$的对应特征向量$\boldsymbol{v}_r$进行求解。

接下来需要讨论如何选取合适的特征值μ，从而求解其对应的特征向量$\boldsymbol{v}_r$。

将式（3－147）代入式（3－137），可得：

$$\begin{aligned}J_r&=\boldsymbol{k}_r(\boldsymbol{D}_\Sigma\boldsymbol{k}_r^{\mathrm{T}}-\boldsymbol{D}_r\boldsymbol{k}_r^{\mathrm{T}})=\boldsymbol{k}_r[(1+\lambda)\boldsymbol{D}_r\boldsymbol{k}_r^{\mathrm{T}}-\boldsymbol{D}_r\boldsymbol{k}_r^{\mathrm{T}}]\\&=\lambda\boldsymbol{k}_r\boldsymbol{D}_r\boldsymbol{k}_r^{\mathrm{T}}=\lambda|q_{rr}|^2\end{aligned} \tag{3-149}$$

因此，Lagrange 乘子λ可表示为：

$$\lambda=\frac{J_r}{|q_{rr}|^2} \tag{3-150}$$

即为$\boldsymbol{G}(\mathrm{j}\omega)$第$r$行的非对角元之模的的平方和与$\boldsymbol{G}(\mathrm{j}\omega)$第$r$行的对角元之模的平方和的比值，显然$\lambda$为正实数，且应该越小越好。又因为$\mu=\dfrac{1}{1+\lambda}$，则$\mu$应选取最大的正实数。

2）Jahnson 方法。Jahnson 方法是在 Hawkins 方法的基础之上，将求解$m\times m$矩阵的特征值对应特征向量问题进一步简化为求解2×2矩阵的特征值对应特征向量问题。

由式（3－136）可得 $\boldsymbol{D}_r$ 可表达矩阵相乘的形式：

$$\boldsymbol{D}_r=\boldsymbol{\alpha}_r\boldsymbol{\alpha}_r^{\mathrm{T}}+\boldsymbol{\beta}_r\boldsymbol{\beta}_r^{\mathrm{T}}=[\boldsymbol{\alpha}_r \quad \boldsymbol{\beta}_r]\begin{bmatrix}\boldsymbol{\alpha}_r^{\mathrm{T}}\\ \boldsymbol{\beta}_r^{\mathrm{T}}\end{bmatrix} \tag{3-151}$$

式中：$\boldsymbol{\alpha}_r$ 和 $\boldsymbol{\beta}_r$ 分别为矩阵 $\boldsymbol{\alpha}$ 和 $\boldsymbol{\beta}$ 的第 r 列。

即将式（3－151）代入式（3－147）可以得到：

$$(1+\lambda)[\boldsymbol{\alpha}_r \quad \boldsymbol{\beta}_r]\begin{bmatrix}\boldsymbol{\alpha}_r^{\mathrm{T}}\\ \boldsymbol{\beta}_r^{\mathrm{T}}\end{bmatrix}\boldsymbol{k}_r^{\mathrm{T}}=\boldsymbol{D}_{\Sigma}\boldsymbol{k}_r^{\mathrm{T}} \tag{3-152}$$

化简后两边同时左乘 $\begin{bmatrix}\boldsymbol{\alpha}_r^{\mathrm{T}}\\ \boldsymbol{\beta}_r^{\mathrm{T}}\end{bmatrix}$，可得：

$$\begin{bmatrix}\boldsymbol{\alpha}_r^{\mathrm{T}}\\ \boldsymbol{\beta}_r^{\mathrm{T}}\end{bmatrix}\boldsymbol{D}_{\Sigma}^{-1}[\boldsymbol{\alpha}_r \quad \boldsymbol{\beta}_r]\begin{bmatrix}\boldsymbol{\alpha}_r^{\mathrm{T}}\\ \boldsymbol{\beta}_r^{\mathrm{T}}\end{bmatrix}\boldsymbol{k}_r^{\mathrm{T}}=\frac{1}{1+\lambda}\begin{bmatrix}\boldsymbol{\alpha}_r^{\mathrm{T}}\\ \boldsymbol{\beta}_r^{\mathrm{T}}\end{bmatrix}\boldsymbol{k}_r^{\mathrm{T}} \tag{3-153}$$

即可转化为

$$\boldsymbol{N}_r\boldsymbol{\varphi}_r=\mu\boldsymbol{\varphi}_r \tag{3-154}$$

式中：$\boldsymbol{N}_r=\begin{bmatrix}\boldsymbol{\alpha}_r^{\mathrm{T}}\\ \boldsymbol{\beta}_r^{\mathrm{T}}\end{bmatrix}\boldsymbol{D}_{\Sigma}^{-1}[\boldsymbol{\alpha}_r \quad \boldsymbol{\beta}_r]$，是 2×2 矩阵；特征值 $\mu=\dfrac{1}{1+\lambda}$；对应的特征向量 $\boldsymbol{\varphi}_r=\begin{bmatrix}\boldsymbol{\alpha}_r^{\mathrm{T}}\\ \boldsymbol{\beta}_r^{\mathrm{T}}\end{bmatrix}\boldsymbol{k}_r^{\mathrm{T}}$。

因此，实常数矩阵 $\boldsymbol{K}$ 的第 r 行 $\boldsymbol{k}_r$ 表达式为：

$$\boldsymbol{k}_r=\left[\frac{1}{\mu}\boldsymbol{D}_{\Sigma}^{-1}[\boldsymbol{\alpha}_k \quad \boldsymbol{\beta}_k]\boldsymbol{\varphi}_r\right]^{\mathrm{T}} \tag{3-155}$$

因此，通过求解 $r=1,2,\cdots,m$ 时的 $\boldsymbol{k}_r$，可以得到预补偿器 $\boldsymbol{K}$。

伪对角化法可以解决维数较高的问题。同时，该方法设计灵活，更易于满足实际生产中控制系统实现对角优势的要求。但仍然存在一定的局限性，如指标函数的求解与对角优势的定义不等价，且算法是针对某一频率 $s=\mathrm{j}\omega$ 对矩阵 $\boldsymbol{G}(\mathrm{j}\omega)$ 进行伪对角化法，仅仅能实现在一个频率点上有对角优势。

3.2.3　基于 Nyquist 阵列理论的电力系统宽频带振荡分析及抑制流程

基于 Nyquist 阵列理论的电力系统宽频带振荡分析及控制流程图如图 3－33 所示。

（1）代入初始值，将系统模型转化为图 3－33 所示的多变量控制系统形式，并对系统的 $\boldsymbol{Q}(s)$ 和 $\boldsymbol{F}$ 进行求解。

（2）绘制系统前向传递函数 $\boldsymbol{Q}(s)$ 的 Gershgorin 带，并进行系统对角优势的判断。若系统为非对角优势系统，则进行步骤 3；若系统为对角优势系统，则进行步骤 4。

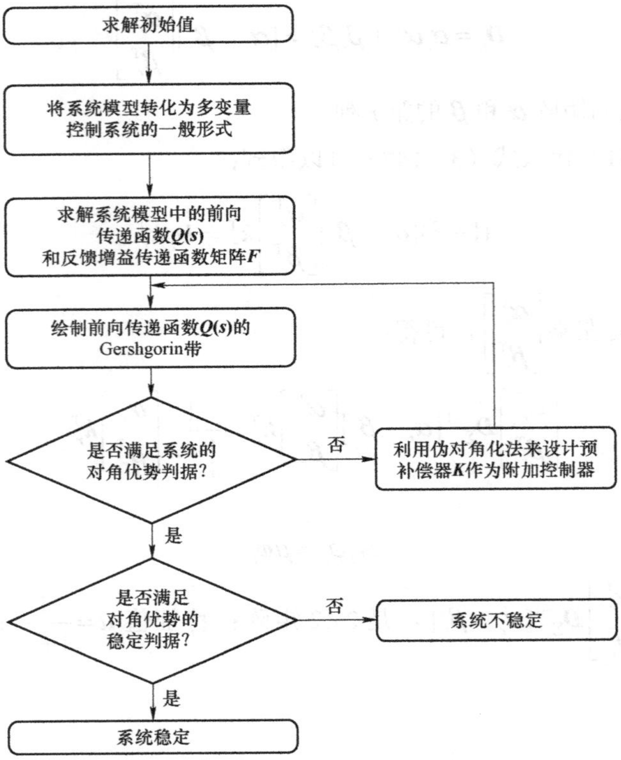

图 3-33　基于 Nyquist 阵列理论的电力系统宽频带振荡分析及控制流程图

（3）系统为非对角优势系统时，利用伪对角化设计预补偿器，从而将非对角优势系统转化为对角优势系统。

（4）根据式（3-126）对系统进行稳定性的判断。

（5）如有必要，通过特征值法和时域仿真法进行稳定性验证。

3.2.4 算例分析

1. 双馈风电并网系统

本节的算例采用双馈风电并网系统。算例如图 3-34 所示，具体的模型参数如表 3-3 所示，以无穷大母线处电压为参考值。

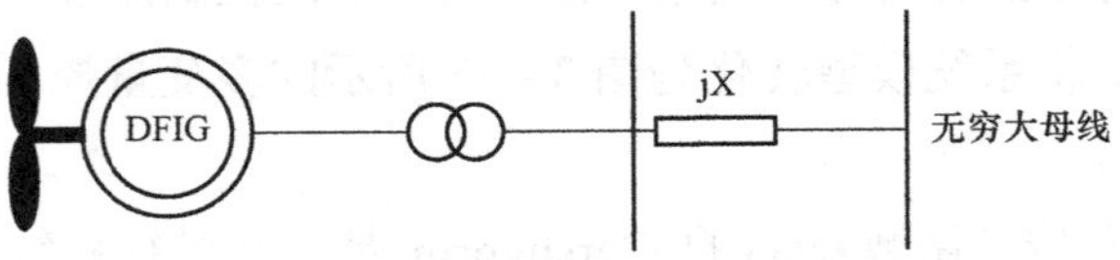

图 3-34　双馈风电并网系统

表 3-3　　双馈风电机组及输电线路参数

参数	数值	参数	数值
P_m /p.u.	0.50	K_{i3}	300
Q_m /p.u.	0.24	K_{i4}	60
s_{w0} /p.u.	0.90	K_{i5}	100
T_t /s	6	K_{p1}	1
T_g /s	1	K_{p2}	0.3
K_{sh} /（p.u./rad）	0.30	K_{p3}	1
D_{sh} /（p.u./rad）	1.50	K_{p4}	2.4
X_{ss} /p.u.	1.0	K_{p5}	1
X_m /p.u.	0.9	C /p.u.	0.0001
X_{rr} /p.u.	1.0	X /p.u.	0.3
K_{i1}	100	R_s /p.u.	0
K_{i2}	8	R_r /p.u.	0.005

首先需要将系统模型转化为图 3-29 所示的多变量控制系统形式。为得到对角阵 $\boldsymbol{F}$，在双馈风机 RSC 外环控制模型中，选择有功控制外环比例控制器的输出量 Δx_P 和无功控制外环比例控制器的输出量 Δx_Q 作为输入量，选择有功功率 ΔP_s 和无功功率 ΔQ_s 作为输出量。

算例 1：对角优势系统且稳定。

根据本节中提出的基于 Nyquist 阵列理论的电力系统宽频带振荡稳定分析及控制流程，将初始参数代入双馈风电并网系统中 $\boldsymbol{Q}_{DFIG1}(s)$ 和 $\boldsymbol{F}_{DFIG1}$ 进行求解，绘制双馈风电并网系统的 Gershgorin 带如图 3-35 所示，其中圆形部分为 $\boldsymbol{Q}_{DFIG1}(s)$ 对应对角元的 Gershgorin 带，星号标注的点分别为 $-1/\boldsymbol{F}$ 对应的对角元。

根据图 3-35 所示结果，结合定理 3.2 可知系统为对角优势系统。进一步计算得到开环系统右半平面极点数为零，根据定理 3.4 可知系统稳定。

采用特征值法验证系统稳定性的结果。图 3-36 为绘制的零极点分布图，通过放大之后的左图，可以看出特征值（极点）都位于左半平面，说明系统稳定的结果与判据的结果一致。

采用时域仿真法验证系统稳定性的结果。图 3-37 为双馈风机输出的功率波形图，同样可以看出系统为稳定，结果与判据的结果一致。

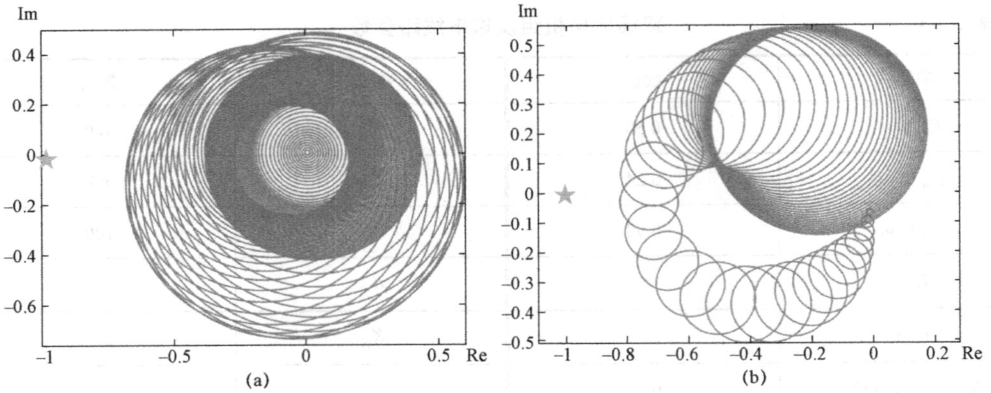

图 3-35　$\boldsymbol{Q}_{\mathrm{DFIG1}}(s)$ 对角元的 Gershgorin 带

（a）第一行；（b）第二行

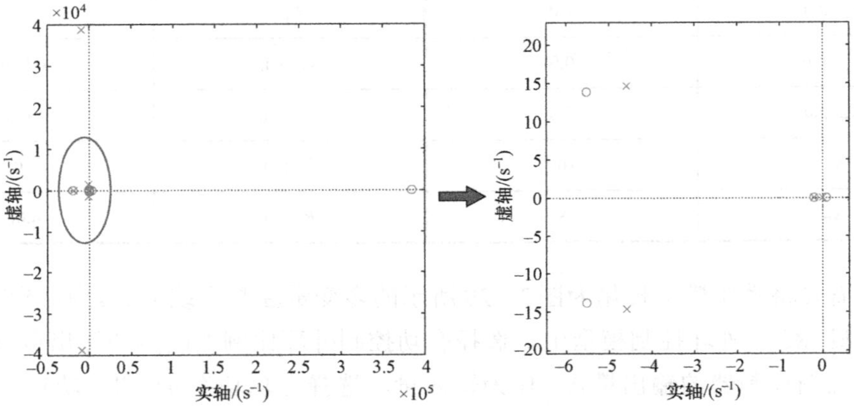

图 3-36　零极点分布图

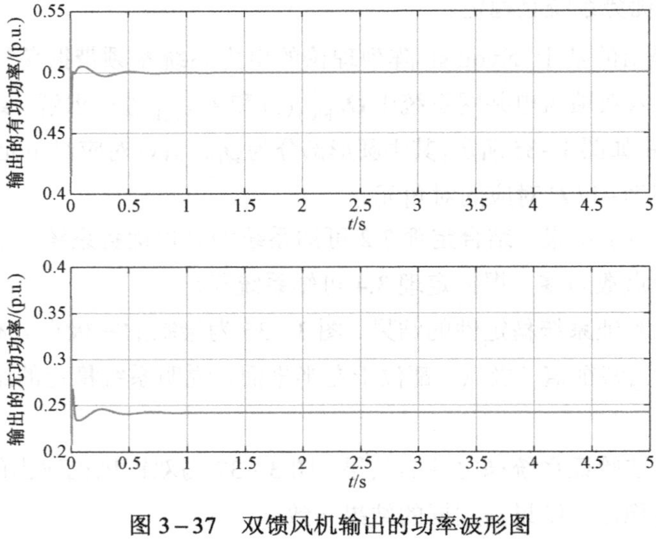

图 3-37　双馈风机输出的功率波形图

算例 2：对角优势系统且不稳定。

在算例 1 的基础上，将 K_{p3} 参数值改为 2，根据本节中提出的基于 Nyquist 阵列理论的电力系统宽频带振荡稳定分析及控制流程，将初始参数代入双馈风电并网系统中 $\boldsymbol{Q}_{\mathrm{DFIG1}}(s)$ 和 $\boldsymbol{F}_{\mathrm{DFIG1}}$ 进行求解，可绘制双馈风电并网系统的 Gershgorin 带如图 3－38 所示。

根据图 3－38 所示结果，结合定理 3.2 可知系统为对角优势系统。进一步计算得到开环系统右半平面极点数不为零，根据定理 3.4 可知系统不稳定。

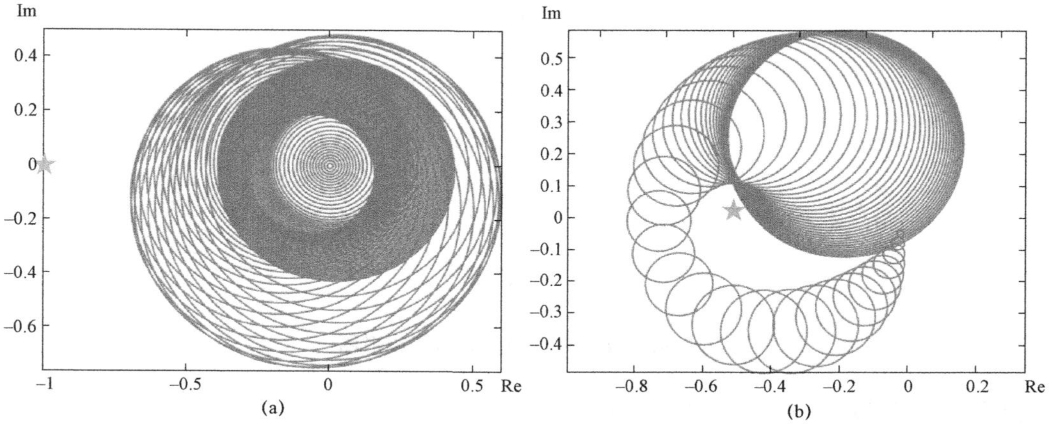

图 3－38　$\boldsymbol{Q}_{\mathrm{DFIG1}}(s)$ 对角元的 Gershgorin 带
（a）第一行；（b）第二行

采用特征值法验证系统稳定性的结果。图 3－39 右图为绘制的零极点分布图，通过放大之后的左图，可以看出部分特征值（极点）位于右半平面，说明系统存在实部为正的特征值，系统不稳定的结果与判据的结果一致。

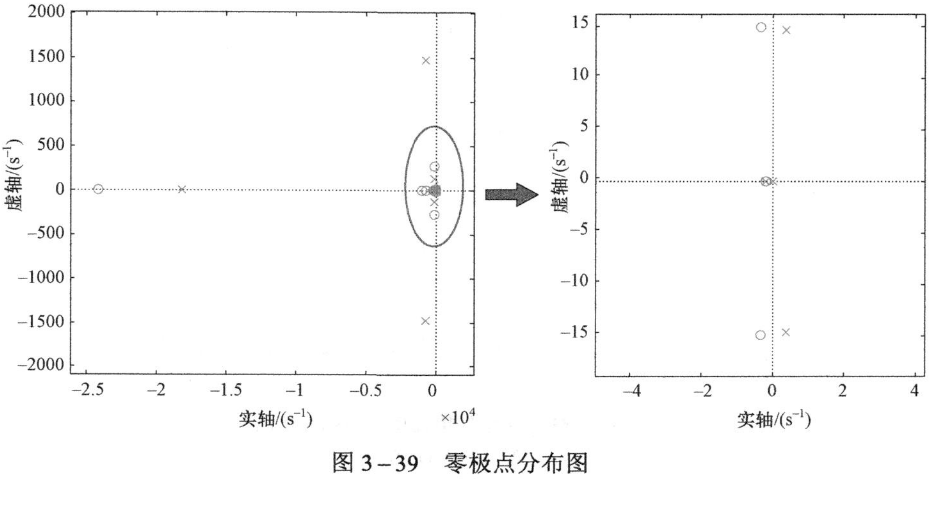

图 3－39　零极点分布图

采用时域仿真法验证系统稳定性的结果。图 3－40 为双馈风机输出的功率波形图，同样可以看出系统不稳定，结果与判据的结果一致。

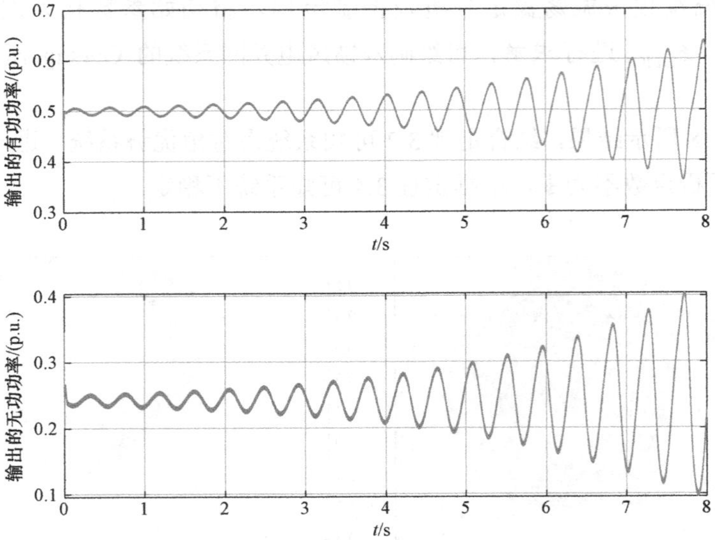

图 3－40　双馈风机输出的功率波形图

算例 3：非对角优势系统稳定性判断。

在算例 1 的基础上，将 K_{p1} 参数值改为 5，根据本节中提出的基于 Nyquist 阵列理论的电力系统宽频带振荡稳定分析及控制流程，将初始参数代入双馈风电并网系统中 $\boldsymbol{Q}_{DFIG1}(s)$ 和 $\boldsymbol{F}_{DFIG1}$ 进行求解，可绘制双馈风电并网系统的 Gershgorin 带如图 3－41 所示。由图 3－41 结果，结合定理 3.2 可得，系统为非对角优势系统，无法进一步进行稳定判断。

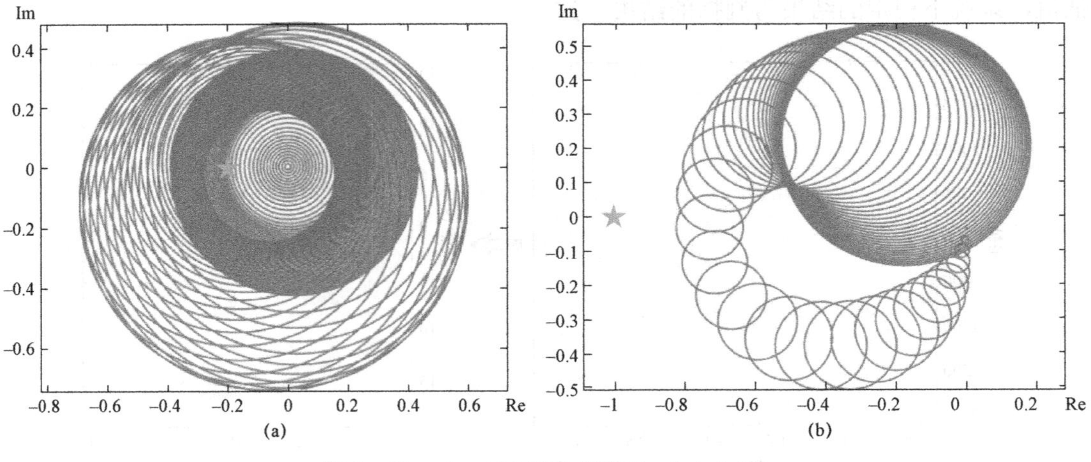

图 3－41　$\boldsymbol{Q}_{DFIG1}(s)$ 对角元的 Gershgorin 带

（a）第一行；（b）第二行

通过伪对角化法设计预补偿器 $\boldsymbol{K}_{\mathrm{DFIG1}}$，容易求得：

$$\boldsymbol{K}_{\mathrm{DFIG1}}=\begin{bmatrix} 0.7682 & 0.4853 \\ 2.6409 & -173.6528 \end{bmatrix} \tag{3-156}$$

绘制加入预补偿器后的 Gershgorin 带如图 3-42 所示，由定理 3.2 可知，设计风电模型 RSC 的附加控制器将非对角优势系统转化为对角优势系统。进一步计算得到开环系统右半平面极点数不为零，根据定理 3.4 可以判断该系统不稳定。

采用特征值法验证系统稳定性的结果。图 3-43 右图为绘制的零极点分布图，通过放大之后的左图，可以看出部分特征值（极点）位于系统的右半平面，说明系统存在实部为正的特征值，系统不稳定的结果与判据的结果一致。

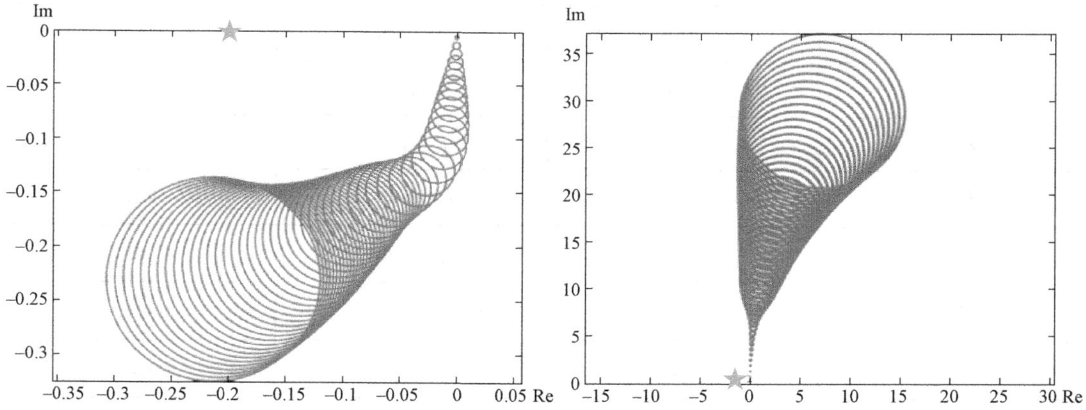

(a)　(b)

图 3-42　$\boldsymbol{Q}_{\mathrm{DFIG1}}(s)\boldsymbol{K}_{\mathrm{DFIG1}}$ 对角元的 Gershgorin 带

（a）第一行；（b）第二行

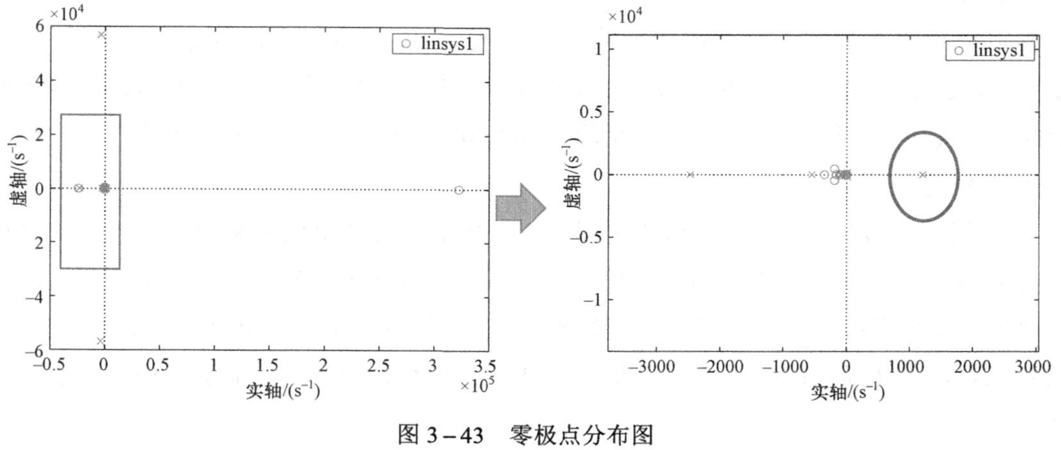

图 3-43　零极点分布图

2. 直流输电系统

算例采用第 2 章中的直流输电系统，如图 3-44 所示，具体的模型参数如表 3-4 所示。

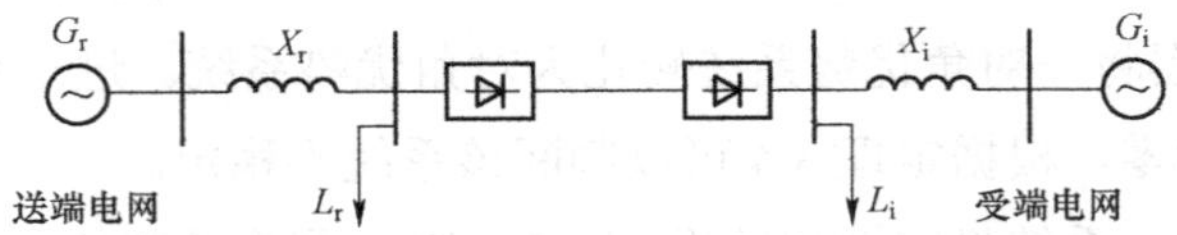

图 3-44 交直流混联系统

表 3-4 交直流混联系统参数

参数	数值	参数	数值
K_{ir}	120	I_{dref} /(p.u.)	1
K_{ii}	200	T_r /(p.u.)	0.01
K_{iPLLr}	10	X_{Cr} /(p.u.)	0.2
K_{iPLLi}	10	T_i /(p.u.)	0.02
K_{pr}	0.25	X_{Ci} /(p.u.)	0.2
K_{pi}	0.125	$L_{eqr}=L_{eqi}$ /(p.u.)	0.3
K_{pPLLr}	0.1	$R_{eqr}=R_{eqi}$ /(p.u.)	0.2
K_{pPLLi}	0.1	U_{dref} /(p.u.)	0.3

算例 1：对角优势系统且稳定。

根据本节提出的基于 Nyquist 阵列理论的电力系统宽频带振荡稳定分析及控制流程，将初始参数代入交直流混联系统中的 $\boldsymbol{Q}_{\text{LCC-HVDC}}(s)$ 和 $\boldsymbol{F}_{\text{LCC-HVDC}}$ 进行求解，可以绘制交直流混联系统的 Gershgorin 带如图 3-45 所示，其中圆形部分为 $\boldsymbol{Q}_{\text{LCC-HVDC}}(s)$ 第一行和第二行对角元的 Gershgorin 带，星号标注的点分别为 $-1/\boldsymbol{F}$ 对应的对角元。

根据图 3-45 所示结果，结合定理 3.2 可知系统为对角优势系统。进一步计算得到开环系统右半平面极点数为零，根据定理 3.4 可知系统稳定。最后与特征值结果进行对比，求得系统在初始参数下的特征根实部分别为 -0.972、-0.395、-0.001，可知系统稳定。本文提出的分析方法与特征值计算结果结论一致，验证了所提出方法的有效性。

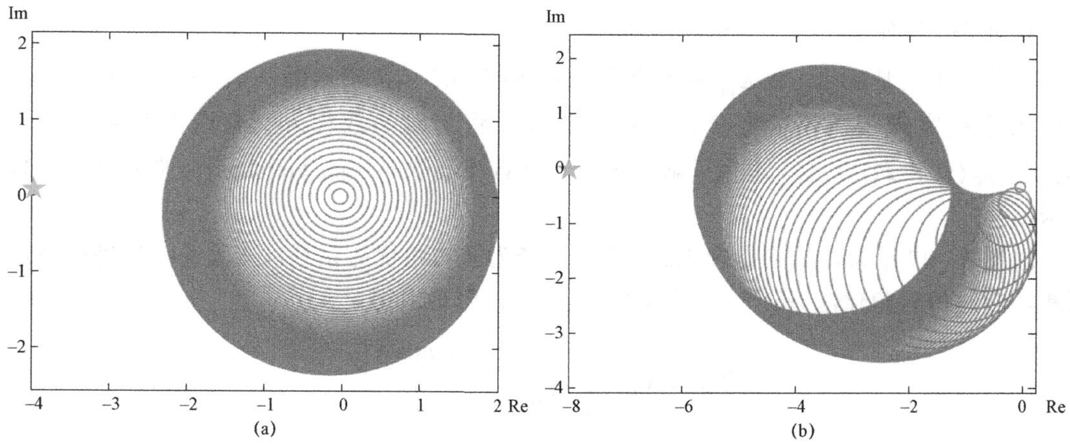

图 3－45　$\boldsymbol{Q}_{\text{LCC-HVDC}}(s)$ 对角元的 Gershgorin 带

（a）第一行；（b）第二行

算例 2：对角优势系统且不稳定。

在算例 1 的基础上，将 K_{pi} 参数值改为 4，根据 4.2 节中提出的基于 Nyquist 阵列理论的电力系统宽频带振荡稳定分析及控制流程，将初始参数代入交直流混联系统中的 $\boldsymbol{Q}_{\text{LCC-HVDC}}(s)$ 和 $\boldsymbol{F}_{\text{LCC-HVDC}}$ 进行求解，可绘制交直流混联系统的 Gershgorin 带如图 3－46 所示。由图 3－46 结果结合定理 3.2 可得，系统为对角优势系统。该参数下，进一步计算得到开环系统右半平面极点数不为零，根据定理 3.4 可以判断该系统不稳定。最后与特征值结果进行对比，求得系统在初始参数下的特征根实部分别为－0.395、－0.001、0.507、可知系统不稳定。本文提出的分析方法与特征值计算结果结论一致，进一步验证了所提出方法的有效性。

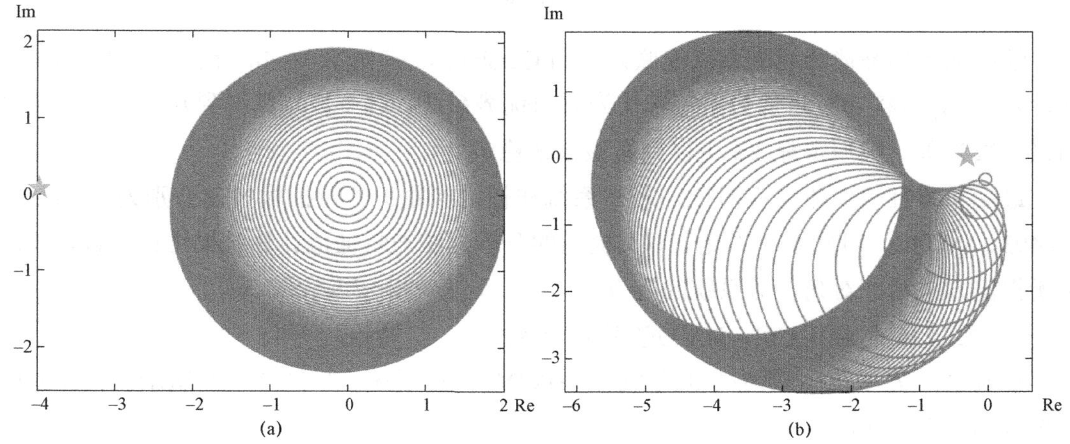

图 3－46　$\boldsymbol{Q}_{\text{LCC-HVDC}}(s)$ 对角元的 Gershgorin 带

（a）第一行；（b）第二行

算例 3：非对角优势系统稳定性判断。

在算例 1 的基础上，将 K_{pr} 参数值改为 1，根据 4.2 节中提出的基于 Nyquist 阵列理论的电力系统宽频带振荡稳定分析及控制流程，将初始参数代入交直流混联系统中的 $\boldsymbol{Q}_{LCC-HVDC}(s)$ 和 $\boldsymbol{F}_{LCC-HVDC}$ 进行求解，可绘制交直流混联系统的 Gershgorin 带如图 3－47 所示。

由图 3－47 结果，结合定理 3.2 可得，系统为非对角优势系统，无法进一步进行稳定判断。通过伪对角化法设计预补偿器 $\boldsymbol{K}_{LCC-HVDC}$，容易求得：

$$\boldsymbol{K}_{LCC-HVDC}=\begin{bmatrix} 1 & 0.001\,3 \\ -0.000\,4 & 1 \end{bmatrix} \tag{3-157}$$

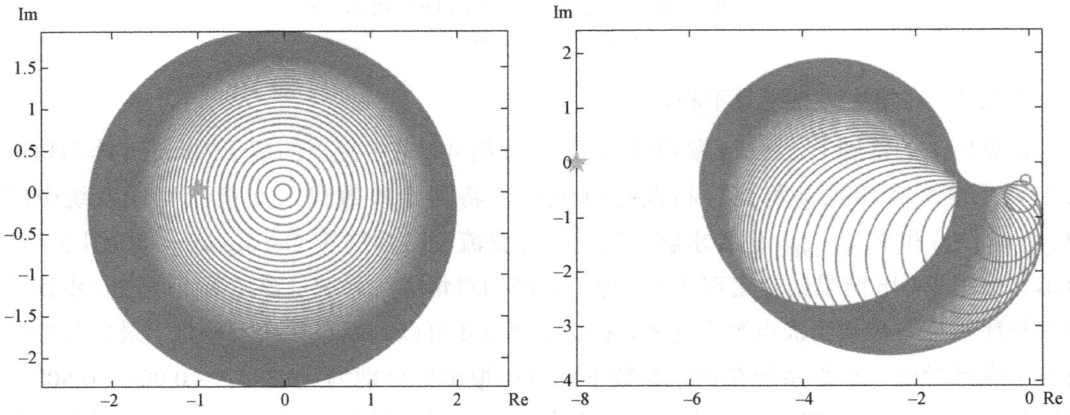

(a) (b)

图 3－47 $\boldsymbol{Q}_{LCC-HVDC}(s)$ 对角元的 Gershgorin 带

（a）第一行；（b）第二行

绘制加入预补偿器后交直流混联系统的 Gershgorin 带如图 3－48 所示，由定理 3.2 可知，$\boldsymbol{K}_{LCC-HVDC}$ 将非对角优势系统转化为对角优势系统。进一步计算得到开环系统右半平面极点数为零，根据定理 3.4 可以判断该系统稳定。

最后与特征值结果进行对比，求得系统在初始参数下的特征根实部分别为－1.575、－0.493、－0.002，可知系统稳定。本文提出的分析方法与特征值计算结果结论一致，验证了所提出方法对非对角优势系统的有效性。

3. 双馈风电经 LCC－HVDC 外送系统

算例采用第 2 章中双馈风电经 LCC－HVDC 外送系统，如图 3－49 所示，具体的模型参数如表 3－5 所示。

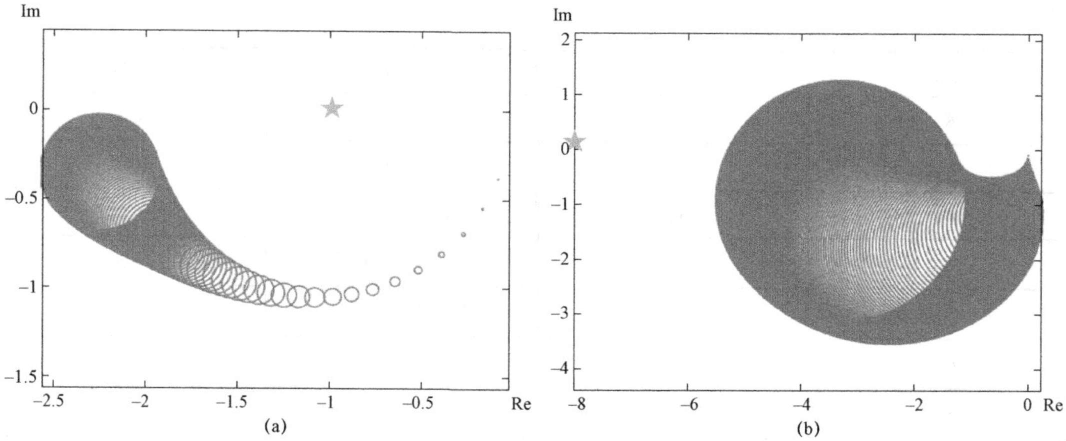

图 3－48 $\boldsymbol{Q}_{\mathrm{LCC-HVDC}}(s)\boldsymbol{K}_{\mathrm{LCC-HVDC}}$ 对角元的 Gershgorin 带

（a）第一行；（b）第二行

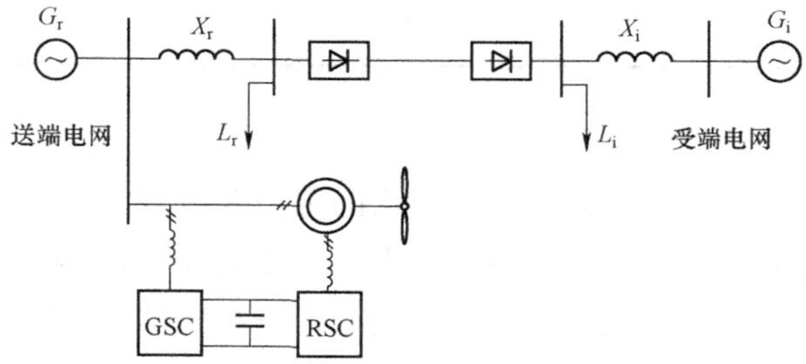

图 3－49 双馈风电经 LCC－HVDC 外送系统

表 3－5 双馈风电经 LCC－HVDC 外送系统参数

参数	数值	参数	数值
P_m /（p.u.）	0.70	K_{ir}	99
Q_m /（p.u.）	0.9468	K_{ii}	99
s_{w0} /（p.u.）	0.90	K_{iPLLr}	100
T_t /s	6	K_{iPLLi}	100
T_g /s	1	K_{pr}	5
K_{sh} /（p.u./rad）	0.30	K_{pi}	5
D_{sh} /（p.u./rad）	1.50	K_{pPLLr}	3
X_{ss} /（p.u.）	1.071	K_{pPLLi}	3
X_m /（p.u.）	0.9	I_{dref} /（p.u.）	1
X_{rr} /（p.u.）	1.056	T_r /（p.u.）	0.01

续表

参数	数值	参数	数值
K_{i1}	100	X_{Cr} /（p.u.）	0.2
K_{i2}	8	T_i /（p.u.）	0.02
K_{i3}	300	X_{Ci} /（p.u.）	0.2
K_{i4}	60	$L_{eqr}=L_{eqi}$ /（p.u.）	0.3
K_{i5}	100	$R_{eqr}=R_{eqi}$ /（p.u.）	0.2
K_{p1}	1	U_{dref} /（p.u.）	0.3
K_{p2}	0.3	R_s /（p.u.）	0
K_{p3}	1	R_r /（p.u.）	0
K_{p4}	2.4	C /（p.u.）	10
K_{p5}	1	X /（p.u.）	0.015

算例 1：对角优势系统且稳定。

根据本节中提出的基于 Nyquist 阵列理论的电力系统宽频带振荡稳定分析及控制流程，将初始参数代入以双馈风机 RSC 控制器外环中的比例控制器两侧作为输入输出求得的前向传递函数 $\boldsymbol{Q}_{\text{DFIG-LCC1}}(s)$ 和 $\boldsymbol{F}_{\text{DFIG-LCC1}}$ 公式中，绘制双馈风电经 LCC－HVDC 外送系统的 Gershgorin 带如图 3－50 所示，其中圆形部分为 $\boldsymbol{Q}_{\text{DFIG-LCC1}}(s)$ 第一行和第二行对角元的 Gershgorin 带，星号标注的点分别为 $-1/\boldsymbol{F}$ 对应的对角元。

根据图 3－50 所示结果，结合定理 3.2 可知系统为对角优势系统。进一步计算得到开环系统右半平面极点数为零，根据定理 3.4 可知系统稳定。

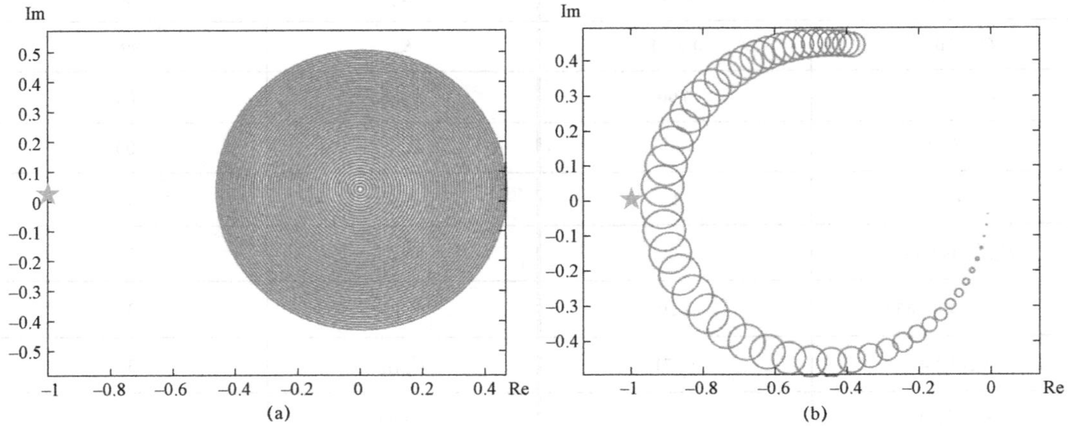

图 3－50　$\boldsymbol{Q}_{\text{DFIG-LCC1}}(s)$ 对角元的 Gershgorin 带

（a）第一行；（b）第二行

采用特征值法验证系统稳定性的结果。图 3－51 为绘制的零极点分布图，通过放大之后的左图，可以看出特征值（极点）都位于系统的左半平面，说明系统稳定的结果与判据的结果一致。

采用时域仿真法验证系统稳定性的结果。图 3－52 为双馈风机输出的电磁转矩波形图，同样可以看出系统稳定，结果与判据的结果一致。

算例 2：对角优势系统且不稳定。

在算例 1 的基础上，将双馈风机中的 K_{p3} 参数值改为 1.25，LCC－HVDC 中 K_{pi} 和 K_{pr} 参数值改为 200，根据本节中提出的基于 Nyquist 阵列理论的电力系统宽频带振荡稳定分

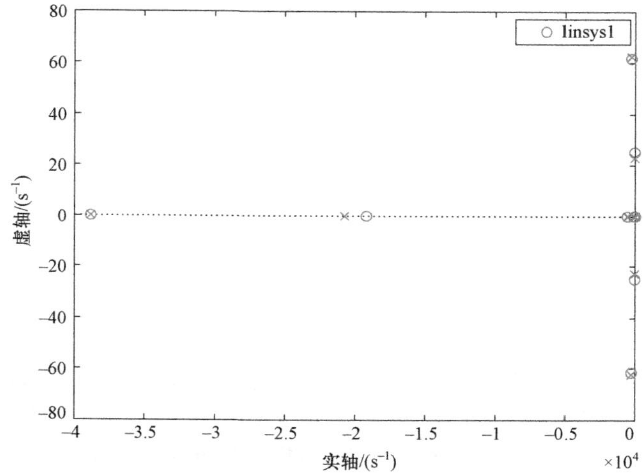

图 3－51　零极点分布图

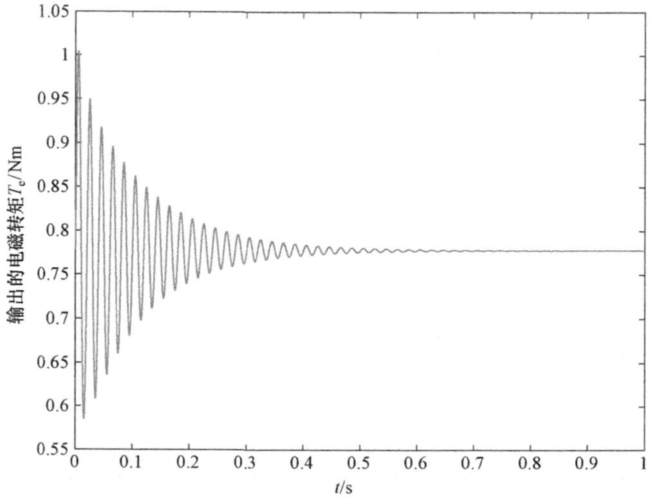

图 3－52　双馈风机输出的电磁转矩波形图

析及控制流程，将初始参数代入以双馈风机 RSC 控制器外环中的比例控制器两侧作为输入输出求得的前向传递函数 $\boldsymbol{Q}_{\mathrm{DFIG-LCC1}}(s)$ 和 $\boldsymbol{F}_{\mathrm{DFIG-LCC1}}$ 公式中，可绘双馈风电经 LCC－HVDC 外送系统的 Gershgorin 带如图 3－53 所示。

根据图 3－53 所示结果，结合定理 3.2 可知系统为对角优势系统。进一步计算得到开环系统右半平面极点数不为零，根据定理 3.4 可知系统不稳定。

采用特征值法验证系统稳定性的结果。图 3－54 右图为绘制的零极点分布图，通过放大之后的左图，可以看出部分特征值（极点）位于系统的右半平面，说明系统存在实部为正的特征值，系统不稳定的结果与判据的结果一致。

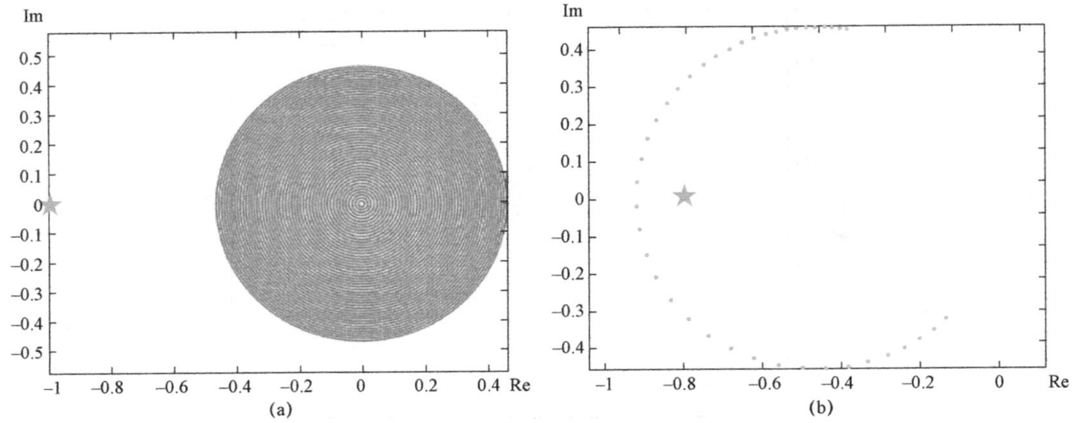

图 3－53 $\boldsymbol{Q}_{\mathrm{DFIG-LCC1}}(s)$ 对角元的 Gershgorin 带

（a）第一行；（b）第二行

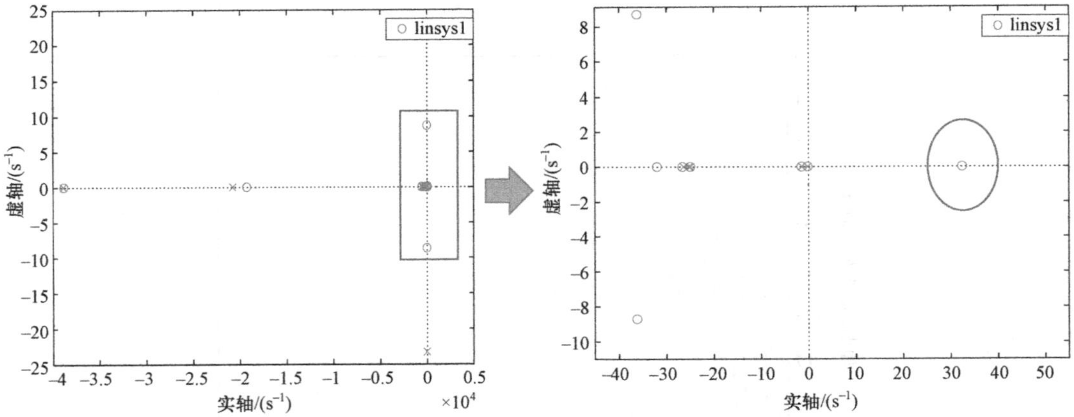

图 3－54 零极点分布图

采用时域仿真法验证系统稳定性的结果。图 3－55 为双馈风机输出的电磁转矩波形图，同样可以看出系统不稳定，结果与判据的结果一致。

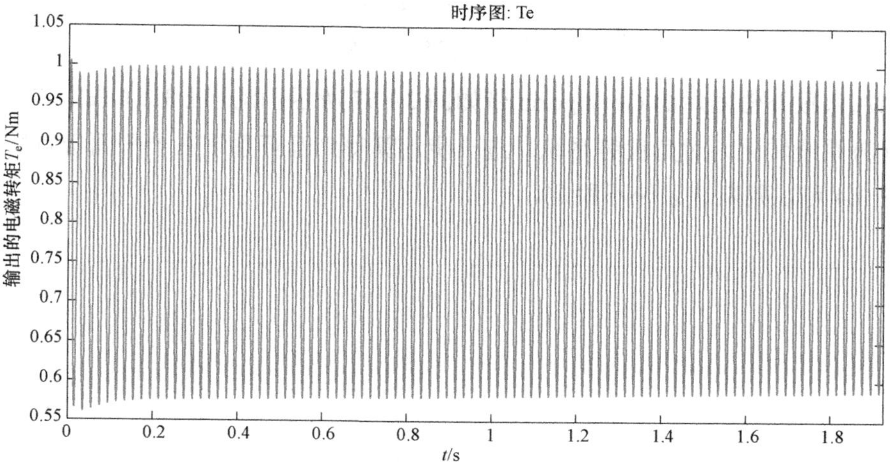

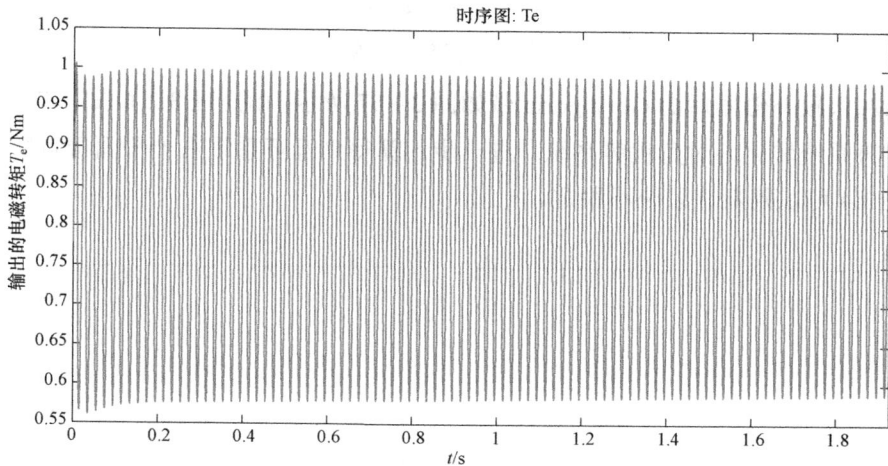

图 3-55 双馈风机输出的电磁转矩波形图

算例 3：非对角优势系统稳定性判断。

在算例 1 的基础上，将双馈风机中的 K_{p1} 参数值改为 5，根据本节提出的基于 Nyquist 阵列理论的电力系统宽频带振荡稳定分析及控制流程，将初始参数代入的以双馈风机 RSC 控制器外环中的比例控制器两侧作为输入输出求得的前向传递函数 $\boldsymbol{Q}_{\text{DFIG-LCC1}}(s)$ 和 $\boldsymbol{F}_{\text{DFIG-LCC1}}$ 公式中，可绘制双馈风电经 LCC-HVDC 外送系统的 Gershgorin 带如图 3-56 所示。由图 3-56 结果，结合定理 3.2 可得，系统为非对角优势系统，无法进一步进行稳定判断。

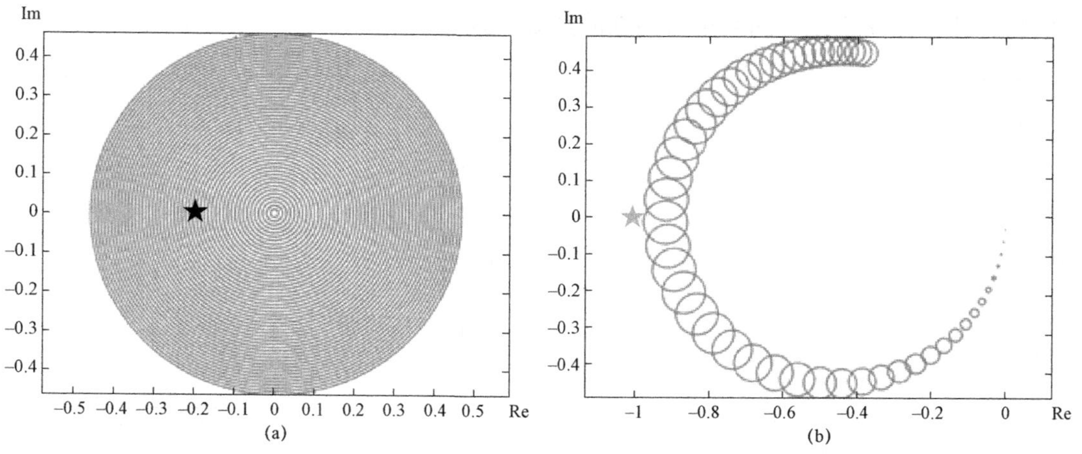

图 3-56 $\boldsymbol{Q}_{\text{DFIG-LCC1}}(s)$ 对角元的 Gershgorin 带

（a）第一行；（b）第二行

通过伪对角化法设计预补偿器 $\boldsymbol{K}_{\text{DFIG-LCC}}$，容易求得：

$$\boldsymbol{K}_{\text{DFIG-LCC}}=\begin{bmatrix}0.9763 & 0.3182\\ 1.1257 & -9.6498\end{bmatrix} \tag{3-158}$$

绘制加入预补偿器后的 Gershgorin 带如图 3－57 所示，由定理 3.2 可知，$\boldsymbol{K}_{\text{DFIG-LCC}}$ 将非对角优势系统转化为对角优势系统。进一步计算得到开环系统右半平面极点数不为零，根据定理 3.4 可以判断该系统不稳定。

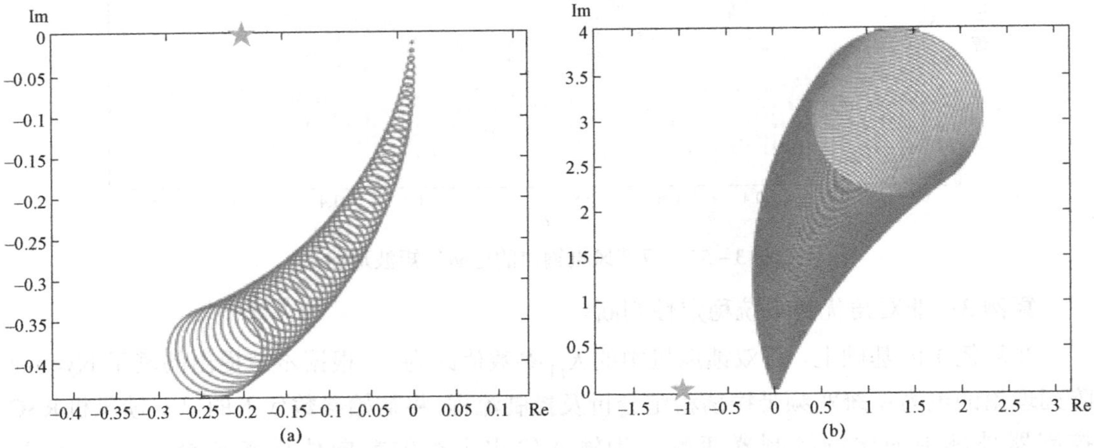

图 3－57　$\boldsymbol{Q}_{\text{DFIG-LCC}}(s)\boldsymbol{K}_{\text{DFIG-LCC}}$ 对角元的 Gershgorin 带

（a）第一行；（b）第二行

采用特征值法验证系统稳定性的结果。图 3－58 右图为绘制的零极点分布图，通过放大之后的左图，可以看出部分特征值（极点）位于系统的右半平面，说明系统存在实部为正的特征值，系统不稳定的结果与判据的结果一致。

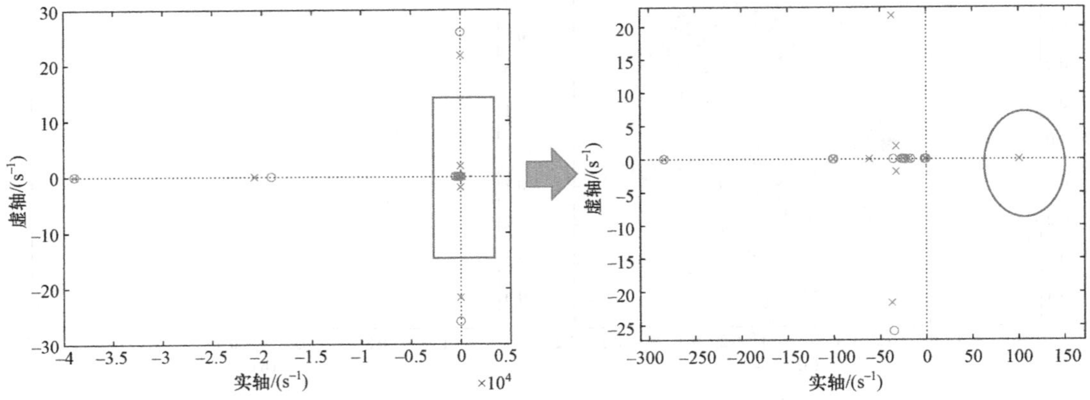

图 3－58　零极点分布图

3.3　导 纳 分 析 法

3.3.1　直驱风机动态建模

直驱风电机组主要由风力机、永磁电机和变流器等 VSC 组成，直驱风机的次同步频率振荡主要与并网侧 VSC 相关。如图 3－59 所示，为了便于输入导纳特性分析，本研究采用 VSC 交流侧电流为整流方向，控制器主要由前置滤波环节（pre-filter，PF）、电流内环控制（ACC）、直流电压外环控制（DC voltage control，DVC）和锁相环（phase locked loop，PLL）等构成。

图 3－59 为直驱风机并网侧主电路及控制系统。下文中上标为 s 的电路量为静止坐标下的变量，上标为 c 的电路量为经过 PLL 变换至同步坐标下的变量。电路量采用两种等价表示形式：向量形式例如 $\boldsymbol{i}_{\mathbf{g}}=i_{\mathrm{gd}}+\mathrm{j}i_{\mathrm{gq}}$，标量形式例如 $\boldsymbol{i}_{\mathbf{g}}=[i_{\mathrm{gd}}\quad i_{\mathrm{gq}}]^{T}$。

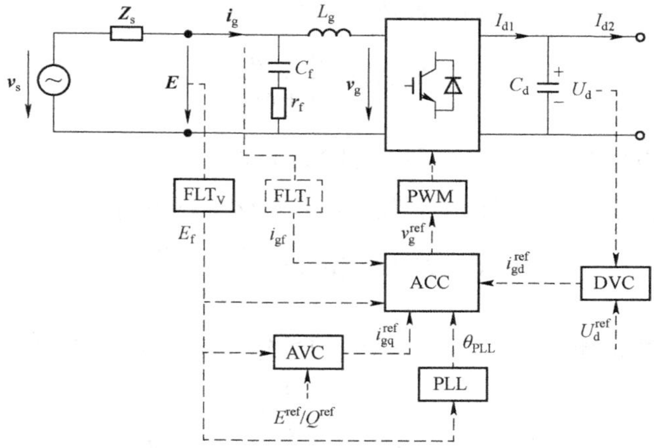

图 3－59　直驱风电并网侧主电路及控制系统

1. 前置交流滤波环节模型

为了消除 VSC 交流侧高频谐波对控制的影响，交流母线三相电压信号需要经过一阶滞后环节进行滤波，其带宽为ω_{f}（$\omega_{\mathrm{f}}\leqslant 0.2\omega_{\mathrm{PWM}}$，$\omega_{\mathrm{PWM}}$是 VSC 的脉宽调制角频率，为工频 ω_{s} 的 n_{PWM} 倍）。为了使工频分量通过交流滤波环节后稳态幅值和相位保持不变，滤波后在工频点处进行了幅值和相位补偿。

如图 3－60 所示，滤波环节在三相静止坐标系中为一阶惯性环节 $H_{\mathrm{fs}}(s)=\omega_{\mathrm{f}}/(s+\omega_{\mathrm{f}})$，经过该环节及幅相补偿后电压信号为

$$\boldsymbol{E}_{\mathrm{f}}^{\mathrm{s}}=k_{\mathrm{f}}H_{\mathrm{f}}^{\mathrm{s}}(s)\mathrm{e}^{\mathrm{j}\varphi_{\mathrm{f0}}}\boldsymbol{E}^{\mathrm{s}}=H_{\mathrm{v}}^{\mathrm{s}}(s)\boldsymbol{E}^{\mathrm{s}} \tag{3-159}$$

式中：幅值补偿系数 k_f 和相位补偿角度 φ_{f0} 取值为

$$k_f=\frac{1}{\left|H_f^s(s)\right|_{s=j\omega_s}}=\sqrt{\left(\frac{\omega_s}{\omega_f}\right)^2+1} \tag{3-160}$$

$$\varphi_{f0}=-\arg\left[H_f^s(s)\right]_{s=j\omega_s}=\arctan\left(\frac{\omega_s}{\omega_f}\right) \tag{3-161}$$

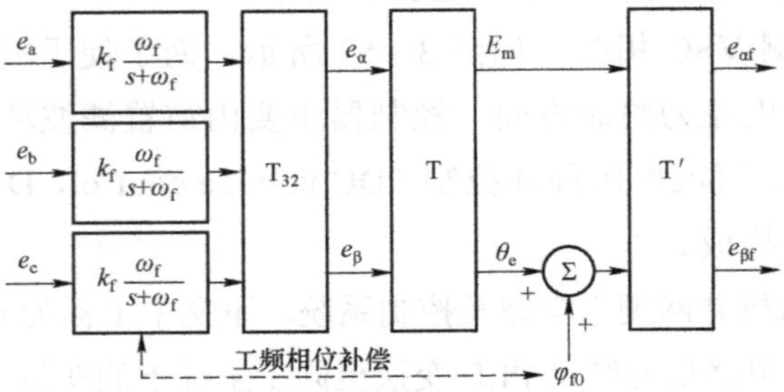

图 3-60 前置交流滤波环节

在两相静止坐标系中，补偿后滤波环节可表示为

$$H_v^s(s)=\frac{\omega_f+j\omega_s}{s+\omega_f} \tag{3-162}$$

在系统工频点 $H_v^s(s)\big|_{s=j\omega_s}=1$，达到了滤除高阶谐波分量的目的，且工频基波的幅值和相位保持不变。静止坐标下传递函数转换至同步旋转坐标下为

$$H_v(s)=H_v^s(s+j\omega_s)=\frac{\omega_f+j\omega_s}{s+j\omega_s+\omega_f} \tag{3-163}$$

式中：$H_v(s)$为复系数传递函数。令 $\omega_f=k_h\omega_s$（$1\leqslant k_h\leqslant n_{PWM}$），$H_v(s)$ 的实部和虚部为

$$H_v(s)=\frac{s+\omega_{f1}}{\frac{1}{\omega_f}s^2+2s+\omega_{f1}}+j\frac{\frac{1}{k_h}s}{\frac{1}{\omega_f}s^2+2s+\omega_{f1}}=H_{vR}(s)+jH_{vI}(s) \tag{3-164}$$

式中：$\omega_{f1}=(k_h+1/k_h)\omega_s$。达到稳态时 $H_{vR}(0)=1$，$H_{vI}(0)=0$。考虑到次同步/超同步频率一般低于 100Hz，在该频段 $H_{vI}(s)$的幅频曲线低于 $H_{vR}(s)$的幅频曲线 20dB。本节主要研究该频率范围的动态特性，因此可以忽略虚部。若只考虑次同步频率特性，$H_{vR}(s)$的分母二阶项系数很小，该环节可进一步简化为

$$H_v(s)=\frac{s+\omega_{f1}}{2s+\omega_{f1}} \tag{3-165}$$

2. 电流内环模型

如图 3-59 所示，为了削弱 VSC 注入电网高频谐波分量，在交流侧配置了滤波电容支

路，串联小电阻 r_f 以防止在 LC 谐振频率下出现过大的谐波电流。VSC 交流侧动态方程为

$$(sL_g + j\omega_s L_g)\boldsymbol{i}_g = \boldsymbol{E} - H_{Cf}(s)\boldsymbol{v}_g \tag{3-166}$$

式中：$H_{Cf}(s)=1-L_gC_f(s+j\omega_s)^2/(sr_fC_f+1+j\omega_s r_f C_f)$。

直驱风电的换流电感一般在零点几毫亨到几十毫亨之间，滤波电容一般在几微法到几百微法之间，L_gC_f 数值很小，且电阻 r_f 值较小，因此在电流内环带宽内（$f_{ci}\leqslant 0.2f_{PWM}$），可以认为 $H_{Cf}(s)=1$。所以在直驱风电的次同步/超同步频率特性研究中，VSC 交流侧动态方程可以略去滤波电容支路。

如图 3-61 所示，VSC 电流内环一般采用反馈解耦及 PI 控制，其控制方程为

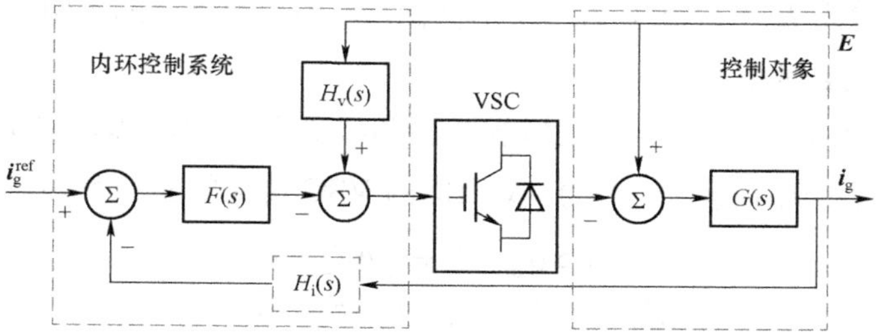

图 3-61　电流内环控制

$$\boldsymbol{v}_g^{ref} = -\underbrace{\left(K_{pi}+\frac{1}{sT_{ii}}\right)}_{F_i(s)}(\boldsymbol{i}_g^{ref}-\boldsymbol{i}_g^{c}) - j\omega_s L_g \boldsymbol{i}_g^{c} + \boldsymbol{E}^{c} \tag{3-167}$$

式中：K_{pi}、T_{ii} 分别为电流内环 PI 控制的比例系数和积分时间常数。若不考虑 PLL 和 PWM 控制的延迟作用，换流电感电流与换流母线电压均采用前置滤波，将式（3-167）代入式（3-166）可得：

$$\boldsymbol{i}_g = \underbrace{\frac{F_i(s)}{sL_g + j\omega_s L_g(1-H_i(s)) + F_i(s)H_i(s)}}_{G_{ci}(s)}\boldsymbol{i}_g^{ref} + \underbrace{\frac{1-H_v(s)}{sL_g + j\omega_s L_g(1-H_i(s)) + F(s)H_i(s)}}_{Y_i(s)}\boldsymbol{E} \tag{3-168}$$

采用电流反馈解耦条件是 $\mathrm{Im}\{G_{ci}(s)\}=0$。上式中 $1-H_i(s)=s/(s+\omega_{fi}+j\omega_s)$ 在稳态时为 0，但在动态过程中不为 0，即 dq 轴不能完全解耦控制。

VSC 接入强网时，系统等值阻抗（电感）较小，动态过程较短，但抑制电流中高频分量的作用减弱，控制器输入电流信号中含有高频分量。采用前置电流滤波环节，可降低高频分量，达到较好控制效果。而 VSC 接入弱网时，系统等值阻抗较大，抑制电流中高频分量作用增强，但扰动时电路动态过程较长，若采用前置电流滤波环节，动态过程中 dq 轴不能完全解耦控制，进一步延长了动态过程；另外也降低了电流内环带宽，控制特性较差。因此电流信号可不采用前置滤波，或滤波环节带宽 ω_{fi} 足够大。

不考虑电流前置滤波，VSC 电流内环控制方程为

$$\boldsymbol{i}_{\mathrm{g}}=\underbrace{\frac{sK_{\mathrm{pi}}+\dfrac{1}{T_{\mathrm{ii}}}}{s^2L_{\mathrm{g}}+sK_{\mathrm{pi}}+\dfrac{1}{T_{\mathrm{ii}}}}}_{G_{\mathrm{ci}}(s)}\boldsymbol{i}_{\mathrm{g}}^{\mathrm{ref}}+\underbrace{\frac{s^2\left(\dfrac{1}{\omega_{\mathrm{f}}}s+1\right)}{\left(L_{\mathrm{g}}s^2+sK_{\mathrm{pi}}+\dfrac{1}{T_{\mathrm{ii}}}\right)\left(\dfrac{1}{\omega_{\mathrm{f}}}s^2+2s+\omega_{\mathrm{f1}}\right)}}_{Y_{\mathrm{i}}(s)}\boldsymbol{E} \tag{3-169}$$

稳态时 $G_{\mathrm{ci}}(0)=1$ 和 $Y_{\mathrm{i}}(0)=0$，所以内环属于稳态无静差控制。用比例控制也能达到控制目的，因此积分环节可取消，或积分时间取较大值，以弥补扰动造成静态误差。设电流内环带宽为ω_{ci}（$\omega_{\mathrm{ci}}\leqslant 0.2\omega_{\mathrm{PWM}}$），一般采用内模法（internal model control，IMC）确定电流内环 PI 控制参数为 $K_{\mathrm{pi}}=L_{\mathrm{g}}\omega_{\mathrm{ci}}$，$T_{\mathrm{ii}}=L_{\mathrm{g}}/(r_{\mathrm{g}}K_{\mathrm{pi}})$，$r_{\mathrm{g}}$ 为换流电感的电阻。

3. 直流电压控制模型

在基于电压 $\boldsymbol{E}$ 为参考向量的同步坐标下，交流母线电压向量与电感电流向量分别为 $\boldsymbol{E}=E_0+\Delta E_{\mathrm{d}}+\mathrm{j}E_{\mathrm{q}}$ 和 $\boldsymbol{i}_{\mathrm{g}}=(i_{\mathrm{gd}}^0+\Delta i_{\mathrm{gd}})+\mathrm{j}(i_{\mathrm{gq}}^0+\Delta i_{\mathrm{gq}})$，交流侧向 VSC 传递的复功率为 $\boldsymbol{S}_{\mathrm{E}}=1.5\boldsymbol{E}\boldsymbol{i}^*_{\mathrm{g}}$，可得：

$$\begin{cases}\Delta P_{\mathrm{E}}=1.5\,(i_{\mathrm{gd}}^0\Delta E_{\mathrm{d}}+i_{\mathrm{gq}}^0\Delta E_{\mathrm{q}}+E_0\Delta i_{\mathrm{gd}})\\ \Delta Q_{\mathrm{E}}=1.5\,(i_{\mathrm{gd}}^0\Delta E_{\mathrm{q}}-i_{\mathrm{gq}}^0\Delta E_{\mathrm{d}}-E_0\Delta i_{\mathrm{gq}})\end{cases} \tag{3-170}$$

式中：$i_{\mathrm{gd}}^0=2P_{\mathrm{E0}}/(3E_0)$；$i_{\mathrm{gq}}^0=-2Q_{\mathrm{E0}}/(3E_0)$。

直流侧电容动态方程为$sC_{\mathrm{d}}U_{\mathrm{d}}=i_{\mathrm{d1}}-i_{\mathrm{d2}}$，则直流侧的动态线性方程可表示为$sC_{\mathrm{d}}U_{\mathrm{d}}^0\Delta U_{\mathrm{d}}=\Delta P_{\mathrm{d1}}-\Delta P_{\mathrm{d2}}$。因换流电感的电阻很小，假设 VSC 交直流侧之间无损地传输有功功率，则 $P_{\mathrm{E}}=P_{\mathrm{d1}}$，$P_{\mathrm{d2}}$ 为直驱永磁发电机侧传输至直流侧的有功功率（$P_{\mathrm{d2}}=P_0$）。DVC 的控制方程为

$$i_{\mathrm{gd}}^{\mathrm{ref}}=-\underbrace{\left(K_{\mathrm{pd}}+\frac{1}{sT_{\mathrm{id}}}\right)}_{F_{\mathrm{dc}}(s)}[U_{\mathrm{d}}^{\mathrm{ref}}-H_{\mathrm{dc}}(s)U_{\mathrm{d}}] \tag{3-171}$$

式中：直流电压滤波环节为 $H_{\mathrm{dc}}(s)=\omega_{\mathrm{dc}}/(s+\omega_{\mathrm{dc}})$，该环节的带宽可取值为 $\omega_{\mathrm{dc}}\leqslant 0.1\omega_{\mathrm{ci}}$。由 DVC 控制方程可得：

$$\Delta i_{\mathrm{gd}}^{\mathrm{ref}}=-F_{\mathrm{dc}}(s)H_{\mathrm{dc}}(s)\Delta U_{\mathrm{d}} \tag{3-172}$$

将上式代入前面已推导的电流内环 d 轴传递函数，可得：

$$\Delta i_{\mathrm{gd}}=-g_{\mathrm{ci}}(s)F_{\mathrm{dc}}(s)H_{\mathrm{dc}}(s)\Delta U_{\mathrm{d}}+y_{\mathrm{i}}(s)\Delta E_{\mathrm{d}} \tag{3-173}$$

将式（3－170）代入直流侧动态方程可得：

$$\Delta i_{\mathrm{gd}}=\frac{2}{3}\left(s\frac{C_{\mathrm{d}}U_{\mathrm{d}}^0}{E_0}\Delta U_{\mathrm{d}}-\frac{P_{\mathrm{E0}}}{E_0^2}\Delta E_{\mathrm{d}}+\frac{Q_{\mathrm{E0}}}{E_0^2}\Delta E_{\mathrm{q}}\right) \tag{3-174}$$

联立式（3－173）、式（3－174）可得 ΔU_{d}，代入式（3－172）可得：

$$\Delta i_{\mathrm{gd}}^{\mathrm{ref}}=-g_{\mathrm{dc}}^{\mathrm{d}}(s)\Delta E_{\mathrm{d}}+g_{\mathrm{dc}}^{\mathrm{q}}(s)\Delta E_{\mathrm{q}} \tag{3-175}$$

式中：

$$\begin{cases} g_{dc}^{d}(s)=\dfrac{F_{dc}(s)H_{dc}(s)\left(\dfrac{2P_{E0}}{3E_0^2}+y_i(s)\right)}{s\dfrac{2C_dU_d^0}{3E_0}+g_{ci}(s)F_{dc}(s)H_{dc}(s)} \\ g_{dc}^{q}(s)=\dfrac{\dfrac{2Q_{E0}}{3E_0^2}F_{dc}(s)H_{dc}(s)}{s\dfrac{2C_dU_d^0}{3E_0}+g_{ci}(s)F_{dc}(s)H_{dc}(s)} \end{cases}$$

电流内环比直流电压外环响应速度快得多，可认为式（3－175）中 $g_{ci}(s)\approx 1$，另外在 PWM 控制方式下 $U_d^0/E_0\approx 2$，因此 $g_{dc}^d(s)$和 $g_{dc}^q(s)$可进一步简化。采用 3 阶系统极点配置，直流电压 PI 参数可以配置为 $K_{pd}\approx C_d\omega_{dc}$ 和 $T_{id}\approx 20/(C_d\omega_{dc}^2)$。目前国内直驱风电并网侧 VSC 一般采用机端零无功控制方式（$i_{gd}^{ref}=0$），因此 dq 轴参考电流线性方程为

$$\Delta i_g^{ref}=\underbrace{\begin{bmatrix} -g_{dc}^d(s) & g_{dc}^q(s) \\ 0 & 0 \end{bmatrix}}_{G_{Ei}(s)}\Delta E \tag{3-176}$$

4. 锁相环控制模型

锁相环提供了电路变量在静止坐标系与同步坐标系之间变换标尺–旋转矢量与参考轴之间角度，其结构如图 3－62 所示。

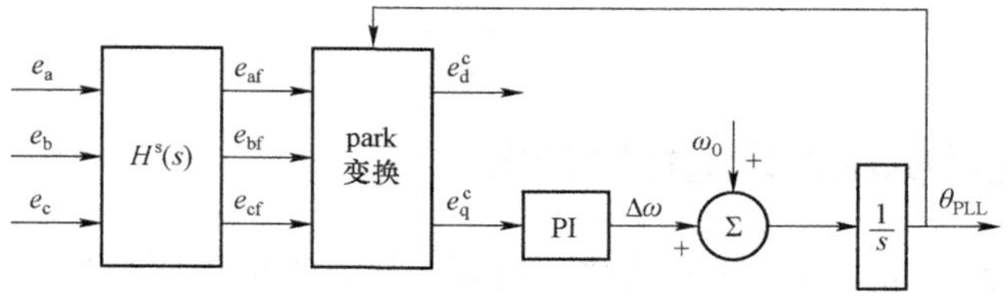

图 3－62　锁相环控制结构

上图中 PLL 的控制方程为

$$\Delta\omega=\underbrace{\left(K_{pp}+\frac{1}{sT_{ip}}\right)}_{F_{PLL}(s)}e_q^c \tag{3-177}$$

$$\frac{d\theta_{PLL}}{dt}=\omega_0+\Delta\omega \tag{3-178}$$

令 $\Delta\theta=\theta_{PLL}-\theta_s$，控制器中交流母线电压向量可以表示为

$$\boldsymbol{E}^c=e^{-j\Delta\theta}\boldsymbol{E}_f=[\cos(\Delta\theta)-j\sin(\Delta\theta)](E_0+\Delta\boldsymbol{E}_f)\approx E_0+H_v(s)\Delta\boldsymbol{E}-jE_0\Delta\theta \tag{3-179}$$

式中：$H_v(s)=H_{vR}(s)+jH_{vI}(s)$；$\Delta\boldsymbol{E}=\Delta e_d+j\Delta e_q$。由式（3－177）～式（3－179）可得：

$$\frac{\mathrm{d}\Delta\theta}{\mathrm{d}t}=F_{\mathrm{PLL}}(s)\left(H_{\mathrm{vR}}(s)\Delta e_{\mathrm{q}}+H_{\mathrm{vI}}(s)\Delta e_{\mathrm{d}}-E_0\Delta\theta\right) \tag{3-180}$$

由上式可得 PLL 的传递函数为

$$\Delta\theta=\underbrace{\frac{F_{\mathrm{PLL}}(s)H_{\mathrm{vI}}(s)}{s+E_0F_{\mathrm{PLL}}(s)}}_{G_{\mathrm{PLL\_D}}(s)}\Delta e_{\mathrm{d}}+\underbrace{\frac{F_{\mathrm{PLL}}(s)H_{\mathrm{vR}}(s)}{s+E_0F_{\mathrm{PLL}}(s)}}_{G_{\mathrm{PLL\_Q}}(s)}\Delta e_{\mathrm{q}} \tag{3-181}$$

达到稳态时，$H_{\mathrm{vR}}(0)=1$ 及 $H_{\mathrm{vI}}(0)=0$。若 $\Delta e_{\mathrm{q}}=0$，则采用比例控制也能够使 $\Delta\theta=0$，因此积分常数 T_{ip} 可以选择一个较大值，比例系数可选择 $K_{\mathrm{pp}}=0.1\omega_{\mathrm{ci}}/E_0$。上式中 $G_{\mathrm{PLL_D}}(s)$所占比例较小，忽略该部分，则 PLL 可以简化为 $G_{\mathrm{PLL}}(s)=G_{\mathrm{PLL\_Q}}(s)$。将式（3－181）代入式（3－179）可得：

$$\Delta E^{\mathrm{c}}=\underbrace{\begin{bmatrix}H_{\mathrm{vR}}(s) & 0\\ 0 & H_{\mathrm{vR}}(s)-E_0G_{\mathrm{PLL}}(s)\end{bmatrix}}_{G_{\mathrm{PLL}}^{\mathrm{sL}}(s)}\Delta E \tag{3-182}$$

与电压向量变换类似，对于经过 PLL 变换后控制器中电流向量 $\boldsymbol{i}^{\mathrm{c}}$ 和电路中电流向量 $\boldsymbol{i}$ 关系可以表示为

$$\Delta i=\Delta i^{\mathrm{c}}+\underbrace{\begin{bmatrix}0 & \dfrac{2Q_{\mathrm{E0}}}{3E_0}G_{\mathrm{PLL}}(s)\\ 0 & \dfrac{2P_{\mathrm{E0}}}{3E_0}G_{\mathrm{PLL}}(s)\end{bmatrix}}_{G_{\mathrm{PLL}}^{\mathrm{P}}(s)}\Delta E \tag{3-183}$$

3.3.2 直驱风机输入导纳特性分析

如图 3－63 所示，综合前置交流滤波、电流内环、直流电压外环及锁相环等环节，可以得到直驱风机并网侧线性模型。

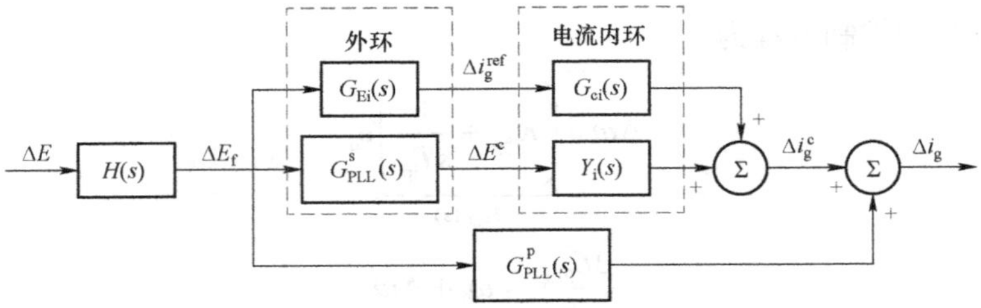

图 3－63 直驱风机并网侧线性模型

式（3－169）、式（3－176）、式（3－182）和式（3－183）组成了直驱风机并网侧线性模型，其输入导纳为

$$Y(s)=G_{\mathrm{ci}}(s)G_{\mathrm{Ei}}(s)+Y_{\mathrm{i}}(s)G_{\mathrm{PLL}}^{\mathrm{s}}(s)+G_{\mathrm{PLL}}^{\mathrm{p}}(s) \tag{3-184}$$

式中：

$$\begin{cases} Y_{\mathrm{dd}}(s)=y_{\mathrm{i}}(s)H_{\mathrm{v}}(s)-g_{\mathrm{ci}}(s)g_{\mathrm{dc}}^{\mathrm{d}}(s) \\ Y_{\mathrm{qd}}(s)=g_{\mathrm{ci}}(s)g_{\mathrm{dc}}^{\mathrm{q}}(s)+\dfrac{2Q_{\mathrm{E0}}}{3E_0}G_{\mathrm{PLL}}(s) \\ Y_{\mathrm{dq}}(s)=0 \\ Y_{\mathrm{qq}}(s)=y_{\mathrm{i}}(s)[H_{\mathrm{v}}(s)-E_0G_{\mathrm{PLL}}(s)]+\dfrac{2P_{\mathrm{E0}}}{3E_0}G_{\mathrm{PLL}}(s) \end{cases}$$

考虑机端零无功控制（$Q_{\mathrm{E0}}=0$），可得 $Y_{\mathrm{qd}}(s)=0$，因此 $\boldsymbol{Y}(s)$为对角阵。

1. 输入导纳区间特性分析

考虑换流电感 $L_{\mathrm{g}}=0.33$p.u.、$P_{\mathrm{E0}}=-0.1$p.u.和 $k_{\mathrm{h}}=3$（基值 $S_{\mathrm{B}}=3.3$MVA，$V_{\mathrm{B}}=0.69$kV），直驱风电并网侧输入导纳随频率曲线的变化如图 3-64 所示。

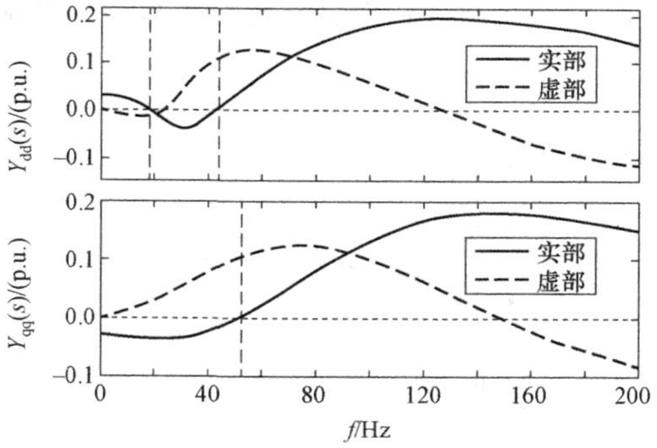

图 3-64 直驱风电并网侧输入导纳实部与虚部–频率曲线

图中，$Y_{\mathrm{dd}}(s)$实部在[18.4, 43.3]区间内为小值负数，呈现负电导特性，而虚部在[23.1, 125.2]Hz 区间内为正，呈现电容特性，在该区间之外输入导纳的虚部为负，呈现电感特性。类似的，$Y_{\mathrm{qq}}(s)$实部在[0, 52.4]区间内为小值负数，虚部在[0, 148.8]区间内为正，呈现电容特性。因此直驱风机在次同步频率范围存在负阻尼区间，若综合系统总阻尼仍为负值，就会发生次同步振荡问题。

2. 前置滤波环节带宽影响

如图 3-65 所示，前置交流电压滤波环节的带宽直接影响直驱风电并网侧输入导纳的实部特性。

图中前置滤波环节中 k_{h} 分别取值 2、3 和 5，$Y_{\mathrm{dd}}(s)$实部分别在[16.3, 40.2]、[17.8, 42.9]和[20.3, 48.1]区间为小值负数，$Y_{\mathrm{qq}}(s)$实部也分别在[0, 46.0]、[0, 52.3]和[0, 63.5]区间呈现小值负数。由图可见随着 k_{h} 增大，负电导区间变宽，朝着频率增加方向移动，但负数的绝对

值逐渐减小。因此，前置滤波环节带宽不能过小，但也不能太大，否则不能达到滤除高频谐波的目的。

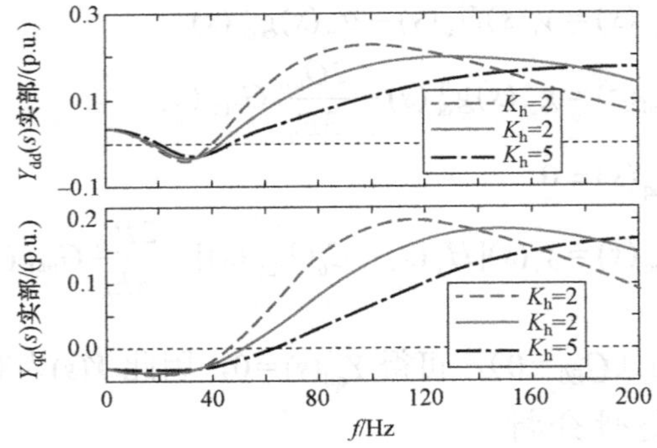

图 3-65　前置滤波带宽对输入导纳影响

3. 电流内环控制参数影响

如图 3-66 所示，VSC 电流内环 PI 控制参数取值也直接影响直驱风电并网侧输入导纳实部变化趋势与大小。

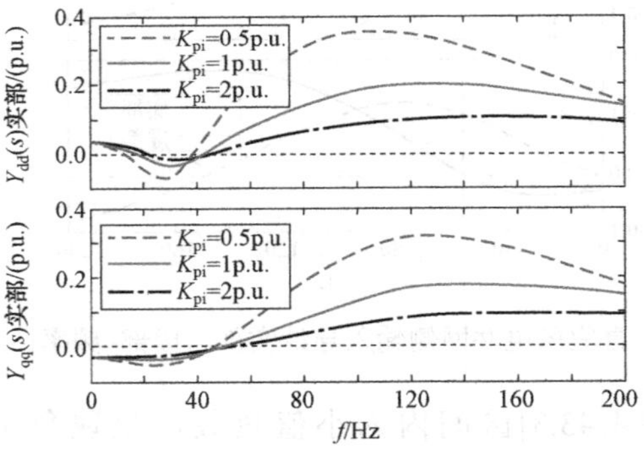

图 3-66　电流内环比例参数对输入导纳影响

图中 K_{pi} 分别取值 0.5、1 和 2pu 条件下，$Y_{dd}(s)$实部分别在[13.1, 38.7]、[17.8, 42.9]和[22.8, 47.0]区间为小值负数。类似的，$Y_{qq}(s)$实部在[0, 46.9]、[0, 52.4]和[0, 56.7]区间为小值负数。随着 K_{pi} 增大，输入电导的负值绝对值明显减小，因而发生次同步振荡的风险减小。因此适当地增加电流内环控制比例系数，可降低发生次同步振荡的风险。

4. 直流电压外环控制参数影响

如图 3-67 所示，VSC 直流电压控制参数取值也直接影响直驱风电并网侧输入导纳的实部特性。

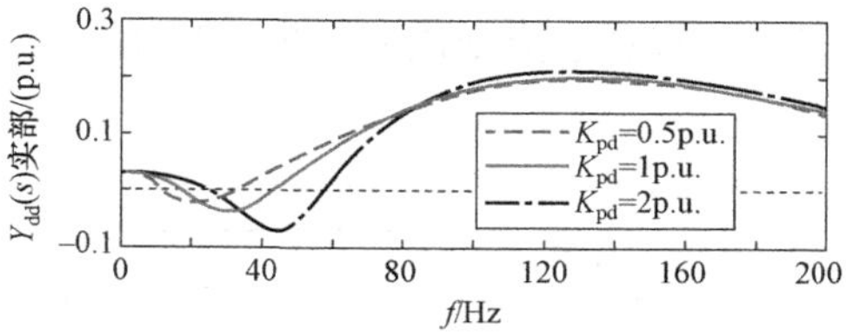

图 3－67　直流电压外环比例参数对输入导纳影响

图中 K_{pd} 分别取值 0.5、1 和 2p.u.条件下，$Y_{dd}(s)$实部分别在[12.0, 32.2]、[17.8, 42.9]和[25.7, 57.2]区间为小值负数。随着 K_{pd} 增大，不但负电导区间变宽，朝着频率增加方向移动，而且输入电导的负值绝对值明显变大，增加了发生次同步振荡的风险。所以，适当地减小 K_{pd}，可以缓解发生次同步振荡风险。

5. 锁相环控制参数影响

如图 3－68 所示，锁相环控制参数取值也影响了直驱风电并网侧输入导纳特性。

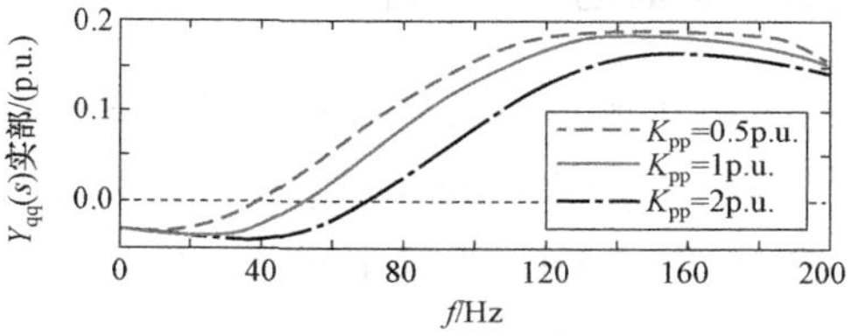

图 3－68　锁相环比例参数对输入导纳影响

图中，K_{pp} 分别取值 0.5、1 和 2 条件下，$Y_{qq}(s)$实部分别在[0, 38.3]、[0, 52.4]和[0, 69.9]区间为小值负数，随着 K_{pp} 增大，输入电导的负值区间变宽，但负值幅值变化不大，发生次同步振荡的可能性稍增。因此，响应较慢的锁相环有利于减小次同步振荡风险。

6. 系统接入强度影响

直驱风电接入系统强度采用无穷大电源的串联电感大小体现，如图 3－59 所示，在同步坐标下阻抗为 $Z_s(s)=(s+j\omega_s)L_s$。采用式（3－184）中导纳 $Y_i(s)$，可方便以和的形式计算 n 台风机的并网综合导纳，通过传递函数 $1/\left(1+Z_s(s)\sum_{j=1}^{n}Y_{ij}(s)\right)$ 的极点实部符号来判断并网系统稳定性。例如前置滤波 $k_h=3$，分别考虑并网风机台数为 100、200、300（为了便于定性分析，风机运行工况相同），随着系统串联电感值逐渐增加，L_s 分别取值大于 1.84、0.92、0.62p.u.，如图 3－69 所示，综合导纳 $Y_z(s)$的极点中实部最大值由负值变为正值，即为不稳定系统，表明在较弱接入系统中，风电并网台数越多，面临次同步振荡风险越高。类似的，前置滤波 k_h 分别考虑取值 3、6、9（风机台数为 300），随着系统串联电感值逐渐增加，L_s 分别取值大于 0.62p.u.、0.96p.u.、1.30p.u.，并网稳定系统变为不稳定系统，表明在较弱接入系统中，较宽带宽的前置滤波有利于降低次同步振荡风险。

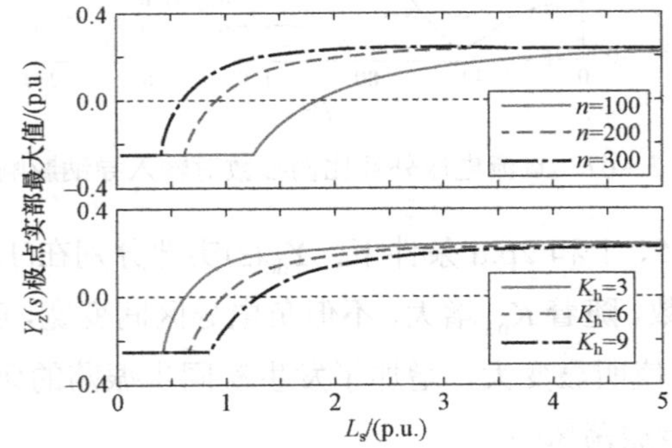

图 3－69　系统阻抗对综合导纳极点实部影响

3.3.3 直驱风电次同步振荡仿真分析

在 PSCAD 中建立如图 3－70 所示的直驱风电系统。图中风机并网 VSC 直流侧电容 C_d=9mF，机端换流电感为 $L_{g1}=L_{g2}$=0.15mH，T_{g1} 和 T_{g2} 为并网变压器（3.3MVA，漏抗 0.066p.u.），系统内阻抗电感为 L_s=0.1H，串联电感 L_1=0.9H 和 L_2=0.1H，换流电感支路电阻和系统等值阻抗电阻 $r_{g1}=r_{g2}=r_s=0$。

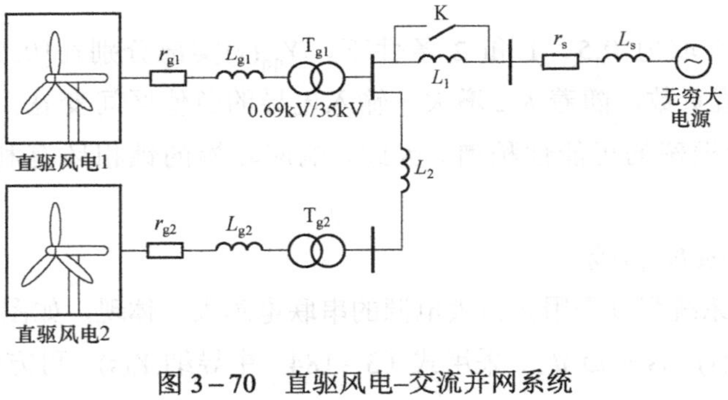

图 3－70　直驱风电–交流并网系统

1. 系统接入强弱影响

直驱风机 1 并网 VSC 控制参数为 k_h=3，K_{pi}=0.2，K_{pd}=18，T_{id}=0.1，K_{pp}=450，风机 2 并网 VSC 控制参数为 K_{pi}=0.4，K_{pd}=9，其他控制参数与直驱风机 1 相同。如图 3－71 所示，风机输出为 P_{e1}=−0.2MW，P_{e2}=−1.0MW，在 t=1.0s 打开开关 K，接入串联电感 L_1，风机 1 机端电流在快速发散后进入等幅次同步振荡（PWM 限幅），也导致了风机 2 机端电流也出现了较小幅值的振荡，在 t=2s 闭合开关 K，次同步振荡迅速消失。表明了弱接入风电系统易发生次同步振荡，这与前面理论分析一致。

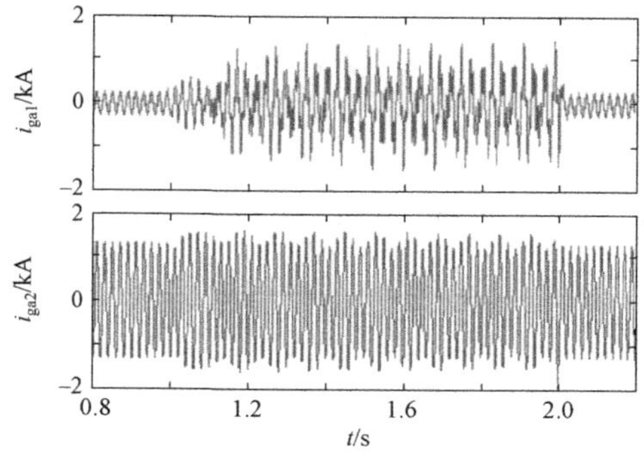

图 3－71　系统阻抗变化时风机并网侧电流

2. 前置滤波带宽影响

风机 1 的前置交流母线电压滤波环节 k_h 分别取 2、3 和 5，对 L_{g1} 电流进行 FFT 分析，如图 3－72 所示，与理论分析一致，k_h 取值较小时，振荡时次同步频率分量电流幅值较大，k_h 增大时次同步频率分量电流幅值有减小趋势，降低了次同步振荡风险。

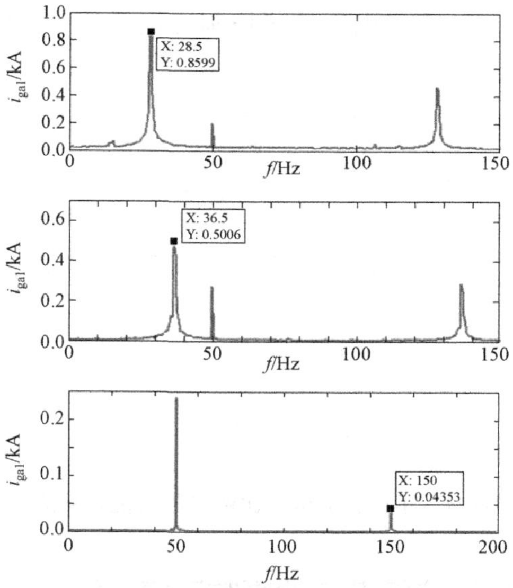

图 3－72　不同前置滤波带宽风机并网侧电流频谱（k_h＝2,3,5）

3. 电流内环控制参数影响

直驱风机 1 的电流内环控制参数 K_{pi} 取值为 0.4，如图 3－73 所示，接入 L_1 后系统稳定，在 2.0～3.0s 之间 K_{pi} 切换为 0.15，i_{g1} 中出现幅值较大的次同步频率电流，也与前面分析一致，电流内环比例系数适当增加，可以缓解次同步振荡的风险。

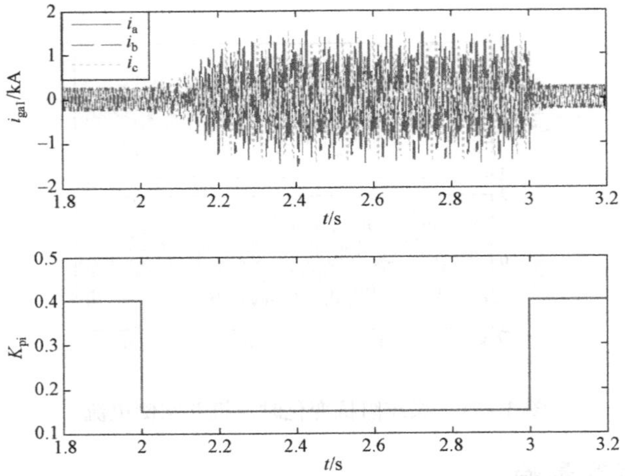

图 3-73 不同电流内环比例参数风机并网侧电流

4. 直流电压外环控制参数影响

直驱风机 1 的直流电压外环控制比例系数 K_{pp} 取值为 9.0，如图 3-74 所示，接入电感 L_1 后系统稳定，在 2.0～3.0s 时间 K_{pp} 切换为 18.0，i_{g1} 中同样出现较大幅值次同步频率电流，与理论分析一致，直流电压外环控制比例系数 K_{pp} 取值过大，可能导致次同步振荡问题。

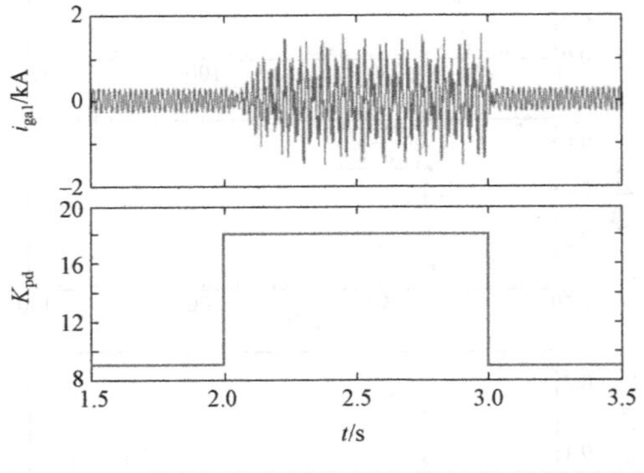

图 3-74 不同直流电压比例参数风机并网侧电流

3.3.4 直驱风电次同步振荡其他影响因素分析

前面分析了直驱风电控制参数和接入系统强度对次同步振荡的影响，风电场的无功/电压控制方式对次同步振荡也有一定的影响作用。目前国内运行风电机组一般采用机端零无功控制，依靠风电场配置 SVC/ SVG 调节无功，在风电功率较小时，风电场母线电压一般高于额定电压。如图 3-75 所示，在发生次同步振荡时，现场数据记录 110kV 母线电压接近 118kV，最高电压达到了 125kV。

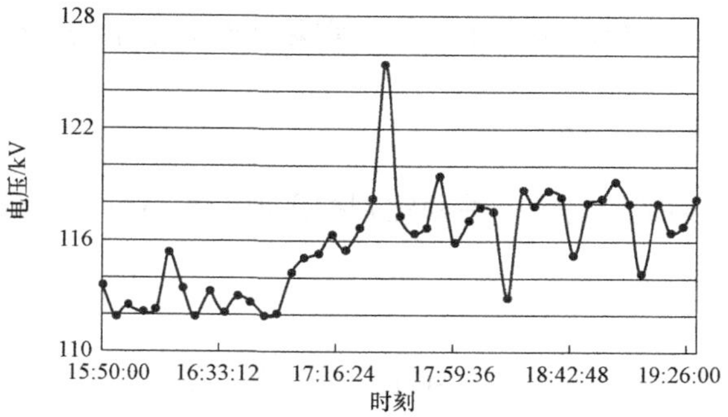

图 3－75　某风电汇集站 110kV 侧电压

直驱风电并网侧 VSC 一般采用 PWM 调制控制，直流侧额定电压一般稍大于 2 倍交流侧额定相电压峰值（例如 1.15kV/0.56kV＝2.05）。若交流系统电压偏高，在风电机端零无功控制方式下调制比接近或超过 1，出现调制波限幅，导致 VSC 输出非工频分量。随着限幅深度变化，输出的次同步频率电流出现了频率漂移特征。

3.4　统一性稳定分析法

近年来，我国风电、光伏等新能源发电进入大规模发展阶段，电力系统呈现出高比例电力电子化和高比例新能源电源的新特征。我国的风能、太阳能等新能源具有分布集中度高、开发集中连片的特点，新能源发电场站多以集中并网方式接入交流电力系统，我国“三北”地区已形成了多个电力电子电源场站密集落点的大规模发电基地，对电力系统的安全稳定性提出了更大的挑战。

传统短路比等稳定分析方法及指标已广泛应用于高比例电力电子电力系统的稳定性评估。然而，高比例电力电子电源区域的稳定特性、动态过程与单场站并网系统存在明显差异。具体而言，高比例电力电子电源区域往往具有并网落点密集、场站间电气距离相对较近的特点，易出现由并网变换器间强耦合关系引发的持续功率振荡，造成局部电力系统的稳定裕度不足；此外，经同一并网点密集接入的各电力电子电源场站还具有机组类型多样、控制器参数不同、动态特性各异等特点，其抗扰能力和受扰后的功率恢复过程存在明显差异，难以采用机理建模的方法实现精确估计。因此，以单电力电子电源场站为研究对象的电力系统稳定性评估方法，忽略了电力电子电源场站间的功率交互作用及其影响，使得基于此方法的稳定性分析结果存在漏判或误判的可能性，限制了其在高比例电力电子电力系统中的应用。

针对上述问题，本节以高比例新能源并网系统为研究对象，提出了一种针对电力电子电源场站、区域的统一性稳定判据，构造了基于多维评价指标的高比例电力电子电力系统安全稳定性评估框架，并实例验证了本方法在实际并网系统中的有效性。

3.4.1 理论基础

在提出电力系统宽频带振荡统一性稳定判据之前，本小节首先对必要的基础理论进行简要介绍。

1. 小增益定理

小增益定理（small gain theorem，SGT）是动态系统稳定性分析的基本理论之一，是研究不确定系统鲁棒稳定性的有力工具，将该理论简述如下。

对于算子 G：$L_\infty \to L_\infty$，若存在 2 个常数 $\gamma \geqslant 0$ 和 $b>0$，使得

$$\|Gu\| \leqslant \gamma \|u\| + b, \quad \forall u \in L \tag{3-185}$$

成立，则算子 G 是有界输入—有界输出（bounded input-bound output，BIBO）稳定的。

小增益定理：考虑如图 3-76 所示的反馈系统：

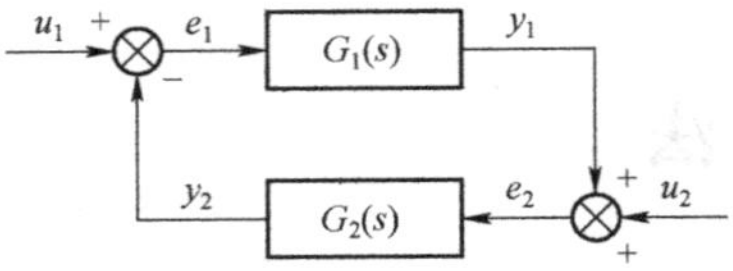

图 3-76 反馈控制系统

$$\begin{cases} u_1 = e_1 + G_2 e_2 \\ u_2 = e_2 - G_1 e_1 \end{cases} \tag{3-186}$$

满足因果律，如果存在正数 γ_1，γ_2，以及 b_1，b_2，使得

$$\begin{cases} \|G_1 e_1\| \leqslant \gamma_1 \|e_1\| + b_1 \\ \|G_2 e_2\| \leqslant \gamma_2 \|e_2\| + b_2 \end{cases} \tag{3-187}$$

对任意 $e_1, e_2 \in L_\text{p}$ 成立，且 $\gamma_1\gamma_2 < 1$，则对任意 $T \in [0,\infty), (u_{1\text{T}}, u_{2\text{T}}) \in L_\text{p}$，有：

$$\begin{cases} \|e_{1\text{T}}\| \leqslant \dfrac{1}{1-\gamma_1\gamma_2}(\|u_{1\text{T}}\| + \gamma_2 \|u_{2\text{T}}\| + b_2 + \gamma_2 b_1) \\ \|e_{2\text{T}}\| \leqslant \dfrac{1}{1-\gamma_1\gamma_2}(\|u_{2\text{T}}\| + \gamma_1 \|u_{1\text{T}}\| + b_1 + \gamma_1 b_2) \end{cases} \tag{3-188}$$

且当 u_1，$u_2 \in L_\text{p}$ 时，有 e_1，$e_2 \in L_\text{p}$。

对上述定理解释如下：

由式（3-188）不难证明，存在充分大正数 γ 和 b 使得：

$$\left\| \begin{bmatrix} e_1 \\ e_2 \end{bmatrix} \right\| \leqslant \gamma \left\| \begin{bmatrix} u_1 \\ u_2 \end{bmatrix} \right\| + b \tag{3-189}$$

成立。

小增益定理虽然只是 BIBO 稳定性判据，但对于可控和可观的线性系统，其内部稳定性与外部稳定性是等价的，小增益定理是系统稳定的充分条件。

输入—输出稳定性也称为有界输入—有界输出稳定性，简称 BIBO 稳定性。

2. 相对增益矩阵

相对增益矩阵（relative gain array，RGA）是在 1996 年由 Bristol 提出的，是一种分析

多变量控制系统交互影响的有效方法，被广泛应用于控制系统的分析与设计研究中。基于多变量系统的相对增益概念，RGA 可以提供多变量系统中不同控制回路间交互影响强弱的量化信息，能够考察各输入输出变量的影响程度。RGA 基本原理如下：

对于一个 n 维输入 m 维输出的多变量分散控制系统，其结构框图如图 3－77 所示，其中 $G(s)$为被控对象的传递函数矩阵。

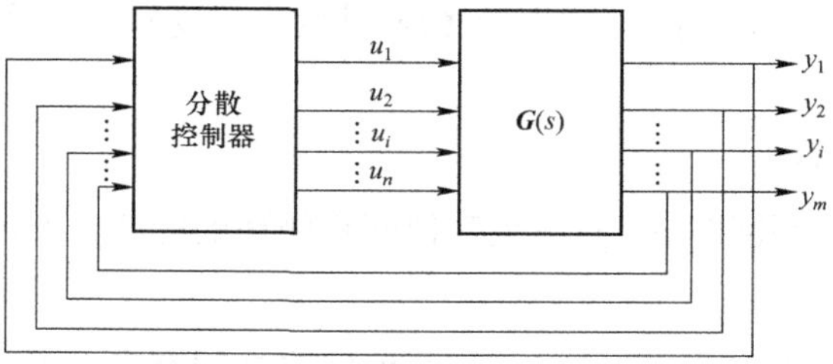

图 3－77　多输入多输出控制系统

选择第 i 控制回路，使其他各控制量 u_k（k=1, 2, …, n, $k\neq i$）都保持不变，即相当于其他回路开路，只改变控制量 u_j，所得到的 y_i 的变化量与 u_j 的变化量之比，称为 u_j 到 y_i 通道的开环增益，即

$$k_{ij}=\left.\frac{\partial y_i}{\partial u_j}\right|u_k=0,k\neq j \tag{3－190}$$

选择第 i 控制回路，使其他各控制量 y_k（k=1, 2, …, n, $k\neq i$）保持不变，即其他回路闭合，只改变被控量 y_i，所得到的 y_i 的变化量与 u_j 的变化量之比，称为 u_j 到 y_i 通道的闭环增益，即

$$k'_{ij}=\left.\frac{\partial y_i}{\partial u_j}\right|y_k=0,k\neq i \tag{3－191}$$

定义相对增益为开环增益与闭环增益之比，即

$$\lambda_{ij}=\frac{k_{ij}}{k'_{ij}}=\frac{\left.\dfrac{\partial y_i}{\partial u_j}\right|u_k=0,k\neq j}{\left.\dfrac{\partial y_i}{\partial u_j}\right|y_k=0,k\neq i} \tag{3－192}$$

计算出所有回路的相对增益，扩展成相对增益矩阵

$$\boldsymbol{R}_{\mathrm{RGA}}=\begin{bmatrix}\lambda_{11} & \lambda_{12} & \cdots & \lambda_{1n}\\ \lambda_{21} & \lambda_{22} & \cdots & \lambda_{2n}\\ \vdots & \vdots & \ddots & \vdots\\ \lambda_{m1} & \lambda_{m2} & \cdots & \lambda_{mn}\end{bmatrix} \tag{3－193}$$

相对增益 λ_{ij} 提供了多变量控制系统中不同控制回路之间交互影响的一个度量。对于 n 维输入 m 维输出闭环控制系统，所有的相对增益 λ_{ij} 构成了一个 $n\times m$ 维的相对增益矩阵

$\boldsymbol{R}_{\mathrm{RGA}}$，该矩阵包含了系统不同控制回路之间交互影响的定量信息，因此 $\boldsymbol{R}_{\mathrm{RGA}}$ 可反映各输入输出回路之间的交互影响程度。

由定义可以推导出相对增益矩阵的计算式：

$$\boldsymbol{R}_{\mathrm{RGA}}(s)=\boldsymbol{G}(s)\otimes[\boldsymbol{G}(s)^{-1}]^{\mathrm{T}} \tag{3-194}$$

式中：⊗表示 2 个矩阵相对应的元素相乘，即矩阵的 Hadamard 乘积。$\boldsymbol{G}(s)$为传递函数矩阵。若 $n\neq m$，则 $\boldsymbol{R}_{\mathrm{RGA}}$ 为非方阵，式中的 $\boldsymbol{G}(s)^{-1}$ 为广义逆矩阵。当 $s=0$ 时，$\boldsymbol{G}(0)$为传递函数矩阵 $\boldsymbol{G}(s)$的稳态值。

RGA 矩阵有以下特性：

（1）$\lambda_{ij}=1$，表明控制回路 u_j-y_i 不受其他回路闭环的影响，此时没有交互作用，为最佳理想状态。

（2）$0<\lambda_{ij}<1$，表明控制回路 u_j-y_i 与其他回路之间有交互影响，作用方向一致，即其他回路加强了 u_j 对 y_i 的影响。

（3）$\lambda_{ij}>1$，表明控制回路 u_j-y_i 与其他回路之间有交互影响，方向相反，即其他回路的作用减弱了 u_j 对 y_i 的影响，为负交互影响。

（4）若 $\lambda_{ij}=0$，表明控制回路 u_j-y_i 的开环增益为零，即采用输入 u_j 来控制 y_i 是不可行的。

3.4.2 基于等效开环过程的动态稳定分析法

1. 等效开环过程（effective open-loop process，EOP）理论

考虑如图 3－78 所示的多变量系统，其中：$\boldsymbol{r}=[r_1r_2\cdots r_n]^{\mathrm{T}}$、$\boldsymbol{u}=[u_1u_2\cdots u_n]^{\mathrm{T}}$、$\boldsymbol{y}=[y_1y_2\cdots y_n]^{\mathrm{T}}$ 分别为系统的输入变量向量、控制变量向量和输出变量向量，$\boldsymbol{G}(s)$、$\boldsymbol{G}_{\mathrm{C}}(s)$分别为被控对象传递函数矩阵和控制器传递函数矩阵。

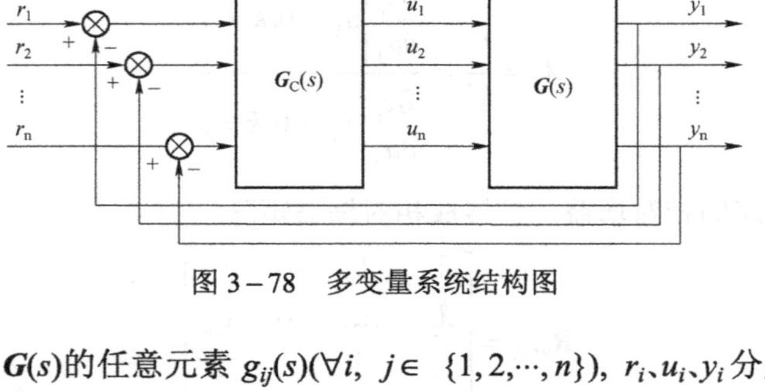

图 3－78 多变量系统结构图

对于被控对象 $\boldsymbol{G}(s)$的任意元素 $g_{ij}(s)(\forall i,\ j\in\{1,2,\cdots,n\})$，$r_i$、$u_i$、$y_i$ 分别为第 i 个输入变量、控制变量和输出变量；$\bar{\boldsymbol{r}}^i$、$\bar{\boldsymbol{u}}^i$、$\bar{\boldsymbol{y}}^i$ 分别表示去除第 i 个元素的输入变量向量、控制变量向量和输出变量向量。

对于由任一控制变量 u_j 和任意输出变量 y_i 构成的回路，当所有其他回路全部开环时，

从 u_j 到 y_i 的开环传递函数为 g_{ij}；当所有其他回路全部闭环时，由于多回路的耦合作用，从 u_j 到 y_i 的开环传递函数将发生变化。此时，控制变量向量 $\boldsymbol{u}$ 和输出变量向量 $\boldsymbol{y}$ 间的过程可以描述为

$$\begin{cases} y_i = g_{ij}u_j + \bar{\boldsymbol{g}}_{i.}^{ij}\bar{\boldsymbol{u}}^j \\ \bar{\boldsymbol{y}}^i = \bar{\boldsymbol{g}}_{.j}^{ij}u_j + \bar{\boldsymbol{G}}_{i.}^{ij}\bar{\boldsymbol{u}}^j \end{cases} \tag{3-195}$$

式中：$\bar{\boldsymbol{G}}_{\mathrm{C}}^{ij}$ 为去除 $\boldsymbol{G}_{\mathrm{C}}(s)$第 i 行和第 j 列后所得的矩阵；$\bar{\boldsymbol{G}}^{ij}$ 为去除 $\boldsymbol{G}(s)$第 i 行和第 j 列后所得的矩阵；$\bar{\boldsymbol{g}}_{i.}^{ij}$ 、$\bar{\boldsymbol{g}}_{.j}^{ij}$ 分别为去除 $\boldsymbol{G}(s)$中 g_{ij} 后的第 i 行向量和第 j 列向量。

控制变量向量 $\bar{\boldsymbol{u}}^j$ 可以表示为

$$\bar{\boldsymbol{u}}^j = -\bar{\boldsymbol{G}}_{\mathrm{C}}^{ij}\bar{\boldsymbol{y}}^i = -\bar{\boldsymbol{G}}_{\mathrm{C}}^{ij}(\bar{\boldsymbol{g}}_{.j}^{ij}u_j + \bar{\boldsymbol{G}}_{i.}^{ij}\bar{\boldsymbol{u}}^j) \tag{3-196}$$

由式（3－195）、式（3－196）推导得：

$$\bar{\boldsymbol{u}}^j = -\bar{\boldsymbol{G}}_{\mathrm{C}}^{ij}(\boldsymbol{I} + \bar{\boldsymbol{G}}^{ij}\bar{\boldsymbol{G}}_{\mathrm{C}}^{ij})^{-1}\bar{\boldsymbol{g}}_{i.}^{ij}u_j \tag{3-197}$$

因此，从 u_i 到 y_i 的开环传递函数可表示为

$$y_i = g_{ij}u_i + \bar{\boldsymbol{g}}_{i.}^{ij}\bar{\boldsymbol{u}}^j = [g_{ij} - \bar{\boldsymbol{g}}_{i.}^{ij}\bar{\boldsymbol{G}}_{\mathrm{C}}^{ij}(\boldsymbol{I} + \bar{\boldsymbol{G}}^{ij}\bar{\boldsymbol{G}}_{\mathrm{C}}^{ij})^{-1}\bar{\boldsymbol{g}}_{.j}^{ij}]u_j \tag{3-198}$$

定义从 u_i 到 y_i 的等效开环过程为

$$\hat{g}_{ij}(s) = g_{ij} - \bar{\boldsymbol{g}}_{i.}^{ij}\bar{\boldsymbol{G}}_{\mathrm{C}}^{ij}(\boldsymbol{I} + \bar{\boldsymbol{G}}^{ij}\bar{\boldsymbol{G}}_{\mathrm{C}}^{ij})^{-1}\bar{\boldsymbol{g}}_{.j}^{ij} \tag{3-199}$$

由式（3－199）推导得：

$$\hat{g}_{ij}(s) = g_{ij} - \bar{\boldsymbol{g}}_{i.}^{ij}(\bar{\boldsymbol{G}}^{ij})^{-1}\boldsymbol{H}^{ij}\bar{\boldsymbol{g}}_{.j}^{ij} \tag{3-200}$$

式中 $\boldsymbol{H}^{ij} = \bar{\boldsymbol{G}}^{ij}\bar{\boldsymbol{G}}_{\mathrm{C}}^{ij}(\boldsymbol{I} + \bar{\boldsymbol{G}}^{ij}\bar{\boldsymbol{G}}_{\mathrm{C}}^{ij})^{-1}$ 为除回路外的其他回路构成的 $n-1$ 维子系统灵敏度函数矩阵。

由式（3－200）可知，由于多回路间的耦合作用，u_i 到 y_i 的等效开环过程包含闭环传递函数 $\boldsymbol{H}^{ij}$，而 $\boldsymbol{H}^{ij}$ 与其他回路的控制器 $\bar{\boldsymbol{G}}_{\mathrm{C}}^{ij}$ 有关。可以看出，多输入多输出系统各回路间的影响十分复杂，且与控制器 $\boldsymbol{G}_{\mathrm{C}}(s)$的取值有关。

2. 基于 EOP 的双馈风机并网系统频域模型

双馈风机并网系统的结构如图 3－79 所示。

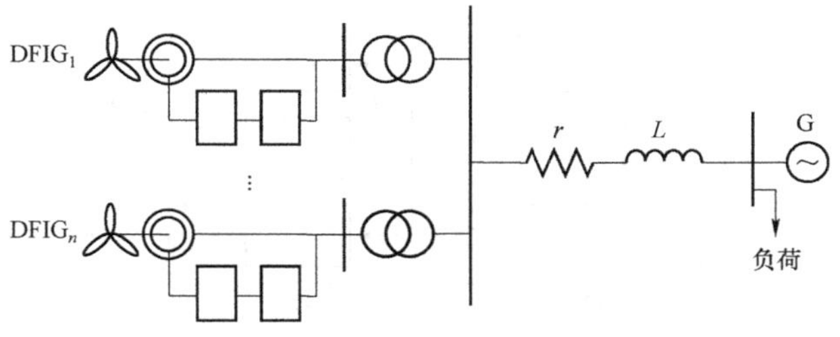

图 3－79　双馈风机并网系统

双馈风机并网系统中的风机可以构成一个开环子系统。dq 坐标系下，双馈风机状态空间方程可以表示为：

$$\begin{cases}\Delta\dot{\boldsymbol{X}}_{\mathrm{w}}=\boldsymbol{A}_{\mathrm{w}}\Delta\boldsymbol{X}_{\mathrm{w}}+\boldsymbol{B}_{\mathrm{w}}\Delta\boldsymbol{U}\\ \Delta\boldsymbol{I}=\boldsymbol{C}_{\mathrm{w}}\Delta\boldsymbol{X}_{\mathrm{w}}+\boldsymbol{D}_{\mathrm{w}}\Delta\boldsymbol{U}\end{cases} \tag{3-201}$$

式中：$\Delta\boldsymbol{U}$ 表示 dq 坐标系下 DFIG 端口电压向量，为输入向量；$\Delta\boldsymbol{I}$ 为 dq 坐标系下 DFIG 端口电流向量，为输出向量；$\boldsymbol{A}_{\mathrm{w}}$ 为状态矩阵；$\boldsymbol{B}_{\mathrm{w}}$ 为输入矩阵；$\boldsymbol{C}_{\mathrm{w}}$、$\boldsymbol{D}_{\mathrm{w}}$ 分别为输出矩阵和直接传输矩阵；$\Delta\boldsymbol{X}_{\mathrm{w}}$ 为 DFIG 的状态变量；下标 w 表示风机侧参数。

根据自动控制理论中状态空间方程和系统传递函数的转化关系，DFIG 侧开环频域模型可以由式（3-201）推导得到：

$$\begin{cases}\Delta\boldsymbol{I}=\boldsymbol{G}_{\mathrm{DFIG}}(s)\Delta\boldsymbol{U}\\ \boldsymbol{G}_{\mathrm{DFIG}}(s)=\boldsymbol{C}_{\mathrm{w}}(s\boldsymbol{I}_{\mathrm{w}}-\boldsymbol{A}_{\mathrm{w}})^{-1}\boldsymbol{B}_{\mathrm{w}}+\boldsymbol{D}_{\mathrm{w}}\end{cases} \tag{3-202}$$

式中：$\boldsymbol{I}_{\mathrm{w}}$ 为单位阵；s 为拉普拉斯算子。

双馈风机并网系统中除去并网风机的电力系统部分也构成一个开环子系统。dq 坐标系下的状态空间方程可以表示为：

$$\begin{cases}\Delta\dot{\boldsymbol{X}}_{\mathrm{sys}}=\boldsymbol{A}_{\mathrm{sys}}\Delta\boldsymbol{X}_{\mathrm{sys}}+\boldsymbol{B}_{\mathrm{sys}}\Delta\boldsymbol{I}\\ \Delta\boldsymbol{U}=\boldsymbol{C}_{\mathrm{sys}}\Delta\boldsymbol{X}_{\mathrm{sys}}+\boldsymbol{D}_{\mathrm{sys}}\Delta\boldsymbol{I}\end{cases} \tag{3-203}$$

式中：$\Delta\boldsymbol{X}_{\mathrm{sys}}$ 为去除风机后剩余子系统的所有状态变量；$\boldsymbol{A}_{\mathrm{sys}}$ 为状态矩阵；$\boldsymbol{B}_{\mathrm{sys}}$ 为输入矩阵；$\boldsymbol{C}_{\mathrm{sys}}$、$\boldsymbol{D}_{\mathrm{sys}}$ 分别为输出矩阵和直接传输矩阵；下标 sys 表示电力系统侧参数。

根据式（3-203），剩余子系统的开环频域模型如下：

$$\begin{cases}\Delta\boldsymbol{U}=\boldsymbol{G}_{\mathrm{sys}}(s)\Delta\boldsymbol{I}\\ \boldsymbol{G}_{\mathrm{sys}}(s)=\boldsymbol{C}_{\mathrm{sys}}(s\boldsymbol{I}_{\mathrm{sys}}-\boldsymbol{A}_{\mathrm{sys}})^{-1}\boldsymbol{B}_{\mathrm{sys}}+\boldsymbol{D}_{\mathrm{sys}}\end{cases} \tag{3-204}$$

式中：$\boldsymbol{I}_{\mathrm{sys}}$ 为单位阵。

双馈风机并网系统中的风机与电网系统构成一个互联的闭环系统，如图 3-80 所示。

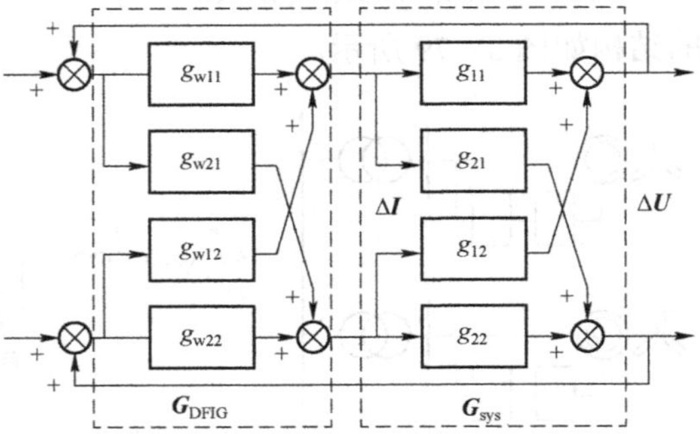

图 3-80　双馈风机并网闭环系统

对于图 3－80 所示的闭环系统，当其他回路全部开环时，从系统中任意回路控制变量 ΔI_j 到输出变量ΔU_i 的开环传递函数为 $g_{ij}(s)(i=1,2,j=1,2)$。当其他回路全部闭合时，利用 EOP，可以得到闭环系统中任意回路控制变量 ΔI_j 到输出变量ΔU_i 在多回路耦合作用下的等效开环传递函数如下：

$$\Delta U_i=[g_{ij}+\bar{\boldsymbol{g}}_{i.}^{ij}\bar{\boldsymbol{G}}_{\mathrm{DFIG}}^{ji}(\boldsymbol{I}-\bar{\boldsymbol{G}}_{\mathrm{sys}}^{ij}\bar{\boldsymbol{G}}_{\mathrm{DFIG}}^{ji})^{-1}\bar{\boldsymbol{g}}_{.j}^{ij}]\Delta I_j \tag{3-205}$$

对于双馈风机并网发电闭环系统的任意控制回路，使用 EOP 理论后，系统中的其他回路与该回路的交互作用可描述为如图 3－81 所示的等效结构。

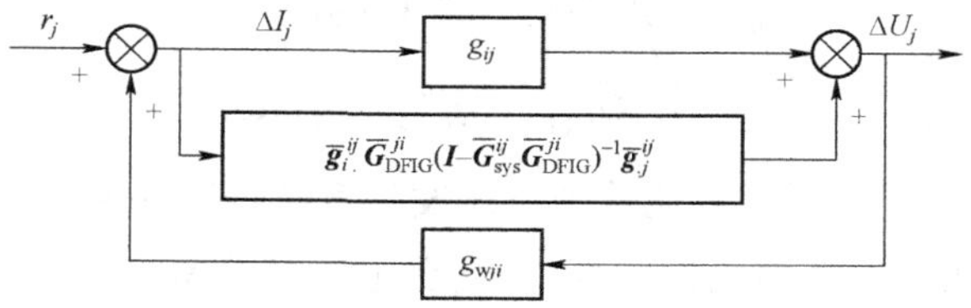

图 3－81　闭环系统任一回路等效结构

3. 基于谱半径的系统稳定性判据及振荡风险量化分析

结合小增益定理以及 EOP 等效结构，假定风机与系统均开环的情况下，系统是稳定的。令：

$$\begin{cases}M_{ij}(s)=g_{ij}+\bar{\boldsymbol{g}}_{i.}^{ij}\bar{\boldsymbol{G}}_{\mathrm{DFIG}}^{ji}(\boldsymbol{I}-\bar{\boldsymbol{G}}_{\mathrm{sys}}^{ij}\bar{\boldsymbol{G}}_{\mathrm{DFIG}}^{ji})^{-1}\bar{\boldsymbol{g}}_{.j}^{ij}\\ \Delta_{ji}(s)=g_{\mathrm{w}ji}(s)\end{cases} \tag{3-206}$$

得到风机并网闭环系统任意回路的谱半径：

$$\rho_{ij}(s)=\rho[M_{ij}(s)\Delta_{ji}(s)] \tag{3-207}$$

定义双馈风机并网闭环系统的谱半径函数矩阵为$\boldsymbol{\rho}=\rho(\rho_{ij})$，其中：

$$\boldsymbol{\rho}_{ij}=\rho_{ij}(s)=\rho[M_{ij}(s)\Delta_{ji}(s)],\quad i=1,2,j=1,2 \tag{3-208}$$

则由小增益定理可知，所有风机闭环的情况下，系统保持稳定的充要条件是闭环系统谱半径矩阵中所有元素满足：

$$\begin{aligned}\rho_{ij}(s)=\rho[M_{ij}(s)\Delta_{ji}(s)]=\rho\{[g_{ij}+\\ \bar{\boldsymbol{g}}_{i.}^{ij}\bar{\boldsymbol{G}}_{\mathrm{DFIG}}^{ji}(\boldsymbol{I}-\bar{\boldsymbol{G}}_{\mathrm{sys}}^{ij}\bar{\boldsymbol{G}}_{\mathrm{DFIG}}^{ji})^{-1}\bar{\boldsymbol{g}}_{.j}^{ij}]g_{\mathrm{w}ji}(s)\}<1\end{aligned} \tag{3-209}$$

综上，基于 EOP 谱半径的双馈风机并网发电系统振荡稳定性分析步骤如下：

1）以系统中的并网双馈风机为研究对象，计算双馈风机的开环频率特性函数；

2）计算除风机外剩余子系统的开环频率特性函数；

3）根据步骤 1）、2）计算得到的开环频率特性函数计算双馈风机并网闭环系统谱半径函数矩阵。

4）根据步骤3）计算出的谱半径函数矩阵绘制谱半径函数幅频特性曲线；

5）根据谱半径函数曲线的特性判断双馈风电并网系统发生宽频振荡的风险。

实际系统中，除了判断系统是否稳定，还希望研究能够反映系统发生宽频振荡的风险程度，以指导系统的设计和系统安全稳定运行。

以上述稳定性判据为基础，进一步定义如下指标，用于定量描述系统宽频振荡风险：

$$\begin{cases}\boldsymbol{\Psi}=\max\{\boldsymbol{\Psi}_{ij}\}, \quad i=1,2, j=1,2\\ \boldsymbol{\Psi}_{ij}=\sup\limits_{\boldsymbol{\omega}}\|\{[g_{ij}+\bar{\boldsymbol{g}}_{i.}^{ij}\bar{\boldsymbol{G}}_{\mathrm{DFIG}}^{ji}(\boldsymbol{I}-\\ \qquad \bar{\boldsymbol{G}}_{\mathrm{sys}}^{ij}\bar{\boldsymbol{G}}_{\mathrm{DFIG}}^{ji})^{-1}\bar{\boldsymbol{g}}_{.j}^{ij}]g_{\mathrm{w}ji}\}(\mathrm{j}\boldsymbol{\omega})\|_{\infty}\end{cases} \tag{3-210}$$

式中：$\boldsymbol{\Psi}$为全局风险指标，用于量化整个系统发生宽频振荡的风险大小；$\boldsymbol{\Psi}_{ij}$为局部风险指标，表示系统闭环频域模型中由控制变量ΔI_i到输出变量ΔI_j的控制回路与其他回路交互的严重程度。

全局量化指标$\boldsymbol{\Psi}$特征如下：

1）$\boldsymbol{\Psi}\geqslant 1$时，表明系统宽频振荡风险极高，需要采取措施；

2）$\boldsymbol{\Psi}=0$时，表明系统发生宽频振荡风险很小，系统稳定，不需要采取措施；

3）$0<\boldsymbol{\Psi}<1$时，表明系统存在宽频振荡风险，且数值越大系统发生振荡的风险越高。

需要说明的是，本节方法尝试采用系统的频率响应特性进行宽频带动态稳定分析，频域响应特性可以通过系统辨识技术进行实测，实施过程不依赖于详细的系统模型和参数，便于工程使用。

4. 仿真验证

本节将分别针对单机算例系统和多机算例系统的不同运行方式，对提出的稳定性判据和振荡风险量化指标进行验证。

（1）单机系统算例。单机算例系统结构如图3－82所示。为了验证本文提出的稳定性判据和振荡风险量化指标在不同运行方式下的有效性，设置了2种不同的控制策略，并分别对比2种控制策略下理论分析结果和时域仿真结果。2种控制策略具体参数配置如表3－6所示。为方便描述，称使用控制策略1、2时算例系统的运行方式分别为运行方式1、2。

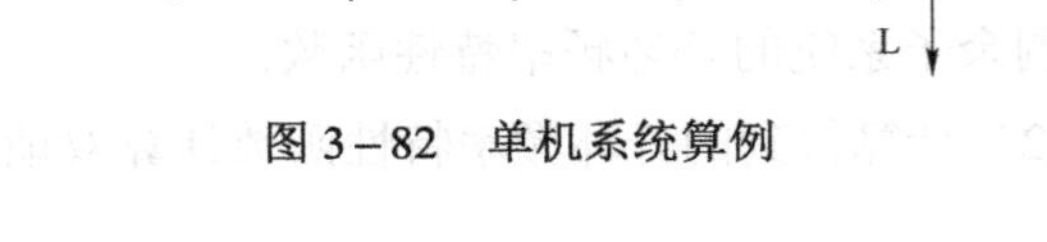

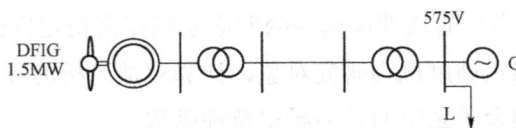

图3－82 单机系统算例

表 3-6 两种运行方式下的参数配置

运行方式	风电机组出力/MW	电流控制器增益	
		GSC 电流控制器	RSC 电流控制器
1	1.5	[0.83, 5]	[0.6, 8]
2	1.5	[0.83, 5]	[0.03, 40]

首先分析稳定性判据在系统不同运行方式分析中的应用效果。当系统处于运行方式 1 时，根据式（3-209）计算该运行方式下的系统谱半径矩阵，得到谱半径矩阵各元素的频率响应曲线如图 3-83 所示。

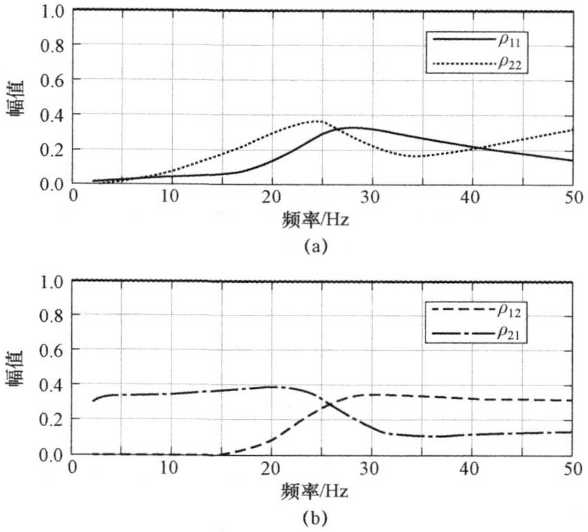

图 3-83 运行方式 1 下系统谱半径矩阵频率响应

（a）对角线元素幅频曲线；（b）非对角线元素幅频曲线

图 3-83 中平行于横轴且与纵轴相交于（0, 1）点的点线为临界稳定警示线。根据式（3-209）可知，当谱半径矩阵各元素频率响应曲线越过该临界稳定警示线时，表示系统越过临界稳定界限，系统振荡，反之则表示系统稳定。由图 3-83 可知，算例系统运行方式 1 下，计算得到的谱半径函数矩阵各元素频率响应曲线未穿越临界警示线，根据式（3-209）可知，理论上该运行方式下系统稳定运行。

为了验证上述理论分析结果是否正确，对处在运行方式 1 下的算例系统进行时域仿真，并测量风机输出电压电流波形，以判断系统在该运行方式下是否稳定运行。测得的电压电流波形如图 3-84 所示。

图 3-84 表明，运行方式 1 下双馈风电机组输出电压电流的幅值稳定，电压电流波形呈标准正弦波，说明运行方式 1 下系统处于稳定状态，时域仿真结果与理论分析结果一致。

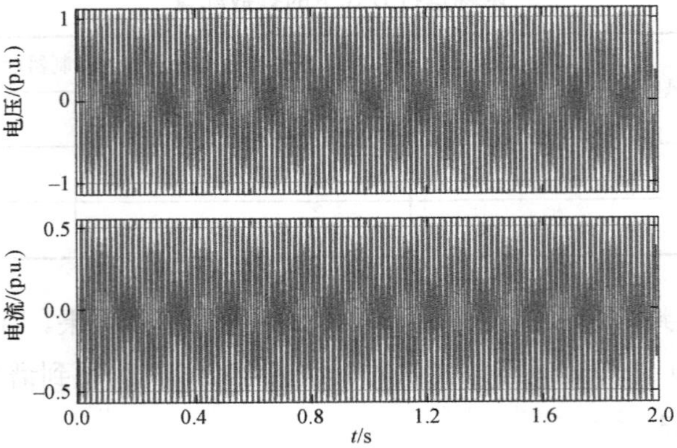

图 3-84 运行方式 1 下风机定子电压电流波形

当算例系统处于运行方式 2 时，相应的谱半径函数矩阵各元素频率响应如图 3-85 所示。

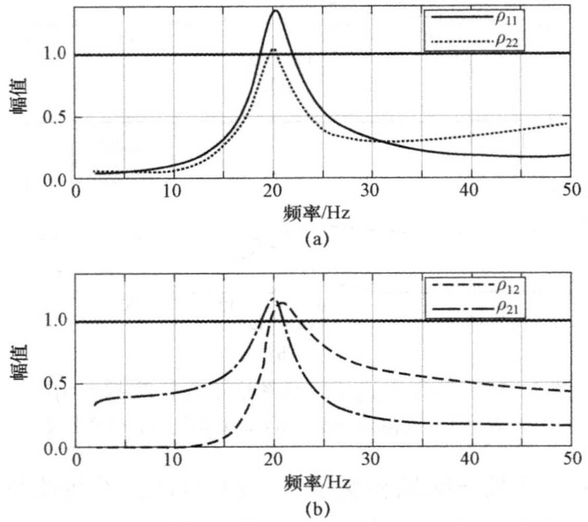

图 3-85 运行方式 2 下系统谱半径矩阵频率响应

(a) 对角线元素幅频曲线；(b) 非对角线元素幅频曲线

由图 3-85 可知，运行方式 2 下，系统谱半径矩阵频率响应曲线越过临界警示线，根据式（3-209）可知，理论上运行方式 2 下系统越过临界稳定界限，即系统振荡，由幅频响应曲线可知系统振荡频率在 32Hz 左右。

对运行方式 2 下的算例系统进行时域仿真以对上述理论分析进行验证。时域仿真中测得的电压电流波形如图 3-86 所示，有功无功波形如图 3-87 所示，相应的对电流和有功功率进行傅里叶分解得到的频谱图如图 3-88、图 3-89 所示。

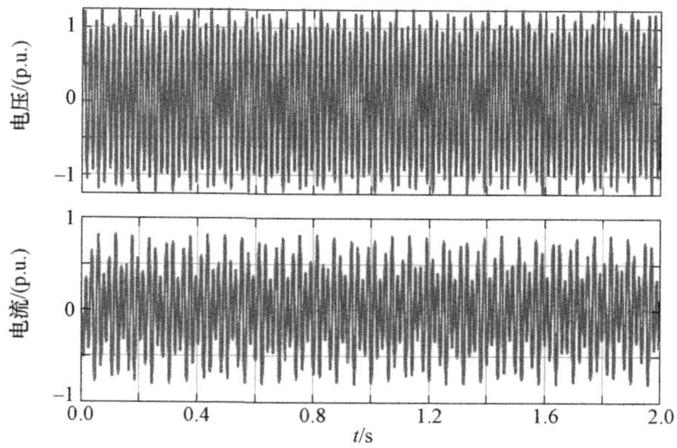

图 3－86　运行方式 2 下风机定子电压电流波形

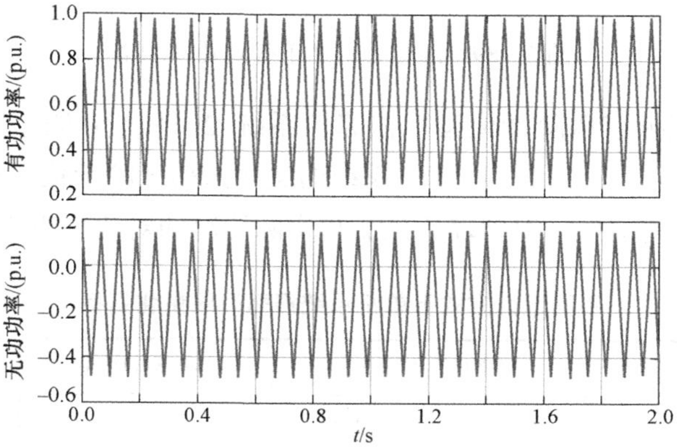

图 3－87　运行方式 2 下系统有功无功波形

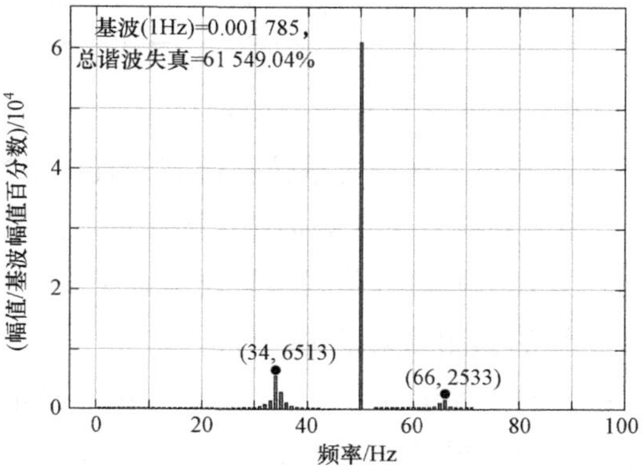

图 3－88　运行方式 2 下电流频谱

图 3－86、图 3－87 表明，运行方式 2 下，双馈风电机组输出电压电流幅值不恒定，输出有功和无功功率存在振荡现象。图 3－88、图 3－89 的功率频谱显示系统实际振荡频率为 34Hz。时域仿真结果与理论分析结果是基本一致的，表明本节提出的稳定性判据对

系统状态和振荡频率的预测是有效的。

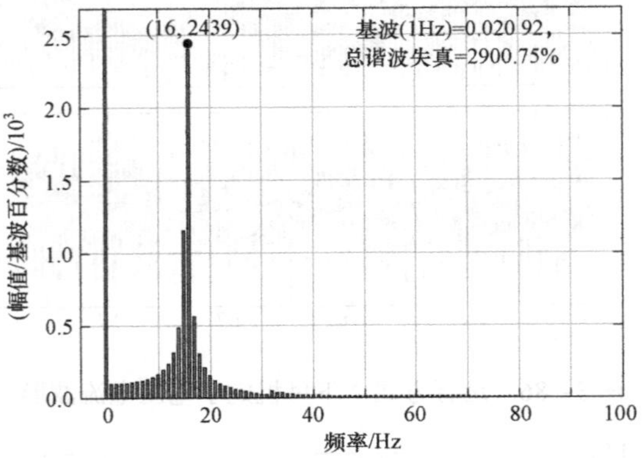

图 3-89 运行方式 2 下有功功率频谱

此外，为了验证振荡风险量化指标在算例系统 2 种运行方式下的有效性，根据式(3-210) 分别计算运行方式 1、2 下算例系统的宽频振荡风险量化指标，并综合 2 种运行方式下系统的时域仿真结果，得到理论预测和实际情况的对比如表 3-7 所示。

表 3-7　不同运行方式下单机系统振荡风险量化指标

运行方式	全局风险指标 Ψ	局部风险指标 Ψ_{ij}	指标预测结果	系统真实特性
1	0.40	$\Psi_{11}=0.33$，$\Psi_{12}=0.36$，$\Psi_{21}=0.4$，$\Psi_{22}=0.37$	系统安全	系统安全
2	1.36	$\Psi_{11}=1.36$，$\Psi_{12}=1.18$，$\Psi_{21}=1.21$，$\Psi_{22}=1.04$	系统宽频振荡风险极高	系统振荡频率 f=34Hz

由表 3-7 可知，运行方式 1 下系统振荡风险量化指标小于 1。根据本文提出的量化指标评价标准，系统振荡风险较小，这与时域仿真得到的真实特性一致。运行方式 2 下，系统振荡量化指标大于 1，表明系统发生宽频振荡风险极高，需要对系统采取措施以保证系统安全稳定运行。该运行方式下的时域仿真结果表明系统发生频率为 34Hz 的振荡，与量化指标对系统该状态下特性的预测结果基本一致。

综上可知，单机算例系统的 2 种运行方式下，本节提出的稳定性判据可以通过频率响应曲线是否越过临界稳定警示线反映系统是否振荡，并通过频率响应曲线越过临界警示线的频率范围反映系统振荡频率，而量化指标可以正确定量地反映系统振荡风险。

（2）多机系统算例。使用如图 3-90 所示的多机算例系统对提出的稳定性判据和量化指标的有效性做进一步验证，该算例系统包含 2 个同步发电机，1 个风电场和 2 个负荷，其中风电场包含 6 台风电机组。

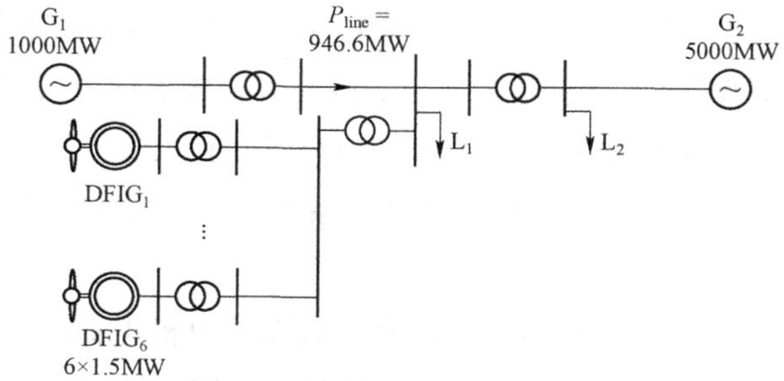

图 3-90　多机系统算例

为了验证本文提出的稳定性判据和振荡风险量化指标在多机系统不同运行方式下的有效性，为多机算例系统设置了 2 种不同的控制策略，具体参数配置如表 3-8 所示。为方便描述，称使用控制策略 1、2 时算例系统的运行方式分别为运行方式 1、2。

表 3-8　两种运行方式下的参数配置

运行方式	风电机组出力/MW	电流控制器增益	
		GSC 电流控制器	RSC 电流控制器
1	6×1.5	[0.83，5]	[0.6，8]
2	6×1.5	[0.83，5]	[0.03，40]

当系统处于运行方式 1 时，根据式（3-209）计算该运行方式下的系统谱半径矩阵，并得到谱半径矩阵各元素的频率响应曲线如图 3-91 所示。

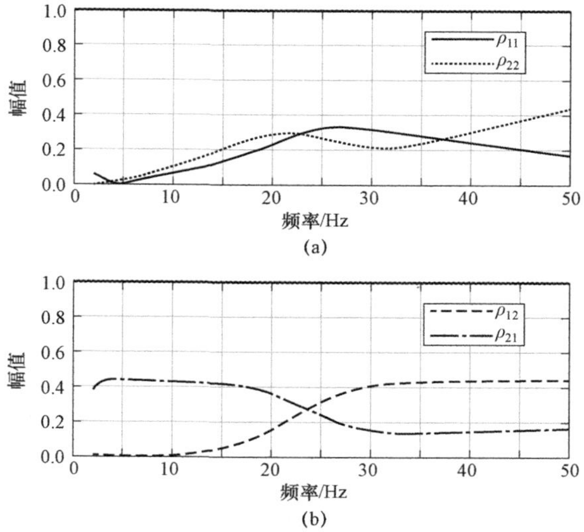

图 3-91　运行方式 1 下多机系统谱半径矩阵频率响应
（a）对角线元素幅频曲线；（b）非对角线元素幅频曲线

由图 3－91 可知，多机算例系统运行方式 1 下，计算得到的谱半径函数矩阵各元素频率响应曲线未穿越临界警示线，根据式（3－209）可知，该运行方式下多机系统稳定运行。

为了验证上述理论分析结果是否符正确，对处在运行方式 1 下的多机算例系统进行时域仿真，并测量风机输出电压电流波形，以判断系统在该运行方式下是否稳定运行。测得的电压电流波形如图 3－92 所示。

图 3－92 表明，运行方式 1 下多机算例系统双馈风电机组输出电压电流的幅值稳定，电压电流波形呈标准正弦波，说明运行方式 1 下多机算例系统处于稳定状态，时域仿真结果与理论分析结果一致。

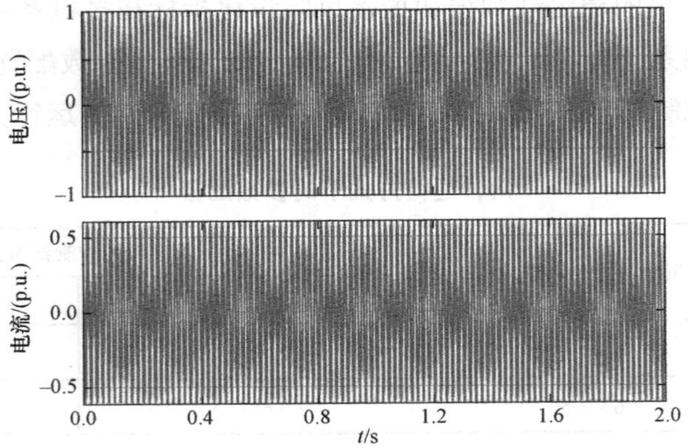

图 3－92　运行方式 1 下风机定子电压电流波形

当多机算例系统处于运行方式 2 时，相应的谱半径函数矩阵各元素频率响应曲线如图 3－93 所示。

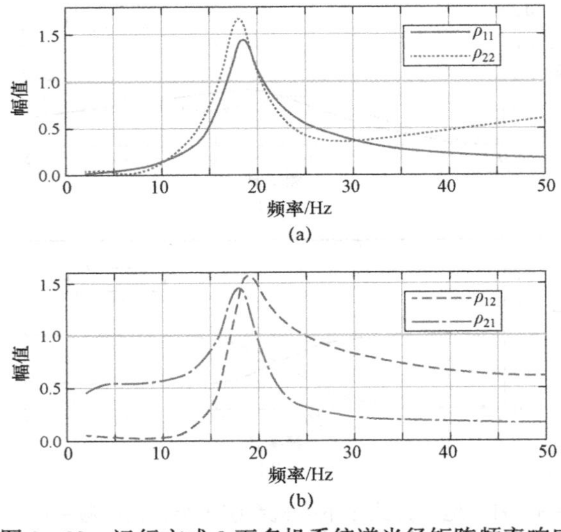

图 3－93　运行方式 2 下多机系统谱半径矩阵频率响应

（a）对角线元素幅频曲线；（b）非对角线元素幅频曲线

由图 3－93 可知，运行方式 2 下，系统谱半径矩阵频率响应曲线越过临界警示线，根据式（3－209）可知，理论上运行方式 2 下系统发生振荡，且由幅频响应曲线可得振荡频率在 34Hz 左右。

为了验证上述理论分析结果是否正确，对处在运行方式 2 下的算例系统进行时域仿真。测得的电压电流波形如图 3－94 所示，有功无功波形如图 3－95 所示，对电流和有功功率进行傅里叶分解得到的频谱图如图 3－96、图 3－97 所示。

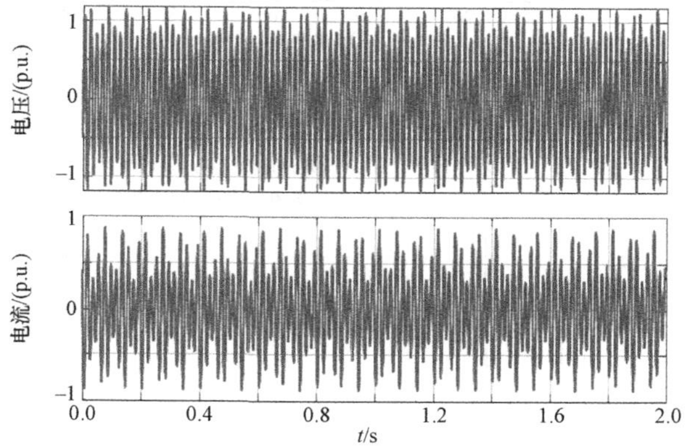

图 3－94　运行方式 2 下风机定子电压电流波形

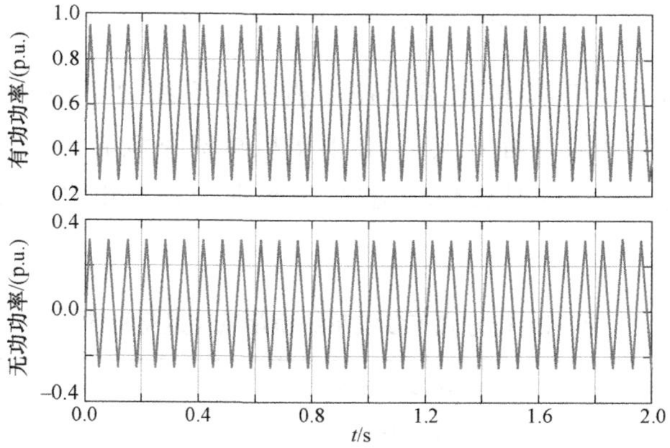

图 3－95　运行方式 2 下多机系统有功无功波形

图 3－94、图 3－95 表明，运行方式 2 下，双馈风电机组输出电压电流幅值不恒定，输出有功和无功功率存在振荡现象。图 3－96、图 3－97 的频谱显示系统实际振荡频率为 35Hz。可见，时域仿真结果与理论预测结果基本一致，表明本节提出的稳定性判据对多机系统状态和振荡频率的预测是有效的。

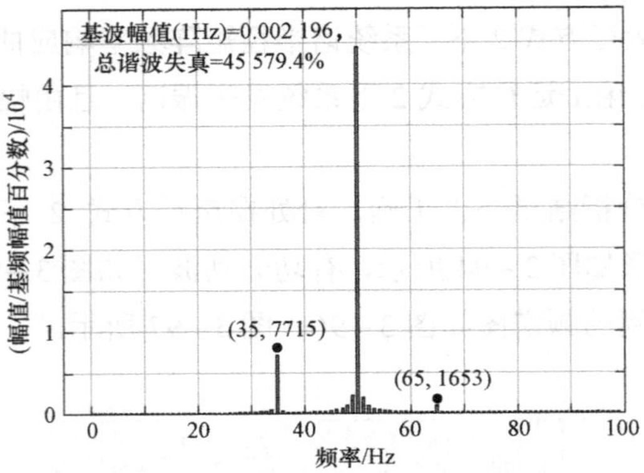

图 3-96 运行方式 2 下电流频谱

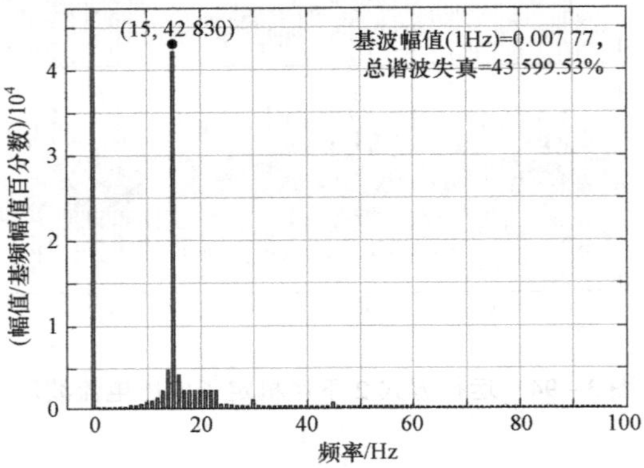

图 3-97 运行方式 2 下有功功率频谱

此外，为了验证振荡风险量化指标在多机算例系统 2 种运行方式下的有效性，根据式（3-210）分别计算运行方式 1、2 下多机算例系统的宽频振荡风险量化指标，并综合 2 种运行方式下系统的时域仿真结果，得到理论预测和实际情况的对比如表 3-9 所示。

表 3-9 不同运行方式下多机系统振荡风险量化指标

运行方式	全局风险指标 Ψ	局部风险指标 Ψ_{ij}	指标预测结果	系统真实特性
1	0.56	$\Psi_{11}=0.43$，$\Psi_{12}=0.41$，$\Psi_{21}=0.51$，$\Psi_{22}=0.42$	系统安全	系统安全
2	1.66	$\Psi_{11}=1.45$，$\Psi_{12}=1.58$，$\Psi_{21}=1.46$，$\Psi_{22}=1.66$	系统宽频振荡风险极高	系统振荡频率 $f=35$Hz

由表 3-9 可知，量化指标对多机系统不同运行方式下稳定特性的预测结果和多机系统实际稳定特性一致。因此，本节提出的稳定性判据和振荡量化指标对多机算例系统的分析是有效的。

3.4.3 电力电子电源场站的统一性稳定分析法

1．场站动态统一性判据

定义电力电子电源场站的动态统一性稳定指标（unification stability index of dynamic state，USI_1）为

$$USI_1=\rho[\boldsymbol{G}_{\mathrm{g}}^{-1}(s)\boldsymbol{G}_{\mathrm{s}}^{-1}(s)|_{s=\mathrm{j}\omega,\omega>0}] \tag{3-211}$$

式中：$\boldsymbol{G}_{\mathrm{g}}(s)$为电力电子电源场站的传递函数；$\boldsymbol{G}_{\mathrm{s}}(s)$为交流电网的传递函数；$\rho(\cdot)$表示计算所述 s 域方程的谱半径。动态指标 USI_1 同时考虑了电力电子电源和交流电网的动态特性，并计及了电力电子电源及其控制系统的动态行为，故可得到更为准确、有效的电力电子电源电力系统安全稳定风险评估结果。高比例电力电子电力系统的动态统一性判据的证明如下：

建立如图3－98所示的电力电子电源场站并网系统，电源和电网侧均采用电磁模型，电源侧变流器采用开关电路平均值模型。在图3－98中，$\boldsymbol{U}_{\mathrm{g}}(t)$为电力电子电源场站输出端口的电压；$\boldsymbol{U}_{\mathrm{s}}(t)$为交流电网的电压；$\boldsymbol{I}_{\mathrm{g}}(t)$为电力电子电源场站输出端口的电流；$\boldsymbol{I}_{\mathrm{c}}(t)$为流入补偿装置的电流；$\boldsymbol{I}_{\mathrm{s}}(t)$为流入交流电网的电流；$\boldsymbol{Z}_1$为并网点向电力电子电源看去的等效阻抗；$\boldsymbol{Z}_{\mathrm{s}}$为并网点向交流电网看去的等效阻抗。

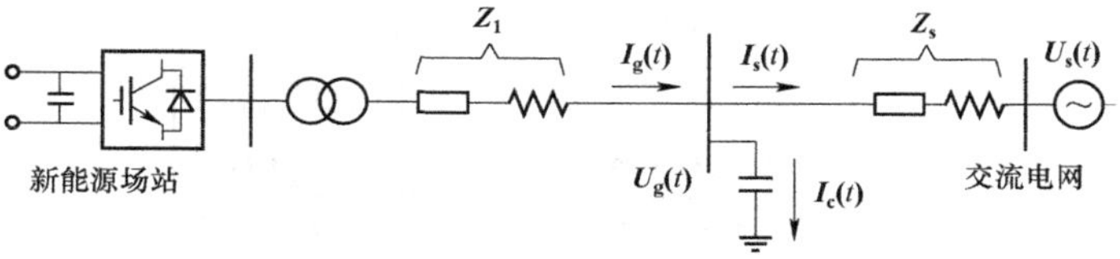

图3－98 电力电子电源场站的并网系统

在 dq 坐标系下，电力电子电源场站的线性化状态方程为

$$\begin{cases}\dfrac{\mathrm{d}\Delta\boldsymbol{X}_{\mathrm{g}}(t)}{\mathrm{d}t}=\boldsymbol{A}_{\mathrm{g}}\Delta\boldsymbol{X}_{\mathrm{g}}(t)+\boldsymbol{B}_{\mathrm{g}}\Delta\boldsymbol{U}_{\mathrm{g}}(t)\\ \Delta\boldsymbol{I}_{\mathrm{g}}(t)=\boldsymbol{C}_{\mathrm{g}}\Delta\boldsymbol{X}_{\mathrm{g}}(t)+\boldsymbol{D}_{\mathrm{g}}\Delta\boldsymbol{U}_{\mathrm{g}}(t)\end{cases} \tag{3-212}$$

式中：$\boldsymbol{X}_{\mathrm{g}}$为电力电子电源场站的状态变量；$\boldsymbol{A}_{\mathrm{g}}$为电力电子电源场站的状态矩阵；$\boldsymbol{B}_{\mathrm{g}}$为电力电子电源场站的输入矩阵；$\boldsymbol{C}_{\mathrm{g}}$为电力电子电源场站的输出矩阵；$\boldsymbol{D}_{\mathrm{g}}$为电力电子电源场站的传输矩阵。

将式（3－212）经Laplace变换至复频域，得到电力电子电源场站的传递函数方程为

$$\begin{cases}\Delta\boldsymbol{I}_{\mathrm{g}}(s)=\boldsymbol{G}_{\mathrm{g}}(s)\Delta\boldsymbol{U}_{\mathrm{g}}(s)\\ \boldsymbol{G}_{\mathrm{g}}(s)=\boldsymbol{C}_{\mathrm{g}}(s\boldsymbol{I}-\boldsymbol{A}_{\mathrm{g}})^{-1}\boldsymbol{B}_{\mathrm{g}}+\boldsymbol{D}_{\mathrm{g}}\end{cases} \tag{3-213}$$

式中：$\boldsymbol{I}$为单位阵。$\boldsymbol{G}_{\mathrm{g}}(s)$具有转移导纳的量纲。

类似地，交流电网的线性化状态方程为

$$\begin{cases}\dfrac{\mathrm{d}\Delta \boldsymbol{X}_{\mathrm{s}}(t)}{\mathrm{d}t}=\boldsymbol{A}_{\mathrm{s}}\Delta \boldsymbol{X}_{\mathrm{s}}(t)+\boldsymbol{B}_{\mathrm{s}}\Delta \boldsymbol{U}_{\mathrm{s}}(t)\\ \Delta \boldsymbol{I}_{\mathrm{s}}(t)=\boldsymbol{C}_{\mathrm{s}}\Delta \boldsymbol{X}_{\mathrm{s}}(t)+\boldsymbol{D}_{\mathrm{s}}\Delta \boldsymbol{U}_{\mathrm{s}}(t)\end{cases} \tag{3-214}$$

式中：$\boldsymbol{X}_{\mathrm{s}}$为交流电网的状态变量；$\boldsymbol{A}_{\mathrm{s}}$为交流电网的状态矩阵；$\boldsymbol{B}_{\mathrm{s}}$为交流电网的输入矩阵；$\boldsymbol{C}_{\mathrm{s}}$为交流电网的输出矩阵；$\boldsymbol{D}_{\mathrm{s}}$为交流电网的传输矩阵；$\boldsymbol{U}_{\mathrm{s}}(t)$为交流电网的电压；$\boldsymbol{I}_{\mathrm{s}}(t)$为流入交流电网的电流。

将式（3－214）经 Laplace 变换至复频域，得到交流电网的传递函数方程为

$$\begin{cases}\Delta \boldsymbol{U}_{\mathrm{s}}(s)=\boldsymbol{G}_{\mathrm{s}}(s)\Delta \boldsymbol{I}_{\mathrm{s}}(s)\\ \boldsymbol{G}_{\mathrm{s}}(s)=\boldsymbol{C}_{\mathrm{s}}(s\boldsymbol{I}-\boldsymbol{A}_{\mathrm{s}})^{-1}\boldsymbol{B}_{\mathrm{s}}+\boldsymbol{D}_{\mathrm{s}}\end{cases} \tag{3-215}$$

式中：$\boldsymbol{G}_{\mathrm{s}}(s)$具有转移阻抗的量纲。小扰动下，电力电子电源场站端口电压的变化量与交流电网电压的变化量相等。式（3－215）可表示为

$$\Delta \boldsymbol{U}_{\mathrm{g}}(s)=\boldsymbol{G}_{\mathrm{s}}(s)\Delta \boldsymbol{I}_{\mathrm{s}}(s) \tag{3-216}$$

综上所述，可依据式（3－211）～式（3－216）计算得到电力电子电力系统的动态指标 USI_1，并进一步整理为如式（3－217）所述的形式，其分子项为电源侧电压与电流小扰动量的比值，分母项为电网侧电压与电流小扰动量的比值。

$$\begin{aligned}USI_1&=\rho[\boldsymbol{G}_{\mathrm{g}}^{-1}(s)\boldsymbol{G}_{\mathrm{s}}^{-1}(s)|_{s=\mathrm{j}\omega,\omega>0}]\\&=\rho\left[\frac{\Delta \boldsymbol{U}_{\mathrm{g}}(s)}{\Delta \boldsymbol{I}_{\mathrm{g}}(s)}\frac{\Delta \boldsymbol{I}_{\mathrm{s}}(s)}{\Delta \boldsymbol{U}_{\mathrm{s}}(s)}\right]=\rho\left[\frac{\left(\dfrac{\Delta \boldsymbol{U}_{\mathrm{g}}(s)}{\Delta \boldsymbol{I}_{\mathrm{g}}(s)}\right)}{\left(\dfrac{\Delta \boldsymbol{U}_{\mathrm{s}}(s)}{\Delta \boldsymbol{I}_{\mathrm{s}}(s)}\right)}\right]\end{aligned} \tag{3-217}$$

该指标与经典短路比具有类似的构造方式。

动态统一稳定性指标 USI_1 采用了基于小增益定理的稳定判据。详细理论证明如下：

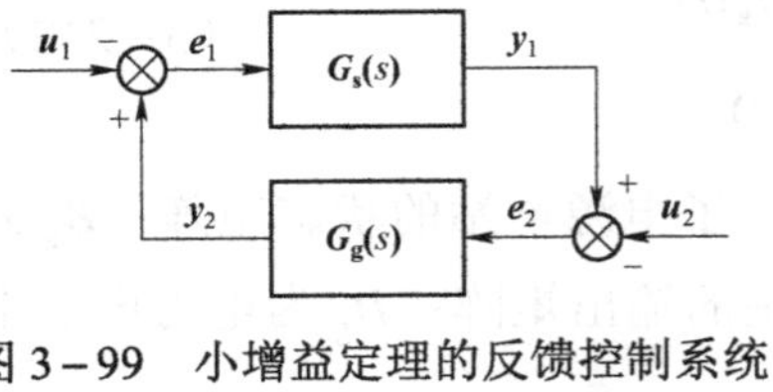

图 3－99 小增益定理的反馈控制系统

假设 $\boldsymbol{G}_{\mathrm{s}}(s)\in RH_\infty$且令$\gamma>0$。考虑如图 3－99 所示的反馈控制系统，对所有的 $\boldsymbol{G}_{\mathrm{g}}(s)\in RH_\infty$，此互联系统适定而且是内部稳定的，且

1）$\|\boldsymbol{G}_{\mathrm{g}}(s)\|_\infty\leqslant 1/\gamma$当且仅当 $\|\boldsymbol{G}_{\mathrm{s}}(s)\|_\infty<\gamma$；

2）$\|\boldsymbol{G}_{\mathrm{g}}(s)\|_\infty<1/\gamma$当且仅当 $\|\boldsymbol{G}_{\mathrm{s}}(s)\|_\infty\leqslant\gamma$；

3）$\rho[\boldsymbol{G}_{\mathrm{s}}^{-1}(s)\boldsymbol{G}_{\mathrm{g}}^{-1}(s)]\leqslant 1$。

证明：不失一般性，假设$\gamma=1$。

充分性：由于 $\boldsymbol{G}_{\mathrm{s}}(s)$和 $\boldsymbol{G}_{\mathrm{g}}(s)$都是稳定的，显然 $\boldsymbol{G}_{\mathrm{s}}(s)\boldsymbol{G}_{\mathrm{g}}(s)$也是稳定的。因此，如果$[\boldsymbol{I}-\boldsymbol{G}_{\mathrm{s}}(s)\boldsymbol{G}_{\mathrm{g}}(s)]$在右半平面上没有零点，那么对所有的 $\boldsymbol{G}_{\mathrm{s}}(s)\in RH_\infty$和$\|\boldsymbol{G}_{\mathrm{g}}(s)\|_\infty\leqslant 1$，必有闭环系统稳定。等价地，若对所有的 $\boldsymbol{G}_{\mathrm{g}}(s)\in RH_\infty$和$\|\boldsymbol{G}_{\mathrm{s}}(s)\|_\infty\leqslant 1$，均满足

$$\inf_{s\in C_+}\underline{\sigma}[\boldsymbol{I}-\boldsymbol{G}_{\mathrm{s}}(s)\boldsymbol{G}_{\mathrm{g}}(s)]\neq 0 \tag{3-218}$$

则可得闭环系统是稳定的。所述过程如下式所示

$$\begin{aligned}\inf_{s\in C_+}\underline{\sigma}[\boldsymbol{I}-\boldsymbol{G}_{\mathrm{s}}(s)\boldsymbol{G}_{\mathrm{g}}(s)] &\geqslant 1-\sup_{s\in C_+}\bar{\sigma}[\boldsymbol{G}_{\mathrm{s}}(s)\boldsymbol{G}_{\mathrm{g}}(s)]\\ &=1-\left\|\boldsymbol{G}_{\mathrm{s}}(s)\boldsymbol{G}_{\mathrm{g}}(s)\right\|_\infty\\ &\geqslant 1-\left\|\boldsymbol{G}_{\mathrm{s}}(s)\right\|_\infty>0\end{aligned} \tag{3-219}$$

必要性：采用反证法证明将小增益定理应用于电力电子电源并网系统中的必要性。假设$||\boldsymbol{G}_{\mathrm{s}}(s)||_\infty\geqslant 1$，下面将证明存在一个$\boldsymbol{G}_{\mathrm{s}}(s)\in RH_\infty$且$||\boldsymbol{G}_{\mathrm{s}}(s)||_\infty\leqslant 1$，使得$\det[\boldsymbol{I}-\boldsymbol{G}_{\mathrm{s}}(s)\,\boldsymbol{G}_{\mathrm{g}}(s)]$在虚轴上有一个零点，从而造成此系统是不稳定的。

假设$\omega_0\in R_+\cup\{\infty\}$使得$\bar{\sigma}[\boldsymbol{G}_{\mathrm{s}}(\mathrm{j}\omega_0)]\geqslant 1$。令$\boldsymbol{G}_{\mathrm{s}}(\mathrm{j}\omega_0)=\boldsymbol{U}(\mathrm{j}\omega_0)\Sigma(\mathrm{j}\omega_0)\boldsymbol{V}^*(\mathrm{j}\omega_0)$是一个奇异值分解，其中

$$\boldsymbol{U}(\mathrm{j}\omega_0)=[u_1\quad u_2\quad\cdots\quad u_p]^T \tag{3-220}$$

$$\boldsymbol{V}(\mathrm{j}\omega_0)=[v_1\quad v_2\quad\cdots\quad v_q]^T \tag{3-221}$$

$$\sum(\mathrm{j}\omega_0)=\begin{bmatrix}\sigma_1 & & \\ & \sigma_2 & \\ & & \ddots\end{bmatrix} \tag{3-222}$$

且有$||\boldsymbol{G}_{\mathrm{s}}(s)||_\infty=\bar{\sigma}[\boldsymbol{G}_{\mathrm{s}}(\mathrm{j}\omega_0)]=\sigma_1$。为了得到矛盾的结果，可以构造一个$\boldsymbol{G}_{\mathrm{s}}(s)\in RH_\infty$，使得$\boldsymbol{G}_{\mathrm{s}}(\mathrm{j}\omega_0)=v_1u_1^*/\sigma_1$和$||\boldsymbol{G}_{\mathrm{s}}(s)||_\infty\leqslant 1$。实际上，对这样一个$\boldsymbol{G}_{\mathrm{g}}(s)$有

$$\begin{aligned}\det[\boldsymbol{I}-\boldsymbol{G}_{\mathrm{s}}(\mathrm{j}\omega_0)\boldsymbol{G}_{\mathrm{g}}(\mathrm{j}\omega_0)] &=\det\left(\boldsymbol{I}-\frac{\boldsymbol{U}\sum\boldsymbol{V}^*v_1u_1^*}{\sigma_1}\right)\\ &=1-\frac{u_1^*\boldsymbol{U}\sum\boldsymbol{V}^*v_1}{\sigma_1}\\ &=0\end{aligned} \tag{3-223}$$

因此，闭环系统要么非适定（如果$\omega_0=\infty$），要么是不稳定的（如果$\omega\in R$）。

证毕。小增益定理作为本节电力电子电源并网系统稳定性判据具有充要性。

综上所述，$USI_1=1$为本节判据的临界稳定情况。考虑实际工程中的临界稳定点极易发生失稳，故认为USI_1的稳定域不包含临界稳定点。电力电子电源场站的等效开环系统和交流电网的等效开环系统均为有界输入，且并网闭环系统存在稳定状态。由小增益定理可知，当且仅当两开环传递函数增益的乘积小于 1 时，所述电力系统处于稳定状态。上述过程的数学表达式为

$$\rho[\boldsymbol{G}_{\mathrm{s}}^{-1}(s)\boldsymbol{G}_{\mathrm{g}}^{-1}(s)]<1 \tag{3-224}$$

综上所述，基于场站动态统一性稳定指标USI_1的高比例电力电子电力系统稳定判据

如下：

1）当 $USI_1>1$ 时，高比例电力电子电力系统发生宽频带振荡风险小，系统稳定；

2）当 $USI_1=1$ 时，高比例电力电子电力系统存在振荡风险，系统临界稳定；

3）当 $USI_1<1$ 时，高比例电力电子电力系统发生宽频带振荡风险极高，系统不稳定。

2. 场站静态统一性判据

定义电力电子电源场站的静态统一性稳定指标（unification stability index of static state，USI_2）为

$$USI_2=\rho[\boldsymbol{G}_{\mathrm{g}}^{-1}(s)\boldsymbol{G}_{\mathrm{s}}^{-1}(s)|_{s=\mathrm{j}\omega,\omega\to 0}] \tag{3-225}$$

式中：静态指标 USI_2 的定义与动态指标 USI_1 类似，主要区别在于 s 域方程的取值范围仅为 $s=\mathrm{j}\omega$，$\omega\to 0$。

静态指标 USI_2 忽略了电力电子电源、电网及其控制系统的动态特性，仅表征了电力系统实际运行工作点处的静态稳定裕度。该判据主要用于初步筛查存在安全稳定性风险的电力电子电源场站，形成高风险电力电子电源场站集，为后续的风险精确计算聚焦了搜索目标，进而提高了高比例电力电子电力系统稳定性风险评估的效率。

此外，电力电子电源的实际工作点往往接近于额定运行点，在额定工作点处计算得到的风险程度评估结果可满足风险集初筛的要求。因此，综合考虑稳定性风险评估对计算效率和准确度的要求，本节将实际工作点处的电磁尺度模型退化为额定工作点处的机电尺度相量模型，表示为

$$USI_2=\frac{\left(\dfrac{\Delta \boldsymbol{U}_{\mathrm{g}}}{\Delta \boldsymbol{I}_{\mathrm{g}}}\right)}{\left(\dfrac{\Delta \boldsymbol{U}_{\mathrm{s}}}{\Delta \boldsymbol{I}_{\mathrm{s}}}\right)}\Bigg|_{s=\mathrm{j}\omega,\omega\to 0}=\frac{\left(\dfrac{\boldsymbol{U}_{\mathrm{g}}}{\boldsymbol{I}_{\mathrm{g}}}\right)}{\left(\dfrac{\Delta \boldsymbol{U}_{\mathrm{s}}}{\Delta \boldsymbol{I}_{\mathrm{s}}}\right)}=\frac{\Delta \boldsymbol{I}_{\mathrm{s}}(\mathrm{p.u.})}{\Delta \boldsymbol{U}_{\mathrm{s}}(\mathrm{p.u.})}=\frac{1}{\boldsymbol{Z}_{\mathrm{s}}(\mathrm{p.u.})} \tag{3-226}$$

式中：分子项为电源侧电压与电流相量幅值的比值，分母项为电网侧电压与电流相量幅值变化量的比值。基于场站静态统一性稳定指标 USI_2 的高比例电力电子电力系统稳定判据如下：

1）当 $USI_2\geqslant 3$ 时，高比例电力电子电力系统发生宽频带振荡风险小，系统为强系统；

2）当 $USI_2<3$ 时，高比例电力电子电力系统存在振荡风险，系统为弱系统；

3）当 $USI_2<1.5$ 时，高比例电力电子电力系统发生宽频带振荡风险极高，系统为极弱系统。

3. 场站统一性稳定判据的应用与分析流程

电力电子电源场站统一性稳定判据由动态统一性判据和静态统一性判据组成，动态统一性判据和静态统一性判据分别由式（3－217）和式（3－225）所定义，实现了对电力电子电源场站并网稳定性的量化分析。场站统一性稳定指标可表示为

$$
\begin{aligned}
\boldsymbol{USI} &= \begin{bmatrix} \boldsymbol{USI}_1 \\ \boldsymbol{USI}_2 \end{bmatrix} \\
&= \begin{bmatrix} USI_1|_{场站1} & \cdots & USI_1|_{场站k} \\ USI_2|_{场站1} & \cdots & USI_2|_{场站k} \end{bmatrix}
\end{aligned}
\quad (3-227)
$$

式中：$USI_2|_{场站\,k}$为第 k 个电力电子电源场站的静态指标，由于仅考虑了电力系统基波频率下的静态特性，故可采用机电尺度方法快速得到评估结果，用于初筛可能存在失稳风险的电力电子电源场站；$USI_1|_{场站\,k}$为第 k 个电力电子电源场站的动态指标，该指标判据综合考虑了电磁尺度下的电力电子电源、电网及其控制系统的全频段动态特性，计算耗时虽略高于静态指标 USI_2，但依然远低于特征根分析法和时域仿真法，可较快速地得到高比例电力电子电力系统失稳风险的精确估计值。

具体来说，动态统一稳定指标 USI_1 基于实际运行点的状态量计算，该指标考虑了新能源机组、电力电子换流器、交流电网及其控制系统间存在的复杂交互作用；静态统一稳定指标 USI_2 基于实际运行点的状态量计算，但该指标忽略了控制器极其复杂的交互作用；针对机电暂态特性的 SCR 判据基于额定运行点的基波状态量计算，该指标也忽略了控制器极其复杂的交互作用。

若忽略电力系统的网源动态特性，动态指标 USI_1 将退化为仅考虑运行点网源静态特性的静态指标 USI_2；静态指标 USI_2 将退化为仅考虑额定工作点工频静特性的静态指标，即传统 SCR。统一性稳定判据与传统 SCR 的适用条件对比如表 3－10 所示。

表 3－10　　统一性稳定判据与传统 *SCR* 的适用条件对比

适用条件		*USI*		传统 *SCR*
		USI_1	USI_2	
电网及其系统的动态特性	考虑	√		
	忽略		√	√
电源及其系统的动态特性	考虑	√		
	忽略		√	√
运行方式	实际运行点	√	√	
	额定运行点			√

当实际运行点为额定运行点时，静态指标 USI_2 与传统 SCR 数值相等。

基于统一性稳定判据的电力电子电源场站并网系统稳定性评估方法的分析流程为：

1）确定电力电子电源场站的临界静态 USI_{2_max}。

2）计算或辨识高比例电力电子电力系统中电力电子电源场站的传递函数 $\boldsymbol{G}_{\mathrm{g}}(s)$。

3）计算或辨识高比例电力电子电力系统的闭环传递函数 $\boldsymbol{H}(s)$。

4）计算交流电网的传递函数 $G_s(s)$。

5）基于静态统一性稳定判据的风险初筛。基于式（3-225）计算含高比例电力电子设备的电力系统中所有电力电子电源场站的静态指标 USI_2，并依据实际电力系统的 USI_{2_max}，初步筛选出存在安全稳定风险的电力电子电源场站。

6）基于动态统一性稳定判据的风险精确计算。以初筛为高风险的电力电子电源场站为研究对象，基于式（3-217）计算各电力电子电源场站的动态指标 USI_1，并基于小增益定理评估各电力电子电源场站的安全稳定性。若动态指标 USI_1 大于 1，则电力系统仅存在较低的宽频带振荡风险，系统稳定；若动态指标 USI_1 小于 1，则电力系统存在极高的宽频带振荡风险，系统不稳定。计算流程如图 3-100 所示。

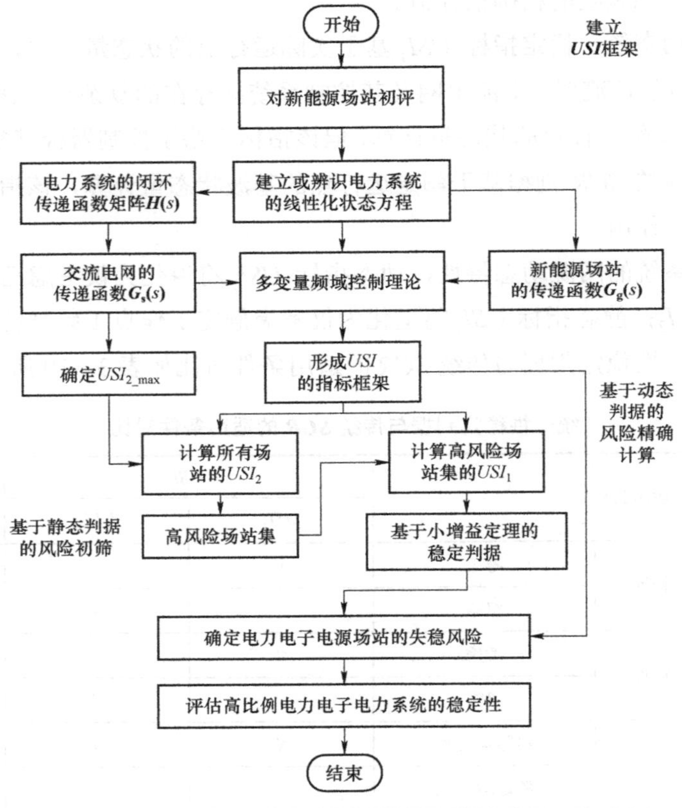

图 3-100　统一性稳定指标的计算流程

3.4.4 电力电子电源区域的统一性稳定分析法

1. 区域动态统一性指标

本节建立了包含 n 个电力电子电源场站和若干个电力电子电源区域的高比例电力电

子电力系统模型，各电力电子电源场站间存在的复杂交互作用如图3-101所示。

电力电子电源区域动态统一性稳定指标 USI_1 定义为：以电力电子电源区域为研究对象，在［0，+∞）频段内计算各控制信道中电力电子电源区域与交流电力系统传递函数逆运算的乘积，并计算其谱半径。USI_1 可表示为

$$USI_1=\rho[\boldsymbol{G}_{\mathbf{g}}^{-1}(s)\boldsymbol{G}_{\mathbf{s}}^{-1}(s)|_{s=\mathrm{j}\omega,\omega>0}] \tag{3-228}$$

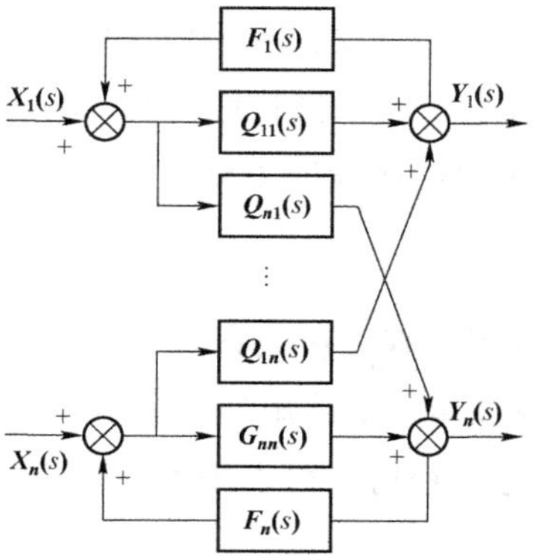

图3-101　电力电子电源场站间存在的复杂交互作用

式中：$\rho(\cdot)$表示计算所述 s 域方程的谱半径；$\boldsymbol{G}_{\mathbf{s}}(s)$为交流电网的传递函数矩阵；$\boldsymbol{G}_{\mathbf{g}}(s)$为电力电子电源的传递函数矩阵。可表示为

$$\boldsymbol{G}_{\mathbf{s}}(s)=\begin{bmatrix} Q_{11}(s) & Q_{12}(s) & \cdots & Q_{1n}(s)\\ Q_{21}(s) & Q_{22}(s) & \cdots & Q_{2n}(s)\\ \vdots & \vdots & \ddots & \vdots\\ Q_{n1}(s) & Q_{n2}(s) & \cdots & Q_{nn}(s)\end{bmatrix} \tag{3-229}$$

$$\boldsymbol{G}_{\mathbf{g}}(s)=\begin{bmatrix} F_1(s) & 0 & \cdots & 0\\ 0 & F_2(s) & \cdots & 0\\ \vdots & \vdots & \ddots & \vdots\\ 0 & 0 & \cdots & F_n(s)\end{bmatrix} \tag{3-230}$$

式中：$\boldsymbol{Q}_{ij}(s)$为第 i 个电力电子电源场站的端口电压对第 j 个电力电子电源输出电流的耦合作用；$\boldsymbol{F}_i(s)$为第 i 个电力电子电源场站的传递函数。

以电力电子电源区域 h 为研究对象，设该电力电子电源区域包含编号为 $1\sim m$ 的电力电子电源场站（$m<n$），该电力电子电源区域的等效电路如图3-102所示。其中，$\boldsymbol{Z}_{\mathbf{s}}$ 为

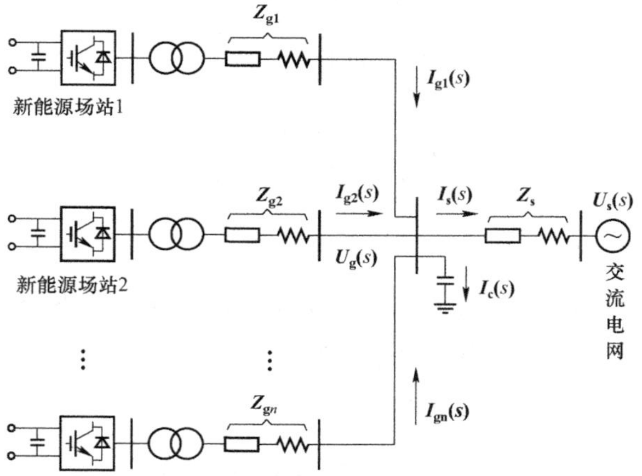

图3-102　电力电子电源区域的等效电路

并网点向交流电网看去的等效阻抗值，$\boldsymbol{Z}_{gi}$ 为第 i 个电力电子电源场站与并网点间的等效阻抗。若未做特殊说明，本节所述的各电气量均为归算至电网侧的有名值。第 h 个电力电子电源区域的 $USI_{1,h}$ 可表示为

$$USI_{1,h}=\rho[\boldsymbol{G}_{g,h}^{-1}(s)\boldsymbol{G}_{s,h}^{-1}(s)|_{s=j\omega,\omega>0}] \tag{3-231}$$

式中：$\boldsymbol{G}_{g,h}(s)$为区域 h 的电力电子电源传递函数矩阵；$\boldsymbol{G}_{s,h}(s)$为区域 h 的交流电网传递函数矩阵。上述矩阵可基于电力电子电源区域 h 的线性化状态方程和交流电网的线性化状态方程获得，可表示为

$$\begin{cases}\Delta\boldsymbol{I}_{g\Sigma}(s)=\boldsymbol{G}_{g,h}(s)\Delta\boldsymbol{U}_g(s)\\ \Delta\boldsymbol{U}_s(s)=\boldsymbol{G}_{s,h}(s)\Delta\boldsymbol{I}_s(s)\end{cases} \tag{3-232}$$

式中：$\boldsymbol{U}_s(s)$为交流电网的电压；$\boldsymbol{U}_g(s)$为电力电子电源场站并网点的电压；$\boldsymbol{I}_s(s)$为流入交流电网的电流；$\boldsymbol{I}_{gi}(s)$为第 i 个电力电子电源场站的输出电流；$\boldsymbol{I}_{g\Sigma}(s)$为汇集于同一区域的所有电力电子电源场站的输出电流之和。其中，$\boldsymbol{G}_{g,h}(s)$和 $\boldsymbol{G}_{s,h}(s)$可进一步表示为

$$\begin{cases}\boldsymbol{G}_{g,h}(s)=\mathrm{diag}[\boldsymbol{F}_k(s)]_{k=1,\cdots,m}\\ \boldsymbol{G}_{s,h}(s)=f[\boldsymbol{G}_s(s),\boldsymbol{G}_g(s)]_{\boldsymbol{F}_k(s)=0,k=m+1,\cdots,n}\end{cases} \tag{3-233}$$

式中：$\boldsymbol{G}_{g,h}(s)$为由区域内 m 个电力电子电源场站传递函数 $\boldsymbol{F}_k(s)$组成的对角矩阵；$\boldsymbol{G}_{s,h}(s)$为第 h 个电力电子电源区域的交流电网传递函数，且依赖于矩阵 $\boldsymbol{G}_g(s)$和 $\boldsymbol{G}_s(s)$。

采用基于小增益定理的充分必要条件作为所述电力电子电源区域并网闭环控制系统的判稳依据，可得

$$\begin{aligned}USI_{1,h}&=\rho\left[\left(\frac{\Delta\boldsymbol{I}_{g\Sigma}(s)}{\Delta\boldsymbol{U}_g(s)}\right)^{-1}\left(\frac{\Delta\boldsymbol{U}_s(s)}{\Delta\boldsymbol{I}_s(s)}\right)^{-1}|_{s=j\omega,\omega>0}\right]\\&=\rho\left[\frac{\left(\dfrac{\Delta\boldsymbol{U}_g(s)}{\Delta\boldsymbol{I}_{g\Sigma}(s)}\right)}{\left(\dfrac{\Delta\boldsymbol{U}_s(s)}{\Delta\boldsymbol{I}_s(s)}\right)}|_{s=j\omega,\omega>0}\right]\end{aligned} \tag{3-234}$$

2. 区域静态统一性指标

与电力电子电源区域的 USI_1 相比，电力电子电源区域的静态统一性稳定指标 USI_2 的主要区别在于忽略了并网系统中电力电子电源场站及其控制系统的动态特性，故可将第 h 个电力电子电源区域的 $USI_{2,h}$ 可表示为

$$USI_{2,h}=\rho[\boldsymbol{G}_{g,h}^{-1}(s)\boldsymbol{G}_{s,h}^{-1}(s)|_{s=j\omega,\omega\to0}] \tag{3-235}$$

进而得到

$$
\begin{aligned}
USI_2 &= \rho \frac{\Delta \boldsymbol{U}_{\mathrm{s}}(s)\Delta \boldsymbol{I}_{\mathrm{s}}(s)}{\Delta \boldsymbol{U}_{\mathrm{g},i}(s)\sum\limits_{i=1}^{n}\Delta \boldsymbol{I}_{\mathrm{g}\Sigma,i}(s)}\Big|_{s=\mathrm{j}\omega,\ \omega\to 0} \\
&= \rho \frac{\Delta \boldsymbol{U}_{\mathrm{s}}(s)\Delta \boldsymbol{I}_{\mathrm{s}}(s)}{\sum\limits_{i=1}^{n}\Delta \boldsymbol{P}_{\mathrm{g},i}(s)}\Big|_{s=\mathrm{j}\omega,\ \omega\to 0} \\
&= \min_{s=\mathrm{j}\omega,\omega\to 0}^{i=1,\cdots,n}\left\{\frac{\Delta \boldsymbol{U}_{\mathrm{s}}^{2}(s)/(\boldsymbol{Z}_{\mathrm{s}}+\boldsymbol{Z}_{\mathrm{g},i})}{\Delta \boldsymbol{P}_{\mathrm{g},i}(s)+\sum\limits_{j=1,j\neq i}^{n}\left(\dfrac{\boldsymbol{Z}_{\mathrm{s}}}{\boldsymbol{Z}_{\mathrm{s}}+\boldsymbol{Z}_{\mathrm{g},i}}+\dfrac{\boldsymbol{Z}_{\mathrm{g},i}}{\boldsymbol{Z}_{\mathrm{s}}+\boldsymbol{Z}_{\mathrm{g},i}}\right)\Delta \boldsymbol{P}_{\mathrm{g},j}(s)}\right\}
\end{aligned}
\tag{3-236}
$$

式中：$\Delta \boldsymbol{P}_{\mathrm{g},i}(s)$为第 i 个电力电子电源场站馈入的有功功率；$\Delta \boldsymbol{P}_{\mathrm{g},j}(s)$为其他电力电子电源场站馈入的有功功率。电力电子电源区域中存在复杂的功率交互作用，本节所述的指标可以表征：第 j 个场站对目标电力电子电源场站 i 的影响和对其余电力系统的影响，并考虑了电力系统的各电力电子元件与交流系统间的全局交互作用。此外，所述系统特征与多馈入交直流系统具有一定的相似性。

3. 电力电子电源区域的交互作用分析与稳定性评估方法

相对增益矩阵理论常用于多变量控制系统中控制量与被控量间关联程度的分析。对于包含α 个控制变量和β个被控变量的多变量闭环控制系统，设 u_j 表示第 j 个控制变量，y_i 表示第 i 个被控变量，第 j 个控制变量与被控变量间的交互作用可由下式表示

$$
\Delta u_j = \frac{\partial u_j}{\partial y_1}\Delta y_1 + \cdots + \frac{\partial u_j}{\partial y_\beta}\Delta y_\beta \tag{3-237}
$$

则控制变量 u_j 与被控变量 y_i 间的交互作用强度可定义为

$$
z_{ij} = \frac{\partial y_i / \partial u_j \,|_{\Delta u_k = 0, k\neq j}}{\partial y_i / \partial u_j \,|_{\Delta y_k = 0, k\neq j}} \tag{3-238}
$$

式中：分子项表示其他控制回路均开环时，被控量 u_j 到 y_i 的静态自增益；分母项表示其他被控量保持不变时，被控量 u_j 到 y_i 的静态互增益。在多变量系统中，所有控制信道的相对增益可组成相对增益矩阵 $\boldsymbol{R}_{\mathrm{RGA}}$，可表示为

$$
\boldsymbol{R}_{\mathrm{RGA}} = [\boldsymbol{G}_{\mathrm{m}}(s)] \otimes [\boldsymbol{G}_{\mathrm{m}}^{-1}(s)]^{\mathrm{T}} \tag{3-239}
$$

式中：⊗表示矩阵的 Hadamard 乘积。

高比例电力电子电力系统中场站间存在的复杂交互作用对电力系统的稳定性影响显著，大大降低了电力电子电源送端系统的系统强度。本节建立了高比例电力电子电力系统中各电力电子电源场站机端电压、输出电流间的多变量闭环控制系统，如图 3－103 所示。电力电子电源场站的自阻抗 $z_{i,i}$ 表示仅有电力电子电源场站 i 接入时，在电力电子电源场

站 i 出口处测得的等效短路阻抗，可依据以下公式计算

$$z_{i,i}(s)=\frac{\partial \boldsymbol{U}_{\mathrm{g},i}(s)}{\partial \boldsymbol{I}_{\mathrm{g},i}(s)}\bigg|_{\boldsymbol{I}_k(s)=0} \tag{3-240}$$

式中：需满足 $k\neq i$。进而可得到控制量与被控量间的自阻抗系数为

$$\begin{bmatrix}\Delta U_1(s)\\ \vdots \\ \Delta U_{\mathrm{n}}(s)\end{bmatrix}=\begin{bmatrix} z_{1,1}(s) & \cdots & z_{1,\mathrm{n}}(s)\\ \vdots & \ddots & \vdots \\ z_{\mathrm{n},1}(s) & \cdots & z_{\mathrm{n},\mathrm{n}}(s)\end{bmatrix}\begin{bmatrix}\Delta I_1(s)\\ \vdots \\ \Delta I_{\mathrm{n}}(s)\end{bmatrix} \tag{3-241}$$

可简记为

$$\Delta \boldsymbol{U}(s)=\boldsymbol{G}_{\mathrm{m}}(s)\Delta \boldsymbol{I}(s) \tag{3-242}$$

将式（3－242）代入式（3－239），可得相对增益矩阵 $\boldsymbol{R}_{\mathrm{RGA}}$

$$\boldsymbol{R}_{\mathrm{RGA}}=\begin{bmatrix}\gamma_{1,1} & \gamma_{1,2} & \cdots & \gamma_{1,\mathrm{n}}\\ \gamma_{2,1} & \gamma_{2,2} & \cdots & \gamma_{2,\mathrm{n}}\\ \vdots & \vdots & \ddots & \vdots \\ \gamma_{\mathrm{n},1} & \gamma_{\mathrm{n},2} & \cdots & \gamma_{\mathrm{n},\mathrm{n}}\end{bmatrix} \tag{3-243}$$

式中：$\gamma_{i,j}$ 为第 i 个控制量与第 j 个被控量间的相对增益。相对增益 $\gamma_{i,j}$ 越接近于 1，则其对应的控制量与被控量间的交互作用越弱；反之，交互作用越强。

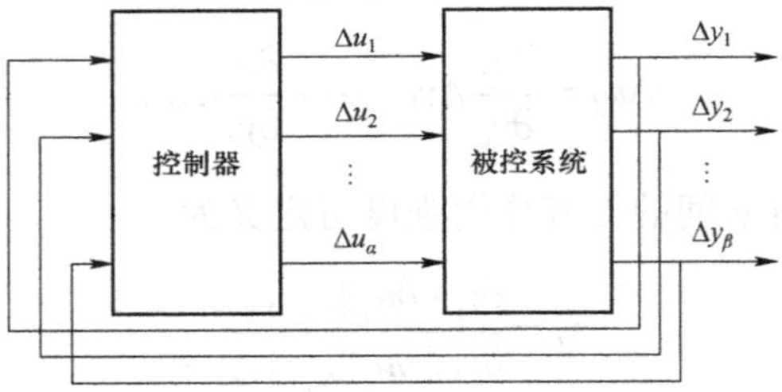

图 3－103　RGA 理论的闭环控制系统图

基于 $\boldsymbol{R}_{\mathrm{RGA}}$ 可对电力系统中各电气量间的交互作用进行量化评估。评估依据为：

1）若 $\forall\gamma_{i,j}\in[0.8, 1.2]$，则电力电子电源场站间的交互作用较弱，仅需以各电力电子电源场站为研究对象，进而评估高比例电力电子电力系统的稳定性；

2）若 $\exists\gamma_{i,j}\in[-\infty, 0.8)\cup(1.2, +\infty)$，表明电力电子电源场站间存在强烈的交互作用，则需以高比例电力电子电源区域为研究对象，进而评估高比例电力电子电力系统的稳定性。

4. 区域统一性稳定判据的应用与分析流程

区域统一性稳定判据的指标体系由以下三个部分组成：区域动态指标 USI_1、区域静

态指标 USI_2、相对增益矩阵 $\boldsymbol{R}_{\mathbf{RGA}}$。具体而言：

（1）区域动态指标 USI_1。该指标计及了电力电子电源区域的全频段动态特性，并综合考虑了近区其他电力电子电源场站、远区交流系统对目标电力电子电源区域稳定性的影响，进而实现了电磁尺度的电力系统稳定性风险精确计算。基于动态指标 USI_1 的高比例电力电子电力系统安全稳定性评估方法满足小增益定理的假设。故可采用以下判据：

1）当 $USI_1>1$ 时，目标电力电子电源区域发生宽频带振荡的风险小，系统稳定；

2）当 $USI_1=1$ 时，目标电力电子电源区域存在振荡风险，系统临界稳定；

3）当 $USI_1<1$ 时，目标电力电子电源区域发生宽频带振荡的风险极高，系统不稳定。

（2）区域静态指标 USI_2。该指标采用了实际工作点的电力系统运行参数，但忽略了电力电子电源、交流电网及其控制系统的动态特性，故可实现机电尺度的快速计算，计算结果仅可作为高风险电力电子电源区域的筛选依据。基于区域的 USI_2 稳定性评估方法以经验值作为判据，稳定性判据为：

1）当 $USI_2\geqslant 3$ 时，目标电力电子电源区域发生振荡风险小，系统为强系统；

2）当 $USI_2<3$ 时，目标电力电子电源区域存在振荡风险大，系统为弱系统；

3）当 $USI_2<1.5$，目标电力电子电源区域发生振荡风险极高，系统为极弱系统。

（3）相对增益矩阵 $\boldsymbol{R}_{\mathbf{RGA}}$。

$\boldsymbol{R}_{\mathbf{RGA}}$ 可用于衡量电力电子电源区域内各场站间的交互作用，进而确定高比例电力电子电力系统稳定性评估的研究对象和范围。具体而言，若电力电子电源区域的 $\boldsymbol{R}_{\mathbf{RGA}}$ 中所有元素均接近于 1，则该区域内各场站间仅存在较微弱的交互作用，故可忽略其对电力系统动态过程的影响。因此，仅需以各电力电子电源的单场站并网系统为研究对象，即可得到准确的电力系统稳定性评估结果；若电力电子电源区域的 $\boldsymbol{R}_{\mathbf{RGA}}$ 中存在数值远离于 1 的元素，则该区域的场站间存在较强的交互作用，忽略该交互作用将造成稳定性评估方法失效。因此，需以电力电子电源区域为研究对象，进而得到准确的电力系统稳定性评估结果。

基于上述三个指标构成的电力电子电源区域统一性稳定判据，实现了从电力电子电源场站扩展到电力电子电源区域、进而延伸到高比例电力电子电力系统的安全稳定性评估框架。在实际工程中，该指标体系既可以配合使用，也可以根据实际需求择一而用，以求满足评估精度、运算效率、工程规模等不同需求。为便于描述，本节将区域动态指标记为 $USI_1|_{区域}$，区域静态指标记为 $USI_2|_{区域}$，场站动态指标记为 $USI_1|_{场站}$，场站静态指标记为 $USI_2|_{场站}$。基于统一性稳定判据的电力电子电源区域并网系统稳定性评估方法的分析流

程为：

1）基于实际高比例电力电子电力系统模型，经计算或辨识得到其闭环传递函数矩阵 $\boldsymbol{H}(s)$。

2）计算或辨识所述系统的电力电子电源传递函数矩阵为

$$\boldsymbol{G}_{\mathrm{g}}(s)=\begin{bmatrix} F_1(s) & 0 & \cdots & 0 \\ 0 & F_2(s) & \cdots & 0 \\ \vdots & \vdots & \ddots & \vdots \\ 0 & 0 & \cdots & F_{\mathrm{n}}(s) \end{bmatrix}$$

3）基于 $\boldsymbol{H}(s)$ 和 $\boldsymbol{G}_{\mathrm{g}}(s)$，计算交流电网传递函数矩阵为

$$\boldsymbol{G}_{\mathrm{s}}(s)=\begin{bmatrix} Q_{11}(s) & Q_{12}(s) & \cdots & Q_{1\mathrm{n}}(s) \\ Q_{21}(s) & Q_{22}(s) & \cdots & Q_{2\mathrm{n}}(s) \\ \vdots & \vdots & \ddots & \vdots \\ Q_{\mathrm{n}1}(s) & Q_{\mathrm{n}2}(s) & \cdots & Q_{\mathrm{nn}}(s) \end{bmatrix}$$

4）基于场站静态统一性指标 $USI_2|_{场站}$ 计算电力电子电源场站的稳定性风险，进一步缩小后续稳定性分析的研究范围。

5）基于 RGA 理论，计算可用于表征目标区域中电力电子电源场站间交互作用关系的相对增益矩阵为 $\boldsymbol{R}_{\mathrm{RGA}}=\begin{bmatrix} \gamma_{1,1} & \gamma_{1,2} & \cdots & \gamma_{1,\mathrm{n}} \\ \gamma_{2,1} & \gamma_{2,2} & \cdots & \gamma_{2,\mathrm{n}} \\ \vdots & \vdots & \ddots & \vdots \\ \gamma_{\mathrm{n},1} & \gamma_{\mathrm{n},2} & \cdots & \gamma_{\mathrm{n},\mathrm{n}} \end{bmatrix}$。

6）基于 $\boldsymbol{R}_{\mathrm{RGA}}$ 评估电力电子电源场站间交互作用。若电力电子电源场站间均为弱交互作用，则分别对各电力电子电源场站进行稳定性分析，下接步骤 7)；若电力电子电源场站间存在强交互作用，则对电力电子电源区域进行稳定性分析，下接步骤 8)。

7）基于场站动态统一性指标 $USI_1|_{场站}$ 计算电力电子电源场站的稳定性风险，进而得到场站的并网稳定性评估结果。

8）计算电力电子电源区域 h 开环系统的传递函数矩阵 $\boldsymbol{G}_{\mathrm{g},h}(s)=\mathrm{diag}[\boldsymbol{F}_k(s)]_{k=1,\cdots,m}$。

9）进一步计算交流电网开环系统的传递函数矩阵为 $\boldsymbol{G}_{\mathrm{s},h}(s)=f[\boldsymbol{G}_{\mathrm{s}}(s),\ \boldsymbol{G}_{\mathrm{g}}(s)]_{F_k(s)=0,k=m+1,\cdots,n}$。

10）基于区域静态统一性指标 $USI_2|_{区域}$ 的风险区域初筛：依据式（3－236），计算电力电子电源区域的 $USI_2|_{区域}$，并与实际电力系统的 $USI_{2\_\max}$ 进行比较，初步筛选出存在安全稳定风险的电力电子电源区域。

11）基于区域动态统一性指标 $USI_1|_{区域}$ 的区域风险精确计算。依据式（3－234），计算各高风险电力电子电源区域的 $USI_1|_{区域}$，并基于小增益定理评估目标电力电子电源区域的

安全稳定性，进而得到区域的并网稳定性评估结果。

12）基于步骤 7）和步骤 11）的并网稳定性计算结果，综合评估高比例电力电子电力系统的稳定性。

3.4.5 算例验证

1. 算例 1

电力电子电源场站并网系统的等效电路如图 3－98 所示。该电力电子电源场站由 33 台 1.5MW 的直驱风机组成，调节电力电子电源场站与交流系统间的等效电气距离，使之分别运行于 *SCR* 为 1.9（实测的临界稳定值）、3、4、5 的方式下。分别计算各运行方式下的主导振荡频率与阻尼比，各运行方式的并网稳定性评估结果如表 3－11 所示，各运行方式在小扰动下有功功率的时域仿真结果如图 3－104 所示。

表 3－11　电力电子电源场站并网系统的稳定性评估结果

运行方式	*SCR*	特征值	振荡频率/Hz	阻尼比	USI_1	USI_2	评估结果
方式 a	1.9	−0.11±j173.65	27.64	0.000 6	1.03	1.9	危险
方式 b	3	−3.86±j174.13	27.71	0.02	1.53	3	安全
方式 c	4	−5.43±j174.12	27.71	0.03	1.59	4	安全
方式 d	5	−6.36±j174.06	27.70	0.04	1.60	5	安全

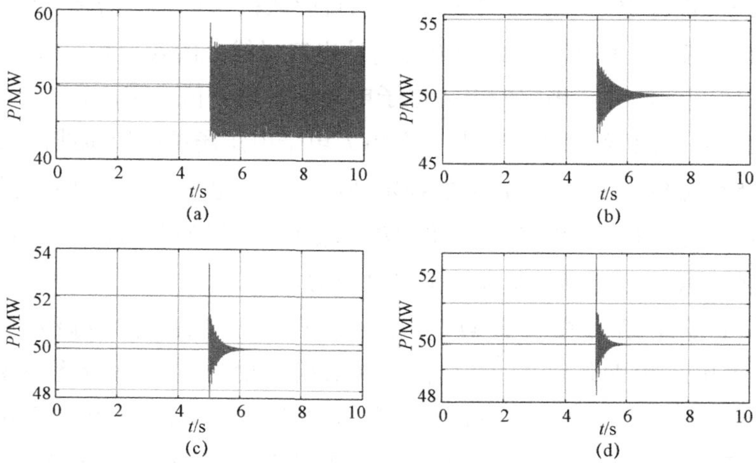

图 3－104　电力电子电源场站并网系统受扰后的时域响应

（a）方式 a；（b）方式 b；（c）方式 c；（d）方式 d

如图 3－104（a）所示，当系统运行于临界 SCR 时，并网系统经小扰动后将出现发散的功率振荡，并网系统失稳。实际并网系统在临界状态下的主导振荡模式为 27.64Hz，特征值实部为一个接近于 0 的负数。随着 SCR 的逐渐增大，电力系统主导振荡模式的阻尼比逐渐升高，系统稳定性得到逐渐改善。

采用本节方法对上述系统进行稳定性评估。以电力电子电源场站出口处为开环点，建立电力电子电源场站并网系统的等效电路。

基于静态指标 USI_2 的风险初筛结果表明：电力系统稳定水平越高，静态指标 USI_2 的数值越大。因此，静态指标 USI_2 可用于表征系统稳定程度的大小。但基于静态指标 USI_2 评估电力系统稳定性时，不同运行方式、系统结构下电力系统的 USI_{2_max} 存在明显差异，且缺少有效的稳定判定标准，难以实现不同系统稳定性的统一度量。

进一步地，基于动态指标 USI_1 的风险精确计算结果表明：电力系统稳定水平越高，动态指标 USI_1 的数值越大，与实际系统特性一致。因此，本节提出的动态指标 USI_1 可以有效表征系统稳定程度的大小。需要特别说明的是，动态指标 USI_1 具有严密的控制理论基础，可对不同运行方式、系统结构的电力系统实现基于小增益定理的统一标准度量，可有效、直观地判别电力系统的稳定性。具体而言，当并网系统运行于方式 a 时，动态指标 USI_1 的计算结果为 1.03，系统处于临界稳定状态。进一步的时域仿真结果验证了本文方法的有效性，运行方式 a 下的并网系统在扰动后出现了等幅的功率振荡，与理论分析结果一致。

综上所述，本节提出的统一性稳定指标 USI 可以实现并网系统的稳定性评估。

2. 算例 2

本节应用统一性稳定分析法对第 2.3.4 节的直驱风机三机系统振荡算例进行分析。首先，基于场站静态指标计算各电力电子电源场站出口母线处的安全稳定性。计算各电力电子电源场站的 $USI_2|_{场站}$，并与确定的电力电子电源场站临界值 USI_{2_max} 进行比较，计算结果如表 3－12 所示。分析结果表明：基于各电力电子电源场站出口母线的 $USI_2|_{场站}$计算结果均远大于临界值 USI_{2_max}，且有较大的稳定裕度，电力电子电源并网系统处于安全稳定状态。具体而言，电力电子电源场站 W_a 的 $USI_2|_{场站}$计算结果为 2.90，为并网系统中各场站出口处的最小值，各场站的风险初筛结果未见异常。

其次，基于场站动态指标计算各电力电子电源场站出口母线处的安全稳定性。计算各电力电子电源场站的 $USI_1|_{场站}$，并依据小增益定理对所述系统进行稳定性分析，计算结果如表 3－12 所示。分析结果表明：基于各电力电子电源场站的 $USI_1|_{场站}$计算结果均远大于临界稳定值 1.0，电力电子电源并网系统处于安全稳定状态。具体而言，电力电子电源场站 W_a 的 $USI_1|_{场站}$计算结果为 1.60，为并网系统中各场站的最小值，各场站的风险精确计算结果未见异常，且密集并网系统具有较大的稳定裕度。

表 3－12　　电力电子电源场站的 *USI* 计算结果

研究对象	场站	$USI_1|_{场站}$		$USI_2|_{场站}$	
		计算结果	评估结果	计算结果	评估结果
电力电子电源场站	Wa	1.60	安全	2.90	安全
	Wb	2.37	安全	3.50	安全
	Wc	2.37	安全	3.50	安全

然而，由第 2.3.4 节的时域仿真结果却得到了相悖的结论，高比例电力电子电力系统区域经小扰动后出现了持续性的功率振荡，实际电力系统处于危险状态。因此，基于局部电气量的电力系统稳定性分析方法忽略了多场站间的功率交互过程，易造成稳定性错判。

针对上述问题，以电力电子电源区域为研究对象，采用本节提出的电力电子电源区域统一性稳定判据对本例系统进行分析。

首先，计算各电力电子电源场站间存在的交互作用，$\boldsymbol{R}_{\mathrm{RGA}}$ 的计算结果为

$$\boldsymbol{R}_{\mathrm{RGA}}=\begin{bmatrix} 1.44 & -0.22 & -0.22 \\ -0.22 & 1.47 & -0.25 \\ -0.22 & -0.25 & 1.47 \end{bmatrix}$$

基于 RGA 理论可知，本例的三场站并网系统存在严重的场站间交互作用，应以电力电子电源区域为研究对象并建立其线性化方程，进而依据区域动态指标评估高比例电力电子电力系统的稳定性。

其次，基于区域静态指标对电力电子电源区域的风险进行初筛。电力电子电源区域的 $USI_2|_{区域}$的计算结果如表 3－12 所示。计算结果表明：电力电子电源区域的 $USI_2|_{区域}$计算结果为 2.2，计算结果偏低，该电力电子电源区域属于高风险集，应对其开展进一步的风险程度精确计算。

再次，基于区域动态指标对电力电子电源区域的风险进行精确计算。电力电子电源区域的 $USI_1|_{区域}$的计算结果如表 3－13 所示。计算结果表明：电力电子电源区域的 $USI_1|_{区域}$计算结果为 1.0，该计算结果恰好为临界稳定值。若考虑到电力系统的安全稳定特性和测量误差，可认为该电力电子电源区域存在着严重的稳定性问题，进而造成该高比例电力电子电力系统处于危险状态。

表 3-13 电力电子电源区域的 *USI* 计算结果

研究对象	场站	$USI_1\|_{区域}$		$USI_2\|_{区域}$	
		计算结果	评估结果	计算结果	评估结果
电力电子电源场站	Wa	1.0	危险	2.2	高风险
	Wb				
	Wc				

综上所述，本书提出的区域统一性稳定判据可得到与时域仿真相一致的稳定性结论，且能够量化电力系统稳定性风险，验证了该方法的有效性。

小 结

本章提出的几种方法在振荡判别、裕度量化和稳定控制等方面各有优势，为电力系统宽频带动态稳定的各种场景研究提供了理论依据。

（1）广义转矩分析法在阻尼转矩分析法数学思想的基础上进行了推广，可以对低频、次同步、超同步等多频段的振荡模式进行分析。利用广义转矩分析法，可以定性评估设备对电力系统宽频带动态稳定性的影响，并提供了一种电力系统宽频带振荡模式的简化计算方法。相比于模态分析法，广义转矩分析法可以减少振荡模式估算的计算量，避免了高阶矩阵特征值求解的“维数灾”问题。但该方法无法体现物理意义，用开环振荡模式估算闭环系统的振荡模式时，会产生一定误差。

（2）将 Nyquist 阵列理论引入电力系统次/超同步振荡分析及控制领域，具有计算量小，仿真时间短，分析简单直观，易于控制系统的分析、判断和处理等优势；利用行盖尔圆带作图，可直观地进行分析、判断和处理控制系统的对角优势度和稳定性；此外，在保证多变量系统稳定性的基础上，可以按单变量系统进行控制设计，并在设计性能良好的多变量控制系统的同时兼顾抑制交连。然而，该方法无法体现振荡机理，无法评估不同元件间的交互作用影响。

（3）导纳分析法通过建立设备的小信号频域导纳模型，利用奈奎斯特稳定性判据进行系统稳定的判定，可以有效地揭示不同并网设备与电网之间相互作用，并为解决这些问题提供了有效的解析设计手段。导纳模型可以通过在设备端口施加不同频率的电流/电压小幅值激励信号，并获取相应的电压/电流信号来求取，因此在实际应用中便于测试验证；另外，导纳模型包含了装置各控制环节的作用，便于以导纳外特性优化为目标指导控制策略及参数的优化设计。但由于频域下基于导纳法的稳定性分析需采用经典控制理论方法，因此导纳法在大规模系统中的应用较为困难。

（4）统一性稳定分析法采用了“静态初筛”与“动态精确度量”相结合的电力系统稳定性评估方法，计及了电力系统振荡过程中的全频段动态特性，可定量的表征电力电子电源并网系统的稳定裕度；基于统一性稳定指标和 RGA 理论定义了新能源区域并网系统的统一性稳定判据，避免了基于单机和单场站思想稳定性评估方法存在的失效风险。但该方法无法体现物理意义及振荡机理。

（5）时域仿真法、特征值分析法和上述方法之间的对比如表 3－14 所示。

表 3－14　　常见方法对比

方法	时域仿真法	特征结构法	广义转矩分析法	Nyquist 阵列分析法	导纳分析法	统一性稳定分析法
振荡频段	低频、次同步、超同步、高频振荡	低频、次同步、超同步、高频振荡	低频、次同步、超同步振荡	低频、次同步、超同步振荡	次同步、超同步、高频振荡	低频、次同步、超同步振荡
模型要求	非线性仿真模型	线性化模型	线性化传递函数模型	线性化传递函数模型	小信号电压/电流扰动下的传递函数模型	线性化传递函数模型
理论基础	数值计算	经典控制理论	经典控制理论、阻尼转矩分析	Nyquist 阵列理论	经典控制理论	多变量频域控制理论
振荡机理	无法体现振荡机理	可表征各状态变量的参与程度，可体现振荡机理	无法体现振荡机理	无法体现振荡机理	可从导纳谐振和阻尼的角度解释振荡机理	无法体现振荡机理
计算复杂程度	与模型复杂性、网络规模相关	大系统求解特征值存在维数灾问题	只需计算一个子系统的特征值，相比特征值分析法计算量减少	应用 Nyquist 阵列理论，计算复杂度适中	应用单端口或多端口的 Nyquist 判据，计算复杂度适中	只需计算两个子系统开环传递函数的谱半径，计算复杂度低
稳定裕度与风险评估	不能	闭环振荡模式可反映振荡风险	可用于估算闭环振荡模式	可通过盖尔圆盘带与对角元的距离反映	结合谐振模式分析，可计算振荡模式	可量化，且区别于传统经验值判据
多设备间动态交互作用评估	不能	可通过参与因子反映	可通过广义转矩反映	不能	可通过频域导纳反映	可通过 RGA 指标反映
方法准确度	准确度高	忽略了非线性环节，比较准确	用开环振荡模式估算闭环系统的振荡模式，会产生一定偏差	忽略了非线性环节，比较准确	忽略了非线性环节，比较准确	忽略了非线性环节，比较准确
场景、工程应用适用度	场景适用性强；工程应用中需要得到各设备的准确模型和参数	适用于存在稳定平衡点、非线性度较弱的场景；工程应用中需要得到各设备的准确模型和参数	适用于存在稳定平衡点、非线性度较弱的场景；工程应用中，模型参数难以获取时可采用摄动法进行分析			

参 考 文 献

[1] 孙华东，方诗卉，徐式蕴，等. 基于 Nyquist 阵列理论的风电并网系统宽频带振荡分析及控制［J］. 中国电机工程学报，2020，40（10）：3124－3134.

[2] 孙华东，王一鸣，高磊，等. 高比例电力电子电力系统稳定性的统一性判据研究（一）：场站稳定判据［J］. 中国电机工程学报，2022，42（05）：1713－1724.

[3] 孙华东，王一鸣，高磊，等. 高比例电力电子电力系统稳定性的统一性判据研究（二）：区域稳定判据［J］. 中国电机工程学报，2022，42（06）：2060－2070.

[4] Jingtian Bi，Huadong Sun，Shiyun Xu，et al. Mode-based damping torque analysis method in power system low-frequency oscillations［J］. CSEE Journal of Power and Energy Systems，Early Access.

[5] 高磊，孙华东，齐彬，等. 基于等效开环过程的双馈风电场并网宽频振荡量化分析［J］. 中国电机工程学报，40（22）：7260－7270.

[6] 周佩朋，宋瑞华，李光范，等. 基于附加比例谐振控制的风机次同步振荡抑制方法［J］. 中国电机工程学报，2021，41（11）：3797－3807.

[7] 周佩朋，宋瑞华，李光范，等. 直驱风电机组次同步振荡阻尼控制方法及其适应性［J］. 电力系统自动化，2019，43（13）：177－184.

[8] 周佩朋，李光范，宋瑞华，等. 直驱风机与静止无功发生器的次同步振荡特性及交互作用分析［J］. 中国电机工程学报，2018，38（15）：4369－4378＋4637.

[9] 宋瑞华，郭剑波，李柏青，等. 基于输入导纳的直驱风电次同步振荡机理与特性分析［J］. 中国电机工程学报，2017，37（16）：4662－4670＋4891.

[10] Jingtian Bi，Huadong Sun，Shiyun Xu，et al.Impact of multiple identical grid-connected DFIGs on the small-signal angular stability of power system［C］. 2019 Chinese Control Conference（CCC）.2019.

[11] Jingtian Bi，Shiyun Xu，Huadong Sun，et al. Dynamic stability analysis of sub-synchronous oscillation mode of phase locked loop［C］. 2021 IEEE 5th Conference on Energy Internet and Energy System Integration（EI2），2021，2877－2882.

[12] Jingtian Bi，Shiyun Xu，Huadong Sun，et al. Supplementary damping controller design of DFIG with mode-based damping torque analysis method［C］. 2021 IEEE 16th Conference on Industrial Electronics and Applications（ICIEA），2021，1541－1546.

第 4 章　实际电网工程宽频带动态稳定分析

4.1　实 际 事 故 分 析

4.1.1　新疆哈密风电次同步振荡

1. 新疆哈密电网及“7 • 1”振荡事故介绍

哈密电网位于新疆东部，以哈密市为核心，以±800kV 直流和 750、220kV 电压等级交流为骨干网架。哈密电网东西伸展约 400 千米、南北跨度约 430 千米，覆盖地域约 15.3 万千米²。哈密电网网架结构简化示意图如图 4-1 所示。

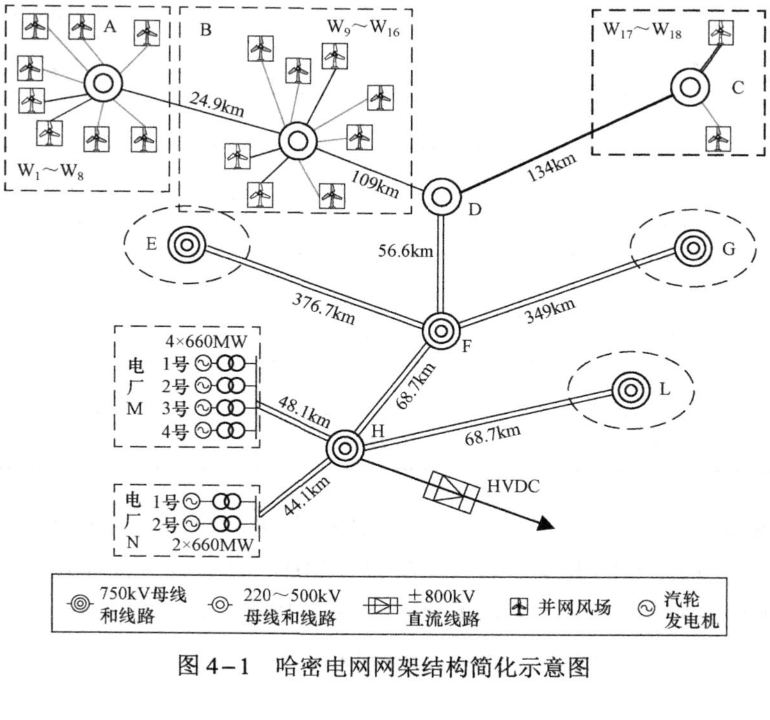

图 4-1　哈密电网网架结构简化示意图

在图4–1中，A、B、C三大风电基地内主要风电场的装机容量及风电型号如表4–1所示。其中直驱风机主要为厂家A的三种机型，双馈风机主要为厂家B～G的六种机型。

表4–1　　主要风电场的装机容量及风机型号

序号	风电场名	装机容量/MW	风机型号
1	风电场 W_1	49.5	直驱机型 A1
2	风电场 W_2	49.5	直驱机型 A1
3	风电场 W_3	98	双馈机型 B1
4	风电场 W_4	99	直驱机型 A2
			双馈机型 B1
5	风电场 W_5	198	直驱机型 A2
6	风电场 W_6	49.5	双馈机型 C1
7	风电场 W_7	49.5	双馈机型 C1
			双馈机型 D1
8	风电场 W_8	49.5	双馈机型 E1
9	风电场 W_9	198	直驱机型 A2
10	风电场 W_{10}	49.5	双馈机型 C2
11	风电场 W_{11}	99	直驱机型 A3
12	风电场 W_{12}	99	双馈机型 F1
13	风电场 W_{13}	96	双馈机型 G1
14	风电场 W_{14}	49.5	直驱机型 A2
15	风电场 W_{15}	49.5	直驱机型 A2
16	风电场 W_{16}	49.5	双馈机型 B1
17	风电场 W_{17}	49.5	直驱机型 A2
18	风电场 W_{18}	24/45	直驱机型 A3

“7·1”振荡事故中，典型风电场的录波曲线如图4–2所示。根据多次监测数据的分析结果，从功率中检测到的振荡频率一般在25～33Hz范围内，对应的电流瞬时值中次、超同步分量的频率分别在17～25Hz和75～83Hz范围内；次、超同步分量成对出现，其加和为两倍工频，一般超同步分量的幅值相对较高。

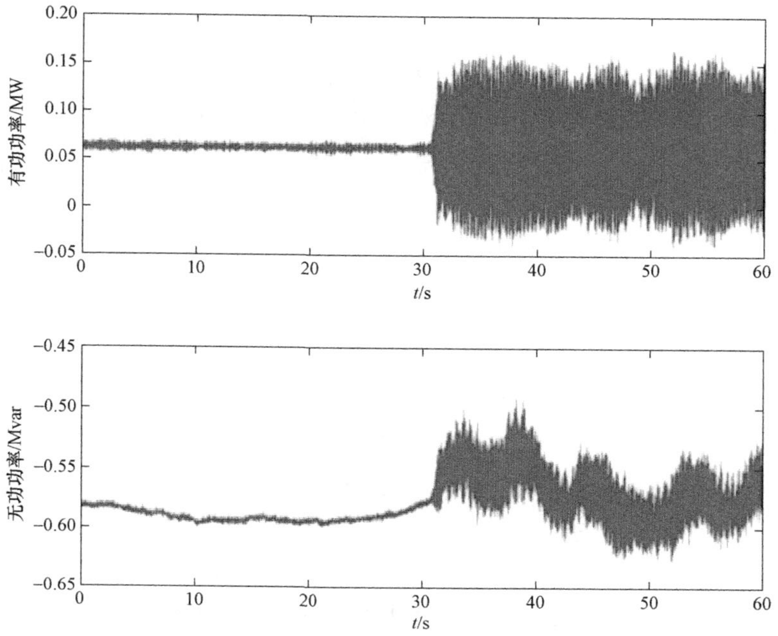

图 4−2 哈密电网风电场录波曲线

2. 时域仿真分析

基于所建立的哈密电网标准算例系统，对次同步振荡现象进行仿真分析。根据仿真结果，各风电汇集站的短路容量与振荡幅度如表 4−2 所示。由表 4−2，各汇集站振荡幅度与母线短路容量存在一定的关联，短路比越小，振荡越为明显，说明了系统弱是该系统出现次同步振荡的影响因素之一。

表 4−2 各风电汇集站的短路容量及振荡幅度

序号	位置	短路容量/MVA	短路比	振荡幅值/p.u.
汇集站 1	A 站 35kV 母线	1450	14.5	0.16
汇集站 2	A 站 110kV 母线	2030	10.2	0.15
汇集站 3	B 站 35kV 母线	1693	4.2	0.25
汇集站 4	C 站 35kV 母线	955	9.6	0.21
汇集站 5	C 站 110kV 母线	1734	17.3	0.12

各风电汇集站的有功功率仿真波形如图 4−3 所示。

调整风电场运行工况，图 4−1 中火电机组 M 出现了明显的轴系扭振现象，此时风电振荡频率与火电机组轴系固有扭振频率接近互补。火电机组轴系转速偏差仿真波形及分解出的 3 个主要振荡模态如图 4−4 所示。

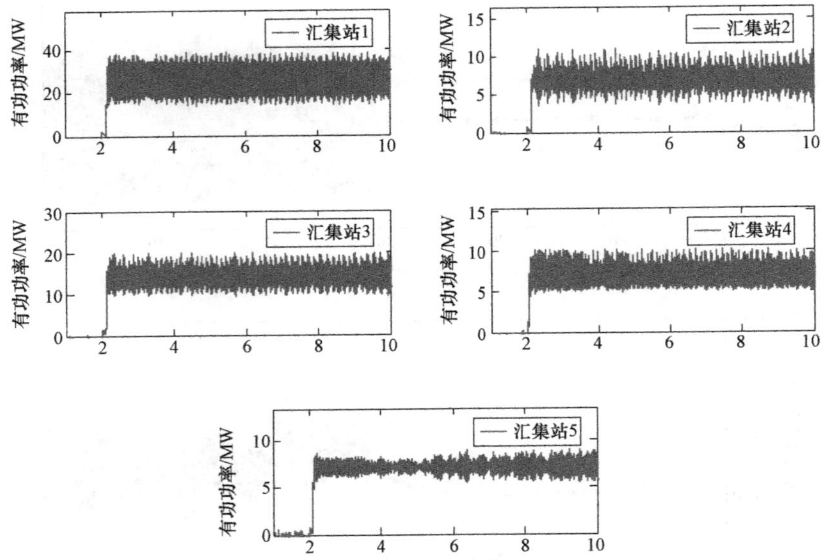

图 4-3　表 4-2 中 5 个风电汇集站的有功功率波形

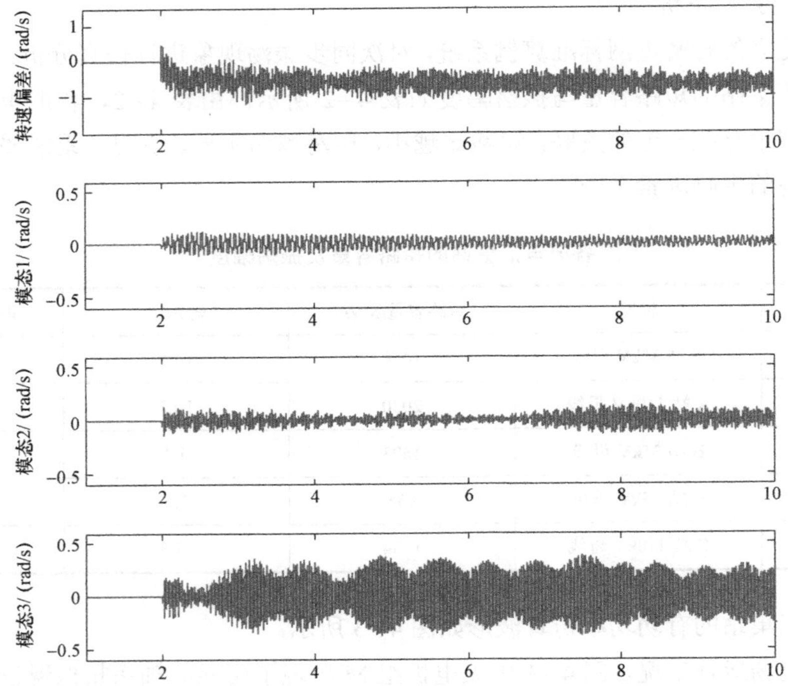

图 4-4　火电机组 M 轴系转速偏差波形

不考虑风电对短路电流的影响，将图 4-1 中 220kV 变电站 D 扩建为 750kV 变电站前后各风电汇集站的短路容量计算结果如表 4-3 所示。对比表 4-2 和表 4-3 可见，变电站 D 扩建后，系统的短路容量有所提高。

表 4-3　　主要风电场的短路容量

序号	位置	改造前短路容量/MVA	改造后短路容量/MVA
汇集站 1	A 站 35kV 母线	1450	1493
汇集站 2	A 站 110kV 母线	2030	2204
汇集站 3	B 站 35kV 母线	1693	1833
汇集站 4	C 站 35kV 母线	955	983
汇集站 5	C 站 110kV 母线	1734	1761

考虑其他条件相同，对 220kV 变电站 D 扩建前后系统的次同步振荡特性进行仿真分析，图 4-5 给出了各风电汇集站在变电站 D 扩建前后的功率波形。由图 4-5 可见，220kV 变电站 D 扩建升压为 750kV 变电站后各风电汇集站功率的振幅出现了不同程度的降低。

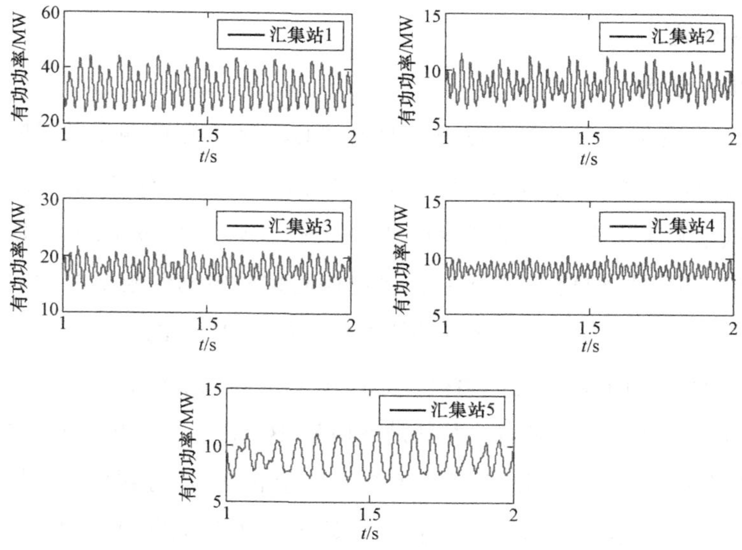

(a)

图 4-5　变电站 D 扩建升压对风电次同步振荡的影响仿真结果（一）

(a) 变电站 D 扩建前

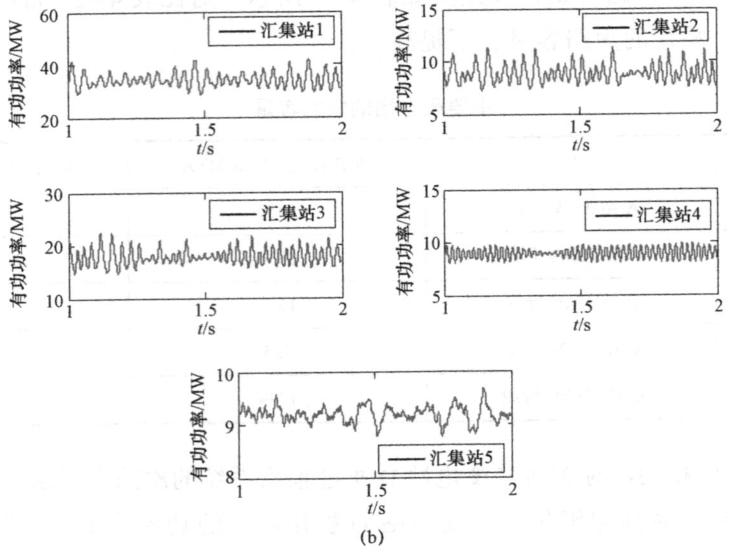

图 4-5　变电站 D 扩建升压对风电次同步振荡的影响仿真结果（二）

（b）变电站 D 扩建后

随着 220kV 变电站 D 扩建为 750kV 变电站，系统得到了一定的加强，在其他条件相同的情况下，风电场的次同步振荡呈减弱趋势。因此，增强系统接入强度有助于降低风电场的次同步振荡风险。

3. 频域阻抗分析

图 4-6 给出了变电站 A、变电站 B、变电站 C、变电站 D 四个关键断面的阻抗分析结果，深色曲线为风电侧阻抗，浅色曲线为电网侧阻抗。可以看出，A、B 以及 C 三个变电站断面上，风电侧阻抗在次、超同步频段（10～30Hz，70～90Hz）呈现一定的“负电阻+电容”特性，即阻抗相角小于-90°。风电侧阻抗与电网侧阻抗在次、超同步频段范围内，均存在阻抗幅值曲线相交且交点处的相角差接近 180°的情况，存在较大的振荡风险。而在变电站 D 断面上，风电侧阻抗与电网侧阻抗幅值不相交。因此，此风电并网系统的主要振荡断面为风电场汇集站，尤其是变电站 B，接入该变电站和变电站 A 的风电聚合阻抗与电网阻抗在次、超同步频段内有多个幅值相交点，振荡风险最大。

对于变电站 A，其电网侧端口等值阻抗受变电站 B 风电场阻抗的影响，因此在次、超同步频段特性较为复杂，而其他变电站的电网侧端口等值阻抗在全频带范围内以感性为主。

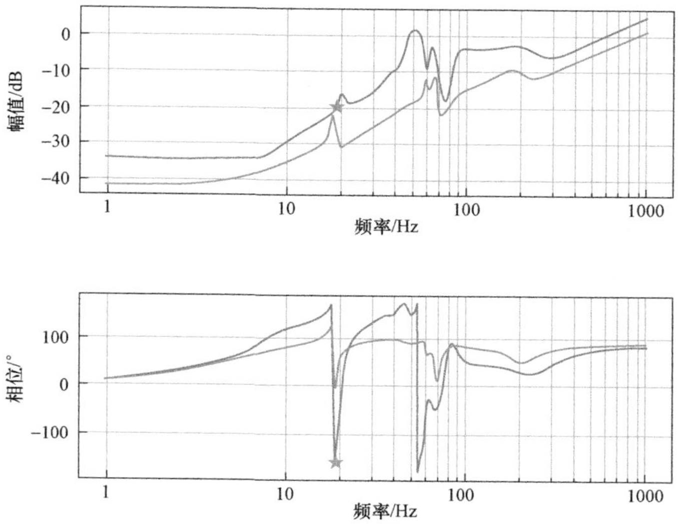

(a)

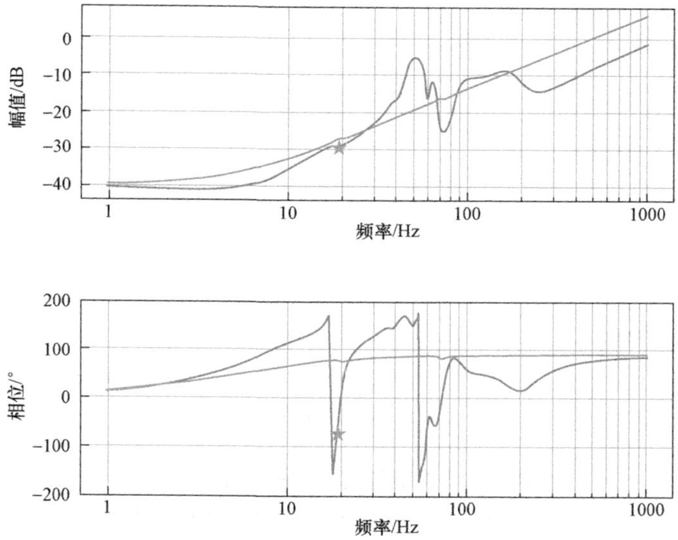

(b)

图 4−6　关键断面的分析结果（一）

（a）变电站 A 阻抗分析；（b）变电站 B 阻抗分析

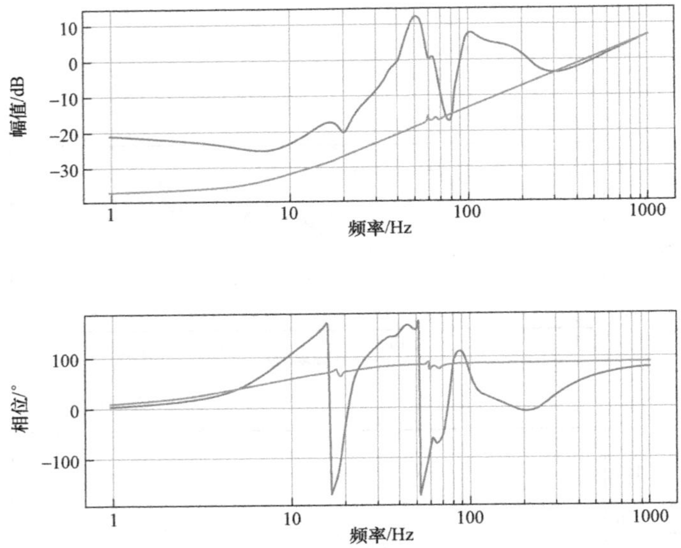

(c)

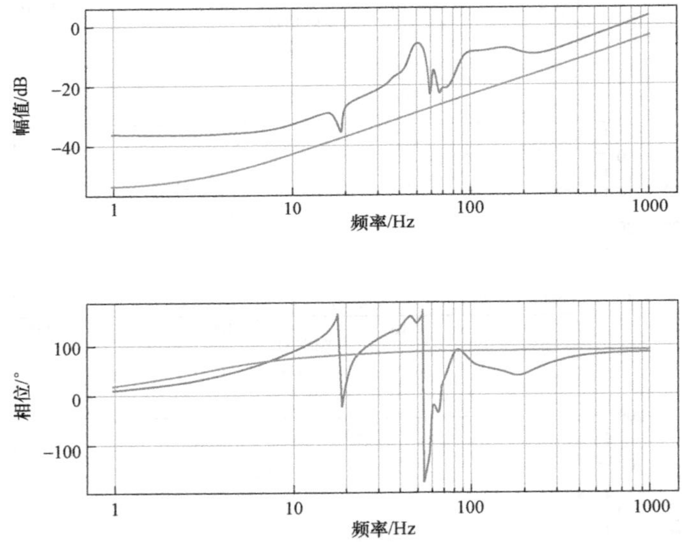

(d)

图 4−6　关键断面的分析结果（二）

（c）变电站 C 阻抗分析；（d）变电站 D 阻抗分析

在接入变电站 B 的风电场中，风电场 W_{11}、风电场 W_{12}和风电场 W_{13}机组台数较多，风电场聚合阻抗在次、超同步频段存在的“负电阻+电容”特性，与感性电网阻抗之间存在振荡风险，分析结果如图 4−7 所示。由图 4−7 可以看出，在次、超同步频段，3 个风电场阻抗与其并网点的电网阻抗幅值相交，相角差接近 180°。

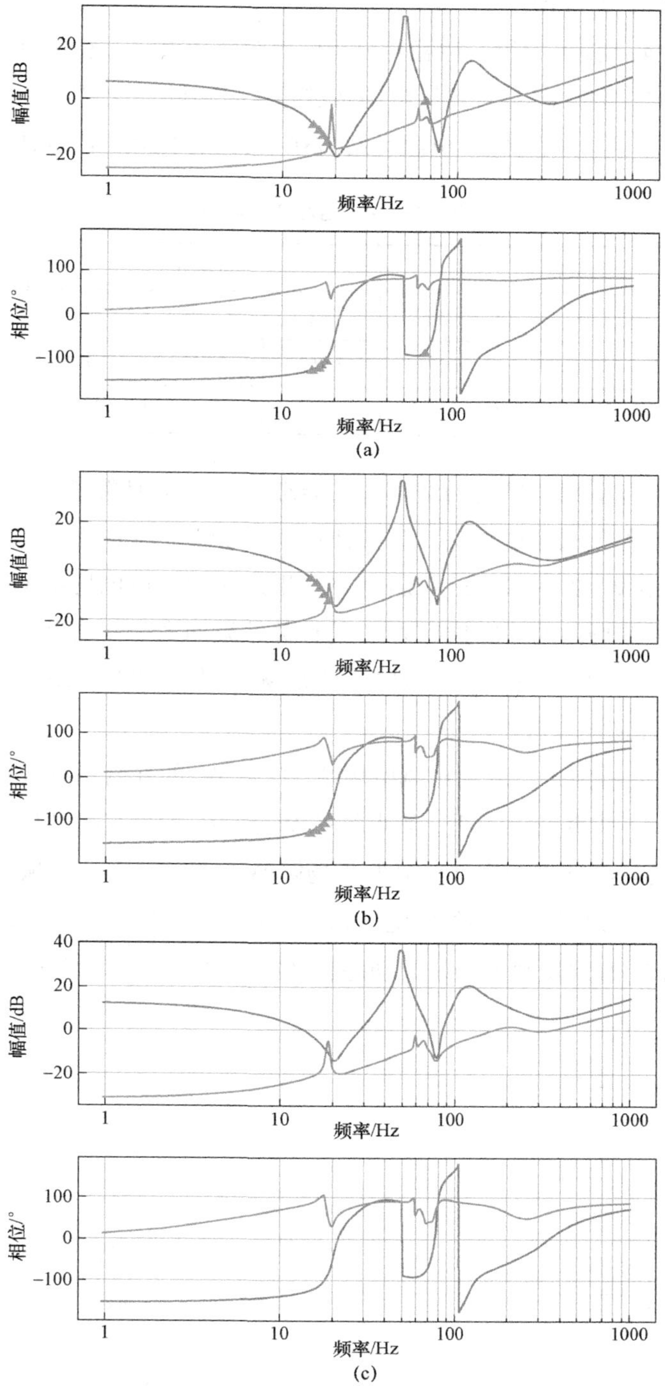

图 4−7 部分直驱风电场的分析结果

(a) 风电场 W_{11} 阻抗分析；(b) 风电场 W_{12} 阻抗分析；(c) 风电场 W_{13} 阻抗分析

4. 统一性稳定分析法

下面采用第 3.4 节提出的统一性稳定分析法对哈密电网进行稳定性评估。

首先，基于静态指标 USI_2 对各风电场站进行风险初筛。计算哈密系统中所有风电场站的静态指标 USI_2，并与电力电子电源场站 USI_{2_max} 进行比较，计算结果如表 4-4 所示。

表 4-4　　哈密电网的 USI_2 评估结果

指标	区域 A			区域 B			区域 C	
	W_1	W_2～W_6	W_7	W_8	W_9～W_{13}	W_{14}	W_{15}	W_{16}～W_{18}
USI_2	3.671	2.551	3.671	3.762	2.632	3.762	1.785	2.579
评估结果	安全	安全	安全	安全	安全	安全	危险	安全

从表 4-4 中可以看出，风电场站 W_{15} 的静态指标 USI_2 计算结果为 1.785，是本例中静态指标 USI_2 计算结果最小的场站，且其计算值明显低于临界经验值，该场站可能处于危险状态。风电场站 W_1 的静态指标 USI_2 计算结果为 3.671，风电场站 W_2 的静态指标 USI_2 计算结果为 2.551，两场站的静态指标 USI_2 的计算结果均大于其临界经验值，扰动后发生功率振荡的风险较小，处于安全稳定状态。场站 W_1 的静态指标 USI_2 远大于场站 W_2，场站 W_1 的并网稳定性应明显较好。

为了验证上述分析结果，分别对风电场站 W_1 和 W_2 的并网系统进行时域仿真，仿真结果如图 4-8 所示。仿真结果表明：风电场站 W_1 和 W_2 均可在扰动后恢复稳定，且场站 W_2 可更快恢复稳定，其并网稳定性明显好于场站 W_1。综上所述，时域仿真结果与基于静态指标 USI_2 的分析结果虽均能得到风电场站处于安全稳定状态的结论，但基于静态指标 USI_2 的分析结果未能有效反映各场站间动态特性的优劣，其应用存在一定的局限性。

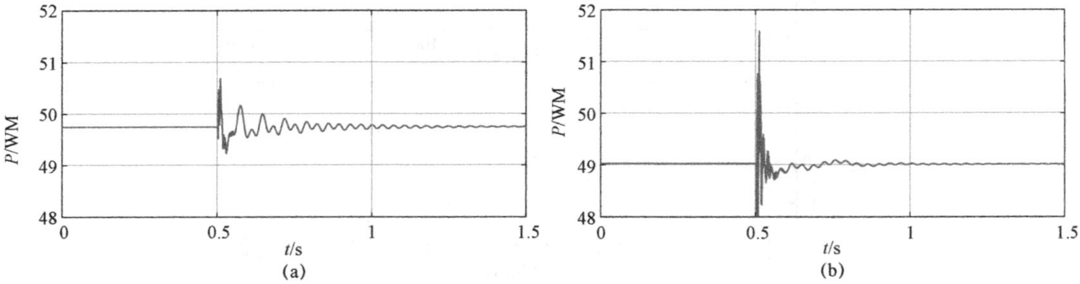

图 4-8　风电场站 W_1、W_2 受扰后的时域响应

（a）W_1 并网系统；（b）W_2 并网系统

因此，由于忽略了风电场站的动态特性，基于静态指标的分析方法仅可用于风电场站并网稳定性的初筛，并不能实现对风电场站并网稳定性风险的精确度量。

针对静态指标存在的不足，下面采用动态指标 USI_1 对哈密电网进行分析。各风电场站的动态指标 USI_1 以及各场站的失稳风险评估结果如表 4-5 所示。

表 4-5　哈密系统的 USI_1 评估结果

指标	区域 A			区域 B			区域 C	
	W_1	W_2～W_6	W_7	W_8	W_9～W_{13}	W_{14}	W_{15}	W_{16}～W_{18}
USI_1	1.361	1.597	1.361	1.587	1.592	1.587	1.514	2.98
评估结果	安全	安全	安全	安全	安全	安全	安全	安全

从表 4-5 中可以看出，风电场站 W_1 的动态指标 USI_1 为 1.361，W_2 的动态指标 USI_1 为 1.597。基于动态指标 USI_1 的计算结果表明，两场站均处于安全稳定状态，且场站 W_2 的并网稳定性优于场站 W_1。上述基于动态指标 USI_1 的计算结果与图 4-8 中时域仿真结果一致，初步验证了动态指标 USI_1 的有效性。

为进一步验证动态指标 USI_1 的有效性，下面将时域仿真结果与动态指标 USI_1 计算结果结合，对其余各场站的并网稳定性进行对比分析。

首先，判断各场站的并网稳定性。场站 W_1 和 W_7 的动态指标 USI_1 为 1.361，是本例中 USI_1 计算结果最小的场站，但其计算结果仍明显高于稳定界限（$USI_1=1.0$），多场站并网系统处于安全稳定状态，与时域仿真结果一致。

其次，判断场站间并网稳定性的优劣。场站 W_{15} 的动态指标 USI_1 计算结果为 1.514，场站 W_{16} 的动态指标 USI_1 计算结果为 2.98，两场站的计算结果均明显大于动态指标 USI_1 的临界稳定值，具有较大的稳定裕度。此外，相对于前文对 W_1 和 W_2 间 USI_1 计算结果的对比，场站 W_{16} 的 USI_1 远大于场站 W_{15}，场站 W_{16} 的动态特性明显较好，并网稳定性的对比应更加明显。

为了验证上述分析结果，分别对场站 W_{15} 和 W_{16} 的并网系统进行时域仿真，仿真结果如图 4-9 所示。仿真结果表明：场站 W_{15} 和 W_{16} 均可在扰动后恢复稳定，且场站 W_{15} 的扰动后功率恢复速度明显慢于场站 W_{16}，场站 W_{16} 的并网稳定性明显好于场站 W_{15}。本例中其他风电场站的时域验证过程同上，时域仿真结果与基于动态指标 USI_1 的并网稳定性分析结果一致，表明基于动态指标的安全稳定分析方法可以有效度量风电场站的并网风险。

综上所述，基于静态指标 USI_2 的评估方法忽略了风电场站在功率振荡过程中的动态特性，计算结果仅能保证并网稳定性的定性判断，故用于并网系统的安全稳定性初筛。基于动态指标 USI_1 的评估方法考虑了风电场站功率振荡过程中的全频段动态特性，该指标虽需在电磁尺度下计算场站并网系统的安全稳定性能，但其计算耗时远低于特征根分析法和时域仿真法，可定量表征风电并网系统的稳定裕度，实现了并网稳定性风险的精确度量。因此，采用本书提出的“静态初筛”与“动态精确度量”相结合的稳定性分析方法可实现对高比例电力电子电力系统稳定性的有效评估。

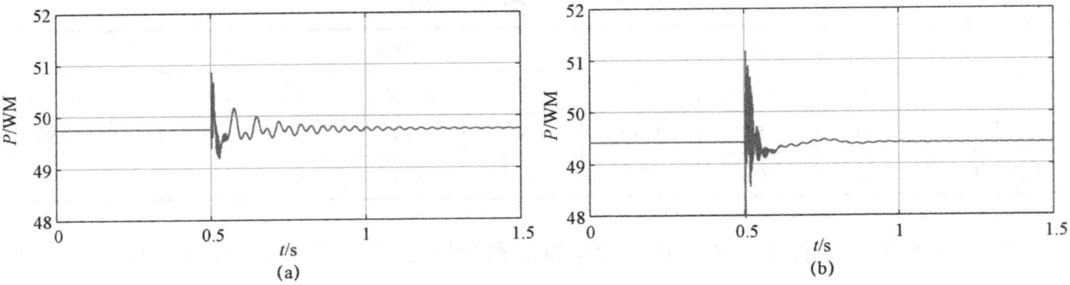

图 4－9　电力电子电源场站 W_{15}、W_{16} 受扰后的时域响应

（a）W_{15} 并网系统；（b）W_{16} 并网系统

以电力电子电源场站为研究对象的安全稳定性评估，将可能因忽略场站间交互作用而造成评估结果漏判或误判。具体而言，所述系统的场站动态指标 $USI_1|_{场站}$和静态指标 $USI_2|_{场站}$均位于稳定域内，且具有一定的稳定裕度。然而，基于时域仿真的计算结果表明，该并网系统经小扰动后将出现发散的功率振荡，进而引发严重的电力系统稳定性问题，如图 4－10 所示。

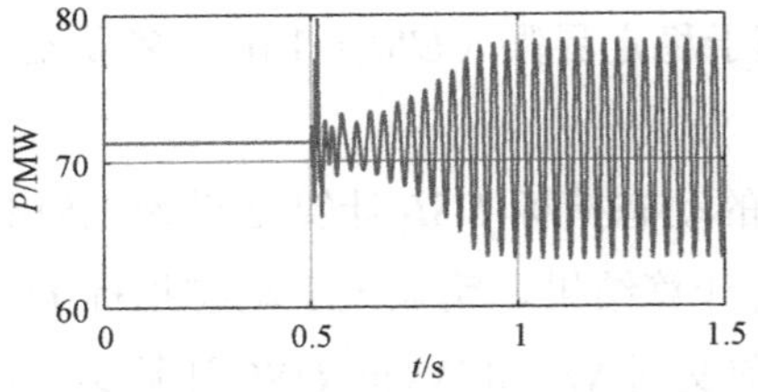

图 4－10　高比例电力电子电力系统受扰后的时域响应

因此，仅以局部评估结果为依据的高比例电力电子电力系统安全稳定性分析结果存在较大的局限性，可能无法得到与实际工程相一致的评估结果。

为有效反映全局动态特性对哈密电网稳定性的影响，需要采用区域稳定判据进行分析。首先，基于 RGA 理论对各电力电子电源区域内存在的交互作用进行评估。对各电力电子电源区域进行交互作用评估结果表明，电力电子电源区域 A 中存在强交互作用，电力电子电源区域 B 和 C 中的交互作用不明显。因此，应选择电力电子电源区域 A 的研究对象为区域，电力电子电源区域 B 和 C 的研究对象可以为各电力电子电源场站。

其次，基于区域静态指标对电力电子电源区域进行初筛。各电力电子电源区域的区域静态指标 $USI_2|_{区域}$ 计算结果如表 4－6 所示。计算结果表明：3 个电力电子电源区域的 $USI_2|_{区域}$均偏低，应归入高风险集，并对其开展进一步的风险程度精确计算。

表 4-6　　电力电子电源区域的 USI_2 计算结果

电力电子电源区域	A	B	C
$USI_2\|_{区域}$	2.024	2.024	1.785
评估结果	高风险	高风险	高风险

再次，基于区域动态指标对电力电子电源区域的稳定风险进行精确计算。电力电子电源区域的 $USI_1|_{区域}$计算结果如表 4-7 所示。计算结果表明，电力电子电源区域 A 的 $USI_1|_{区域}$计算结果为 0.414，该计算结果明显小于其临界稳定值，该电力电子电源区域存在着严重的稳定性问题。电力电子电源区域 B 的 $USI_1|_{区域}$计算结果为 1.427，电力电子电源区域 C 的 $USI_1|_{区域}$计算结果为 1.371，两区域均位于其稳定域内，且存在一定的稳定裕度。

表 4-7　　电力电子电源区域的 USI_1 计算结果

电力电子电源区域	A	B	C
$USI_1\|_{区域}$	0.414	1.427	1.371
评估结果	危险	安全	安全

为了验证方法的有效性，基于特征根分析法对哈密系统进行稳定性分析，计算结果如表 4-8 所示。分析结果表明：本算例共存在 5 个振荡模式。其中，振荡模式 1 为电力电子电源区域 A 中场站 W_1 和 W_7 对交流系统的振荡模式，其振荡频率约为 27.38Hz，阻尼比小于零，为本算例的主导振荡模式。因此，本算例并网系统出现的功率振荡由电力电子电源区域 A 引发，经过约 0.25s 的发散振荡后，快速波及全网。本书提出的区域统一性稳定判据得到了与特征根分析方法、时域仿真法相一致的稳定性评估结果，且存在着明显的计算效率优势。

表 4-8　　哈密系统的特征根分析结果

振荡模式	特征根	振荡频率/Hz	阻尼比	说明
1	1.63±172.02j	27.38	-0.009	W_1、W_7 对系统
2	-8.60±173.60j	27.63	0.049	W_1 对 W_7
3	-2.54±173.15j	27.56	0.015	W_8、W_{14} 对系统
4	-8.70±174.25j	27.73	0.050	W_8 对 W_{14}
5	-2.00±170.95j	27.21	0.011	W_{15} 对系统

由此可见，以电力电子电源场站为研究对象的高比例电力电子电力系统稳定性评估方法，由于忽略了场站间存在的交互作用，难以准确反映并网系统的失稳风险，限制了其应用效果。本书提出的电力电子电源区域统一性稳定判据计及了电力电子电源场站间的功率交互作用及其影响，有效反映了电力电子电源、交流电网及其控制器的动态特性，实现了对高比例电力电子电力系统失稳风险的准确度量。

4.1.2 渝鄂柔直输电系统高频振荡

1. 联网柔直输电系统介绍

渝鄂背靠背柔直异步联网工程投运前，川渝电网与华中四省电网之间仅通过 4 回 500kV 线路联系，渝鄂断面未能充分发挥 4 回联网线的输送能力，承受潮流转移的能力较差。此外，随着向家坝—上海、锦屏—苏南、溪洛渡—浙江 3 回特高压直流满功率运行，“强直弱交”问题突出，直流系统发生故障，存在导致川渝断面大规模潮流转移进而引起联络线解列的安全风险。随着西南水电加快开发，特高压外送直流进一步增加，华中区域内将形成交、直流并列的运行格局。同时，电网不断向西延伸，距离越来越远，覆盖面积越来越大，稳定问题越来越突出。因此，需对华中区域电网进行统筹规划，协调水电开发与输电通道建设，解决电网安全稳定问题，对电网规划格局进行优化调整。

2017 年，西南地区构建了覆盖四川、重庆、西藏负荷中心和水电基地的坚强送端同步电网；同时，考虑重庆、湖北断面通过直流背靠背联网，实现西南电网与华中四省电网的异步互联。渝鄂直流背靠背工程是实现“三送端 + 三受端”电网格局的关键工程。该工程已经在 2019 年建成投产，如图 4-11 所示，利用渝鄂断面现有两个 500kV 输电通道，在南通道、北通道分别建设 1 座换流站（包含两个背靠背换流单元），规模均为 2500MW。

在 2018～2019 年渝鄂背靠背柔直异步联网工程系统调试期间，南通道和北通道出现了高频振荡现象。

（1）前期系统调试方案研究阶段发现高频振荡问题。

图 4-12 为渝鄂背靠背柔直异步联网工程北通道结构图。考虑柔直运行控制方式、交流侧系统运行方式等因素，对调试期间及后续投运可能出现的系统运行方式进行仿真研究。

前期仿真研究阶段，建立了背靠背柔直两侧交流系统详细模型，背靠背柔直主电路采用工程参数，控制系统采用典型控制结构，各种系统运行方式下均未出现高频振荡现象。后期仿真研究阶段，为了进一步校核仿真结果，柔直控制系统生产厂家提供了详细工程控制模型，在仿真过程中出现了高频振荡现象，如图 4-13 所示。

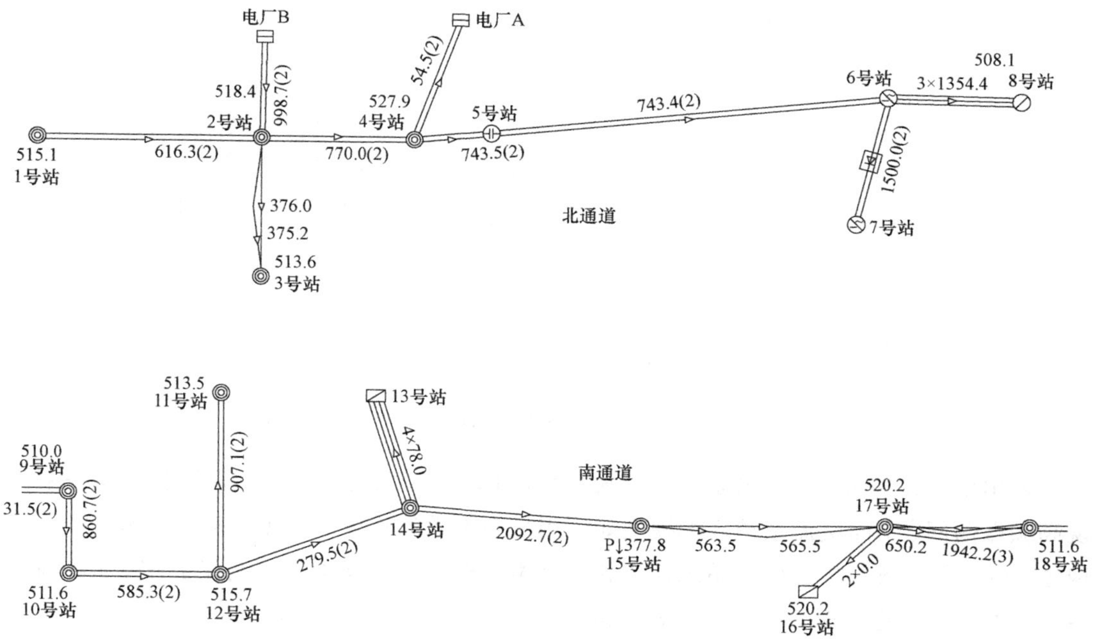

图 4－11 区域电网之间交流联网示意图

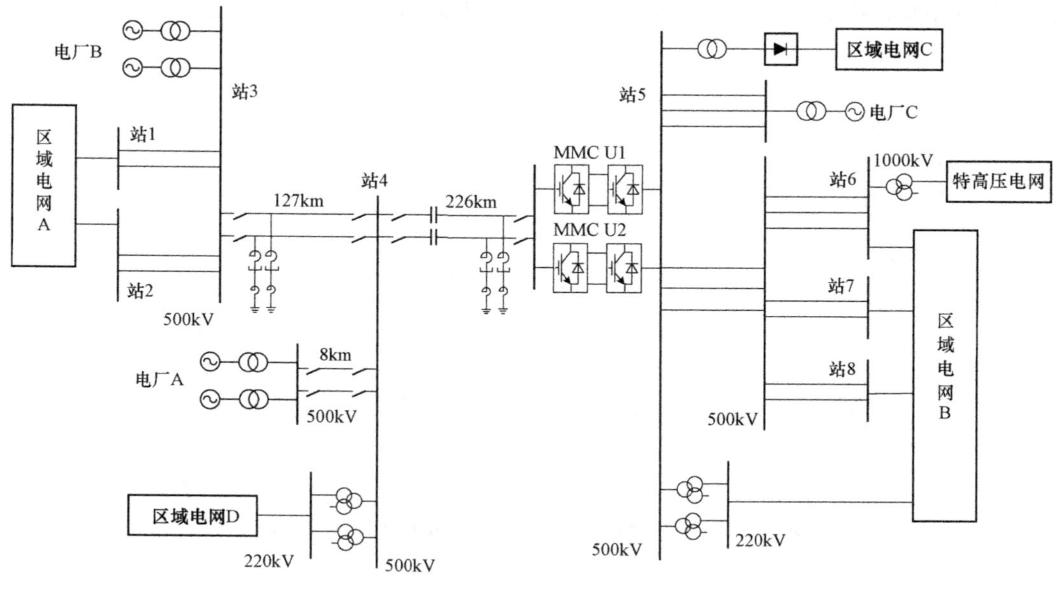

图 4－12 渝鄂背靠背柔直联网工程北通道结构示意图

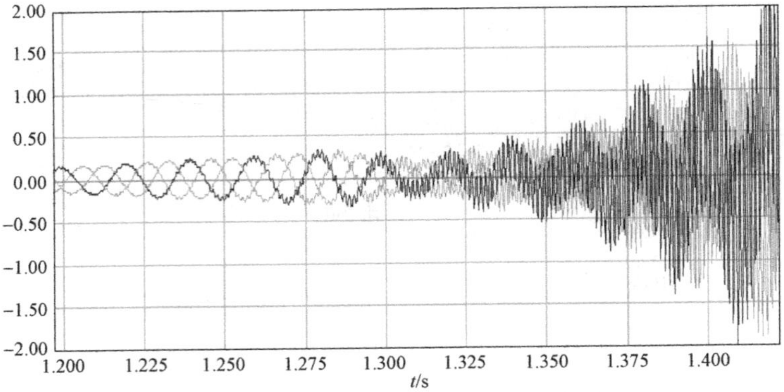

图 4－13 渝鄂背靠背柔直联网工程北通道高频振荡仿真波形

采用单机无穷大系统＋内阻抗的交流系统，在调试与工程一致的柔直控制系统并未出现高频振荡问题，而交流系统详细模型如采用分布参数的输电线模型，就会引起高频振荡现象。与工程一致的柔直控制系统模型和典型柔直控制系统模型的区别在于，实际控制设备多级通信中存在延时环节，这些延时环节对高频振荡现象有直接影响。

（2）系统调试期间高频振荡现象。

2018 年 12 月，在南通道单元 1 系统 B 侧 OLT（空载加压）试验中，系统 B 侧解锁后，在直流电压上升过程中柔直与交流系统出现高频谐波现象，谐波主导频率为 36 倍频，幅值为 0.11p.u.。渝鄂背靠背柔直南通道 OLT 高频振荡波形如图 4－14 所示。

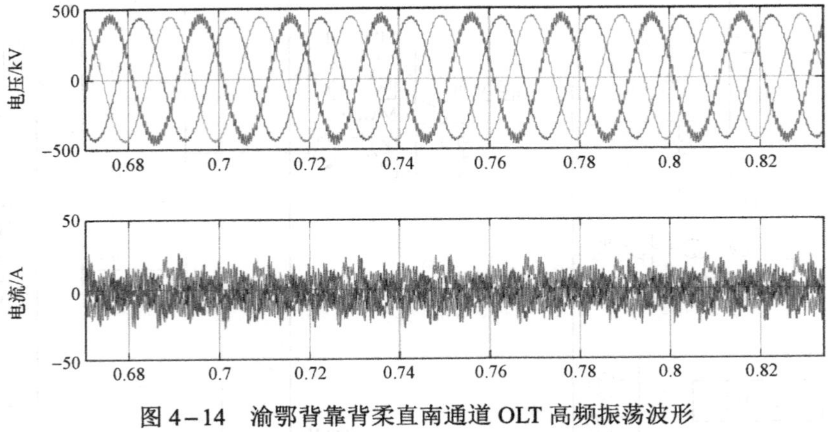

图 4－14 渝鄂背靠背柔直南通道 OLT 高频振荡波形

2. 振荡分析

为了简化研究，如图 4－15 所示，以 VSC 控制框图代替柔直控制策略。

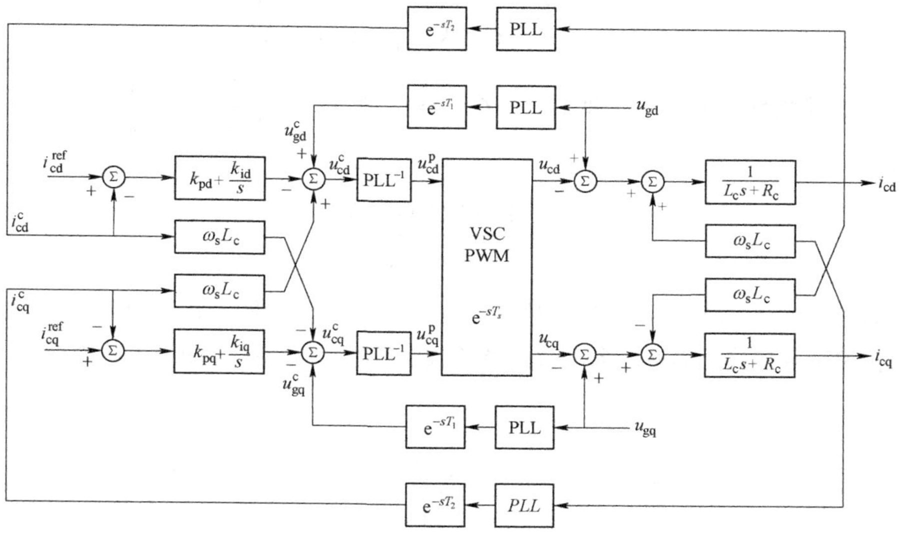

图 4－15　VSC 等值电路模型和控制框图

（1）控制器延时环节的影响。柔直与常规 VSC 在控制结构方面最大的差异在于柔直需要环流控制，而 VSC 没有这个控制环节，两者的双环解耦控制结构基本相同。

实际柔直控制器采用数字控制技术，配置了硬件处理、通信和规约转换等环节，因而产生一定固有延时（微秒级），导致控制系统存在对应延时作用的相应极点（振荡模式），该极点的振荡频率与固有延时为倒数关系。如图 4－16 所示，柔直内环控制结构中包含了 G_{d1}、G_{d2}、G_{d3} 等延时环节。

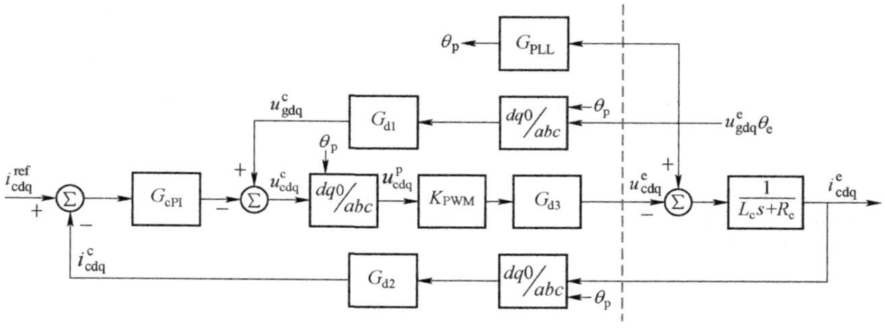

图 4－16　VSC 内环及换流电感传递函数框图

由上图控制结构，可以推导出换流器端口电流响应为

$$i_{cdq}=\frac{G_L(1-G_{PLL}^{-1}K_{PWM}G_{d3}G_{d1}G_{PLL})}{1+G_LG_{PLL}^{-1}K_{PWM}G_{d3}G_{c\_PI}G_{d2}G_{PLL}}u_{gdq}+\frac{G_LG_{PLL}^{-1}K_{PWM}G_{d3}G_{c\_PI}}{1+G_LG_{PLL}^{-1}K_{PWM}G_{d3}G_{c\_PI}G_{d2}G_{PLL}}i_{cdq}^{ref} \tag{4-1}$$

由上式可得端口阻抗为

$$Z_{vsc}=\frac{1+G_L G_{PLL}^{-1} K_{PWM} G_{d3} G_{c\_PI} G_{d2} G_{PLL}}{G_L(1-G_{PLL}^{-1} K_{PWM} G_{d3} G_{d1} G_{PLL})} \tag{4-2}$$

若不考虑锁相环动态特性，即 $G_{PLL}=G_{PLL}^{-1}=1$，把 $G_L=\frac{1}{sL_c+R_c}\approx\frac{1}{sL_c}$、$K_{PWM}=1$ 代入上式，可得

$$Z_{vsc}=\frac{1+G_L G_{d3} G_{c\_PI} G_{d2}}{G_L(1-G_{d3} G_{d1})} \tag{4-3}$$

式中：延时环节 e^{-sT_d} 为纯滞后环节，对于该纯滞后环节可以作 pade 近似变换，转换为常系数高阶传递函数形式。典型参数下该阻抗的频率—幅相/频率—阻抗曲线如图 4-17 所示。

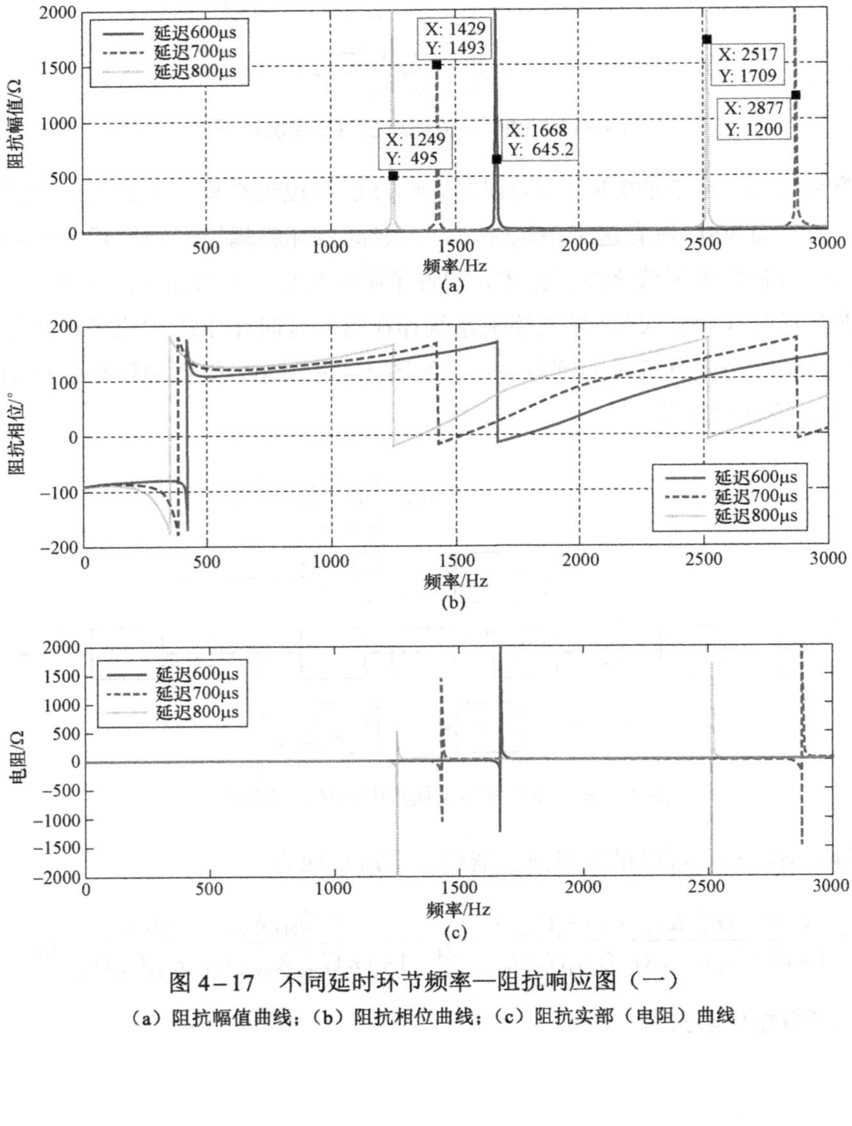

图 4-17 不同延时环节频率—阻抗响应图（一）

（a）阻抗幅值曲线；（b）阻抗相位曲线；（c）阻抗实部（电阻）曲线

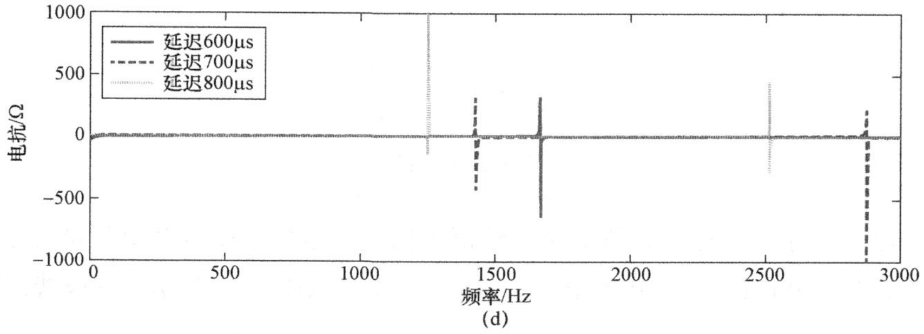

图 4－17　不同延时环节频率—阻抗响应图（二）
（d）阻抗虚部（电抗）曲线

如图 4－17 所示，考虑延时环节分别为 600、700、800μs，绘制端口阻抗的频率—阻抗幅值、相位、实部、虚部波形。由上图可以看出：

1）柔直控制系统在高频段存在“谐振点”;

2）随着延时时间增加，可能出现多个谐振点;

3）随着延时时间增加，第一个谐振点频率向低频段移动。

（2）传输线宽频带特性的影响。输电线的四个特征参数包括：由导体电阻率引起的串联电阻 R，由相与地间漏电流引起的并联电导 G，由导体周围磁场引起的串联电感 L 和由导体之间电场引起的并联电容 C。

由于各电路参数均匀分布于传输线上，因而传输线上的电压和电流既是时间 t 的函数，又是距离位置 x 的函数，即

$$\begin{cases} u = u(x,t) \\ i = i(x,t) \end{cases} \tag{4-4}$$

如图 4－18 所示，从始端开始测量距离 x 处的电压和电流增量为

$$\begin{cases} -\dfrac{\partial v(x,t)}{\partial x} = R_0 i(x,t) + L_0 \dfrac{\partial i(x,t)}{\partial t} \\ -\dfrac{\partial i(x,t)}{\partial x} = G_0 u(x,t) + C_0 \dfrac{\partial u(x,t)}{\partial t} \end{cases} \tag{4-5}$$

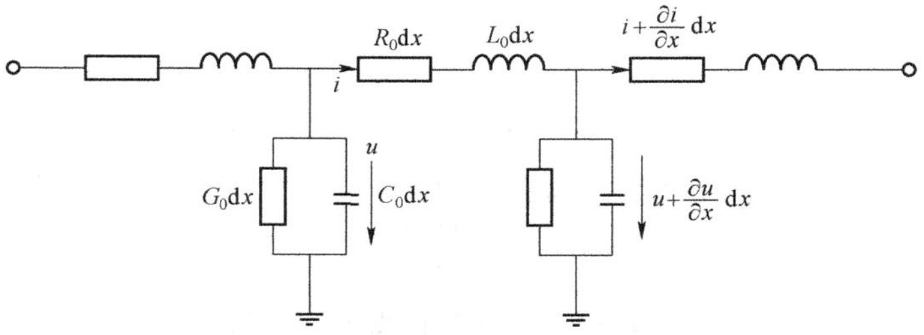

图 4－18　分布参数线路的电压和电流关系

简记为

$$\begin{cases} -\dfrac{\partial v}{\partial x} = R_0 i + L_0 \dfrac{\partial i}{\partial t} \\ -\dfrac{\partial i}{\partial x} = G_0 u + C_0 \dfrac{\partial u}{\partial t} \end{cases} \tag{4-6}$$

上述方程为传输线的行波方程。在高频范围内，传输线存在多个电气谐振点，例如给定 $R=0.02\Omega$、$L=0.9\text{mH}$、$C=0.014\mu\text{F}$、$G=10^{-8}\text{s}$，线路长度为280km，空载线路的端口宽频阻抗曲线如图4-19所示。

由图4-19可见，传输线存在多个谐振点，各谐振点阻抗等幅。考虑实际线路参数频率相关性，例如集肤效应，随着频率增加，线路的阻抗减小。其端口宽频带阻抗曲线如图4-20所示。

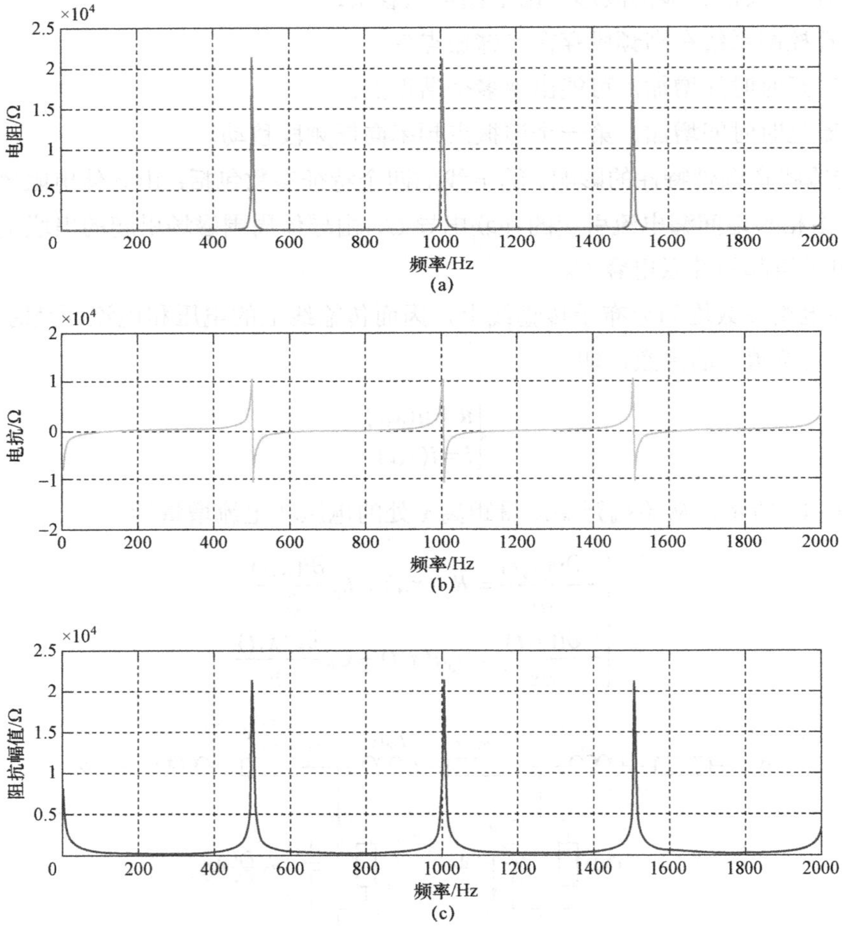

图4-19 分布参数线路宽频带阻抗曲线（不计频率相关性）（一）

（a）阻抗实部（电阻）计算曲线；（b）阻抗虚部（电阻）计算曲线；（c）阻抗幅值计算曲线

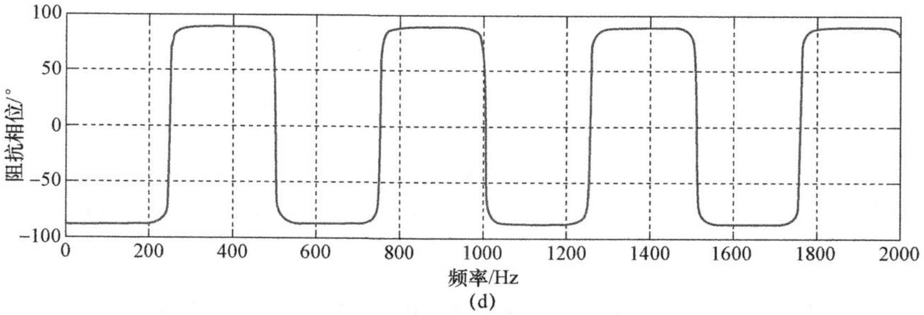

(d)

图4-19　分布参数线路宽频带阻抗曲线（不计频率相关性）（二）
（d）阻抗相位计算曲线

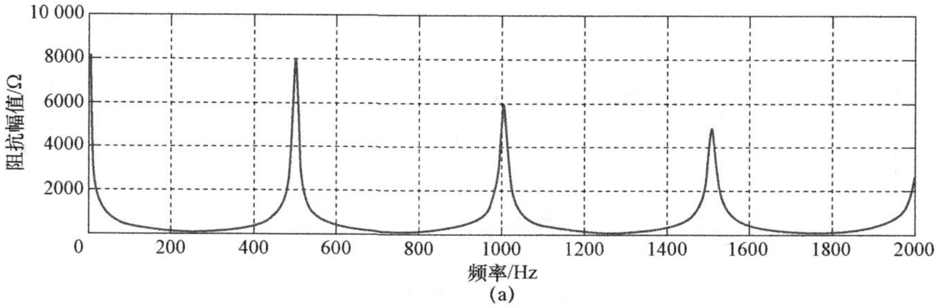

(a)

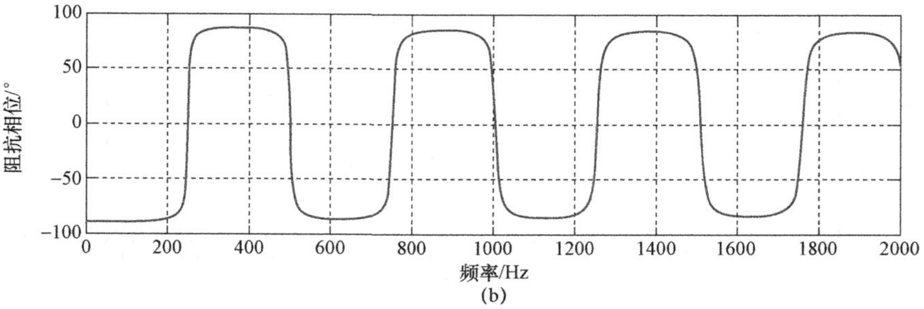

(b)

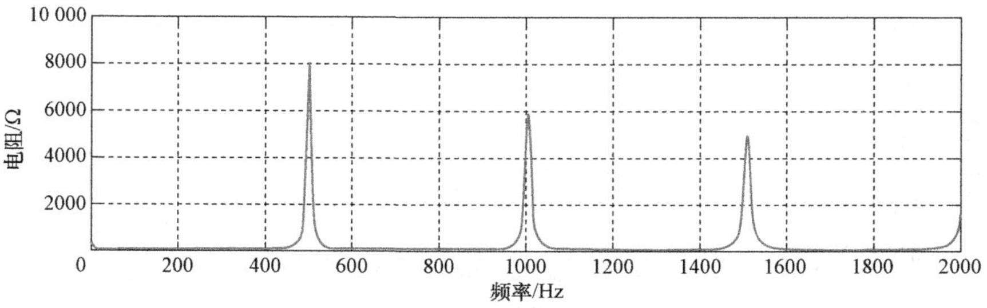

(c)

图4-20　分布参数线路宽频带阻抗曲线（计及频率相关性）（一）
（a）阻抗幅值计算曲线；（b）阻抗相位计算曲线；（c）阻抗实部（电阻）计算曲线

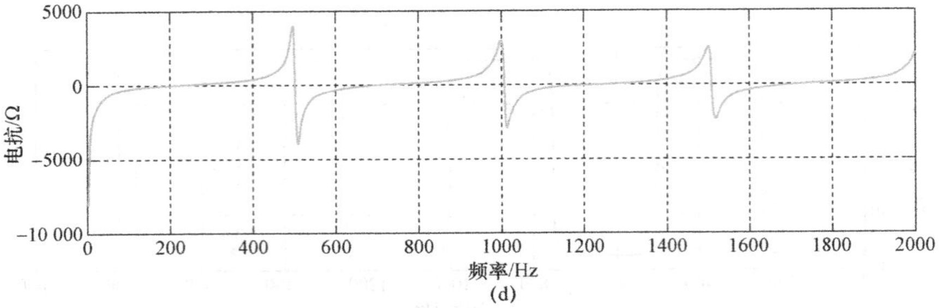

图 4-20 分布参数线路宽频带阻抗曲线（计及频率相关性）（二）
（d）阻抗虚部（电抗）计算曲线

考虑系统存在多个传输线，如图 4-21 所示，线路单位参数采用前面给出参数，可以绘制从节点 1 端口“看进去”的宽频带阻抗曲线如图 4-22 所示。

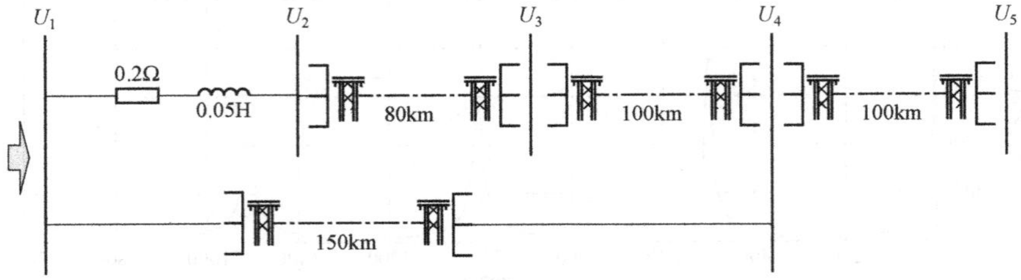

图 4-21 多个分布参数线路互联示意图

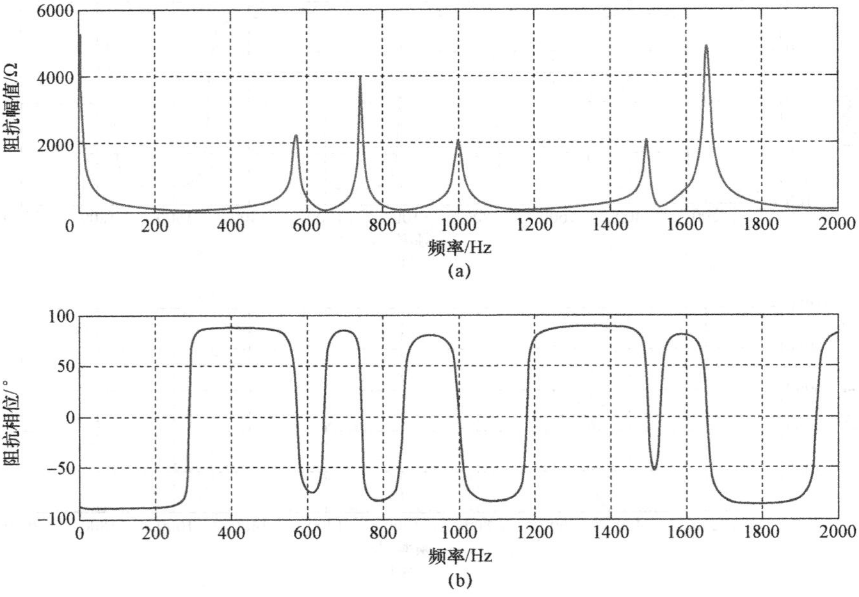

图 4-22 多个分布参数线路端口宽频带阻抗曲线（一）
（a）阻抗幅值计算曲线；（b）阻抗相位计算曲线

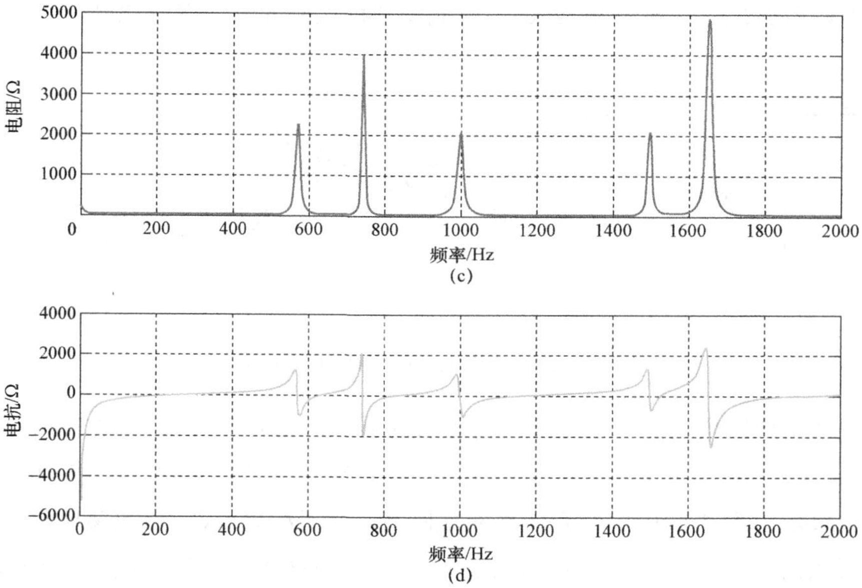

图 4-22　多个分布参数线路端口宽频带阻抗曲线（二）
（c）阻抗实部（电阻）计算曲线；（d）阻抗虚部（电抗）计算曲线

由图 4-22 可见，传输线存在线路电感、电阻和对地电容。由于传输线的分布参数及参数频率相关性，与柔直站互联的近区交流线路系统存在多个高频电气谐振点。

前面已经研究了柔直控制系统存在延时环节，可导致柔直端口宽频带阻抗曲线出现高频谐振点。若该谐振点与柔直站互联的近区交流线路系统的高频电气谐振点相同，可导致对该振荡模式呈现负阻尼，出现不稳定的增幅振荡现象。

（3）抑制措施分析。

柔直站互联的近区交流线路系统存在高频电气谐振点，这是电气系统固有的特性。可以通过改变交流系统运行方式，如投退线路，改变谐振点频率。而柔直控制系统存在链路通信延时，通过优化控制可以适当减小延时，但不能消除延时，即不能消除柔直系统的高频谐振点。

可以在柔直系统中附加宽频带/非线性滤波环节，消除柔直系统中特定的高频谐振点，达到抑制高频振荡的目的。

4.2　振荡风险评估

4.2.1　新疆和田振荡风险研究

新疆和田电网结构示意图如图 4-23 所示，其中火电 2×135MW，水电 3×50MW，光伏 720MW（通过 21 个站分布接入），新能源装机比例 63%，冬季供热负荷 927MW。

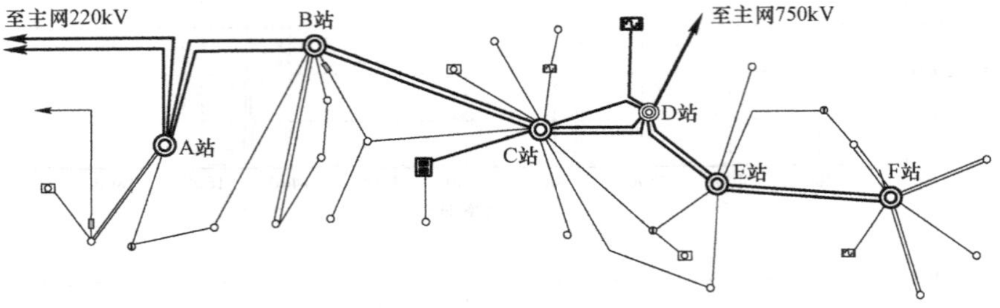

图 4－23　和田地区电网结构示意图

为解决和田地区电网冬季电采暖负荷增长的需求，提升主网－D 站 750kV 和主网－A 站 220kV 断面下网输电能力，计划在 A 站、E 站、F 站变压器的 35kV 侧各配置一套 SVG，容量为±52Mvar。鉴于和田电网光伏并网比例高，需对配置 SVG 后振荡风险开展分析。

本节采用时域仿真法，通过电磁暂态仿真程序 PSCAD，建立包括光伏站、光伏站 SVG、系统网络、发电机和新投运 SVG 在内的仿真系统。然后，基于数值积分求解的方法模拟系统故障，观察系统状态量的动态过程判断是否存在次同步谐振问题，研究电网次同步振荡风险。

1. 交流电网电磁暂态建模

为精确建立和田电网的全电磁模型，首先需要校核线路参数和主变参数。根据校核后的参数，在 PSCAD 中建立了和田地区交流网络的全电磁数学模型。

2. 开关器件换流器和平均值换流器的一致性研究

和田地区光伏站数量多，若换流器采用开关器件模型仿真效率太低，因此本研究采用基于等效受控电压源和电流源的平均值模型。

为验证换流器的平均值模型同开关器件模型在电磁暂态仿真中的一致性，首先建立了基于换流器开关器件的光伏并网单元，然后建立了参数一致的换流器平均值模型，最后对比了两者在控制器指令跃变和交流故障时的响应情况。图 4－24 为基于开关器件的光伏并网单元，图 4－25 为基于平均值的光伏并网单元，两者控制部分一致。封装后的基于等效受控源的光伏并网单元如图 4－26 所示。

基于换流器开关器件模型和平均值模型的光伏并网单元参数如下：逆变器额定容量为 0.5MW；逆变器直流侧额定电压为 0.617kV；逆变器交流侧额定电压为 0.315kV；直流电容为 7560μF；交流侧滤波器 LCL 型滤波器，L_1=100μH，C（角型）=200μF，L_2=20μH；并网变压器额定电压、容量、短路电压百分数分别为 38.5kV±2×2.5/0.315/0.315，1MVA，6.43%；控制器基准容量为 0.5MVA，基准电压为 0.315kV 及 38.5kV。

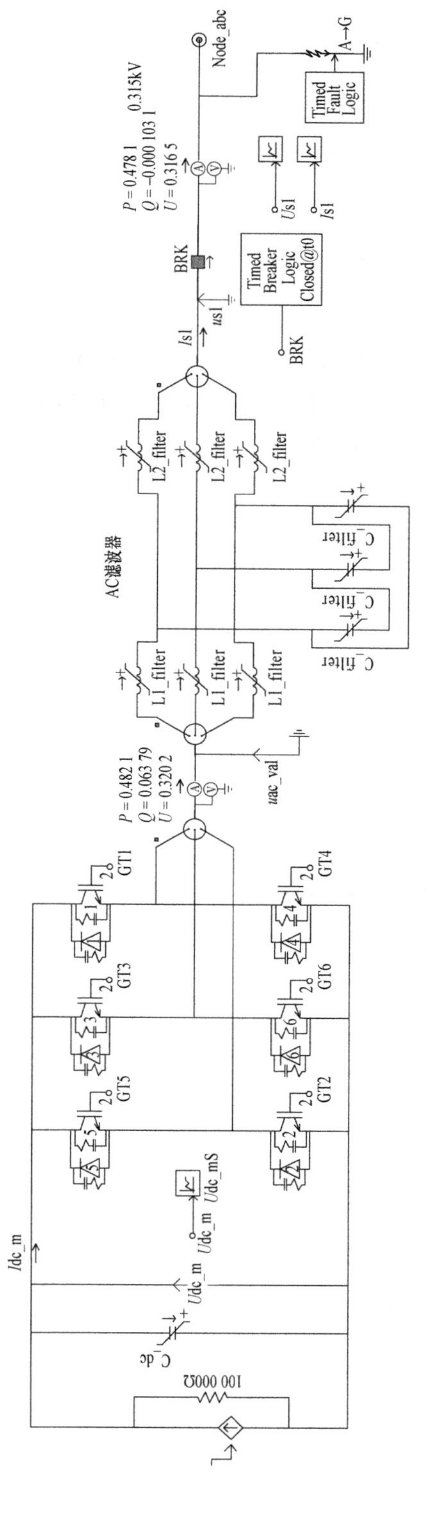

图 4-24　基于开关器件的光伏并网单元

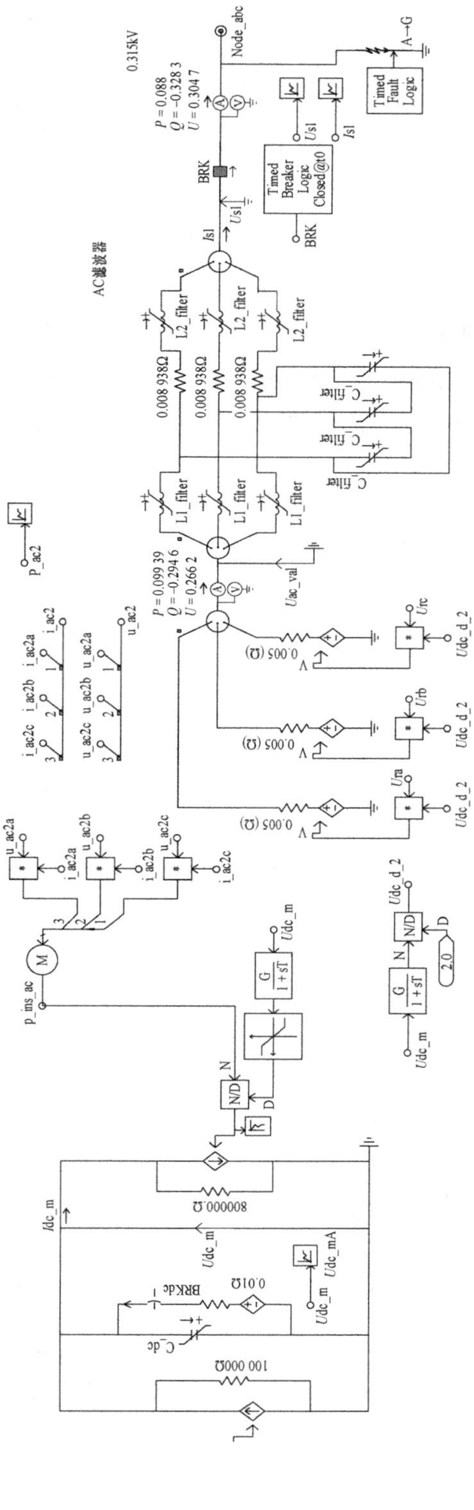

图 4-25　基于等效受控源的光伏并网单元

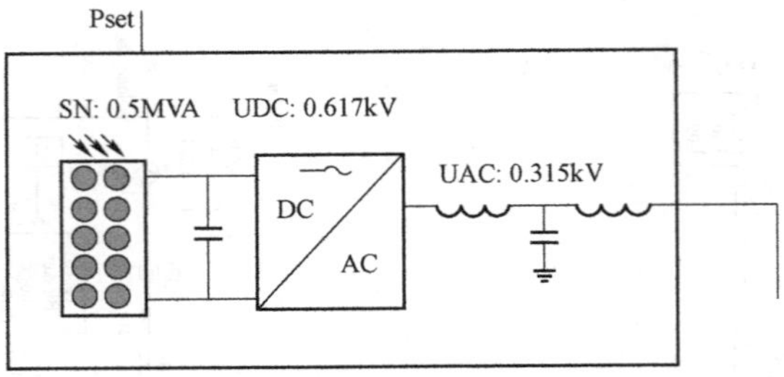

图 4-26　封装后的基于等效受控源的光伏并网单元

当逆变器采取定直流侧电压、定无功功率控制时，设定无功指令初始值为-0.3Mvar，逆变器直流侧输入有功功率在 0～1s 为 0.4MW，1～2s 降低为 0.1MW，2～3s 升至 0.5MW。开关器件模型和平均值模型响应对比结果如图 4-27～图 4-32 所示。

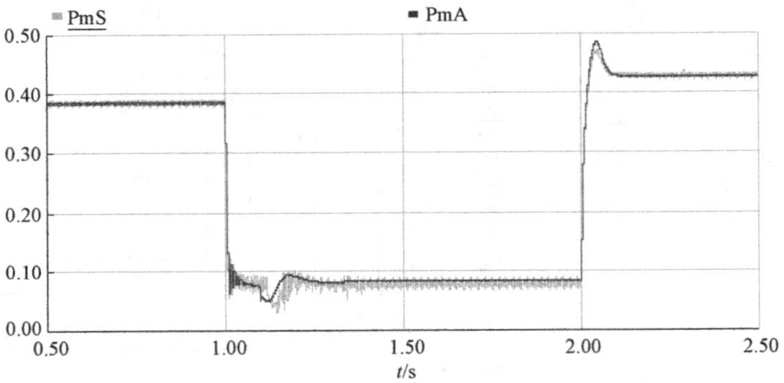

图 4-27　输出有功曲线（有名值，PmS 为开关器件模型，PmA 为平均值模型）

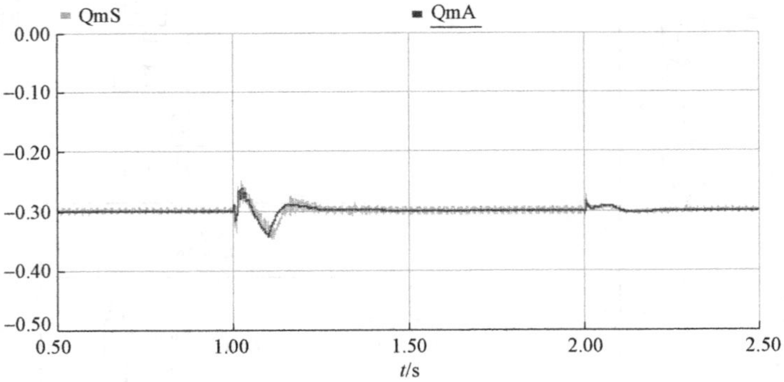

图 4-28　输出无功曲线（有名值，QmS 为开关器件模型，QmA 为平均值模型）

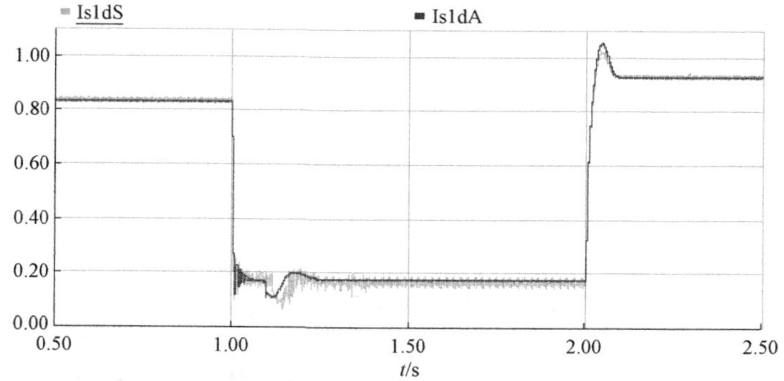

图 4-29　输出电流 d 轴分量（p.u.，Is1dS 为开关器件模型，Is1dA 为平均值模型）

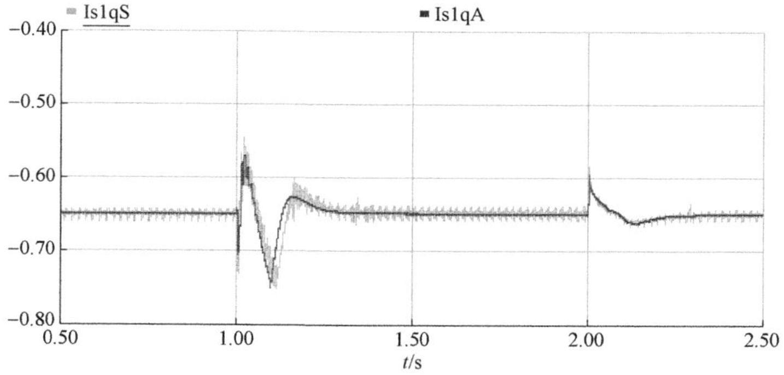

图 4-30　输出电流 q 轴分量（标幺值，Is1qS 为开关器件模型，Is1qA 为平均值模型）

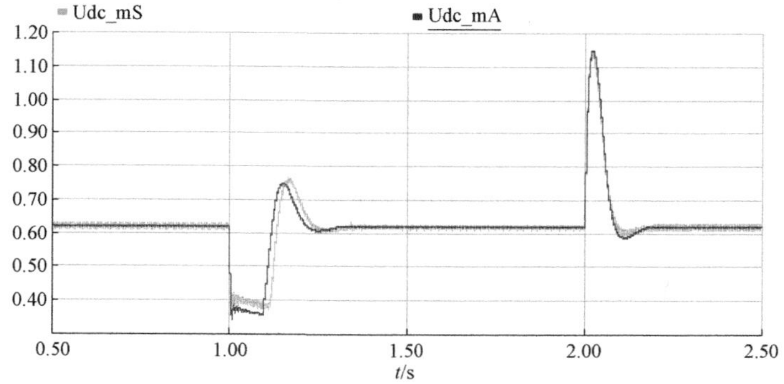

图 4-31　直流电容测量电压（有名值，Udc_mS 为开关器件模型，Udc_mA 为平均值模型）

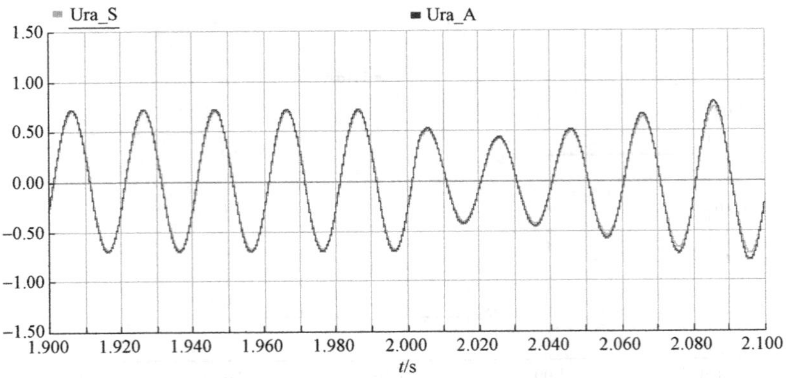

图 4-32　A 相电压输出调制波（标幺值，Ura_S 为开关器件模型，Ura_A 为平均值模型）

当逆变器采取定交流侧电压、定有功控制时，设定有功指令初始值为 0.5MW，光伏电站并网点电压指令为 0～1s 为 1p.u.，1～2s 为 0.95p.u.，2～3s 为 1p.u.，结果如图 4-33～图 4-38 所示。

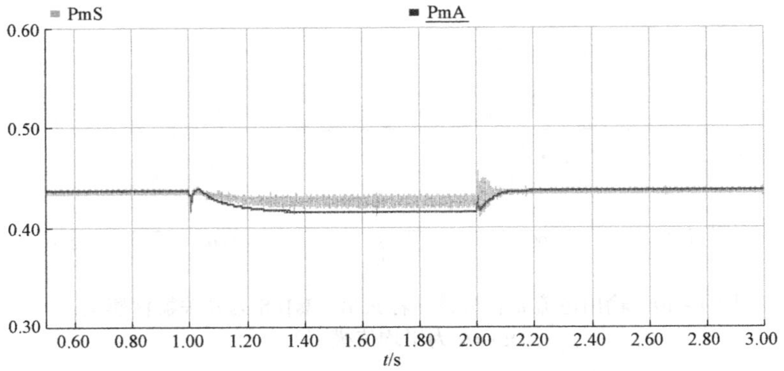

图 4-33　输出有功曲线（有名值，PmS 为开关器件模型，PmA 为平均值模型）

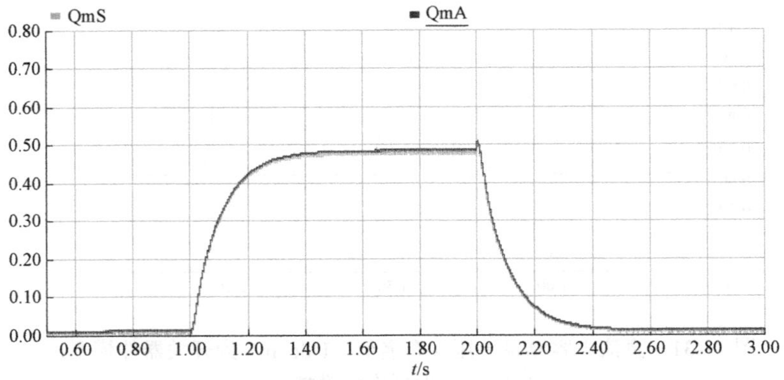

图 4-34　输出无功曲线（有名值，QmS 为开关器件模型，QmA 为平均值模型）

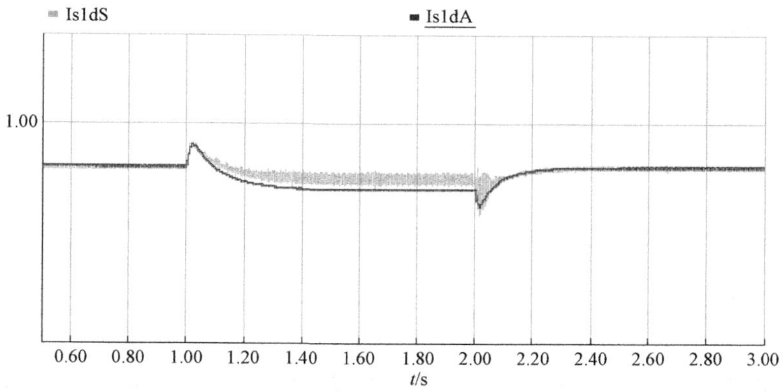

图 4-35　输出电流 *d* 轴分量（标幺值，Is1dS 为开关器件模型，Is1dA 为平均值模型）

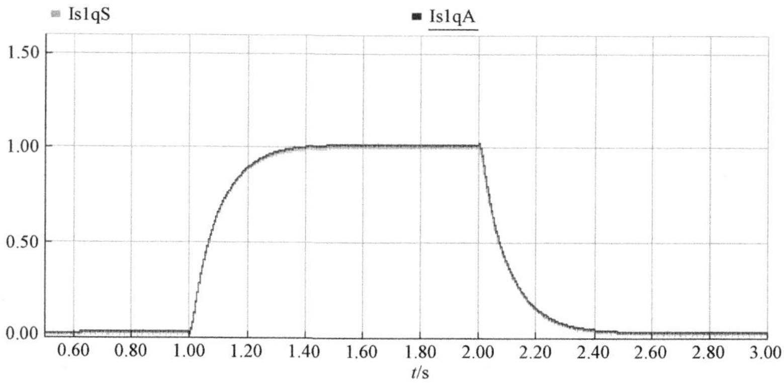

图 4-36　输出电流 *q* 轴分量（标幺值，Is1qS 为开关器件模型，Is1qA 为平均值模型）

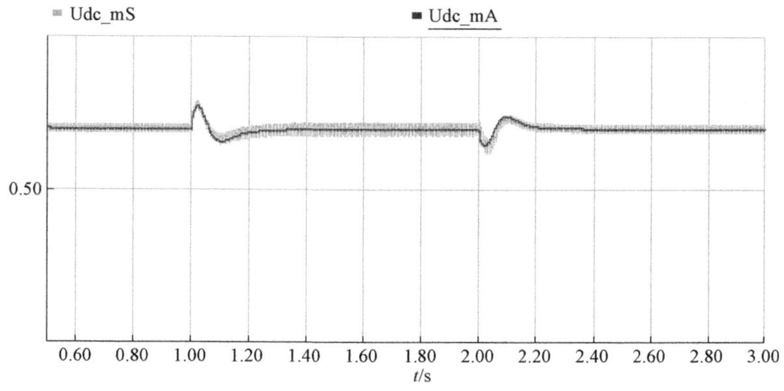

图 4-37　直流电容电压（有名值，Udc_mS 为开关器件模型，Udc_mA 为平均值模型）

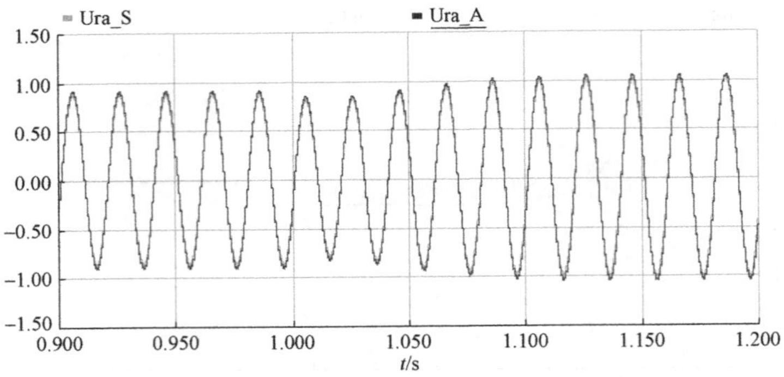

图 4－38　A 相电压输出调制波（标幺值，Ura_S 为开关器件模型，Ura_A 为平均值模型）

在逆变器采取定交流侧电压、无功功率控制时，设定 1s 时刻逆变器升压变压器低压侧发生单相接地故障，0.1s 后故障消失，结果如图 4－39～图 4－42 所示。

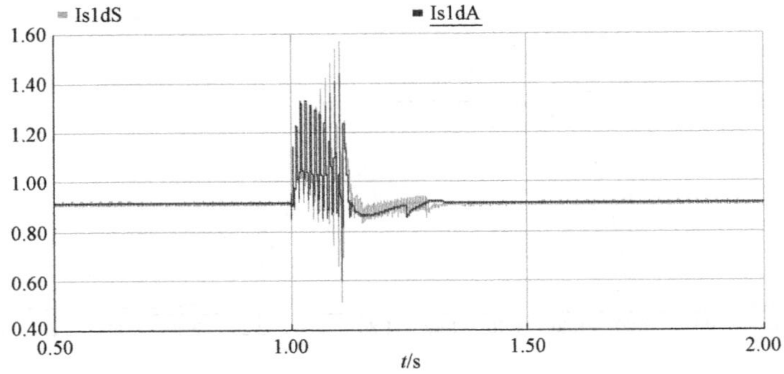

图 4－39　输出电流 d 轴分量（标幺值，Is1dS 为开关器件模型，Is1dA 为平均值模型）

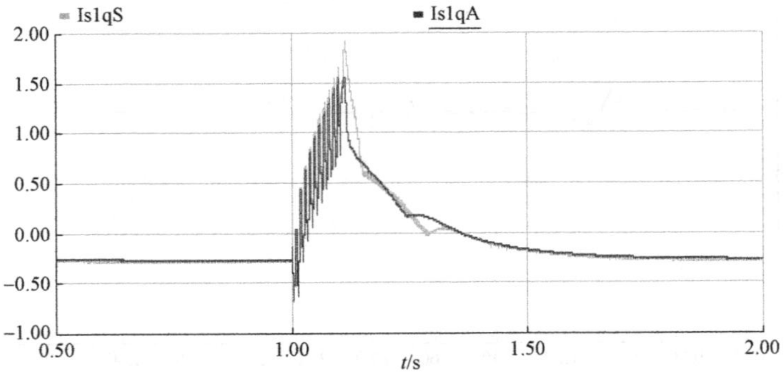

图 4－40　输出电流 q 轴分量（标幺值，Is1qS 为开关器件模型，Is1qA 为平均值模型）

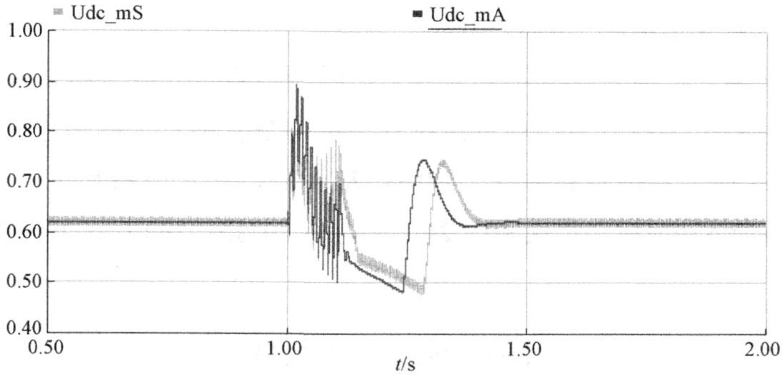

图 4-41　直流电容测量电压（有名值，Udc_mS 为开关器件模型，Udc_mA 为平均值模型）

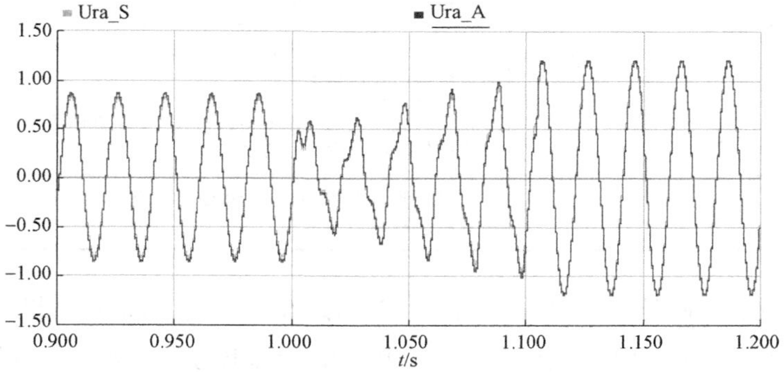

图 4-42　A 相电压输出调制波（标幺值，Ura_S 为开关器件模型，Ura_A 为平均值模型）

通过以上对比结果可以发现，基于等效受控源的换流器模型具有和开关器件模型基本一致的响应特性，因此，可以作为本研究的光伏并网换流器模型。

3. 新投运 SVG 建模

SVG 采用厂家提供的模型，控制策略与现场完全相同。

4. 运行方式安排

根据多个新能源并网工程次同步振荡研究结果，即同步机开机越少、网架越弱、光伏出力越小、负荷越小，振荡的风险较大。据此安排振荡风险较大的方式如下：

1） 安排开机小方式，即水电 2 机。

2） 分别考虑小负荷 300MW，大负荷 530MW。

3） 考虑不同的光伏站控制参数、光伏并网容量（光伏出力分别考虑 20%和 70%）。

4） 运行方式梳理，各等级电网元件检修。检修设备（58+1）个正常方式=59 个方式。

一共安排 472 个方式。

5. 电磁暂态仿真分析与仿真结果

在所安排的交流电网运行方式基础上，考虑不同的光伏站控制模式、控制参数、光伏并网容量（光伏出力分别考虑 20%和 70%）。

仿真分析方法为，在所安排的不同方式下，时域仿真进入稳态时，在某 220kV 母线上设置一个单相经阻抗接地故障，观察系统状态量中是否激发出振荡分量。

光伏站外环 PI 控制器控制参数取 $T_i=0.1$，$K_p=0.5$，在水电站开 2 机，负荷考虑小负荷 300MW 和大负荷 530MW，光伏考虑 20%出力和 70%出力的方式下仿真结果如表 4-9 所示。

表 4-9　　光伏站参数组 1 下仿真结果

开机	负荷/MW	PV 出力	仿真结果
水电 2 机	300	20%	正常方式和大部分设备检修方式下，仿真结果稳定。仅主网-D 站 750 通道检修，或主网-A 站 220 双线检修，存在振荡风险
水电 2 机	300	70%	正常方式和大部分设备检修方式下，仿真结果稳定。仅主网-D 站 750 通道检修，存在振荡风险
水电 2 机	530	20%	正常方式和大部分设备检修方式下，仿真结果稳定。仅主网-D 站 750 通道检修，或主网-A 站双线检修，存在振荡风险
水电 2 机	530	70%	正常方式、主网-D 站 750 通道检修，以及主网-A 站 220 双线检修，仿真结果稳定

光伏站外环 PI 控制器控制参数取 $T_i=0.05$，$K_p=0.5$，在水电站开 2 机，负荷考虑小负荷 300MW 和大负荷 530MW，光伏考虑 20%出力和 70%出力的方式下仿真结果如表 4-10 所示。

表 4-10　　光伏站参数组 2 下仿真结果

开机	负荷/MW	PV 出力	仿真结果
水电 2 机	300	20%	正常方式振荡
水电 2 机	300	70%	正常方式和大部分设备检修方式下，仿真结果稳定。仅主网-D 站 750 通道检修、或主网-A 站双线检修、或大容量光伏站并网通道检修，存在振荡风险
水电 2 机	530	20%	正常方式和大部分设备检修方式下，仿真结果稳定。仅主网-D 站 750 通道检修、或主网-A 站双线检修，存在振荡风险
水电 2 机	530	70%	正常方式和大部分设备检修方式下，仿真结果稳定。仅主网-D 站 750 通道检修、或主网-A 站双线检修，存在振荡风险

6. 电磁暂态仿真分析结论

根据所安排方式和仿真结果，在较为合适的光伏站参数下，和田地区存在次同步振荡风险的方式为 750 通道和 220 通道双线检修方式。而且，根据仿真得出以下结论：

1）交流网架越强，次同步振荡风险越弱。

2）在同一系统运行方式下，对于新投运的三台 SVG，定无功控制模式比定电压控制模式的次同步振荡风险小；SVG 响应速度慢的控制参数比响应速度快的控制参数次同步振荡风险小。

3）光伏站并网规模越大，次同步振荡风险较大；在相同的并网容量下，光伏站出力越小，次同步振荡风险较大。

4）光伏站光伏并网单元内外环控制参数配置不合适的情况下，次同步振荡风险较大。

4.2.2　青海电网振荡仿真分析

青海 750kV 串补工程于 2018 年底完成投运，如图 4－43 所示，包含扩建 750kV 变电站 A、B 和 C，并在 A～B～C 750kV 线路加装串联补偿装置。该工程一方面可提高新疆与西北联网通道的输电能力，为 A、B、C 近区新能源的进一步开发创造条件；另一方面可均匀新疆与西北联网一、二通道的潮流分布，为系统薄弱点暂态电压的恢复提供支撑。为了明确 750kV 串补投运后青海电网的次同步振荡特性，为串补工程的顺利投运提供技术依据，需要对串补投运后的青海电网进行仿真建模及次同步振荡分析。

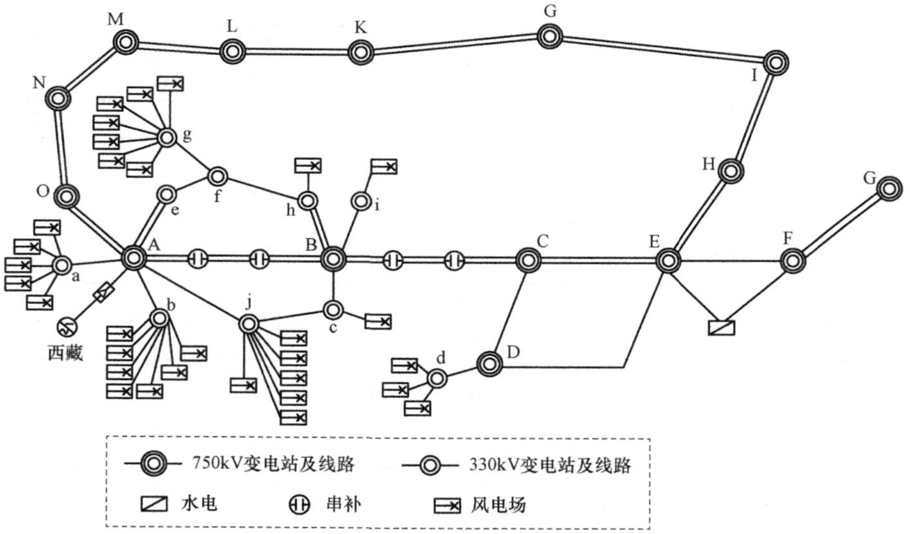

图 4－43　青海电网简化接线示意图

1. 系统建模

青海电网的拓扑结构如图 4－43 所示，图中给出了包括 750kV、330kV 在内的主网架，其中串补电容加装于 A～B 和 B～C 两段 750kV 线路中。对青海电网进行等值建模，等值电网中包含了 750kV 站及接入新能源场站的各 330kV 变电站及其 330kV 出线和风电场的 110kV/35kV 系统。

主要风电场的装机容量见表 4－11。

表 4-11 主要风电场的装机容量

330kV 变电站	风场名称	容量/MW	风机类型	单机容量/MW
a	风电场 a1	49.5	双馈	1.5
	风电场 a2	20	双馈	2.5
	风电场 a3	30	双馈	2
	风电场 a4	50	直驱	2.5
	风电场 a5	50	双馈	2
b	风电场 b1	49.5	直驱	1.5
	风电场 b2	49.5	双馈	2
	风电场 b3	50	直驱	2
	风电场 b4	99	双馈	2
	风电场 b5	50	直驱	2
	风电场 b6	50	直驱	2
	风电场 b7	49.5	双馈	2
c	风电场 c1	99	双馈	1.5
			直驱	1.5
			双馈	2
d	风电场 d1	99	双馈	2
			直驱	2
	风电场 d2	49.5	直驱	2
	风电场 d3	200	直驱/双馈	2
g	风电场 g1	50	双馈	1.5
				2
	风电场 g2	49.5	直驱	1.5
	风电场 g3	99	直驱	2
	风电场 g4	99.5	直驱	1.5
				2
	风电场 g5	50	双馈	2
	风电场 g6	49.5	双馈	1.5
	风电场 g7	50	直驱	2
h	风电场 h1	99	双馈	2
i	风电场 i1	50	双馈	2
j	风电场 j1	49.5	双馈	1.5
	风电场 j2	49.5	双馈	1.5
	风电场 j3	49.5	双馈	1.5
	风电场 j4	49.5	双馈	1.5
	风电场 j5	49.5	双馈	1.5
	风电场 j6	49.5	直驱	2
合计	总容量	1938	总风场数	31

2. 青海电网次同步振荡仿真分析

本小节基于双馈风机厂家提供的模型，分析双馈风电场接入含串补的青海电网的振荡特性。

考虑的接线方式为A～B～C 750kV线路均双回运行，四条线路的串补均正常投运，基于该方式进行仿真分析。750kV线路及主要风电场站的相关仿真波形如图4-44所示。

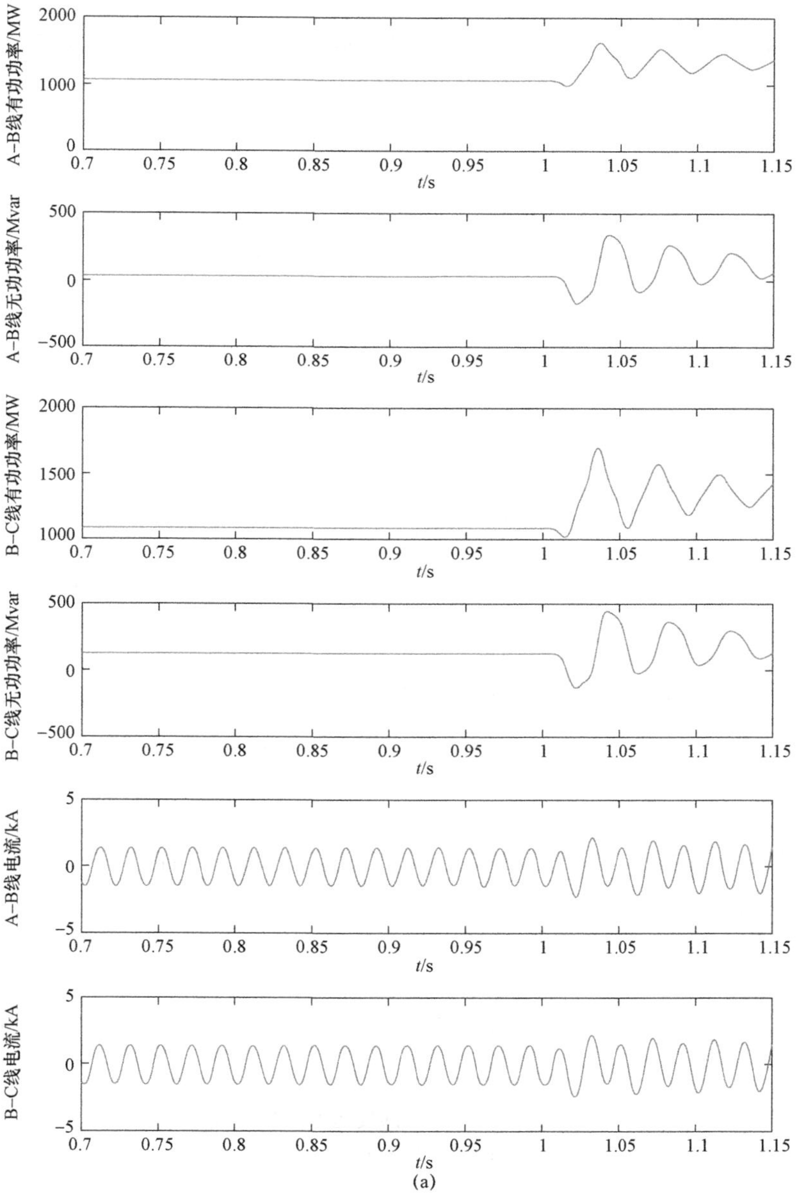

图4-44 全接线、串补全部投运方式仿真波形（一）

（a）750kV线路

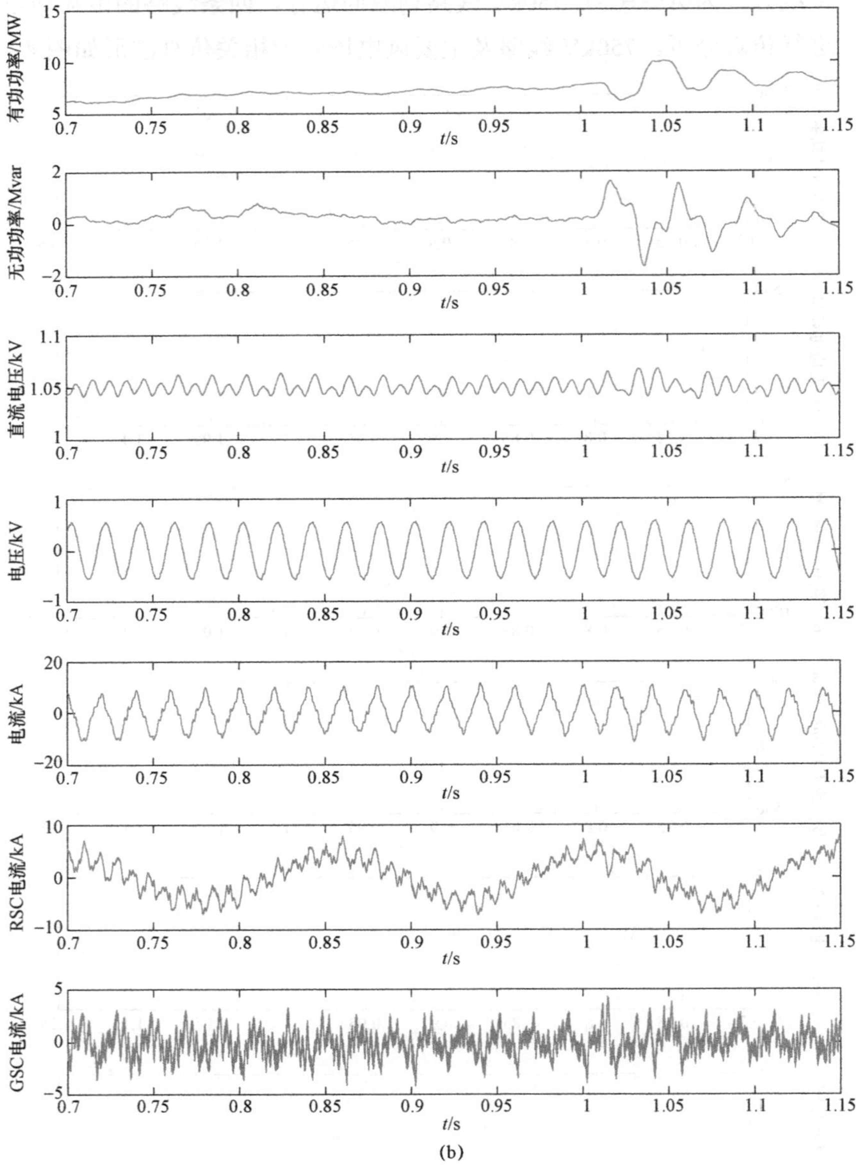

(b)

图 4-44 全接线、串补全部投运方式仿真波形（二）

（b）变电站 g 近区风电场

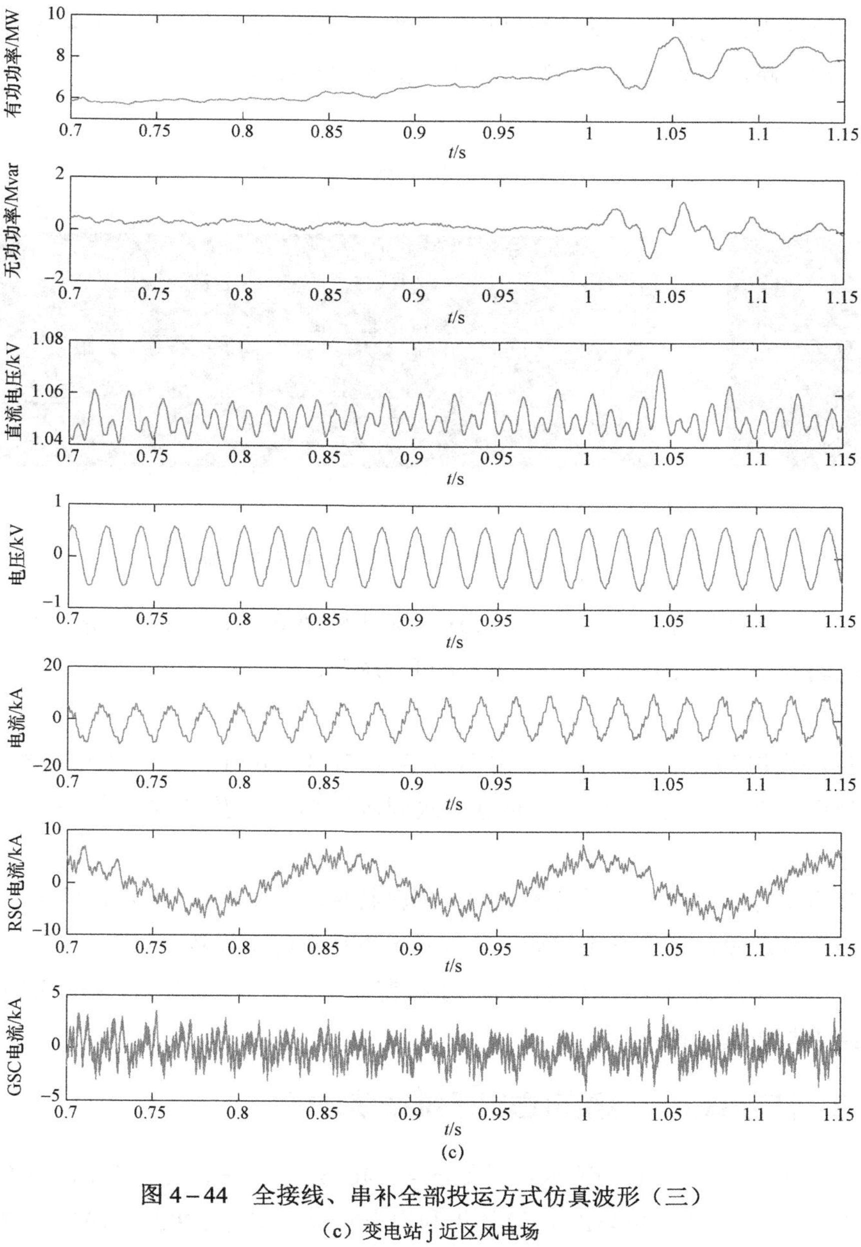

(c)

图 4－44　全接线、串补全部投运方式仿真波形（三）

（c）变电站 j 近区风电场

根据图 4－44 的仿真波形，串补电容及各风电场的功率在扰动发生后均趋于收敛，未见明显次同步振荡现象。

3. 实测验证

在系统工程调试期间开展了次同步振荡监测。结果表明，串补装置工作正常，仅在串补投入暂态过程和人工短路接地扰动过程中，存在迅速衰减的次同步电流暂态分量，未观测到持续的次同步振荡现象，试验结果与仿真结论一致。B～C 线路串补带负载试验中线路电流及其次、超同步频率分量的测试结果如图 4－45 所示。

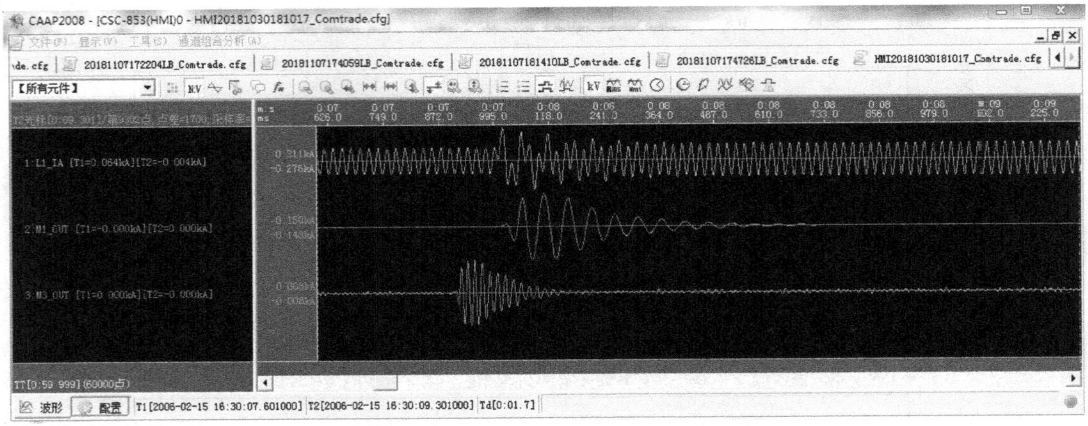

图 4－45　B～C 线路串补带负载试验中线路电流波形

线路电流中次同步分量的频率为 19.2Hz，最大峰值 0.15kA，约 500ms 内完成衰减过程，对应的超同步分量相对幅值较小，几乎可以忽略。

4. 小结

基于青海电网数据及运行条件，搭建了含双馈风电场在内的详细电磁暂态仿真模型，仿真分析了 750kV 串补投运后的电网次同步振荡特性及影响因素，得到如下主要研究结论。

（1）分析了青海串补送出系统的次同步振荡特性，仿真表明，各双馈风电场未见不稳定的次同步振荡现象，系统发生扰动后串补及风电功率趋于收敛。

（2）在工程系统调试期间开展了次同步振荡监测，未观测到不稳定的次同步振荡现象，试验结果与仿真结论一致。

4.2.3　江苏海上风电柔直送出系统振荡分析

江苏海上风电柔直送出系统示意图如图 4－46 所示。海上风电场 H6、H8、H10 装机规模分别为 400、300、400MW，等效年利用小时数分别为 3202、3199、3173h。其中 H6、H10 风电场各配置单机容量 4MW 风机 100 台，H8 风电场配置单机容量 4.5MW 风机 67 台。

为了满足 H6、H8、H10 风电场电力送出，建设 1 座海上柔性直流换流站（简称海上换流站）、1 座陆上柔性换流站（简称陆上换流站），3 座风电场各建设 1 座 220kV 海上升压站，升压站通过 35kV 海缆汇集风电后，通过 220kV 海缆接入海上换流站，然后通过柔性直流线路送出至陆上换流站。

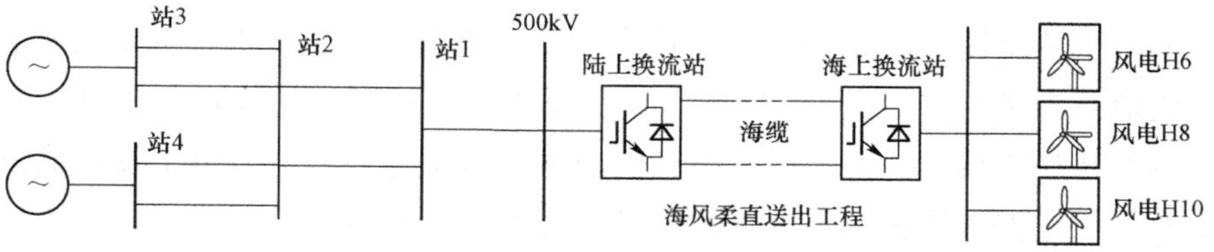

图 4-46　江苏海上风电柔直送出系统示意图

本节对江苏海上风电柔直送出工程的宽频带振荡稳定特性开展了研究工作，分别采用频率—阻抗扫描分析法、复转矩系数分析法、注入电流法和时域仿真分析法研究了柔直系统与特高压直流、核电厂及多个火电厂之间的交互影响，以及海上换流站与海上风电场之间的交互影响。

1. 频率—阻抗扫描分析法

（1）频率—阻抗扫描法基本原理。静止同步无功补偿器、风力发电、太阳能发电、柔直等电力电子设备均基于电压源换流器并网。当换流器采用跟网型控制方式时，并网端口呈现电流源特性。

如图 4-47 所示，$U_{PCC}(s)$ 为 PCC 点交流电压；$I_g(s)$ 为电力电子设备输出并网电流，并网电力电子设备等效为理想电流源 $I_s(s)$ 和输出阻抗 $Z_{inv}(s)$ 的并联，电网等效为理想电压源 $U_g(s)$ 和电网阻抗 $Z_g(s)$ 的串联。$Z_{inv}(s)$ 综合了电力电子设备电路和控制系统（锁相环、内外控制环）等环节的频率—阻抗特性，电网阻抗 $Z_g(s)$ 包含了从并网端口"看向"电网的频率—阻抗特性。基于 PCC 节点导纳方程，并网电流 $I_g(s)$ 的表达式为

$$I_g(s)=\frac{1}{1+\dfrac{Z_g(s)}{Z_{inv}(s)}}\left[I_s(s)-\frac{U_g(s)}{Z_{inv}(s)}\right] \tag{4-7}$$

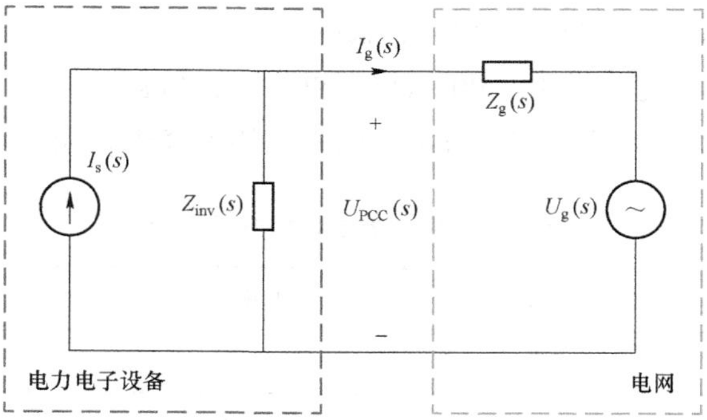

图 4-47　电力电子设备并网系统小信号示意图

上式频域方程式为传递函数形式。假设并网电力电子设备和电网两个子系统都能单独稳定运行，那么 $I_g(s)$ 的稳定性取决于等式右边的第一项，即 $1/[1+Z_g(s)/Z_{inv}(s)]$，形

式上类似于一个负反馈控制系统的闭环传递函数。该负反馈系统的前向通道增益为 1，负反馈通道增益为 $Z_g(s)/Z_{inv}(s)$。因此，可以采用经典控制论的稳定判据分析并网电力电子设备与电网互联系统的稳定性。当且仅当电网阻抗与并网电力电子设备输出阻抗比值 $Z_g(s)/Z_{inv}(s)$ 满足奈奎斯特稳定判据，互联系统是稳定的，反之则该互联系统是不稳定的。

（2）柔直阻抗扫描。为了分析柔直并网系统稳定特性，首先分析陆上换流站端口的频率—阻抗特性。本节采用摄动信号测试方法，在陆上换流站端口施加不同频率扰动信号，待系统达到稳态运行时，提取陆上换流站端口对应扰动频率的电压和电流信号，进而分析相应频率的阻抗特性。柔直陆上换流站阻抗测试示意图如图 4-48 所示。

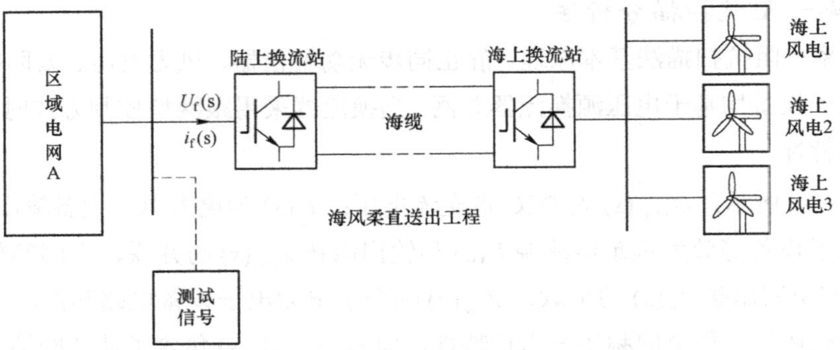

图 4-48　柔直陆上换流站阻抗测试示意图

柔直换流器 MMC 模块采用戴维南等值模型，6 个桥臂均采用 50 个 MMC 模块串联。考虑陆上换流站参数及运行工况的差异，阻抗特性的主要影响因素如下：

1）换流站控制方式：定直流电压+定无功、定直流电压+定 PCC 交流电压；

2）换流站功率水平：空载、半载、满载；

3）控制器内部通信延迟：0、300、600、900、1200μs。

考虑上述因素，陆上换流站端口频率—阻抗扫描方式组合如表 4-12 所示。

表 4-12　换流站频率—阻抗扫描方式组合

序号	延迟时间/μs	功率水平/p.u.	无功/交流电压控制方式
1	0	0.0	定交流电压
2	0	0.5	定交流电压
3	0	1.0	定交流电压
4	0	0.0	定无功
5	0	0.5	定无功

续表

序号	延迟时间/μs	功率水平/p.u.	无功/交流电压控制方式
6	0	1.0	定无功
7	300	0.0	定交流电压
8	300	0.5	定交流电压
9	300	1.0	定交流电压
10	300	0.0	定无功
11	300	0.5	定无功
12	300	1.0	定无功
13	600	0.0	定交流电压
14	600	0.5	定交流电压
15	600	1.0	定交流电压
16	600	0.0	定无功
17	600	0.0	定无功
18	600	1.0	定无功
19	900	0.0	定交流电压
20	900	0.5	定交流电压
21	900	1.0	定交流电压
22	900	0.0	定无功
23	900	0.5	定无功
24	900	1.0	定无功
25	1200	0.0	定交流电压
26	1200	0.5	定交流电压
27	1200	1.0	定交流电压
28	1200	0.0	定无功
29	1200	0.5	定无功
30	1200	1.0	定无功

陆上换流站为定 PCC 点交流电压控制方式、功率水平为 0.5p.u.，控制器中链路通信延迟分别为 0、300、600、900、1200μs 时端口阻抗特性如图 4-49 所示。次/超同步频率（<200Hz）范围内，端口阻抗曲线差别不大，但在高频段范围内，端口阻抗存在较大差异，链路通信延迟在 300～1200μs 范围，端口阻抗在高频段范围内存在谐振点，随着延迟增加，谐振点频率向低频段移动。

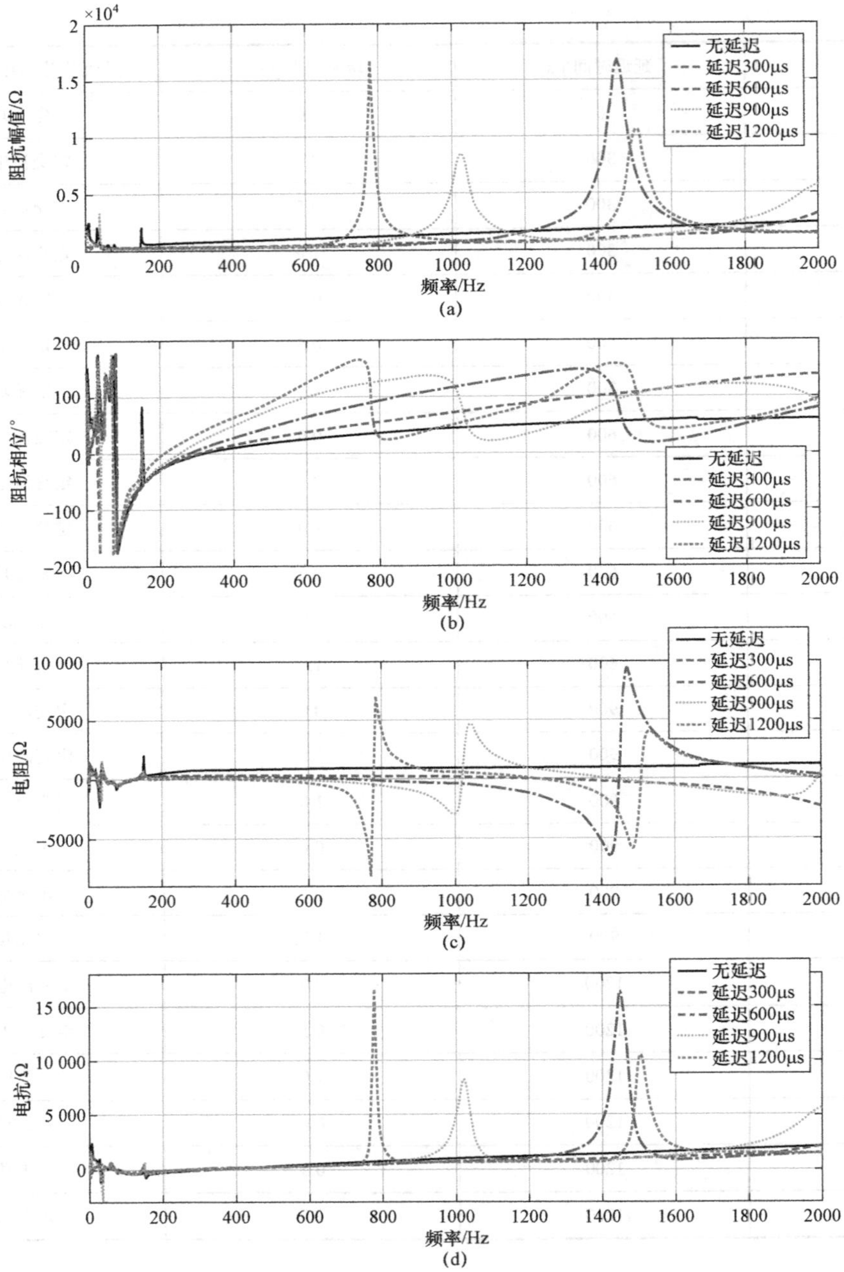

图 4-49 柔直陆上换流站阻抗曲线（不同链路通信延迟）

（a）A 相阻抗幅值扫描曲线；（b）A 相阻抗相位扫描曲线；（c）相阻抗实部（电阻）扫描曲线；（d）相阻抗虚部（电抗）扫描曲线

（3）区域交流电网阻抗扫描。陆上换流站通过单回 500kV 线路接入变电站 1，该站通过双回 500kV 线路接入变电站 2，再通过两个双回 500kV 线路分别接入变电站 3、变电站

4。由于宽频带振荡频率的范围较宽，线路建模详细程度对高频动态特性有较大影响作用。本书中，站 1—站 2、站 2—站 3、站 2—站 4 之间的连接设备采用频率相关线路模型。本节考虑如表 4－13 的线路运行方式，分别扫描陆上换流站端口系统的阻抗—频率曲线。

表 4－13　　柔直陆上站端口系统侧阻抗扫描方式组合

序号	投运线路回路数		
	站 1—站 2	站 2—站 3	站 2—站 4
1	2	2	2
2	1	2	2
3	2	1	2
4	2	2	1
5	2	0	2
6	2	2	0
7	1	1	2
8	1	2	1
9	2	1	1

通过测试信号法可以得到陆上换流站系统侧宽频带频率—阻抗曲线，如图 4－50 所示。

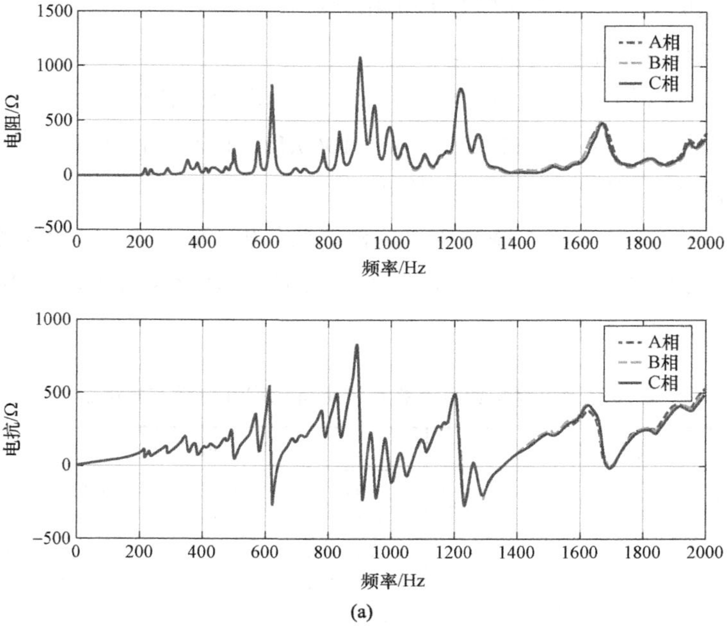

图 4－50　陆上换流站端口系统侧阻抗曲线（一）
（a）陆上换流站端口系统侧频率—电阻电抗扫描曲线

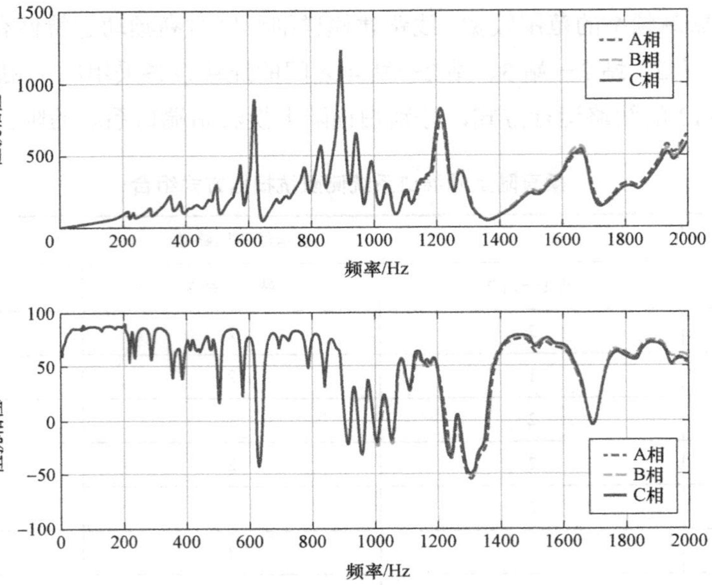

(b)

图 4－50 陆上换流站端口系统侧阻抗曲线（二）

（b）陆上换流站端口系统侧频率—阻抗幅值相位扫描曲线

由图 4－50 可以看出：

1）端口三相的频率—相阻抗特性基本相同；

2）端口电阻在各频率段均为正值；

3）在次/超同步频率范围，端口电抗为正值，呈现电感特性；

4）在高频范围，在 620～640Hz、900～1060Hz、1220～1360Hz 等频段端口电抗为负值，呈现电容特性，其余频段为电感特性。

（4）区域交流电网与柔直互联系统阻抗稳定性分析。基于陆上换流站柔直侧、系统侧的频率—阻抗特性曲线，本节采用奈奎斯特稳定判据，分析柔直与区域电网互联系统在不同工况下稳定特性，见表 4－14。

表 4－14　区域交流电网与柔直互联系统阻抗稳定性分析方式组合

序号	投运线路回路数			陆上换流站			稳定性
	站 1—站 2	站 2—站 3	站 2—站 4	功率/p.u.	无功控制方式	控制延迟/μs	
1	2	2	2	0.5	定交流电压	0	稳定
2				0.5	定无功	0	稳定
3				0.5	定交流电压	600	稳定
4				0.5	定无功	600	稳定

续表

序号	投运线路回路数			陆上换流站			稳定性
	站 1—站 2	站 2—站 3	站 2—站 4	功率/p.u.	无功控制方式	控制延迟/μs	
5	2	2	2	0.5	定交流电压	900	稳定
6				0.5	定无功	900	稳定
7	1	2	2	0.5	定交流电压	0	稳定
8				0.5	定无功	0	稳定
9				0.5	定交流电压	600	稳定
10				0.5	定无功	600	稳定
11				0.5	定交流电压	900	稳定
12				0.5	定无功	900	稳定
13	2	1	2	0.5	定交流电压	0	稳定
14				0.5	定无功	0	稳定
15				0.5	定交流电压	600	稳定
16				0.5	定无功	600	稳定
17				0.5	定交流电压	900	稳定
18				0.5	定无功	900	稳定
19	2	2	1	0.5	定交流电压	0	稳定
20				0.5	定无功	0	稳定
21				0.5	定交流电压	600	稳定
22				0.5	定无功	600	稳定
23				0.5	定交流电压	900	稳定
24				0.5	定无功	900	稳定
25	2	0	2	0.5	定交流电压	0	稳定
26				0.5	定无功	0	稳定
27				0.5	定交流电压	600	稳定（裕度小）
28				0.5	定无功	600	稳定（裕度小）
29				0.5	定交流电压	900	稳定
30				0.5	定无功	900	稳定
31	2	2	0	0.5	定交流电压	0	稳定
32				0.5	定无功	0	稳定
33				0.5	定交流电压	600	稳定（裕度小）
34				0.5	定无功	600	稳定（裕度小）
35				0.5	定交流电压	900	不稳定
36				0.5	定无功	900	不稳定

续表

序号	投运线路回路数			陆上换流站			稳定性
	站 1—站 2	站 2—站 3	站 2—站 4	功率/p.u.	无功控制方式	控制延迟/μs	
37	1	1	2	0.5	定交流电压	0	稳定
38				0.5	定无功	0	稳定
39				0.5	定交流电压	600	稳定
40				0.5	定无功	600	稳定
41				0.5	定交流电压	900	稳定
42				0.5	定无功	900	稳定
43	1	2	1	0.5	定交流电压	0	稳定
44				0.5	定无功	0	稳定
45				0.5	定交流电压	600	稳定
46				0.5	定无功	600	稳定
47				0.5	定交流电压	900	稳定
48				0.5	定无功	900	稳定
49	2	1	1	0.5	定交流电压	0	稳定
50				0.5	定无功	0	稳定
51				0.5	定交流电压	600	稳定（裕度小）
52				0.5	定无功	600	稳定（裕度小）
53				0.5	定交流电压	900	不稳定
54				0.5	定无功	900	不稳定

1）对于方式 1，站 1—站 2、站 2—站 3、站 2—站 4 全接线方式，陆上换流站功率 0.5p.u.、定 PCC 交流电压控制、控制器内通信延迟 0μs。陆上换流站的柔直侧与系统侧端口阻抗 Bode 图如图 4-51 所示，可以看出柔直侧端口阻抗幅值曲线与系统侧端口阻抗幅值曲线在 3～2000Hz 范围内没有交点，由奈奎斯特稳定性判据可得互联系统稳定。

2）对于方式 54，站 1—站 2 双回、站 2—站 3 单回、站 2—站 4 单回接线方式，陆上换流站功率 0.5p.u.、定无功控制、控制器内通信延迟 900μs。柔直陆上站的柔直侧与系统侧端口阻抗 Bode 图如图 4-52 所示，可以看出柔直侧端口阻抗幅值曲线与系统侧端口阻抗幅值曲线在 3～2000Hz 范围内存在 14 个交点，交点处的频率分别为 334.0、354.0、485.0、502.0、556.0、578.5、592.0、638.0、768.5、786.0、811.5、838.5、856.5、897.0Hz，对应相位曲线中相位差分别是 51.3°、7.5°、7.2°、38.6°、5.1°、40.1°、14.9°、135.0°、48.1°、91.3°、54.6°、129.7°、75.1°、191.9°，在 897.0Hz 频率点最大相位差为 191.9°，超过 180°。由奈奎斯特稳定性判据可得互联系统高频振荡呈现不稳定特性。

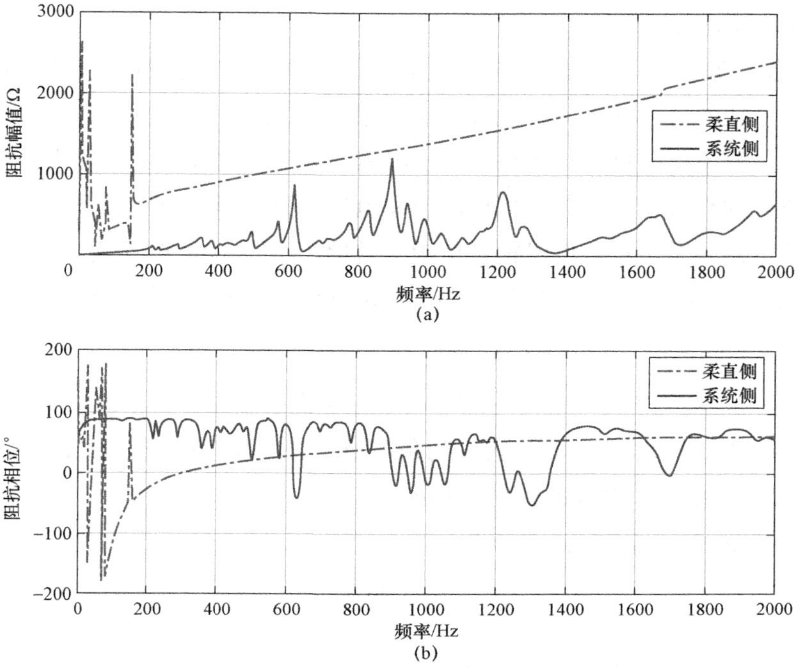

图 4－51 陆上换流站柔直侧与系统侧端口阻抗 Bode 图（方式 1）

（a）相阻抗幅值扫描曲线；（b）相阻抗相位扫描曲线

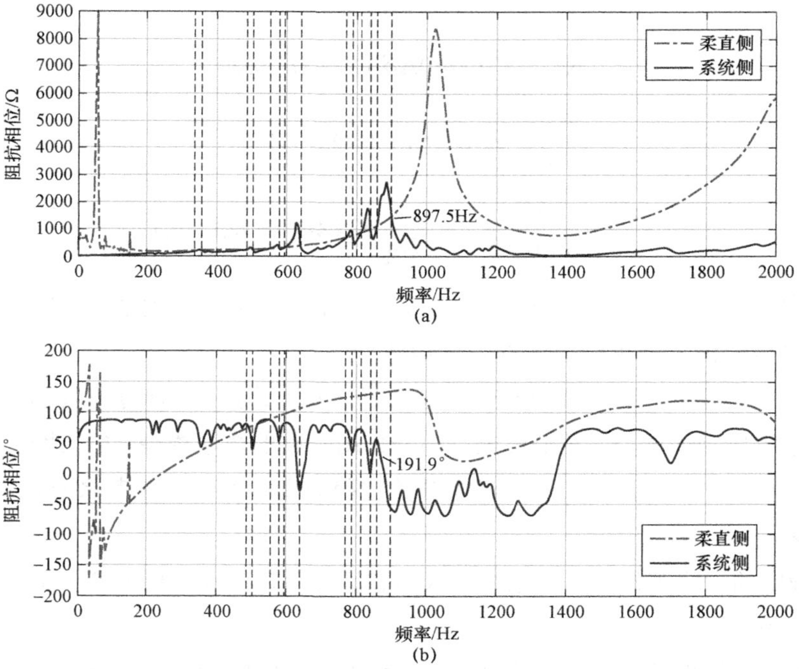

图 4－52 陆上换流站柔直侧与系统侧端口阻抗 Bode 图（方式 54）

（a）相阻抗幅值扫描曲线；（b）相阻抗相位扫描曲线

2. 复转矩系数分析法

（1）复转矩系数法基本原理。复转矩系数法是一种分析汽轮发电机组次同步振荡问题的基本方法。I. M. Canay 基于单机无穷大系统提出该方法，因此对于多机系统采用该方法进行研究时，除了待研机组，系统其他机组需要采用固定频率电源形式。

针对所研究的系统模型（包括机械部分和电气部分），复转矩系数法采用摄动方法，推导发电机的电磁转矩增量与机组轴系角频率增量之间的关系式，从而判断机组对不同扭振频率的阻尼特性。对于一台待研究的发电机组，机组电磁转矩的小扰动形式可以用下式表示

$$\Delta T_e = K_e \Delta\delta + D_e \Delta\omega \tag{4-8}$$

式中：ΔT_e 为电磁转矩增量；$\Delta\delta$ 为机组功角增量；K_e 为同步转矩系数；$K_e\Delta\delta$ 为同步转矩；D_e 为阻尼转矩系数；$D_e\Delta\omega$ 为阻尼转矩。

采用有名值形式，$\Delta\delta$ 和 $\Delta\omega$ 关系为

$$\Delta\omega = \frac{\mathrm{d}\Delta\delta}{\mathrm{d}t} \tag{4-9}$$

假定发电机轴系（单刚体）在同步速 ω_0 转动时叠加频率为 $\lambda\omega_0$ 小值振荡，各量采用相量形式，可得

$$\Delta\dot{\omega} = \mathrm{j}\lambda\omega_0 \Delta\dot{\delta} \tag{4-10}$$

$$\Delta\dot{T}_e = K_e(\lambda\omega_0)\Delta\dot{\delta} + D_e(\lambda\omega_0)\Delta\dot{\omega} \tag{4-11}$$

$$\frac{\Delta\dot{T}_e}{\Delta\dot{\delta}} = K_e(\lambda\omega_0) + \mathrm{j}\lambda\omega_0 D_e(\lambda\omega_0) \tag{4-12}$$

$$\frac{\Delta\dot{T}_e}{\Delta\dot{\omega}} = \frac{\Delta\dot{T}_e}{\mathrm{j}\lambda\omega_0\Delta\dot{\delta}} = -\mathrm{j}\frac{1}{\lambda\omega_0}K_e(\lambda\omega_0) + D_e(\lambda\omega_0) \tag{4-13}$$

对较为复杂的系统，直接采用解析分析方法有较大困难，一般采用复转矩系数仿真分析方法（测试信号法）分析机组电气阻尼特性。

应用测试信号法时，可将机械部分和电气部分分别计算。在计算电气部分的复转矩系数时，轴系采用单刚体模型，发电机电气部分采用完整的数学模型，电力网络采用电磁暂态模型，HVDC 和 FACTS 装置采用考虑开关过程的真实模型，并考虑 HVDC 和 FACTS 装置的控制器。其步骤如下：

1）对确定的运行工作点，待系统进入稳态运行后，在发电机的转子上施加一串频率成整数倍的小值脉动机械转矩；

2）施加脉动转矩后，直到系统再次进入稳态，截取脉动转矩 1 个公共周期上的发电机电磁转矩、发电机功角和发电机角频率；

3）将上述各量进行傅里叶分解，可得出不同频率下的发电机电磁转矩、发电机功角和发电机角频率增量；

4）根据式（4－13），求出阻尼转矩系数 D_e 和同步转矩系数 K_e

$$D_e(\lambda\omega_0)=\mathrm{Re}\left(\frac{\Delta\dot{T}_e}{\Delta\dot{\omega}}\right)\quad K_e(\lambda\omega_0)=-\mathrm{Im}\left(\frac{\Delta\dot{T}_e}{\Delta\dot{\omega}}\right)\times\lambda\omega_0 \tag{4－14}$$

对含串补的线性网络适用电路叠加原理，采用上述复转矩系数仿真分析方法，可单次施加多个频率扰动信号。而对含有 HVDC、FACTS、新能源等电力电子设备的系统，电路具有非线性特性，因而不适用电路叠加定理，需要多次仿真计算，每次施加单个扰动频率信号进行分析。

在对应轴系模态频率点处，综合电气阻尼系数与机械阻尼系数，可以得出机组次同步振荡特性。如式（4－15）所示，轴系模态总阻尼系数大于零，该模态呈现稳定特性。

$$D_e(f_{\mathrm{mode\_i}})+D_m(f_{\mathrm{mode\_i}})>0 \tag{4－15}$$

（2）核电厂机组复转矩系数研究。如图 4－53 所示，核电机组与柔直陆上站通过若干变电站连接，其中较近电气连接路径为站 1～站 3、站 5～站 8 七个变电站，其中柔直站—站 1 为单回线路，其余为双回线路。

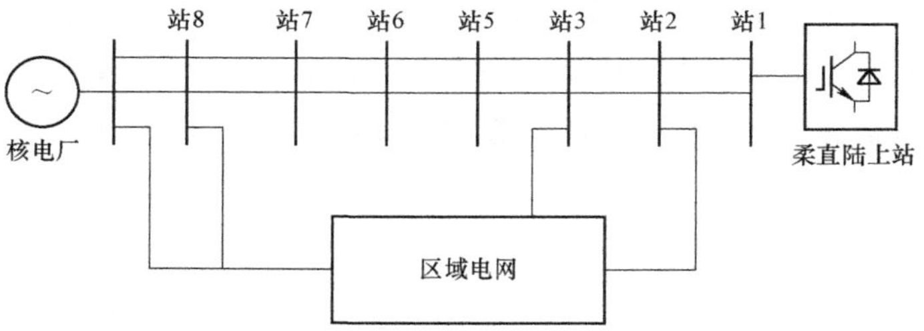

图 4－53　核电机组与柔直陆上站之间系统示意图

本节主要研究上述七个变电站连接路径和柔直陆上站的不同运行方式对核电机组电气阻尼系数的影响作用，如表 4－15 所示。

表 4－15　　核电与柔直陆上站之间运行方式计算组合

序号	机组	柔直陆上站		网架结构	
		功率/p.u.	无功控制	站 1～站 2	站 2～站 3
1	核电 1 号机 2 号机 3 号机 4 号机	1	定交流电压	双回线路	双回线路
2		1	定无功	双回线路	双回线路
3		0	定交流电压	双回线路	双回线路

续表

序号	机组	柔直陆上站		网架结构	
		功率/p.u.	无功控制	站 1～站 2	站 2～站 3
4	核电 1 号机 2 号机 3 号机 4 号机	0	定无功	双回线路	双回线路
5		1	定交流电压	单回线路	单回线路
6		1	定无功	单回线路	单回线路
7		0	定交流电压	单回线路	单回线路
8		0	定无功	单回线路	单回线路
9		1	定交流电压	断开	断开
10		1	定无功	断开	断开
11		0	定交流电压	断开	断开
12		0	定无功	断开	断开

基于区域电网电磁暂态模型，包括了省、市 1000kV、500kV 交流网络和特高压直流输电系统 1 及核电、10 余个区域内火电厂汽轮机组模型，也包括了海上风电柔直送出系统模型。采用复转矩系数分析法时，待研机组一核电机组轴系采用单刚体模型，区域电网内其他电厂机组采用固定频率电源模型。在表 4－15 中 12 个系统运行方式下，针对核电汽轮机组进行转矩系数仿真分析，分析结果如图 4－54 和图 4－55 所示。

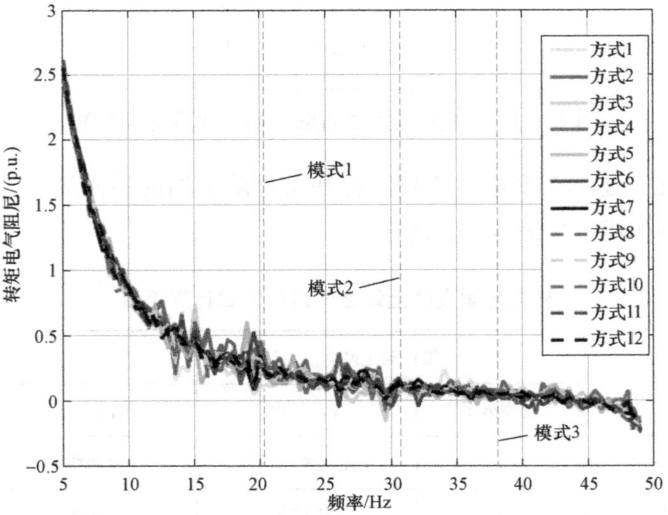

图 4－54　核电机组电气转矩阻尼系数曲线（全开机）

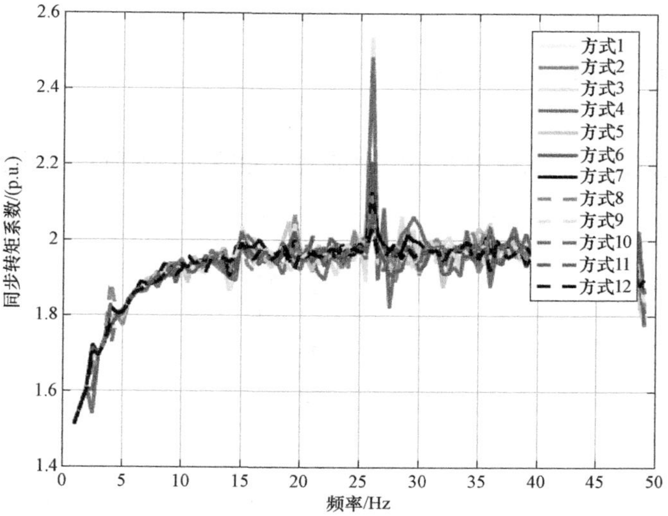

图 4-55 核电机组同步转矩系数曲线（全开机）

由图 4-55 可得：

1）核电机组轴系模态对应转矩电气阻尼均大于零，综合机组轴系模态机械阻尼，总阻尼均为正值，即核电机组轴系扭转均为收敛，不存在次同步振荡风险；

2）表 4-15 中所列 12 个运行方式，机组转矩电气阻尼曲线基本接近，说明柔直输电系统与核电机组电气耦合作用很弱，柔直输电系统不会导致核电机组出现次同步振荡问题。

3. 注入电流法

（1）注入电流法基本原理。海上风电经柔直送出系统可能存在宽频带振荡风险。前面章节采用阻抗方法分析了柔直接入系统的宽频带振荡风险，以及对核电、若干火电厂、特高压直流换流站等影响作用。本节从另外一个视角来研究柔直宽频带振荡对上述关注电厂、换流站的影响作用。假定陆上换流站发生了较严重的宽频带振荡，向互联交流系统注入了较大幅值的谐波电流，分析对关注电厂、换流站的影响作用。

为简化计算，可将该系统等效为一个次同步频段的电流源。考虑最严重的情况，谐波的频率可设定为关注电厂轴系自然扭振频率的互补频率。陆上柔直站经 500kV 线路送至变电站 1。谐波源可直接连接到柔直站 500kV 母线，幅值设置为 50A。通过观察待研电厂机组轴系扭振达到稳态后的幅值，即可判断海上风电经柔直送出系统对该电厂的影响。一般可用轴系扭振保护告警阈值 0.1p.u.作为判断基准。

（2）陆上换流站注入电流对核电厂机组影响。分别考虑在陆上换流站注入上述模态频率的互补频率电流（幅值 50A），观察核电厂机组转速振荡情况。研究的系统运行方式包括：

1）全接线；

2）核电厂—站 8 线路 $N-1$ 方式；

3）站 8—站 7 线路 $N-1$ 方式。

其中，全接线方式下注入模态互补频率的波形如图 4-56 所示，可见在上述典型方式

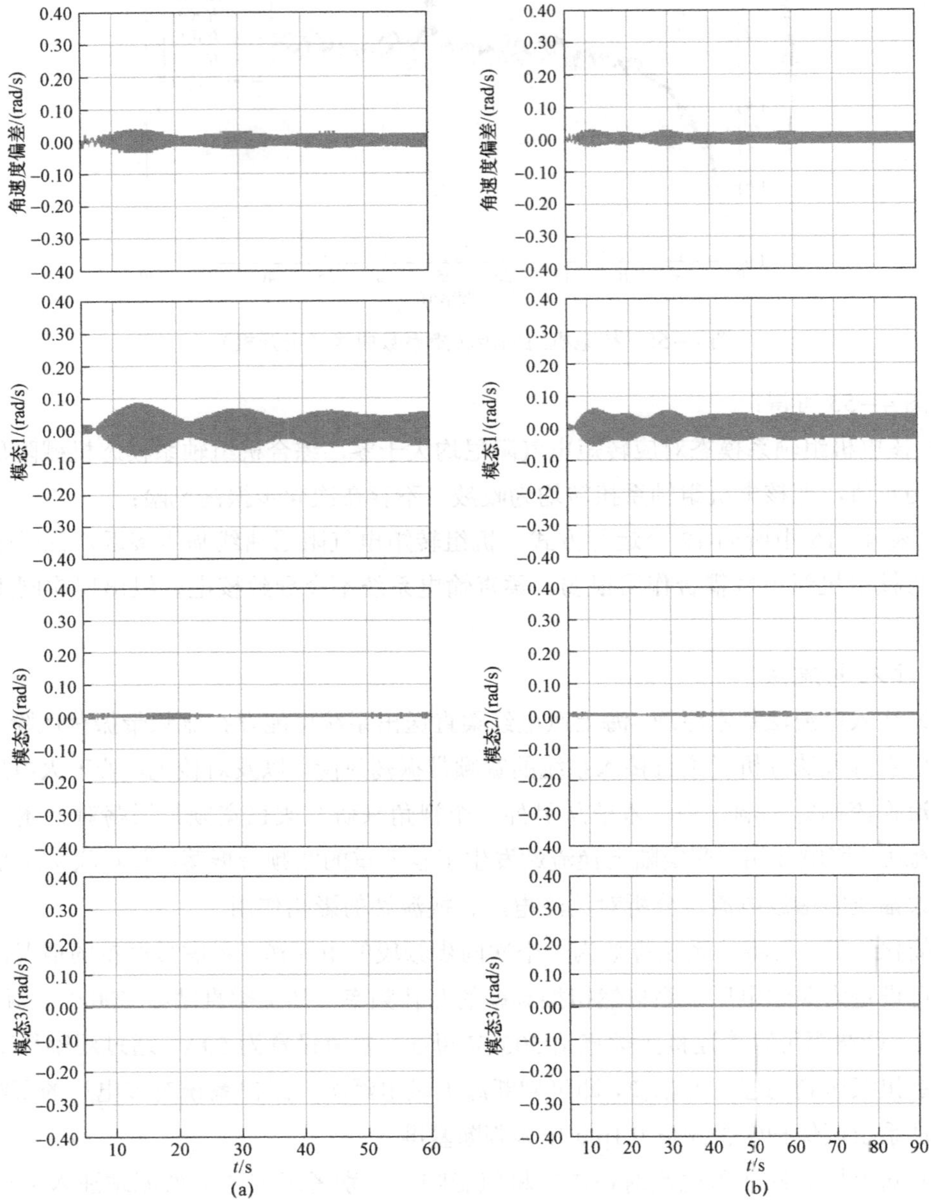

图 4-56 柔直站注入模态互补频率电流，核电厂轴系扭振（全接线方式）

（a）一二期机组；（b）三期机组

下，在柔直站 500kV 母线注入幅值为 50A 的机组轴系互补频率电流，核电机组轴系对应模态振荡稳态值均小于 0.1rad/s，低于轴系扭振保护告警值。因此，在典型运行方式下，海上风电经柔直送出系统对核电厂的次同步振荡影响很小。

4. 时域仿真法

（1）边界条件。本节重点关注海上风电柔直送出工程宽频带振荡对区域主网影响的作用，因此考虑运行方式组合的主要因素如下：

1）海上风电出力：轻载、半载、满载。

2）柔直运行控制方式：① 陆上换流站无功控制方式：定无功控制/定 PCC 交流电压控制；② 陆上换流站控制系统中不同链路通信总延时环节：0μs/700μs。

3）发电厂出力：满载、1 台半载。

4）核电与陆上换流站之间交流线路运行方式：核电与陆上换流站通过若干变电站连接，其中较近电气连接路径为站 1～站 3、站 5～站 8 七个变电站，均为双回线路。

5）特高压直流 1 换流站与陆上换流站之间交流线路运行方式：特高压直流 1 换流站与陆上换流站通过若干变电站连接，其中较近电气连接路径经过 6 个变电站，均为双回线路。

6）火电厂 1 与陆上换流站之间交流线路运行方式：火电厂 1 与陆上换流站电气距离较近，通过站 4、站 2 和站 1 等变电站，均为双回线路。

7）其他电厂与陆上换流站之间交流线路运行方式。

（2）时域仿真研究。核电与陆上换流站通过 7 个变电站连接，另外海上风电和陆上换流站有多种运行方式。考虑上述因素组合，本节针对不同运行方式下开展时域仿真研究。

海上风电轻载出力、陆上换流站运行方式为定无功控制、核电机组 6 台满载、柔直控制器中链路通信无延迟，系统侧站 1—站 2 双回、站 2—站 3 双回、站 2—站 8 双回运行。本节采用时域仿真法对核电机组的振荡情况进行分析，仿真时间 5s 时刻在站 1 的 500kV 母线上发生单相短路故障，故障持续时间 0.05s，仿真波形如图 4－57 和图 4－58 所示。

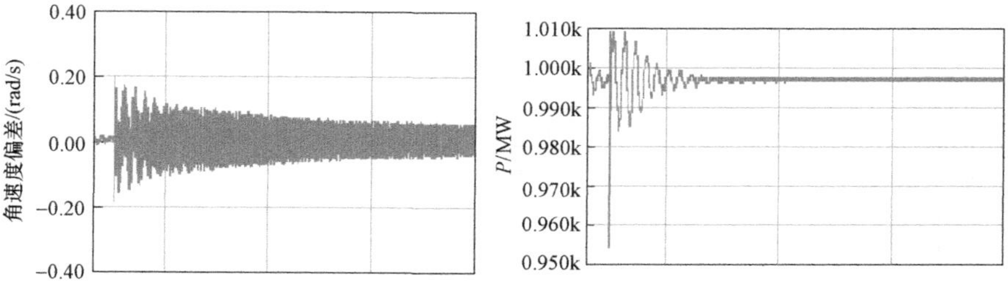

图 4－57　核电厂机组轴系扭振（一）

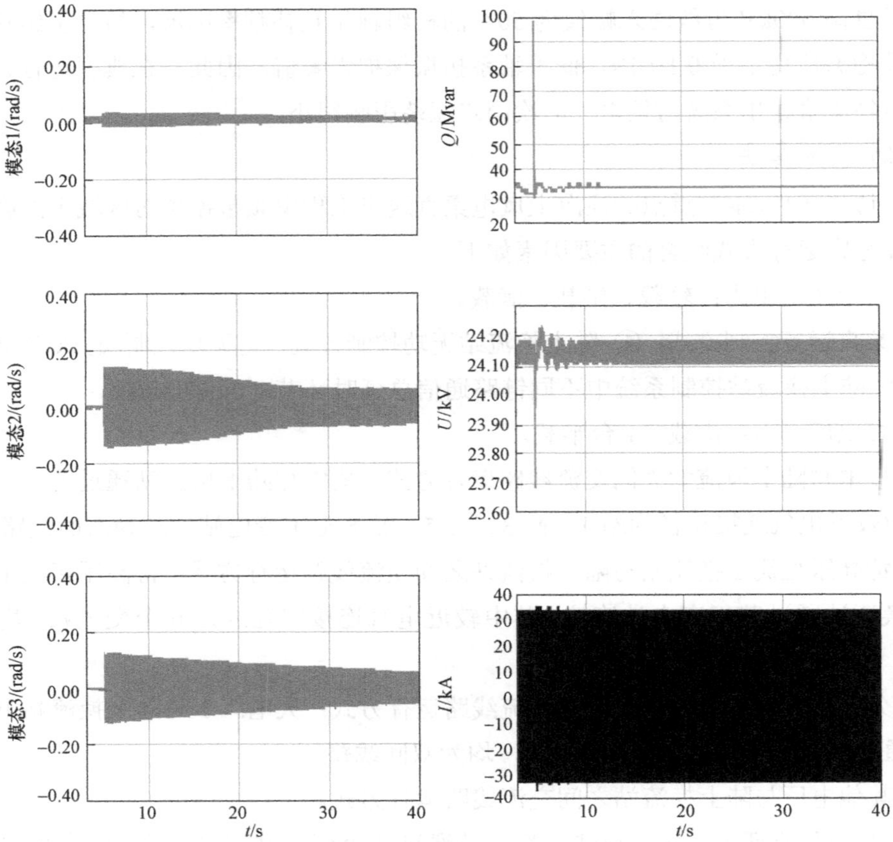

图 4－57　核电厂机组轴系扭振（二）

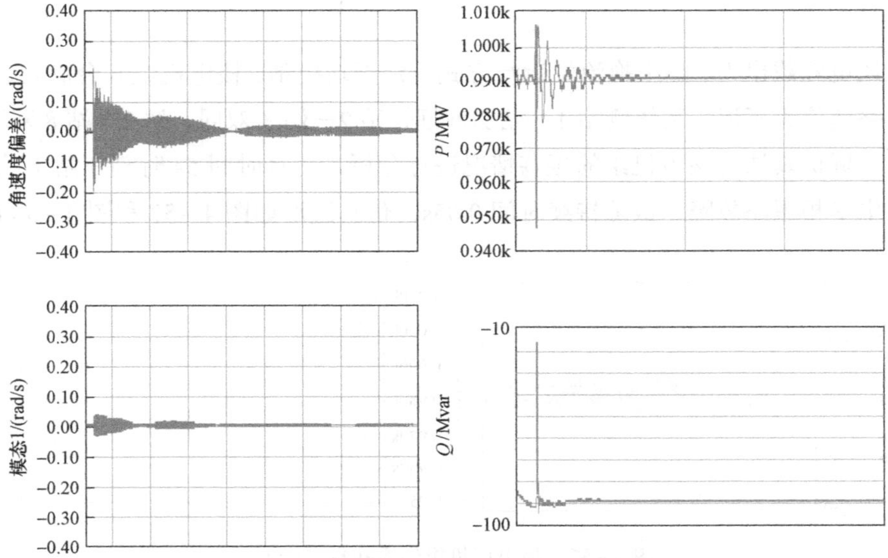

图 4－58　核电厂三期机组轴系扭振（一）

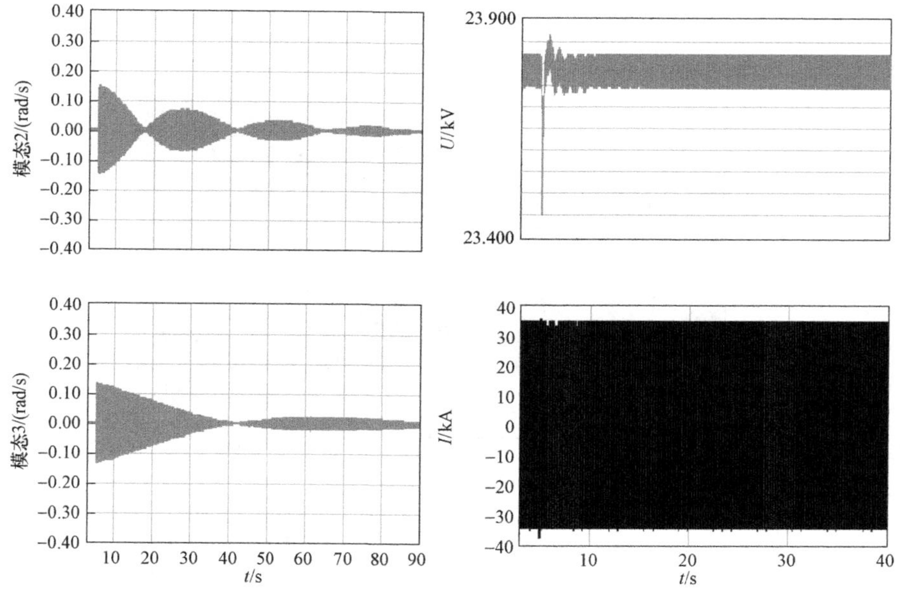

图 4－58 核电厂三期机组轴系扭振（二）

由图 4－57 和图 4－58 可见，经过时域仿真计算，该方式下核电各台机组的转速偏差及各模态分量时域仿真曲线收敛，模态最大幅值约为 0.15rad/s，机组有功、无功、电压、电流曲线在扰动后恢复稳定，表明该方式下系统稳定。

5. 高频振荡抑制

如图 4－59 所示，陆上换流站通过单回 500kV 线路接入站 1，站 1 经两回 500kV 线路与站 2 互联，站 2 分别经两回 500kV 线路与站 3、站 4 连接。

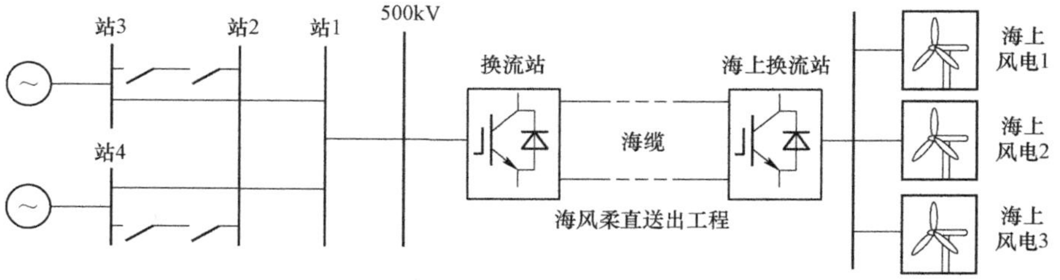

图 4－59 陆上换流站与系统互联示意图

陆上换流站运行方式为功率 0.5p.u.、定 PCC 交流电压控制、控制器内通信延迟 900μs，系统侧站 1—站 2 双回、站 2—站 3 单回、站 2—站 4 单回运行。图 4－52 采用阻抗分析方法得到结论为：在 897.0Hz 频率点最大相位差为 191.8°，超过 180°。由奈奎斯特稳定性判据可得互联系统高频振荡呈现不稳定特性。本节采用时域仿真法验证这个结论，在仿真时间 10s 时刻断开站 2—站 3 一回线、站 2—站 4 一回线，仿真波形如图 4－60 所示。

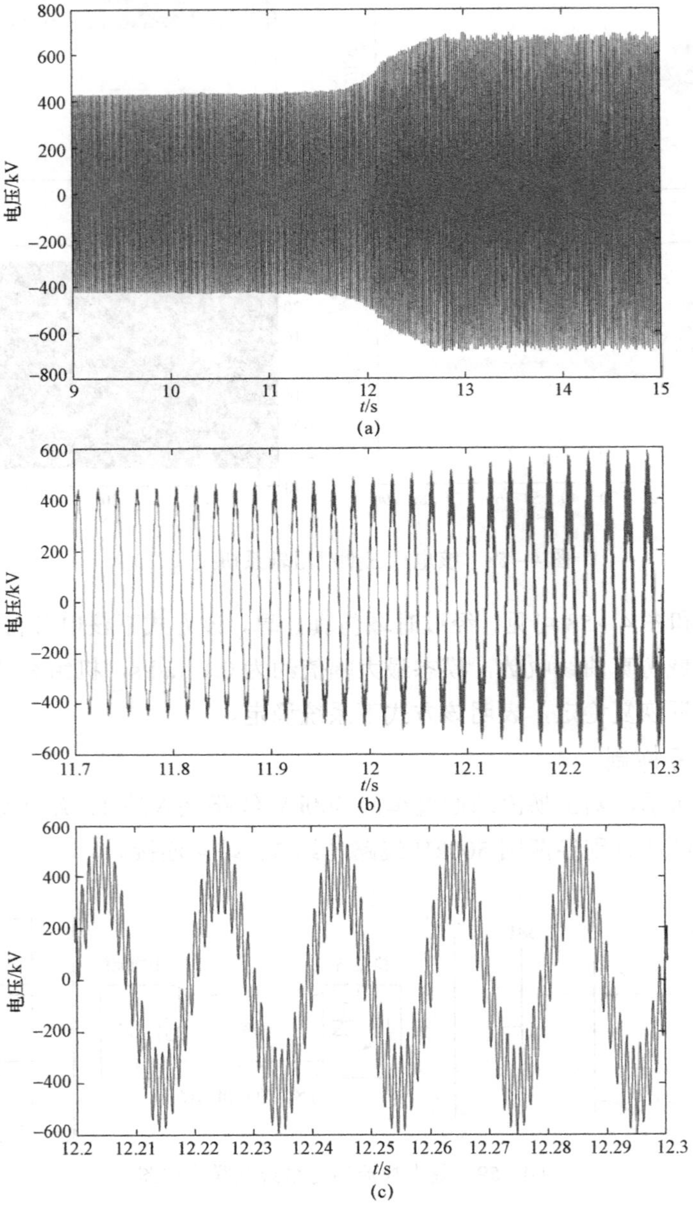

图 4-60　PCC 电压时域仿真波形图

如图 4-60 所示，断开站 2—站 3 一回线、站 2—站 4 一回线后，陆上换流站 PCC 交流电压逐渐出现了幅值增长的高频振荡分量，经过约 3s 时间达到等幅振荡。对稳态 PCC 交流电压波形进行傅里叶分析，其频率—电压幅值图如图 4-61 所示。

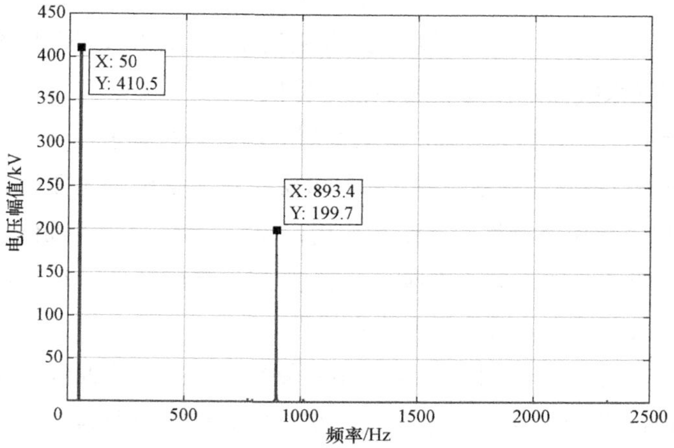

图 4－61　PCC 电压频率—电压幅值图

图 4－61 中 PCC 交流电压除了基波电压外，存在幅值约为 200kV、频率为 893.4Hz 的高频振荡分量，该时域仿真波形分析结论与图 4－52 理论分析结论一致。

为了抑制高频振荡，在陆上换流站控制器加入非线性滤波器环节，校正柔直系统在高频段动态特性。如图 4－62 所示分别为陆上换流站柔直侧未加非线性滤波器阻抗（虚线）、

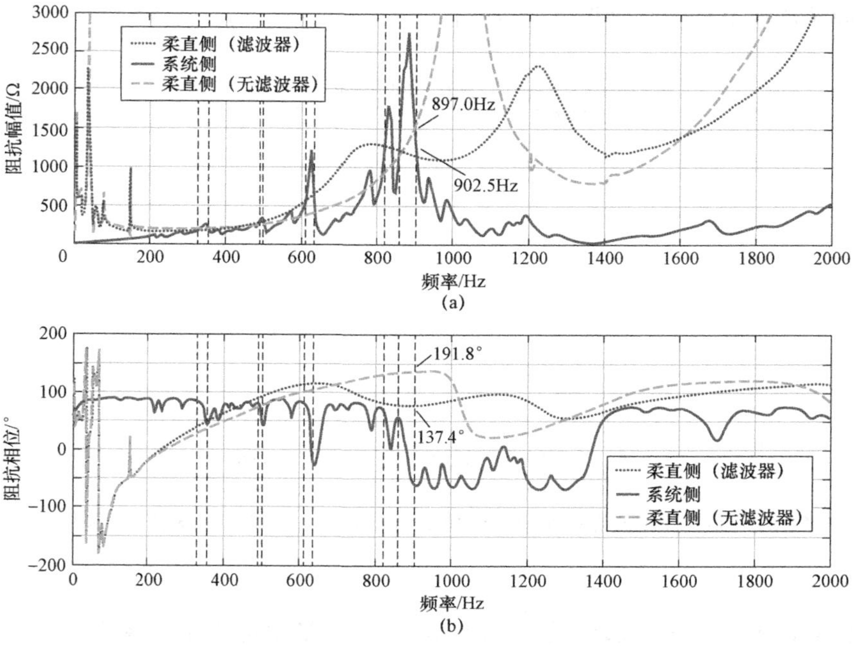

图 4－62　加入非线性滤波器柔直控制器陆上站柔直侧与系统侧端口阻抗 Bode 图

（a）相阻抗幅值扫描曲线；（b）相阻抗相位扫描曲线

柔直侧加入非线性滤波器阻抗（点线）和系统侧端口阻抗（实线）的幅值/相位扫描曲线。未加非线性滤波器时，在 897.0Hz 频率点最大相位差为 191.8°，超过 180°，由奈奎斯特稳定性判据可得互联系统高频振荡呈现不稳定特性。

如图 4－62 所示，加入非线性滤波器柔直侧的端口阻抗幅值曲线，与没有非线性滤波器曲线对比：① 在次/超同步频率范围（＜200Hz），两者曲线基本重合，即加入非线性滤波器对柔直的次/超同步振荡特性没有影响作用；② 在高频段两者曲线差异明显，加入非线性滤波器明显改变了关注高频段内频率—幅值/相位响应特性，与系统侧网络阻抗幅值相交点的相位差值大幅减小，系统呈现稳定特性。

由图 4－62 可得，加入非线性滤波器的柔直侧端口阻抗幅值曲线与系统侧端口阻抗幅值曲线在 3～2000Hz 范围内存在 9 个交点，交点处的频率分别为 327.0、355.0、490.5、500.5、611.5、635.0、820.5、857.5、902.5Hz，对应相位曲线中相位差分别是 46.3°、5.9°、13.3°、51.6°、33.2°、138.9°、14.7°、21.6°、137.4°，在 902.5Hz 频率点相位差为 137.4°，没有超过 180°。由奈奎斯特稳定性判据可得，加入非线性滤波器后互联系统高频振荡呈现稳定特性。

采用时域仿真验证柔直侧加入非线性滤波器的高频振荡抑制效果。如图 4－63 所示，在仿真时间 11s 时刻投入非线性滤波器环节，高频振荡分量很快衰减，仿真结果验证了加入非线性滤波器环节抑制高频振荡的有效性。

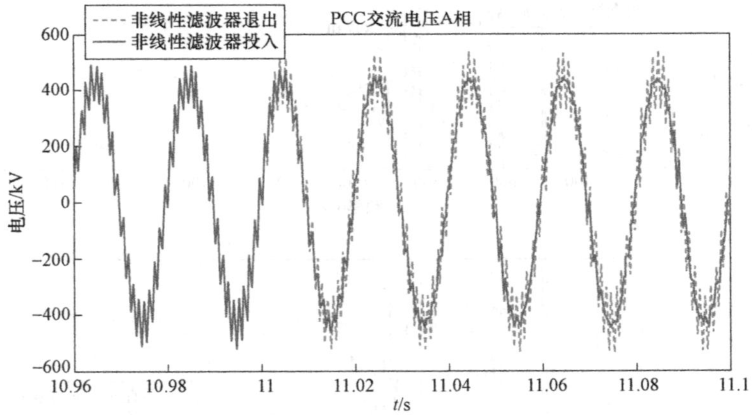

图 4－63 非线性滤波器抑制效果时域仿真波形图（非线性滤波器在 11s 投入）

6. 结论

本节针对江苏海上风电通过柔直送出工程的宽频带稳定特性开展了研究工作，分别采用频率—阻抗扫描分析法、复转矩系数分析法、注入电流法和时域仿真分析法研究了柔直系统与特高压直流、核电、若干火电厂等之间的交互影响，以及柔直海上站与海上风电场之间的交互影响。主要研究结论如下：

1）陆上交流系统较强，陆上换流站没有次同步振荡风险，对区域主网特高压直流和核电、火电厂等关注机组没有影响作用；陆上换流站近区交流电网强度较弱、柔直控制器链路通信延迟较大时，存在高频振荡风险。

2）海上风电场和海上换流站互联系统在部分方式下呈现宽频带不稳定特性，由于海上风电场可能与实际工程的动态特性存在差异，不能排除发生宽频带振荡的可能性。